分布式系统技术内幕

Inside Distributed Systems

张 军 著

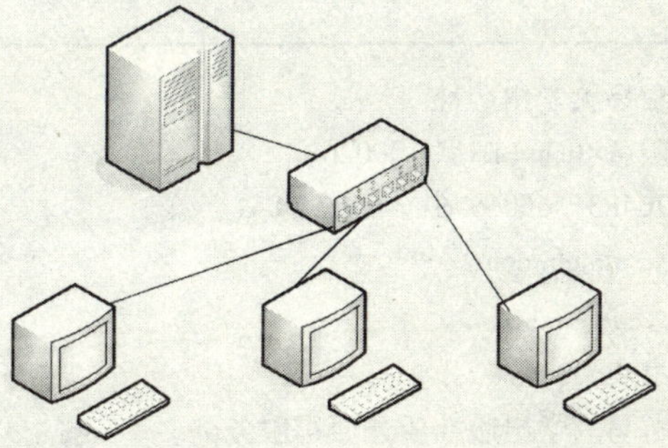

首都经济贸易大学出版社
·北 京·

图书在版编目(CIP)数据

分布式系统技术内幕/张军著.—北京:首都经济贸易大学出版社,2006.7
ISBN 7-5638-1323-3

Ⅰ.分…　Ⅱ.张…　Ⅲ.分布式操作系统　Ⅳ.TP316.4

中国版本图书馆 CIP 数据核字(2005)第 089567 号

分布式系统技术内幕
张　军　著

出版发行　首都经济贸易大学出版社
地　　址　北京市朝阳区红庙(邮编 100026)
电　　话　(010)65976483　65065761　65071505(传真)
网　　址　http://www.sjmcb.com
E-mail　publish@cueb.edu.cn
经　　销　全国新华书店
照　　排　首都经济贸易大学出版社激光照排服务部
印　　刷　北京泰锐印刷有限责任公司
开　　本　787 毫米×960 毫米　1/16
字　　数　391 千字
印　　张　22.25
版　　次　2006 年 7 月第 1 版第 1 次印刷
书　　号　ISBN 7-5638-1323-3/TP·31
定　　价　33.00 元

前　言

“我是做软件的”。我经常这样回答别人，这样的回答已经持续了二十多年。

做软件的人就有点像信教的，只有极少的人能修成正果，而大多数人却半信半疑，或弃之而投奔更为显赫的追求，或苦苦追索而不得其乐。

我经常游离在懵懵懂懂和大彻大悟之间。

在中国，程序员几乎成了白领阶层里下等人的同义词。在国外四五十岁的程序员司空见惯；而在中国，35岁以上的程序员已经凤毛麟角。这种价值取向对中国软件业的发展无疑是致命的。

三年前的一个机会，我拿起了教鞭。

教软件的人更像传教士，在“冥顽不灵”的弟子面前经常束手无策。

我经常和学生说搞软件不需要大智慧，也不需要小聪明，勤奋是唯一捷径。也有些学生很努力，但不开窍，就是不明白。满足一知半解的人终会铸成大错。

一本好书往往是开启心灵的最重要的钥匙。现在软件的书很多，但好书太少，粗制滥造的太多。所以我一般不看国人写的书，虽然不绝对，但也是没有办法。国人大都是在“编”、“译”和“攒”书。这可能还是一个价值取向问题。

我一直想写一本关于软件的书。以前是没有时间，现在是无从下手。题目太大了，自己水平有限无法胜任；题目太小了，又觉得不“过瘾”，很多内容不能发挥。

连续给研究生开了三学年的分布式系统的选修课，觉得讲得挺过瘾，学生也挺捧场。于是，我决定写一本关于分布式系统的书，虽然冠以“技术内幕”还是有些牵强。

无数个日日夜夜，终于有了这本拙著。

本书的目的

分布式系统是计算机软件领域的一个重要研究分支，它涉及分布环境下软件中的通信、名字服务、事务处理、容错和安全等众多的理论和实践问题。从20世纪80年代以来，分布式系统在很多领域取得了突破性的进展，它以各种中间件软件的形式出现，并为现代信息系统建设提供了不可或缺的技术支持。但分布式系统的研究仍然面临着重大的技术挑战，受到很多未决问题的困扰。我国在分布式系统领域的研究起步较晚，基础薄弱，形成软件产品的能力与发达国家相比有很大差距。因此，分布式系统的研究不仅有重大的科学意义，而且将对软件产业的发展产生深远的影响。

目前国内关于分布式系统的图书主要是进口的影印本或翻译本，虽然它们代表了较高的水平，但因为语言或翻译的问题，这些图书一般晦涩难懂，这也是我下决心写这本书的一个原因。

本书的读者对象

本书的主要读者对象是计算机软件从业人员，包括大专院校计算机专业的本科生、研究生，本书站在国际和国内在相关领域的最前沿，试图把分布式系统的起源，理论基础，算法基础，分布、复制与集成相关的一些关键理论的技术背景全面地介绍给读者。尽管它不是一本讲解如何进行软件开发的书，但却试图成为所有软件从业人员必备的基础书籍。

本书的组织结构

现代分布式系统是一个以中间件方式组织的软件系统。它通过服务的形式来提供一个较完整的或不太完整的功能集合。这些服务有时候是独立的中间件，有时候是按照一定的技术标准被组织到一个更大的中间件系统中。分布式系统的研究在过去的20年里取得了很多重大进展，虽然目前尚未形成一个广泛共识的理论和学科架构，但其研究方向和研究方向之间的交叉、互动和统一的趋势越来越明显。有鉴于此，本书按照以下三个部分进行组织：

第一部分：导论

- 从第一台计算机的发明到今天，计算机系统经历了从基于主机的集中处理模式到基于网络互联的分布式处理模式的发展历程。分布式处理的出现曾经引发了关于集中处理和分布处理的激烈争论。今天我们看到的是：一方面基于主机的集中处理模式依然健在，它并没有像一些人预计的那样很快消亡；另一方面，基于网络互联的分布式处理逐渐成为信息系统开发的主流设计模式，但它并不是简单地排斥集中式的处理，而是致力于两种处理模式的集成（第1章）。

● 通常意义上的计算机系统是指一个普适性的计算环境，它既不是为某一编程语言、也不是为某一特定应用的需求而设计的。普适性的计算环境隐含了对计算机系统的两个方面的认识：第一，计算机系统作为可编程系统的概念；第二，计算机系统作为程序的执行系统的概念。深入理解计算机系统是理解分布式系统理论的必要准备（第2章）。

第二部分：分布式系统基础

● 缺乏完美同步的时钟和全局状态的问题是分布式系统的基本问题。在这个问题中，一个研究方向是关于如何获得精确的时钟，并设计和提供分布环境下物理时钟同步的解决方案。最新的时钟同步技术已经能够在大规模分布环境下达到毫秒数量级的精确度；另一个研究方向是关于逻辑时钟的定义、使用和同步问题。很多分布式应用中更关心事件发生的顺序关系，而不是事件发生的精确的物理时间。逻辑时钟为事件的全局排序以及获得系统的全局状态提供了理论和算法的支持（第3章）。

● 进程交互是分布式系统设计的核心内容。虽然不同的应用可以有不同的交互设计，但一些常用的、具有普遍性的进程交互模式开始引起人们的注意。例如，进程之间需要互斥性的访问一个资源；多个进程需要选举一个进程作为协调进程，或者进程之间需要对某些条件达成共识等。这些交互模式，或者说算法，开始于一些零星的实践，在经历了很多重复的设计之后，人们逐渐认识到有必要更加系统地研究分布式算法基础，为构造更为复杂的进程交互设计提供成熟的基本构件（第4章）。

● 系统分布的另一个需求就是复制。复制是提高分布式系统的性能、可用性、缩展能力和容错能力的一个重要技术手段。复制的负面影响是一致性问题。维持一致性需要附加的网络资源和计算资源，这个代价反过来会影响到系统的性能、可用性、缩展性等，因此复制是一把双刃剑。我们需要从应用需求出发，设计不同的复制和一致性模型，充分权衡各种因素，才有可能发挥复制技术的作用（第5章）。

● 在分布式系统中，进程的交互基础是基于通信通道的信息传递。通道和通信系统是分布式系统研究的重要组成部分。与更一般的通信研究不同的是，分布式系统关于通信的研究是建立在存在一个基本通信能力的假设之上的，这个基本通信能力是由网络操作系统提供的。分布式系统侧重研究在大规模分布和异构的环境下，客户服务的通信、组通信、对等通信、永久通信和流媒体通信等高级通信服务（第6章）。

● 分布式系统的分布本质上是进程的分布，进程的组织形式是重要的研究基础。进程可以组织为客户服务器的交互或者对等的交互（P2P）。进程不仅是分布的，而且还具有动态属性，例如，迁移代码、移动主体等（第7章）。

• 不同的应用有不同的分布需求，在无法建立一个普适性的分布计算环境的条件下，更加务实的态度是从一些有共性的需求中抽取具有一定适用性的分布模型。这些模型在一些特定的应用领域起到了参考模型的作用。主要的分布模型有远程过程调用、分布式对象、分布式文档、分布式文件。一些复杂系统的开发可能涉及多个分布模型的使用，例如，使用分布式文档作用户界面，使用分布式对象做系统开发，分布式文件做数据存储等（第8章）。

第三部分：公共服务设计

• 分布式系统总是依赖名字和目录服务来提供分布资源的位置透明性。名字服务允许资源通过一个全局有效的名字被共享和检索，就像电话号码簿和黄页服务。虽然名字服务初看起来很简单，但在考虑到系统缩展性以后，服务的设计变得困难了。在一个大范围的系统中，为了能高效地通过名字访问到资源，我们一般有资源位置相对固定的假设。当资源发生频繁移动时，传统的名字服务就会不再适用，因此我们需要研究移动资源的管理问题（第9章）。

• 很多分布式系统都提供存储服务，也叫永久性。永久性的最简单的形式就是分布式文件系统，很多更先进的中间件系统还提供集成的数据库服务或者提供数据对象自动同步到数据库的能力。在一些数据的存储扮演重要作用的场合，我们需要为分布式事务处理提供服务。一个事务的重要属性是所有其中的多个读写操作原子般（atomically）地进行。原子性意味着如果事务处理成功，则所有的写操作必须完成；如果不成功，所有涉及的数据必须保持不受影响。遗憾的是，事务很难在多台计算机上扩展，更不用说物理位置相距的计算机上了（第10章）。

• 在一些有高可用性要求的分布式系统中，容错服务的设计扮演了很重要的角色。构成分布式系统的硬件和软件都有可能会发生故障，有时候这些故障不会造成什么后果，而有时候这些故障却是灾难性的。实现系统容错能力的关键技术是冗余设计，而冗余的本质是一些关键组件的复制。我们关心的一个问题是系统能否在部分组件故障的情况下不中断地服务，同时我们还需要关注在故障或灾难后系统的恢复问题（第11章）。

• 所有在非实验性环境下使用的分布式系统都必须提供安全服务。资源的分布同时也带来很多安全隐患：很多密码和隐私信息未经过任何加密就进行交换或/和存取在服务器里；一些个人隐私信息在当事人不知情的情况下被采集和利用;虚假、欺诈和垃圾邮件随处可见等。同网络操作系统相比较,分布式系统中的安全问题遍及系统的方方面面。原则上分布式系统不能依赖底层网络操作系统去很好地支持整个网络的安全,分布式系统中一般有自己的安全服务设计。再加上系统的缩展性要求,实际上安全服务已经成为分布式系统最复杂的服务之一(第12章)。

致谢

在此诚挚感谢首都经济贸易大学的领导,信息学院的领导以及各位同仁和朋友。由于他们的支持与帮助本书得以从想法变为现实。

特别致谢首都经济贸易大学李宁副教授为本书的编写提供的宝贵意见。

同时,此书的写作参考了大量的文献,如果有些引用未能准确列出,在此谨表歉意并致谢。

我总想,一个学者一生有一两部自己满意、读者认可的作品足以,这也是我一直不敢动笔的原因。但是,目前的这本书离"完美之作"尚有很大差距。我希望读者能就本书内容展开批评,赐教于我,我会在以后各版中不断完善内容,实现我"出一本好书"的夙愿。我的邮箱是:zhangjun@ cueb. edu. cn

张 军

2005年7月 北京

本书出版得到了国家自然科学基金项目资助,项目编号60273027,项目负责人张军。

目录

第一部分 导 论

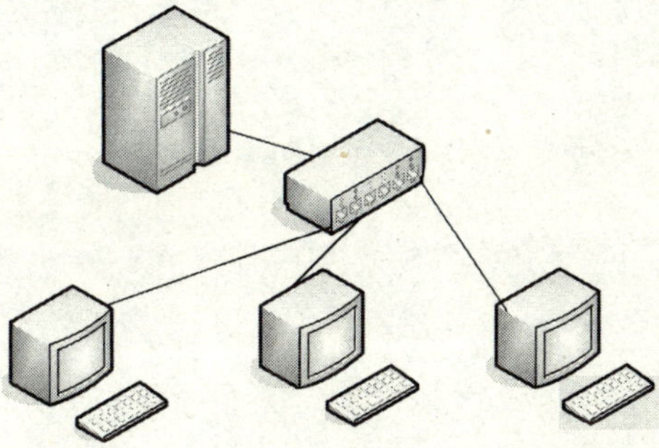

第1章

分布式处理

计算机系统是一个集信息采集、存储、处理和分发为一体的信息系统。从第一台计算机的发明到今天，计算机系统经历了从基于主机的集中处理模式到基于网络互联的分布式处理模式的发展历程。分布式处理的出现曾经引发了关于集中处理和分布处理的激烈争论，其中有理论和技术上的分歧，但更多的是代表这两种不同技术潮流的利益集团之争。回顾历史总是让我们变得更加理性。今天我们看到的是：一方面基于主机的集中处理模式依然健在，它并没有像一些人预计的那样很快消亡；另一方面，基于网络互联的分布式处理逐渐成为信息系统开发的主流设计模式，但它并不是简单地排斥集中式的处理，而是致力于两种处理模式的集成。

1.1　集中式处理模式的演变

主机的英文单词为 host，原意是“主人”的意思，相对于客人而言。这个单词在计算机术语中延伸为“主机”的概念，是一个提供服务的设备概念。如果一个应用系统的所有处理都集中在一台计算机上时，我们称这种处理模式为基于主机的集中式处理模式。

集中式处理模式是计算机处理的固有模式，它随着计算机的发明而产生。集中式处理模式的演变经历了以下几个阶段。

1.1.1　计算机的原始模型

图 1－1 是最早发明的两台计算机的历史图片。它们和今天的计算机已经没有太多的可比性。计算机的原始模型更多是硬件设备的概念，加载程序、执行程序以及获得程序结果都需要用手工操作。在当时看来，这些

计算机的运算速度已经非常惊人；其中 1946 年发明的 ENIAC 达到了每秒 5 000次的运算速度。难怪当时有人惊叹地说：“世界上只需要两台这样的机器就可以完成所有的计算需求。”

图 1-1 最早发明的两台计算机：特宁炸弹机和 ENIAC

1.1.2 带终端的计算机系统

终端设备的出现解放了对计算机的手工操作。终端是一个人机交互设备，早期的终端更像一台英文打字机。随着电子显示技术的发展，显示屏和键盘的组合构成了最常用的终端形式。从此用户通过终端来向计算机发号施令。终端的功能很简单，它负责将键盘的输入传送给主机，接收主机的输出并显示在屏幕上，如图 1-2(a)所示。在终端出现之前，计算机并没有今天意义上的用户的概念，因为计算机管理是通过操作员手工进行的，用户并不与计算机直接打交道。终端出现的意义不仅在于它改变了对计算机的操作方式，更重要的是它使得非专业计算机人员获得了直接使用计算机的能力。这是计算机从实验室步入商业应用的一个重要技术环节。

1.1.3 多用户计算机系统

将计算机从手工操作过程中解放出来，终端所解决的只是一个硬件设备问题。程序的加载、执行和显示结果的自动处理能力依赖于我们今天称为操作系统的系统软件。操作系统的一个重要进展就是允许计算机并发地执行多个程序，进而允许多个用户同时使用计算机。多用户系统允许计算机连接多个用户终端，操作系统的管理使得每个终端的用户好像在独立使用计算机。计算机与多终端的连接依赖于一个称为通信集中器(Concentrator)的设备如图 1-2(b)所示。通信集中器在小型多用户系统中有时以多用户卡的形式出现。

允许多个程序并发执行的系统称之为多任务系统,多任务系统是多用户系统的技术基础,但多任务系统并不一定是多用户系统。例如,现代微机系统是多任务系统,用户可以同时执行多个程序,但它不是多用户系统,因为它不允许多个用户终端的连接。主机的多用户与网络的多用户也不是一个概念。主机的多用户是一个操作系统,多个终端;而网络的多用户是每个用户运行自己独立的操作系统。

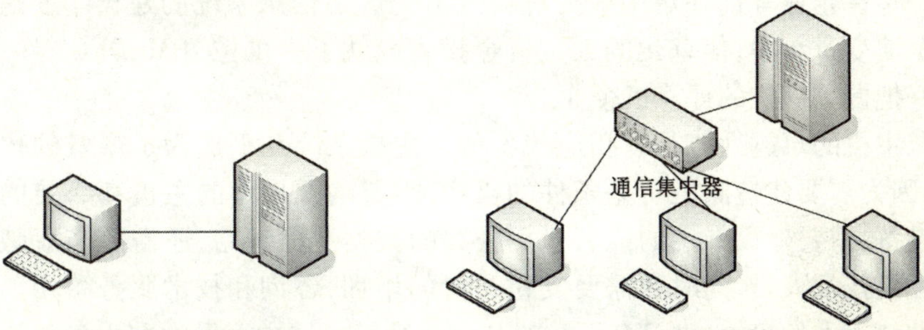

(a) 带终端的计算机系统　　(b) 多用户系统

图 1-2　本地终端系统

1.1.4　远程多用户系统

图 1-2 所示的系统又称为本地终端主机系统。由于本地通信信号会随着距离而衰减,终端必须位于主机的一定距离内。如果不能很好解决这个问题,计算机的商业应用前景显然会大打折扣。借助广域网的通信技术来延伸终端分布就构成了远程终端系统,如图 1-3 所示。计算机与通信的结合开始于主机和终端的远程通信需求,这种通信网络早于计算机网络而出现。

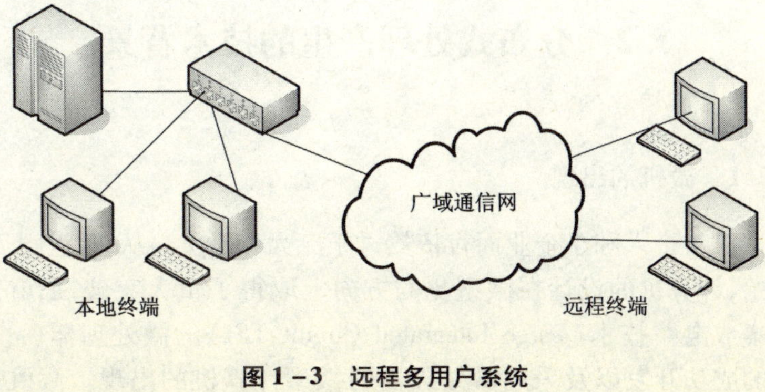

图 1-3　远程多用户系统

终端和主机的连接可以说是计算机网络的雏形。它区别于计算机网络在于以下两点:①终端不是完全意义上的计算机;②通信模式是点到点的和集中控制的。

伴随着基于主机的集中处理模式的演变,计算机系统的商业应用日趋成熟。到了20世纪70年代末和80年代初,主机能够稳定地、持续地提供服务的能力达到了相当的水平:一台IBM 3090计算机可以通过CICS系统同时为1万多个用户提供联机服务。国外几乎所有的大银行、保险公司、大型零售企业等都在集中式处理模式上完成了信息系统的建设。在这样一个演变过程中,信息化的大量资金投入成就了一批像IBM、DEC等一些很好把握了商机的计算机企业。

主机的卓越性能是有相应代价的。主机系统几乎成为了昂贵的代名词:因为需要建造满足苛刻条件的机房,需要购置昂贵的主机和必要的外部设备,需要建设专用的或者租用公共的数据通信线路,还需要高薪聘请计算机技术人员,同时还需要支付昂贵的培训、咨询和技术服务费用。当时即使很大的机构,也只有可数的几台计算机。这样沉重的准入条件让很多中小企业有心无力,望而却步。主机模式的另一个副作用是计算机技术和管理人员高度集中,集权和官僚化现象也日益严重,在某种意义上阻碍了信息化的进程。因为当用户新的需求涉及已有系统的维护或改动时,层层审批可能会导致项目中途夭折。

为了满足不同规模的应用系统的需求,主机在低端和高端的两个产品方向上同时发展,逐步形成了一个从小型机、中型机、大型计算机直到超级计算机的主机系列,价格和技术门槛高的问题得到了一定程度的缓解。正当主机系统如火如荼地发展、如日中天的时候,从20世纪80年代开始,微机和计算机网络出现在人们的视野中。很快,“大地震”开始了……

1.2 分布式处理产生的技术背景

1.2.1 微机的出现

小型机对个人和小企业而言依然过于庞大和昂贵。从20世纪70年代中期开始,计算机的设计在微型化的方向上取得了重大突破,那就是基于大规模集成电路技术(Large Integrated Circuit,LSI)的微处理器(Microprocessor)的成功开发以及采用微处理器的微型计算机的出现。微机首先以低廉的价格、方便的操作和优秀的人机交互能力进入了家庭和个人应用的市场,但在当时的技术和应用的背景下,这个玩具一样的计算机并没有引起人们太多的关注。直到 1981 年 IBM 公司才开始进行微机的生产制造。图 1 -4 是两台最早制造的微机图片,键盘、显示器、软驱和主机已经清晰可辨。图片的左侧是 1977 年苹果公司生产的苹果 II 型微机,右侧是 IBM 在 1981 年推出的第一款微机,命名为个人计算机(Personal Computer,PC)。PC 随后成了所有采用 IBM 设计的微机的代名词。

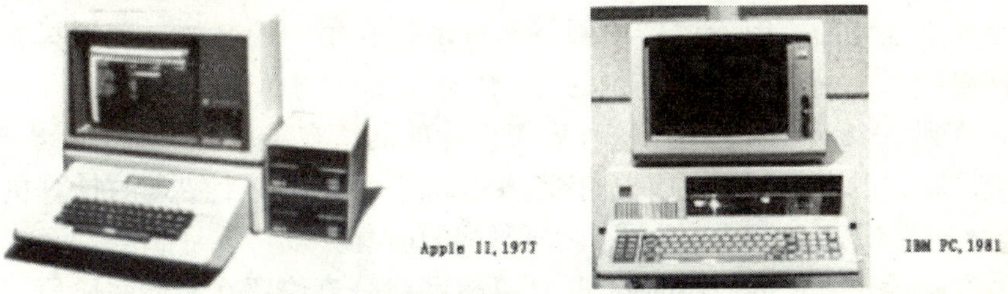

图 1 -4 最早的两台微机:Apple II 和 IBM PC

随着超大规模集成电路技术(Very Large Integrated Circuit,VLSI)的发展,微机的处理能力迅速提升。微机开始逐步渗入到企业应用中,从文字编辑、制表和绘图等办公软件,最后发展到数据库系统和小型企业的业务系统。这个过程只用了短短几年的时间。到 20 世纪 80 年代中期,微机在发达国家已经相当普及。主机系统在这个时期并没有感觉到来自微机应用的威胁,因为它们的市场几乎是完全隔离的:一个是大型信息系统的市场,另外一个是个人的、办公的和小型应用的市场。微机采用的仍然是基于主机的集中式处理模式。

1.2.2 计算机网络进入实用阶段

回顾计算机网络的发展历史对我们理解分布式处理有重要的意义。

关于计算机网络的研究最早可以追溯到 20 世纪 50 年代末。美国军方在冷战时期考虑的关键问题是在经受一次核打击后国家的权力部门怎么进行通信。美国需要一个能够经受核打击的城市到城市、州到州和军事基地到军事基地的指令通信网络。但不管通信网络怎样被保护,通信交换设备和通信线路都会是核打击的最明显的和最直接的目标。核打击将会把任何可以想象的网络炸得残缺不全。美国军方的研究目标有两个:第一,设计一个没有集中控制的网络;第二,网络要设计成在破碎的情况下能够继续工作。美国军方在这个时期提出了计算机网络的基本设计思想：

- 网络的所有结点都与网络中的其他结点有同等的地位，每个结点是被独立管理的，它可以在网络上独立地发送、传递和接收消息。
- 消息本身被分解为数据包，每个数据包是一个独立寻址的数据单元。每个数据包开始于某个源结点，最后到达某一个目标结点。每个数据包所经过的路径是独立选择的。当网络的一部分瘫痪时，在途的数据包会继续在存活的结点上建立路径。

这种设计相对于集中的通信系统可能显得非常低效，但由此构成的网络是非常强壮的。因为这样的网络本身是没有集中控制的。美国军方关于网络的研究一直是秘密进行的，从 1964 年以后才开始有少许公开的资料。直到 1968 年，第一个以这种思想设计的网络在英国物理研究所出现。在美国军方的资助下，到 1969 年美国建成了一个有 4 个结点的计算机网络，命名为 ARPANET，它就是国际互联网的前身。

在随后相当长的一段时间里，计算机网络一直停留在实验室阶段。一些用户交流和讨论的网络应用很快在科学工作者之间流行起来，包括电子邮件、邮件列表和讨论组。1984 年为资源共享而设计的 Web 应用技术在瑞士的一个研究机构诞生。

也许我们会有这样的疑问，为什么计算机网络技术长期游离在商业应用之外？答案其实很简单：在主机时代，企业内部只有为数很少的主机，联网的需求虽然存在，但不是很强烈。因为单一的信息交换的需求往往不构成投资一个计算机网络的充分依据。20 世纪 80 年代微机的普及带来了建立网络的新的动力。

虽然家庭用户一般只会购置一台微机，但一些企业用户可能拥有更多数量的微机。随着这些企业内部微机数量的增多，微机之间进行信息交换和资源共享的需求也越来越强烈。共享资源的理由很多，最直接的是经济上的考虑。例如，多个微机共享一台打印机比给每个微机都配一台打印机显然要经济得多。因此对一些昂贵的设备，例如，高速打印机、大容量存储设备等，进行资源的共享是非常有意义的。

计算机网络进入实用阶段的标志是 20 世纪 80 年代中期出现的能够连接上百台微机的高速局域网。此后的几年，广域网技术和网络互联技术也相应取得了重大突破。这些技术的进步使得建造以高速网络互联的计算机网络不仅可能而且非常容易。

如果计算机网络没有出现，微机可能永远只是一个大众消费品；同样如果微机没有出现，计算机网络似乎也不可能有今天的辉煌。微机和计算机网络的结合注定将彻底地改变信息系统的计算环境,无所不在的计算机深刻地影响了我们今天的工作和生活方式。但在当时,很少人对这个技术和应用的趋势作出过正确的判断。谁都允许犯错误,但对有些人来说,错误的后果可能是很严重的。以当时计算机行业排名第一的IBM公司和排名第二的DEC公司为例,IBM在推出自行制造的微机的时候作了两个决策:第一是公开了机器的技术标准;第二将微机的操作系统开发委托给了一个刚刚辍学的年轻人开的一家小软件公司。第一个决策可能是针对当时微机的主要竞争对手——苹果公司。随后的历史我们都已经知道,大量兼容的PC机与IBM制造的PC机共同竞争市场,苹果被打败了,IBM也被打败了。第二个决策的后果我们也知道,那个年轻人叫比尔·盖茨,那家公司叫微软。IBM在此后的若干年亏损不断,郭士纳接手后成功地使IBM转型走向赢利,那是后话。DEC公司就没有那么运气了。当时有人就微机发展前景问题问到DEC的总裁奥尔森时,他回答道:“每个人在家里有一台计算机是没有意义的。”结果我们都知道,DEC公司也很快进入了亏损周期,最后因被兼并而消失。

1.2.3 微机和计算机网络的结合

需求和技术总是有双向的关系，一方面，需求拉动了技术，而另一方面，技术进步反过来会拉动需求。这是一个一般性的规律。计算机和网络的结合也是如此。具有网络能力的计算机并没有停留在信息交互和资源共享的需求上，新的需求和新的应用接踵而至，在不自觉之中，分布式处理模式逐渐浮出水面。为了更好地理解这一点，我们需要认真分析计算机网络带来的变化和意义。微机应用领域的变化无疑是最有代表性的。

(1)从单机软件向网络软件的发展。无论是学习、游戏类的个人软件,还是办公软件,“网络版”在20世纪80年代是一个很时髦的标签。多个用户可以登陆到网络版本软件上进行协同工作,信息交换和资源共享以一种可控的方式进行。软件的网络功能经历了从最简单形式到不断复杂的过程。举例来说,常见的网络版软件功能有:

- 软件的网络安装。网络版允许将软件在网络的一个公共硬盘上安装一次,其他微机只需要保留与个人设置有关的文件即可,由此节省了硬盘空间,简化和加快了每个微机上软件的安装过程,统一了软件的版本管理。
- 网络多用户管理。网络版可以提供一个集中的用户管理系统,它可以提供用户认证、用户跟踪和用户分析等多种功能。

• 资源冲突的管理。当网络用户同时访问一个资源时，网络版可以提供提示、锁定等方法协调资源访问。

• 协同工作。网络版可以提供用户之间的通信能力，进而提供更复杂的例如电子邮件、文件传输和公文流转等功能。

(2)微机作为主机终端的技术。当微机的价格逼近甚至低于终端价格的时候，用微机来取代终端成为一个可选方案。从技术层面看，终端是一个专用的、不具备编程能力的微机。用微机来取代终端的核心技术在于开发一个能够模仿终端行为的软件。这个软件通常叫终端仿真软件(Terminal Emulator)。在通信方式上，微机可以通过在扩展槽中插入一个满足主机通信协议的通信卡就可以实现通信。使用微机作为终端的优势在于，用户在使用主机系统的同时，还可以运行微机上的其他软件。这个优势有时也是管理上的劣势。反对方一般认为，终端用户可能会滥用微机的过于强大的能力。微机的用户界面优势和处理能力引发的思考是：微机能不能分担主机的界面和部分处理功能，而不是简单地去模仿主机终端的行为。事实上，不仅有人去想，而且有人去做了。作者曾经就职的法国北方银行早在1985年就完成了将IBM 3270终端上的界面功能全部移植到微机上的工作。

(3)微机服务器和客户服务器模型。在微机刚刚问世的几年里，很多人都经历了微机稳定性的困扰，经常性的故障，频繁的重新启动，不时需要重新安装系统软件等等。微机也被深深地打上了个人设备的烙印。显然这样的微机无法承担企业关键业务的处理工作，它至多也只能作为关键业务处理系统的终端。因为终端发生了故障只影响到终端的使用者，而不影响其他用户和系统。在持续改善微机性能和稳定性的过程中，一类专门为企业级计算而设计的高性能和高稳定性的微机开始出现，这就是微机服务器。微机服务器已经不再是个人设备的概念，因为它是一个完全的小型主机系统，它不仅可以连接到网络上，而且还可以像传统主机一样连接一定数量的终端。微机服务器以低廉的价格和开放的技术进入市场，开始对传统的主机市场形成真正意义上的威胁。

微机服务器系统的另一个重要贡献就是建立了客户服务器计算模型。虽然微机服务器可以采用传统的终端主机方式，但更多的微机服务器系统是由微机网络构成的，处理系统采用了客户服务器的计算模型。在一个基本的客户服务器模型中，一个处理过程分为两个部分：服务器是一个实现特定服务的程序，例如文件或数据库系统的服务；客户是一个请求服务的程序，它通过网络向服务器发送请求和等待服务器响应。这种客户—服务器的交互,也叫做请求—响应(request-reply behavior)行为。以文件服务器为例,文件服务器是一个独立的程序,它负责接收和响应其他机器对文件读写的请求,这些其他机器就是服务器的客户。如图1-5所示,服务器执行客户的请求,然后将结果返回给客户。

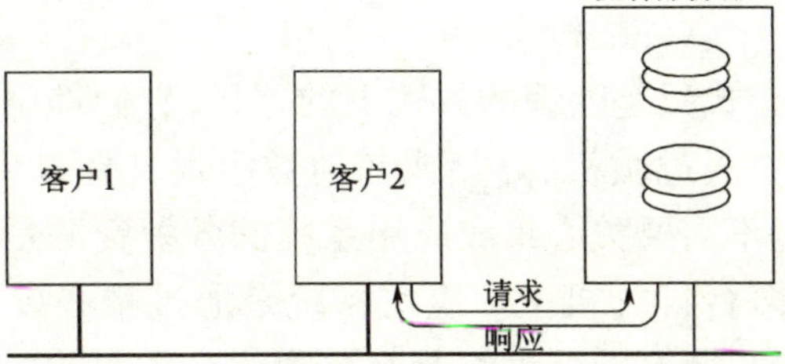

图1-5 在网络中的文件服务器和两个客户端

客户服务器模型虽然简单,但它可以在一个网络中存在不同的组合。一个网络中可以有一台或多台服务器,一个服务器还可以作为另一个服务器的客户,形成服务器的级联。客户服务器模型可以从很小规模的系统发展到很大规模的系统。

这些应用方向表面上看似乎是一些并行和独立的发展:应用需求不一样,用户不一样,市场划分也不一样。但人们从这些不同形态的应用中看到了一个更为深刻的内容,那就是应用系统的处理模式的转变。这些应用系统的处理不再集中在一台主机上,而是分布在网络中的多台计算机上。

- 从网络版软件看,应用处理分布在多台微机上,表现为多台微机之间的信息交换、资源共享和协同工作。
- 从仿真终端应用看,应用处理分布在微机和主机上,微机承担了主机的界面处理功能。
- 从客户服务器模型看,微机和微机服务器分别承担了模型中客户处理和服务器处理的功能。

分布式处理模式由此产生。

1.3 理解分布式处理

1.3.1 分布式处理:定义和思想

分布式处理是相对于集中式处理而定义的,采用分布式处理模式的应用系统可以分布在多台计算机上。相对应的是,采用集中式处理模式的应用系统完全集中在一台计算机上。这个定义要求我们在一个应用系统的背景下去理解分布式处理:计算机网络就好像修的路,应用好比是路上跑的车。计算机网络只是一个分布式环境,是硬件的概念,它允许采用分布式处理模式的应用系统分布在网络上运行;而分布式处理是应用系统的一种处理模式,是一个软件的概念。

集中式和分布式只是处理的方式上的差异,它们都服务于一个应用系统的需求。当用户通过微机、终端或其他数字设备登录到应用系统上时,他不需要理解,也不需要关心组成应用系统的各种资源是集中在一台计算机上还是分布在多台计算机上。应用系统是通过精心设计的界面将系统的功能提供给用户,所有的处理细节都被隐藏在界面的背后。一个设计良好的分布式应用对用户来说就好像是一个集中式处理的应用。我们以下面几个分布式应用为例来说明这一点。

如果一个单位的机房由若干台性能不等的计算机组成,并被设置为这样一个系统:所有的外设包括硬盘都设置为共享的形式,系统能够将任何一台微机上提交的操作分配给一台空闲的或者不太忙的微机来执行,那么对用户来说,这样的系统就像一个集中式的主机系统。

现在来分析一个支持消息自动处理的工作流系统。作为例子,一个销售人员通过手提电脑连接到公司的网上,录入的订单将自动被提交到销售部,相关的发货消息和财务消息将被送到仓库和会计部门处理。这样一个流程对销售人员来说是完全透明的,就好像他在使用一个集中式的系统。

最后一个例子我们来分析以下流行的 WWW 应用。WWW 服务为用户提供了一个简单的、统一的、一致的分布式文档的模型。用户只要简单地点击文档的链接,就可以在自己的屏幕上看到相关的文档,而不需要知道文档存在什么地方。WWW 应用对最终用户可以看成是一个巨大的集中式文档系统。

从这个意义上看,分布式处理不仅仅是一种技术手段,它更重要的是建立了"网络就是计算机"的分布式处理的思想。网络连接了用户和分布的资源,资源可以是网络上的任何东西,主要有计算机、打印机、存储设备、文件系统、数据、Web 页和其他应用系统等。采用分布式处理模式的应用系统通过网络连接了用户和分布的资源,并使得这些资源协同工作,对用户构成了单一计算机系统的视觉效果,尽管有的时候这种单一计算机的视觉效果会遭到网络特性的破坏。例如,当用户在访问一个远程资源时,应用系统往往会有"正在建立连接"、"数据正在传输中"等字样的提示,这些必要的提示暴露了分布处理的细节。

如果简单地以是否发生分布式处理来界定分布式应用和集中式应用，我们可能将所有的网络应用都划到分布式应用的范畴，这样的划分显然不够准确。例如，在微机网络上，任何单机应用都可以不做任何修改访问到网络上的其他计算机上的文件和打印机，虽然这个访问产生了分布式处理，但这个分布式处理能力是网络操作系统提供的，而不是来自于应用系统的设计。最终用户也许看不到这种区别，但应用开发者往往根据使用的技术来进行应用的分类，虽然这种分类有时会让最终用户感到很困惑。下面是一些各种文献和交流中经常出现的应用类别术语：①桌面应用或者主机应用是建立在单机操作系统软件上的应用；②网络应用是直接使用网络编程技术的应用；③客户服务器应用（C/S）是直接使用客户服务器技术的应用；④浏览器服务器应用（B/S）是直接使用浏览器服务器技术的应用；⑤分布式应用是直接使用分布式应用技术的应用。

关于具体技术的理解依赖于对计算机系统的分析，可参看第 2 章的内容。

应用系统的分布能力依赖于应用系统的设计。一个能够分布的应用系统是由一个或多个可分布的软件组件构成的。一个设计上集中处理的应用系统只能部署到集中式的主机系统上，而一个设计上可以分布的应用系统将产生多种可能的分布组合。这是因为现代操作系统允许多个可分布处理的软件组件部署到一台计算机上，使得它们好像运行在通过网络互联的多个独立的计算机上。一个“可以分布”的应用系统到一个计算机系统上的“实际分布”的过程，称为应用系统的部署。

一个应用系统可以分解为多个可分布软件组件的能力，称为分布粒度。分布粒度越大，应用系统处理分布的能力越强，但应用系统的复杂性也随之增大。

造成应用系统处理分布的原因很多，既有经济的原因也有技术的原因。

1.3.2 分布的经济驱动和小型化运动

从经济原因来分析，当我们没有足够的能力支付一个大型主机系统时，我们会倾向于使用客户服务器的分布来设计我们的应用系统。从 20 世纪 80 年代中期开始，建立在微机和微机服务器系统上客户服务器的应用进入了高速发展期。

首先，受益的是一大批有强烈信息化需求但没有足够的资金和技术能力去投资主机系统的中小企业。这些企业可以从单机应用开始，逐步集成网络能力，直到建立客户服务器的完整应用。企业在信息化过程中可以分阶段规划，分阶段投入，项目实施周期短、见效快。这种渐进式信息化进程规避了企业采用主机系统的一次性投资风险。

其次，已有主机系统的企业并不是心甘情愿地被捆绑在主机系统上。事实上企业对主机技术的依赖一直是企业的一个心病。在新技术的驱动下，一方面，企业的信息中心开始将一些新的应用系统的开发逐步转移到客户服务器平台上，而在以往，唯一的做法可能是升级主机或添置新的主机；另一方面，企业的一些相对自治的部门或区域性机构也像独立的中小企业一样开始了应用系统的开发，信息系统管理大集中的局面被打破。

最后，更极端的情况也开始出现。与客户服务器应用的成功形成的反差是，基于主机的集中式处理模式的种种矛盾显得更为突出。小型化(Downsizing)就是在这个背景下产生的一种思潮。小型化的出发点很简单：如果微机能够分担主机的一部分处理能力，那么减负以后的主机就有可能被一台或多台微机服务器取代，或至少大型主机可以被较小型的主机取代。一些人不仅看到了小型化的经济技术可能性，甚至似乎看到了大型主机系统行将终结的前景。小型化思潮渐渐发展成为一个很时髦的运动。一些企业开始认真地考虑将自已的主机系统全部移植到小型化的客户服务器系统上。

客户服务器应用改变了企业级应用系统市场的格局，但人们预期的一边倒的局面并没有发生。我们注意到，当一些企业作出客户服务器技术的选择时，它们的主要动力是降低成本而不是满足需求。客户服务器系统与主机系统的对立实际上并不是分布式处理与集中式处理这两种模式的对立，更多的是代表两种技术的利益集团的对立。客户服务器系统的竞争力也随着客户服务器应用的总成本的攀升和主机系统的价格下降而逐渐消失。到了20世纪90年代中期，小型化运动变得更加理性化，合适化(right-sizing)取代了小型化；还有一些企业，在小型化过程中遭遇了惨痛的失败后，走到了另一个极端，那就是大型化(upsizing)和大集中的回归。

为什么会出现这种情况呢？我们可以从技术提供和信息化的总成本两个方面来分析。

从技术提供方面看，微机和微机服务器技术并不是某些企业的专利。原来专供主机系统的厂商凭借着雄厚的技术和资金实力迅速地成为客户服务器技术的主要提供商。由于它们的参与，大量成熟的主机技术成功地应用到微机和微机服务器的生产和制造上，使得微机和微机服务器的性能和稳定性得到了很大的提高；与此同时，主机系统从小型机到大型机系列的性价比不断改善，其小型机价格已经与微机服务器的价格相差无几；主机的工作方式也在发生变化，主机系统不仅提供了终端主机的传统模式，而且主机也可以作为服务器参与到客户服务器的计算中来。这些变化促使两种不同技术趋于统一。

从系统总成本来分析，我们最初看到的是客户服务器系统较低的技术和资金门槛。但随着应用规模的扩大，技术和管理成本迅速攀升，使得信息化的总成本攀升，并呈现不可控的趋势。在技术上，小型项目的简单性容易造成一种简单性的假象，事物从量变到质变的规律往往被忽视。由于中型和大型系统的复杂性经常不能得到正确的评估，很多项目不能按照需求、工期和资金的要求完成，甚至夭折；在管理模式上，过于分权的管理造成无法制定可操作的总体规划和决策的随意性，低水平的重复投入现象严重，大量独立的应用系统最后演变为难以集成的信息孤岛。因此，客户服务器系统有时是复杂和昂贵的，很多企业为此付出了沉痛的代价。事物不是一好都好，一分为二的辩证法是颠扑不破的真理。所以，简单地将分布式处理作为主机系统的廉价的替代方案是不成立的。

正确地理解系统分布需要建立的一个观点是：处理模式的选择是应用需求在一定经济技术条件和约束下的设计，而不取决于某种技术立场。虽然一个技术和管理团队的技术立场对最终处理模式的选择有一定的影响，但这个影响不是决定性的。在一个大型系统中，多种处理模式共存也是常见的现象。

1.3.3 技术的驱动

从技术原因来分析，造成应用系统分布的原因不外乎以下两个：①应用系统需要集成网络上已有的分布资源；②将一个集中处理的系统分布在多台机器上以获得高性能、高可用性和高缩展性。

企业信息系统建设的一个重要挑战就是集成已有的资源，以达到保护投资的目的。不少企业在信息化的过程中已经建立了相当规模的信息系统，包括硬件、网络和各种软件。集成已有的分布资源是分布式处理的一个重要目标。由于网络上计算机的型号、操作系统、网络接入条件等都可能存在很大的差异性，集成这些资源有相当的技术复杂性；同时，集成资源也往往会产生组织冲突和管理问题。举例来说，我国的户籍管理系统是从派出所系统产生的，派出所软件存在多个版本，既有单机版的也有局域网版本的。如果我们要考虑建设一个市级、省级乃至国家级的人口信息查询系统，那么怎么在这样一个已有的、广泛分布的派出所系统上建立一个统一的人口查询系统成为很大的技术难题。更进一步，如果我们把跨派出所的业务诸如户口迁移、审批等加入到新的系统里面，那么技术的问题会更大，组织的冲突和管理的问题也会凸现出来。以市级查询系统为例，图 1－6(a)是使用数据复制构成的简单分布，派出所的数据需要及时地上传到市公安局；图 1－6(b)是一个动态查询的分布，市公安局的查询请求要发送到相应的派出所的机器上，派出所机器在执行了请求后将结果返回给市公安局。这两种不同的分布是针对同一个需求的不同的设计。

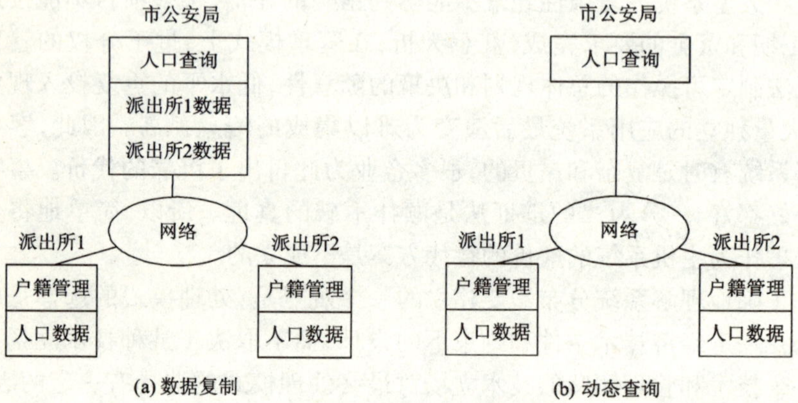

图 1－6　市级人口查询系统示意图

我们一般将用户的需求分为功能性需求和非功能性需求两个部分。功能性需求是对业务逻辑的描述，与业务的处理模式无关；而非功能性需求是导致系统分布的另一个重要技术原因，其中最主要的有性能的需求、系统可用性的需求和系统缩展性的需求。具体分析如下。

性能的需求表现在两个方面：

第一，当单台计算机的处理能力已经不能满足性能要求的时候，要么是购置处理能力更强的计算机，要么是将系统的负荷分布在多台计算机上。第一种方法既有成本问题，也有最大处理能力的问题，也许任何单台计算机都不能满足性能的要求；第二种方法有更好的性能扩展能力，但造成了系统的分布。我们一般用高速局域网联结多台计算机构成一个称为计算机集群(Cluster)的系统，集群系统中的计算机除了处理能力的差异外，它们的配置基本完全一致。集群管理是分布式处理的一个重要技术，大型网站的服务一般都依赖此项技术。

第二，当客户所在位置的网络条件不能提供可以接受的响应时间的时候，我们要么改善网络条件，要么将客户访问的资源移动或复制到离客户更近的位置，甚至复制到客户的机器上。第一种方法要看技术和成本是否允许，第二种方法显然更加实用，但同样产生了分布。

系统的可用性定义了系统持续提供服务的能力。很多企业应用有非常高的可用性需求。在经济全球化的今天，一些系统的可用性要求达到了每周7天每天24小时的水平。系统的可用性依赖于系统各个组成部分的可用性，但百分之百无故障是做不到的。因此，在加强部件质量管理的同时，系统的冗余设计是提高系统可用性的关键技术。冗余就是复制的概念。把承担关键处理的机器、软件和其他部件进行复制，保证系统在部分故障的情况下不间断运行。可用性的一个延伸概念是系统的容错能力，它表达了系统在部分故障的情况下纠正错误并从故障中恢复的能力。可用性的需求也产生分布。

系统的缩展性的需求。企业处于一个变化的环境中，应用系统必须具备适应变化的能力。这种变化一方面是需求的变化，它需要系统具有快速开发和升级的能力；而另一方面，就是系统规模的变化。在企业的发展和重组节奏加快的时候，应用系统的设计必须应对变化的规模。我们可以至少从三个方面去衡量一个系统是可缩展的。①从系统规模上来看，我们可以很容易地增加用户和资源；②从地理分布上看，用户和资源可以在地理位置上相距很远；③从系统行政管理上看，能够很容易地管理分布在多个行政部门上的系统。一个设计上不能分布的集中系统具有单一的部署能力，也就是它的缩展能力只能在单台主机处理能力范围内变化。克服集中系统缩展问题的技术依然是应用系统的分布式设计，只有分布式设计才可以产生不同规模的部署组合，以满足应用规模变化的需求。遗憾的是，一个分布粒度大的系统，在扩展的时候经常带来系统性能的损失。缩展性是一个很复杂的综合性问题，尤其是在大规模分布的环境下显得更为艰巨。我们在下一节将展开这部分内容。

1.3.4 缩展性的进一步讨论

当一个系统需要扩展时，我们需要解决一些不同类型的问题。首先我们来分析系统规模的扩展。如果需要增加更多的用户和资源，我们经常会遭遇到集中的服务、数据和算法的约束。例如，很多服务是集中式的，因为这些服务只能运行在分布式应用内一台特定的机器上。在这个假设下，这台服务器很可能就是扩展系统的瓶颈。即使我们的服务器有理论上的无限的处理和存储能力,它的通讯能力也将会影响到系统的扩展。

不幸的是,使用单台服务器的设计有时候是不能避免的。我们假设需要管理非常隐私的诸如病历、银行账户和个人借贷信息等。在这种情况下,最好是在特别安全的机房里采用单一的服务器来提供服务,与系统的其他部分用特殊的网络单元隔离开来。通过对这台服务器进行复制来改善性能是不可行的,因为这样复制将会受到安全的威胁(参见表1-1)。

表1-1 缩展性的约束问题

概念	例子
集中式的服务	一个服务器处理所有的用户请求
集中式的数据	一个在线的电话号码簿
集中式的算法	需要完整信息计算路由的算法

集中式的数据必然产生集中式的服务。我们怎么使用一个有5千万记录的电话号码簿呢?如果每个记录占用50个字符,那么一个2.5 G的硬盘就足够使用了。但同样的问题是,如果集中存储在一个数据库里,系统的扩展将会使数据的访问达到饱和。类似的是,如果国际互联网的域名都存在一张表里,成千万台计算机都依赖它来进行解析,那么互联网就不会有人用了。

最后,集中式的算法也同样影响系统的扩展。例如,在一个大规模计算机网络中,数据包需要按照一定的算法进行路由。从理论上看,采集网络中所有计算机和线路的完整信息后,采用图论中的最佳路径算法去计算可以产生最佳的路由选择,但采集和传输所有这些信息将加重网络的负担并同时影响系统的扩展能力。

地理的缩展性也有自己的问题。将一个基于局域网技术的分布式应用进行扩展通常是比较困难的,其中一个主要原因就是这些系统一般来说都是基于同步通信技术的。在这种通信模式下,发出请求的客户机一般处在锁定等待回复的状态。这种方法在局域网的环境下表现良好,因为两台机器的通信最坏在几百微秒内也能建立通信。而在广域网的环境下,系统进程之间的通信会持续几百个毫秒,比在局域网环境下慢三个数量级。因此在广域网环境下使用同步通信技术建立交互式应用要非常小心,需要的不仅仅是一点耐心。

另一个影响系统地理缩展性的因素是广域网的通信方式。局域网的通信是采用非常可靠的广播式传输技术,非常便利于分布式应用的开发;而广域网通信本质上是点到点的非可靠通信。例如,为了能够在网络上查找和定位一个服务,在局域网中,一个程序可以用非常简单的方式向所有的机器发出一个消息,询问是否提供特定的服务,提供这个服务的机器将自己的网络地址放在回复消息中进行回复。而这种定位机制在广域网下是不可想象的。因此我们必须开发一些特别的服务定位机制来满足全球范围的数十亿用户的服务定位需求。

另外,集中式的组件也会带来网络资源的浪费。假设国际互联网上只有一台邮件服务器,那么你给邻居的邮件也将会先发送到这个唯一的邮件服务器,然后再返回。很显然,这样的网络传输方式极不经济。

最后一个困难,就是系统怎么能够适应组织机构的变化。一个主要的问题就是怎样解决资源的使用、管理和安全等复杂的矛盾。

例如,在一个行政部门的组件可以同部门内的用户建立信任关系。在这种情况下,系统管理可以测试和确认应用系统,并采取一些特殊办法使系统不被更改。然而,这种信任关系是不能跨越部门边界的。

当一个应用系统需要扩展到另外的部门,我们可以采取两种类型的安全措施。一是要保护系统不受新部门用户的恶意攻击。例如,我们只允许新的部门用户对于原部门的文件系统有读的权限。同样,部门的一些昂贵资源(高性能计算机、图像处理设备)可以不开放给部门外的用户。二是新的部门用户也必须保护自己不受到来自分布式应用的恶意攻击。一个典型的例子就是下载程序,例如,Web 浏览器中的 Java 小程序。基本上说,新部门因为不知道这些程序做什么,因此会决定严格限制这些程序使用的权限。现在的问题是如何加强限制,从而使得系统有较好的扩展性。

在讨论了系统关于缩展性的一系列问题后,我们现在来看用哪些技术能解决这些问题。因为系统的缩展性问题表现为网络和服务器的容量和性能问题,原则上讲只存在三种缩展技术:隐藏通信延时、分布和复制。

隐藏通信延时技术主要针对的是地理的缩展性问题。它的基本思路很简单:尽可能地避免等待远程服务的回复。例如,当向一个远程机器发出一个服务请求后,在请求端,用户可以进行其他有意义的工作,而不去等待回复。从本质上看,这就要求我们使用异步通信技术来构造服务请求的应用。但回复到达的时候,用户可以继续服务请求的处理。

异步通信经常使用在并发处理的环境中。一些任务在等待通信的完成,同时其他独立的或相关的任务可以按计划运行。另外一种做法就是使用多线程技术,启动请求服务的程序打开一个新的线程,这个线程虽然被锁定以等待通信的回复,但程序的其他线程可以继续工作。

然而,还有很多应用并不能实际使用异步通信方式。例如,在一个交互式应用中,一个用户在发出请求以后除了等待结果以便做下一步操作,也没有什么别的更好的事情去做。在这种情况下,稳定通信时延的一个技术就是减少整个通信量。例如,将一部分原来在服务器(远程机器)上完成的任务转移到客户机上(本地机器),通信量自然减少了。最典型的例子就是用表单来访问数据库的方式。正常填表过程是对表单中的每个数据域向服务器发出各自的验证服务请求,并且等待服务器的确认,如图 1-7(a)所示。一个更好的办法就是将表单的填写、输入校验等部分的代码转移到客户机上,然后客户将完整的表单提交给服务器处理,如图 1-7(b)所示。在 Web 方式下,这种转移编码的技术以 Java 小程序、Javascript 以及 ActiveX 控件等形式存在并得到广泛应用。

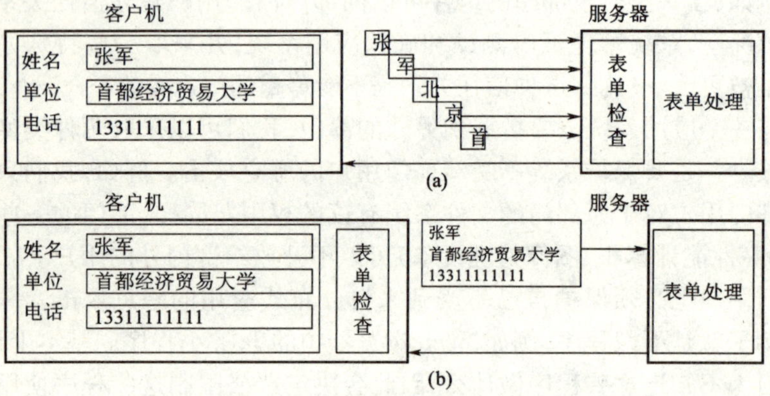

图 1-7　处理的转移

另一个重要的系统扩展技术就是分布。分布涉及将一个较大的组件分解成更小的部分,然后将它们部署在整个系统上(而不是一台机器上)。域名服务系统(Domain Name System, DNS)就是在国际互联网上使用的一个例子。DNS 的域名空间是一个等级划分的域的树状结构,域又被划分为互不覆盖的区域,正如图 1-8 所示。每个区域的所有域名由一台域名服务器来管理。原理上,解析一个域名就是返回相关主机的网络地址。例如,考虑域名 mail. cueb. edu. cn(首都经济贸易大学的邮件服务器)。如果要解析这个域名,首先我们将这个域名提交给负责区域 Z1 的服务器,Z1 的服务器返回 Z2 服务器的地址,对应于 mail. cueb. edu, Z2 又返回服务器 Z3 的地址,Z3 负责 cueb 区域内的所有主机,它将最终解析出所求域名的主机网络地址。(更详细的讨论参见第 9 章)

另外一个例子也是互联网上的例子:最著名的 WWW 服务。对大多数用户而言,WWW 服务就好像是一个巨大的文档信息系统,每个文档有一个

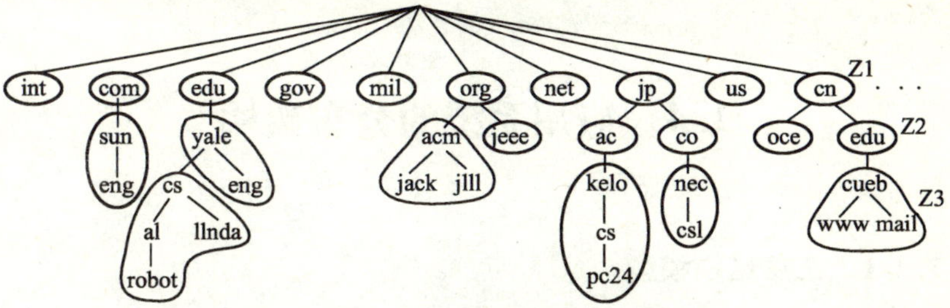

图 1-8 国际互联网的域名组织

用 URL 形式给出的唯一名称。概念上来看，WWW 服务甚至可以表现为一个集中式系统的视觉效果。然而，WWW 服务分布在大量的服务器上，每个服务器只负责提供一定数量的文档。能够处理相关文档的服务器名也编码到文档的 URL 中。正因为 WWW 采用了这种文档的分布技术，才使得 WWW 服务的扩展性延伸到今天我们所看到的规模。

考虑到应用系统的分布经常表现为系统性能的降低，对影响性能的组件进行复制是一个不错的想法。复制不仅可以提高系统的可用性，而且可以帮助我们在组件之间实现负载均衡而使系统达到更好的性能。同样，对于地理位置比较分散的分布式应用，有一个靠近用户的资源复制可以向用户隐藏通信时延。

缓存是一种特殊形式的复制。就像在复制中一样，缓存的结果是对资源做一个拷贝，一般来说是在靠近用户访问端。然而，缓存的决定一般是由访问资源的用户做出的，而不是资源或者资源的拥有者做出的。

无论是缓存还是复制都存在一个严重的负面后果，会反过来影响系统的扩展性。因为我们在系统中有了一个资源的多个拷贝，一个拷贝的修改会使它区别于别的拷贝。带来的结果是，缓存和复制产生一致性问题。

我们容忍资源的不一致的程度取决于资源的用途。例如，对于一个 Web 用户而言，如果浏览器返回一个缓存中最近几分钟没有更新的文档，一般认为是可以接受的。但是还有很多对一致性要求很强的应用，比如股票交易，缓存的信息不能满足用户实时需求。严格的一致性要求一个拷贝的更改必须立即反映到其他所有的拷贝上。更复杂一点，如果一个拷贝同时发生两个修改，这就要求资源的每个拷贝在同样的顺序下完成这些修改。类似的情况一般需要一些整体的同步机制，遗憾的是，这样一些同步机制在可扩展的方式下非常难以实现，甚至是不可能的。结论是，通过复制的技术而增加系统的扩展性会带来一些本质上不可扩展的方案。

1.4 应用系统的分布架构

1.4.1 三层结构模型

关于应用系统的软件组织存在很多观点，其中三层结构模型是最为常用的应用系统软件组织模型。这种模型将应用系统的功能分解为三个不同的软件层次，每个层次的功能对应了逻辑上一致的处理，如图 1－9 所示。不是所有的应用都有完全的三个层次，但所有的应用都可以用这个模型来描述，这就是三层模型的强大之处。分布式处理需要将应用处理分解为可以分布的软件组件，而三层模型也正是一个提供了这种分解能力的实用模型。

三层模型包含了自上而下的三个逻辑层次：

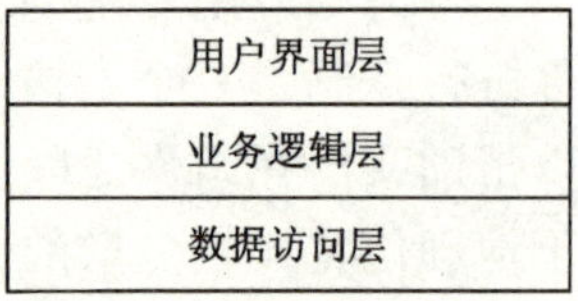

图 1－9 典型的应用分层

(1)用户界面层。这一层由一些提供最终用户和应用交互的程序组成。复杂和简单的用户界面有非常大的差异。

最简单的用户界面程序是基于字符的屏幕显示。这种界面形式一般使用在大型主机系统环境中。在这些环境下，主机控制了所有的交互，包括键盘和屏幕。然而，在很多情况下，用户终端也作一些本地处理，包括显示键入、支持菜单界面的输入等。

当前，即使在大型主机的环境下，我们也能看到更先进的界面。一般来说，用户界面至少提供一个支持下拉和弹出菜单的图形界面，大多数的屏幕控制都可以通过鼠标完成。典型例子是很多 Unix 系统所使用的 X－Windows 界面和早期为 MS-DOS PC 和 Apple Macs 所设计的图形界面。

现代的用户界面允许不同的应用共享同一个图形窗口，然后利用这个窗口交换应用的数据，由此产生了很多功能。例如，删除一个文件只需要将这个文件拖到一个象征着废纸篓的图标下。同样，很多文字处理软件也支持鼠标对文本块的操作。

(2)业务逻辑层。这一层实现了整个应用问题的业务功能，它一般是接受用户界面层所提交的命令，通过数据访问层在对用户命令的合法性进行校验以后对数据进行必要的操作。例如，查询和更新，最后将结果反馈给用户界面层。业务逻辑层还可能包括数值计算以及业务流程控制等其他必要的操作。

(3)数据访问层。这一层在一般意义上提供所有数据访问功能的抽象。它由读出和写入这两个最基本的功能构成,文件系统和数据库系统就是最常用的两种数据访问层。从更广义的数据访问的观点看,数据访问层可以是任何处理系统,例如,交易平台(transaction monitor)、消息系统(messaging system)和其他外部系统。

数据访问层的一个重要特性是实现数据的永久性。也就是说,即使没有任何应用程序在运行,数据也必须保留在某个地方备用。数据层最简单的形式是一个文件系统,但更经常的是,人们使用一个完全功能的数据库系统。除了储存数据的功能,数据层一般还负责保持在不同的应用下数据的一致性。当使用到数据库系统时,维护一致性意味着所有的数据表的描述、数据约束和与应用相关的元数据(metadata)也同样保存在这一层。例如,在一个银行的应用中,如果客户的信用卡透支到了某个限额,我们可能需要向客户发出一个通知。这一类的信息在数据库系统中可以通过一个触发器程序(trigger)来实现。在适当的时候,这个触发器程序将会触发相应的处理程序。

在传统的面向业务的环境中,数据层一般是一个关系型数据库。数据的独立性在这里非常关键。数据的组织是独立于任何应用的,因此数据组织的改变不应该影响到应用程序,反过来,应用程序也不应该影响数据的组织。

然而,还有很多呈上升趋势的应用,它们并不适合于关系型数据库。这些应用系统的特性是它们作用在一些复杂的数据结构上,而这些结构用对象的方式比用关系的方式来描述要容易得多。这样的数据类型可以表达从简单的多边型、圆到复杂的机械制图的设计,如 CAD 系统中的数据对象。在多媒体系统中,直接处理音频和视频流数据比使用关系型表格要简单得多。

在复杂的数据结构的条件下,用对象的方法可能要更直接和有效。我们有必要将数据层作为一个面向对象的实现。这样的数据库系统不仅管理对象的复杂数据,而且保存对这些对象的操作实现。

为了加深对应用系统分层的理解,我们来看下面两个例子。

我们首先来看一个互联网的搜索引擎(search engine)的应用。抛开周边各种图片修饰等等,搜索引擎的界面实际上非常简单:用户输入搜索的关键字,然后得到以 Web 页面列表构成的搜索结果。搜索引擎的后台是一个建立了索引的、事先选取的由 Web 页面组成的巨大的数据库。搜索引擎的核心程序是将用户输入的一系列关键字转换成一个和多个对数据库的查询命令,然后将查询的结果进行排列,形成列表,最后将这个列表生成一系列的 HTML 页面,如图 1－10 所示。在这个例子中,用户界面层由浏览器软件构成,业务逻辑层由查询生成器、排序组件和 HTML 页面生成功能构成,最后,数据层是一个精心组织的海量网页数据库。

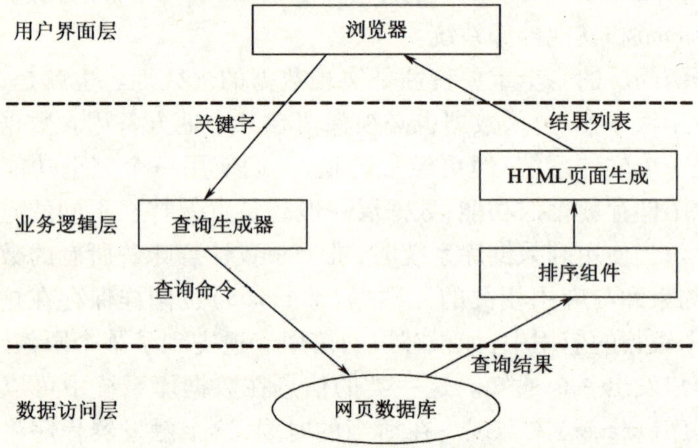

图 1－10　搜索引擎系统的分层架构

第二个例子是银行 ATM 系统,如图 1－11 所示。用户界面负责用户的输入和数据显示,业务逻辑包括 PIN 码校验、取款和查询余额三个功能,而数据访问层实际上是与银行业务网络相连的接口。储户的数据并不保留在 ATM 机器上。

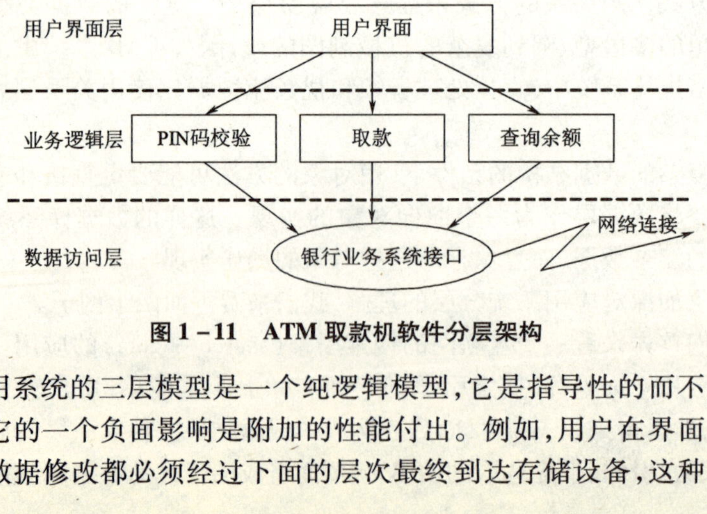

图 1－11　ATM 取款机软件分层架构

应用系统的三层模型是一个纯逻辑模型,它是指导性的而不是强制性的。它的一个负面影响是附加的性能付出。例如,用户在界面上进行的任何数据修改都必须经过下面的层次最终到达存储设备,这种级联效应既带来性能的损失也带来同一个数据在多层次上进行维护的负担。因此在实际工作中，我们不总是严格地按照分层机制来组织功能。例如，虽然输入有效性校验是业务逻辑层的功能，但为了避免多层次的交互，部分简单的校验可能前移到用户界面层。如密码长度要大于6、年龄在0～60岁之间等简单规则。与此同时，为了加强数据一致性的控制，我们有可能在数据库系统使用触发器机制来加强输入的有效性校验。需要注意的是，我们在作这样的决策时，一定要做到心中有数。

1.4.2 多层分布处理架构

应用系统的分层模型构成了系统进行分布处理的基础，虽然它们是两个完全不同的概念。典型的分布处理架构有2层架构，3层架构和多层架构。2层架构就是著名的客户－服务器模型。

客户－服务器作为一般性的分布模型引起了很多争议。其中一个问题是怎样对客户和服务器进行清晰的划分。毫不奇怪，在很多情况下，清晰的划分是不存在的。例如，一个数据库服务器一般总是作为另一个文件服务器的客户来处理请求，因为数据库的表是建立在文件服务器上的。图1－12列举了软件的三层结构模型在客户－服务器模型上的多种分布策略。

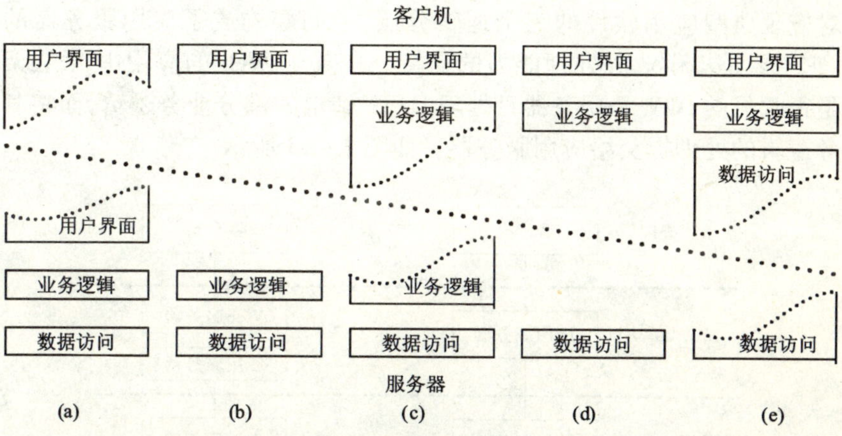

图1－12 分布式架构和软件分层

按照从(a)到(e)的顺序，软件的逻辑分层逐步从服务器转移到客户机上，直观表达了"瘦"客户机到"胖"客户机的概念。

(a)客户机只有简单的终端功能，数据访问、业务逻辑以及部分界面处理的功能都驻留在服务器上。这对应了传统的终端主机模式的应用。

(b)客户机上运行完整的客户界面程序，业务逻辑和数据访问功能运行在服务器上。这对应了浏览器/服务器模式(Browser/Server，B/S)的应用。

(c)客户机不仅运行客户界面程序，而且包含部分处理逻辑，例如简单输入校验和逻辑处理，如带客户脚本程序、Java 小程序和 ActiveX 控件的 B/S 应用。

(d)客户机上安装了所有界面处理和业务逻辑的程序，服务器只负责数据访问。这对应了一般意义上的数据库应用、客户/服务模式应用。

(e)客户机上不仅安装了所有界面处理和业务逻辑的程序，而且客户机上还有本地数据访问的支持。这种应用一般对网络的依赖性很小，大多数工作可以在脱机的情况下完成。它一般用在偶联的网络环境下或者用在无服务器的对等(Peer-to-Peer，P2P)系统中。一些单机版软件在向网络版过渡时也经常采用这种模式。

一般来说，瘦客户机是指(b)和(c)两种模式，而胖客户机是指(d)和(e)两种模式。(a)是传统意义上的终端主机模式，不属于严格意义上的分布式架构。这是因为终端上所谓的界面处理程序实际上驻留在终端设备的芯片上。终端不是一个完全能力的计算机。

从 20 世纪 90 年代开始，3 层和 n 层分布架构开始出现。3 层架构基本上对应了典型应用软件的三个逻辑分层，中间层构成了应用服务器的概念，它主要是提供业务处理能力的支持。在基于 Web 的应用中，4 层架构也是很常见的，WWW 服务器只处理 HTTP 请求的部分业务逻辑，而将其他业务逻辑的处理提交给应用服务器。如图 1－13 所示。

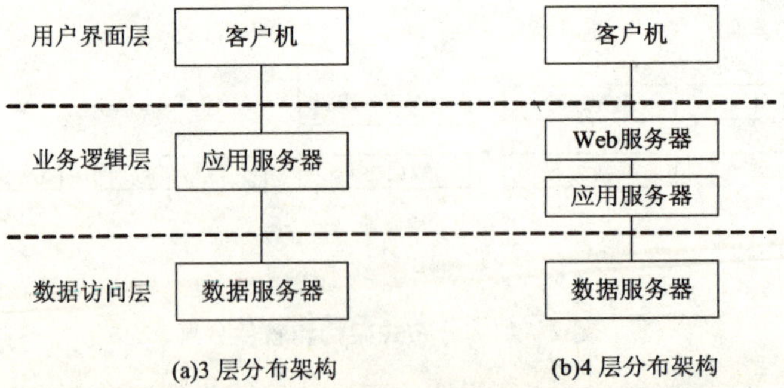

图 1－13　3 层和 4 层分布处理架构

1.4.3 水平分布和现代分布架构

从应用系统的3层模型到应用系统的多层分布架构的过程是将一个应用系统分解为可分布的软件组件的过程，这些软件组件在逻辑上也存在自上而下的关系，因此我们称这种分布为应用系统的垂直分布。垂直分布只是应用分布的一种形态，在这种分布中，应用系统的处理依然存在1.3.4节中讨论过的集中处理、集中算法和集中数据的问题。在一个稍微复杂的系统中，每一个垂直分布层可能有多台机器，最常见的是多个客户机。我们称这种分布为应用系统的水平分布。

客户机的分布在一些情况下只是一些简单的复制，所有的用户以一致的方式使用应用系统。例如，一个局域网的应用系统，客户机可以看成是完全相同的微机，每台微机接入网络的技术和带宽都是一样的，而且用户界面也是完全一样的。图1－14是一个2层架构的分布处理架构在客户机分布时所产生的水平分布。粗黑框是客户机的水平分布。

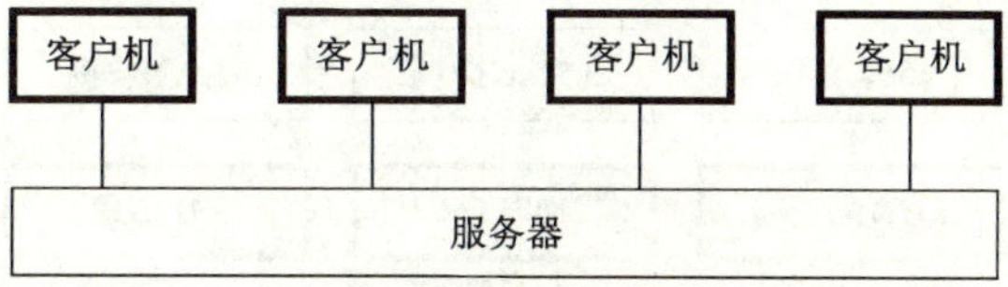

图1－14 客户的简单分布

在更多的情况下，客户机呈现多样化的趋势，微机、掌上电脑（PDA）、手机、电话和其他数字终端都是可能的客户机形式。由于每种机器有不同的界面处理能力，用户界面层的处理在不同的客户机上是不一样的。当一个应用系统需要兼容多种不同的客户机时，分布处理架构可能需要作相应的调整，产生新的水平分布和垂直分布。以银行业务系统为例，传统的客户机是柜员机。银行客户到柜台来办理业务，业务员通过操作柜员机来完成业务。随着自助银行、网络银行、手机银行和电话银行业务的展开，银行业务系统的客户机的种类发生了很大的变化，客户机除了柜员机外还可以是ATM、微机、手机和电话。如果我们假设原来的银行业务系统是一个3层架构的分布处理系统，即柜员机—应用服务器—数据库服务器，那么增加的客户机种类造成了新的分布，如图1－15所示。

客户机的多样化不仅表现在客户机的种类上，而且还表现在网络条件上。即使是相同的客户机，网络条件的差异也会影响用户界面的处理，甚至业务逻辑的处理，系统的分布会因此而改变。例如，在一个视频会议系统中，虽然客户机都是微机，56K拨号接入的微机可能只能听到声音而看不

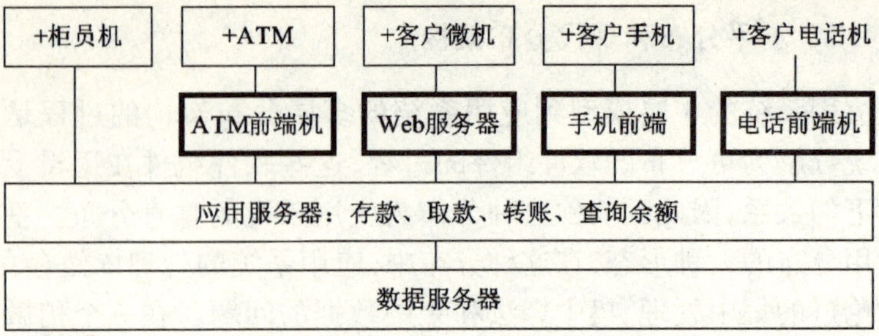

图 1－15　银行业务系统的客户机分布

到图像，512K ADSL 接入的微机能够有 VCD 质量的视频效果，而高速局域网上的微机可以有 DVD 级的视频效果。应用系统必须针对不同网络条件的客户设计不同的实时视频压缩模块，从而产生类似银行业务系统的水平分布，如图 1－16 所示。粗黑框是增加的分布，多个相同类型的客户机用＋符号标注。

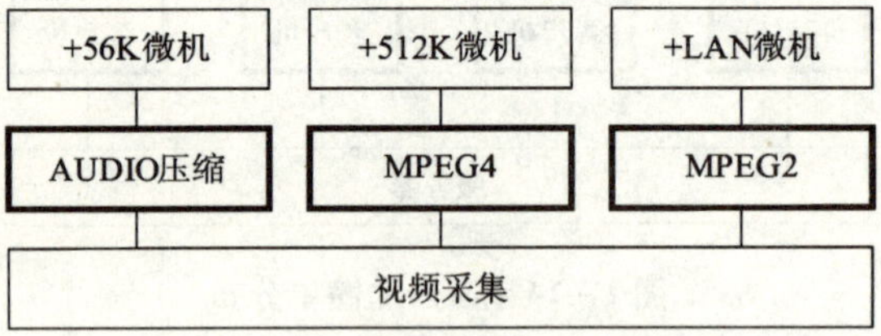

图 1－16　视频会议系统的分布

业务逻辑层和数据访问层同样可以进行水平分布。因为它们一般对应服务器技术，所以也是服务器的水平分布。服务器的分布既可以是简单的复制分布，也可以是按照业务逻辑分配的独立水平分布，当然还可以是复制分布和独立分布的组合。例如，一个提供国际互联网服务的应用系统，我们可以得到由单服务器到多个服务器的水平分布。图 1－17(b)是一个简单服务的情形。Web 前端机按照某种策略负责将客户的请求分发到其中一个 WWW 服务器上，最简单的策略是轮巡；图 1－17(c)是按照业务逻辑的独立分布，查询业务和更改业务可以分布在独立的服务器上，因为各自的负荷不相同。一般查询服务量很大，而更改服务的业务量比较小，但对安全性、可靠性等的要求可能会更高。

从关于水平分布和垂直分布的讨论中，我们可以看到应用系统的分布可以有多种组合方式，从最简单的组合到最复杂的组合。我们一般将客户服务器分布架构称为传统分布架构，而将多层分布和水平分布架构称为现

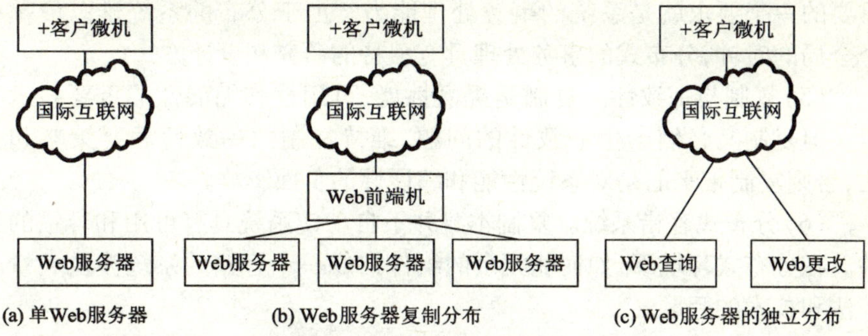

图 1－17　WWW 服务器的水平分布

代分布架构。

1.5　关键的科学技术问题

关于分布式处理的研究虽然可以追溯到更早的年代，但从 20 世纪 80 年代中期开始到今天的这 20 余年无疑是分布式处理研究领域从理论到实践的一个重要发展时期。从简单的客户服务器的分布，到多层分布架构和现代分布架构；从集中式处理系统，到今天形形色色的分布式应用；从小到微机系统，大到国际互联网的应用，科学工作者和实践者们在分布式处理的关键科学技术问题上取得了一系列重要的突破。

（1）高级通信技术。计算机网络通信的基本模型是计算机之间的消息传递。在这个基本通信模型之上，我们建立了适合不同应用需求和网络条件的更高级的通信模型。其中包括客户服务器通信、HTTP 通信、对等通信、远程过程调用、远程对象的方法调用、基于异步通信的消息系统和流媒体通信。

（2）进程和代码的分布。进程是计算机程序在计算机上运行的一个实例。一个分布式应用实际上是多个进程的协调处理的过程。将应用系统的处理代码以及进程进行分布构成了分布的最基本的思想。最新的研究集中在代码在分布环境下的迁移和基于主体的应用。

（3）资源的名字服务。在大规模分布的环境下，资源的命名和管理是一个关键的技术问题。如何采用一致的方法进行资源的命名、资源的访问和资源的配置就构成了名字服务研究的关键问题。国际互联网的域名系统正是这种技术的成功应用范例。

（4）分布式事务处理。处理的分布需要满足企业计算的要求，其中最重要的一个要求就是系统的事务处理能力。由于分布的系统难以依赖一个全局的时钟,分布式的事务处理具有独特的研究和设计方式。

(5)复制与一致性。复制是提高性能、可用性和缩展性的重要技术手段。但复制又必然产生一致性的问题,维持复制的一致性需要策略和方法,否则复制带来的是对系统性能和缩展性的负面影响。

(6)分布式容错系统。复制本身并不自动使系统具有可用和容错的特性。在分布式环境下,如何使冗余的组件构成一个容错的系统涉及大量的算法和技术的问题。

(7)分布式安全设计。安全性是分布式应用的一个关键需求。尤其在组织规模分布的情况下,安全性的实现显得更为复杂。

上面七个方面的内容构成了分布式系统理论的主要内容。分布式系统作为产品的概念是中间件软件。中间件软件的提供同样取得了很大的进展:有专注某一个分布式技术的中间件软件,例如消息系统软件、域名系统等;也有集成了多种分布式技术的分布式平台软件。目前最有代表性的是 Sun 公司的 J2EE 平台、微软公司. NET 平台和 OMG 组织的 CORBA。

对分布式处理的更进一步的思考形成了网格计算(Grid Computing)的研究领域。网格计算的出发点是将分布的资源看成像供电网络一样的资源网络,网格因此而得名。

第2章 分布式系统

计算机无疑是人类最有想像力和最伟大的发明之一。从1946年发明第一台计算机到今天,无数的技术进步让人眼花缭乱,目不暇接,但本质的东西从来没有改变过。计算机上的所有处理最后都无一例外地转化为计算机上硬件的电、光、磁和机械的物理运动,因此说,计算机的硬件能力是最根本的,软件只是用来开发硬件能力去解决用户和系统的问题。在网络出现之前,计算机系统只是单一计算机组成的系统,包括各种硬件和软件。网络极大地改变了计算机系统的组织形式,计算机系统演变成为了网络联结的计算机网络。

通常意义上的计算机系统是指一个普适性的计算环境,它既不是为某一编程语言也不是为某一个特定程序的需求而设计的。普适性的计算环境隐含了对计算机系统的两个方面的认识:①计算机系统作为可编程系统的概念;②计算机系统作为程序的执行系统的概念。深入理解计算机系统是理解分布式系统理论的必要准备。

分布式应用开发依赖于一个更高级的编程模型,这就是分布式系统的概念。分布式系统的理论和实践是当前计算机技术发展的前沿问题,很多探索性的工作还在进行。分布式系统的复杂性是空前的。在学院派研究停滞不前的时候,基于应用范例来建立分布模型的设计成为分布式系统的主流研究思想。

2.1 硬件概念

2.1.1 程序执行

一般认为,ENIAC机是世界上第一台电子计算机,它是由美国科学家研制的，于 1946 年 2 月 14 日在美国费城开始运行。ENIAC 机证明了电子真空技术可以大大地提高计算能力。不过，ENIAC 机本身存在两大缺点：①没有存储器；②用布线接板进行控制。而现代意义上的计算机出现在 1945 年 6 月 30 日发表的一篇题为“存储程序通用电子计算机草案”(First Draft of a Report on the EDVAC)的论文上。这篇论文是著名数学家冯·诺依曼在加入到 ENIAC 项目组以后提出的一个全新的计算机设计草案，比 ENIAC 投入运行早了 7 个多月。

EDVAC 方案明确了新机器由五个部分组成，包括：运算器、逻辑控制装置、存储器、输入和输出设备，并描述了这五部分的职能和相互关系。EDVAC 机还有两个非常重大的改进，即：①采用了二进制，不但数据采用二进制，指令也采用二进制；②建立了存储程序的操作原理，指令和数据可一起放在存储器里，并作同样的处理，从而简化了计算机的结构，大大提高了计算机的速度。EDVAC 因此也被称为存储程序的计算机(stored program computer)。

EDVAC 草案奠定了现代计算机的工作原理。在经历了半个多世纪以后的今天，几乎所有的计算机依然是按照存储程序的计算机的原理工作。冯·诺依曼被誉为“现代计算机之父”是当之无愧的。

存储程序的计算机的原理框图如图 2-1 所示。系统的核心由中央处理器(Central Processing Unit，CPU)和主存储器(main memory，简称为主存或内存)组成。主存是一系列线性可直接访问的存储单元，用来存放程序(可执行的机器指令代码序列)和数据，程序和数据都是以二进制编码方式加载到主存上的。通信设备主要指输入输出设备和网络设备，用以连接键盘、终端和网络等外部设备。

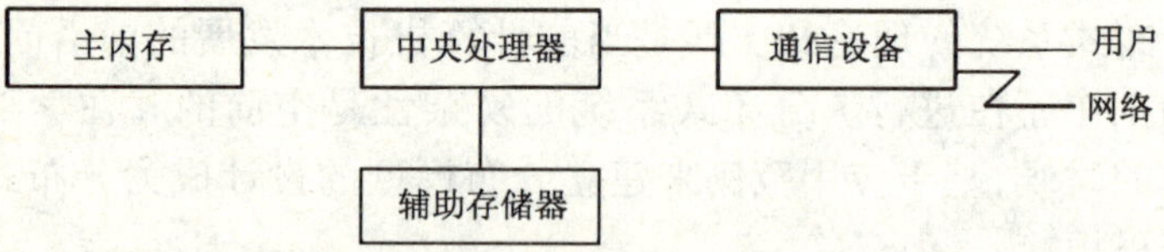

图 2-1　计算机原理图

中央处理器不断重复着取和执行(Fetch/Execute)指令的操作：① 从内存中取下一条机器指令；② 执行机器指令。

中央处理器由控制单元(Control Unit，CU)、算术单元(Algorithmic Logic Unit，ALU)和少量称为寄存器(register)的高速存储单元构成。控制单元解释机器指令并控制执行的流程，算术单元进行加法、移位、比较等二进制算术运算。CPU 的组成如图 2－2 所示。其中程序计数器（Program Counter，PC）是一个特殊的寄存器，它保留计算机要执行的下一条指令在内存中的位置。

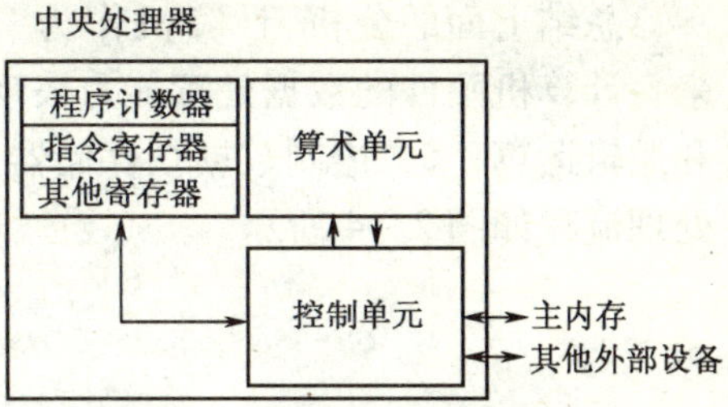

图 2－2　中央处理器的组成

主存中一般只有程序用到的代码和数据，其他代码和数据存储在辅助存储器（Secondary storage，简称为辅存或外存）上，例如，硬盘、软盘和其他存储介质。辅助存储器一般具有更大的容量，而且是永久性的存储设备。相反，寄存器和内存都是临时性的存储器，容量小但访问速度高。当计算机上电以后，代码和数据通过加载程序从辅助存储器加载到主存上，主存和寄存器的数据随着计算机指令的执行发生相应的变化，当计算机下电以后，寄存器和主存中的数据会自动消失。主存的每个直接可访问存储单元有唯一的地址，数据在中央处理器的控制下沿着框图中的连接线双向移动。计算机的存储器形成一个层次型的结构，算术单元只能操作最顶层，即存储器的数据。存储器的组织结构如图2－3所示。实际的计算机系统的存储结构可能还有更多级的存储设备，但原理是一样的。

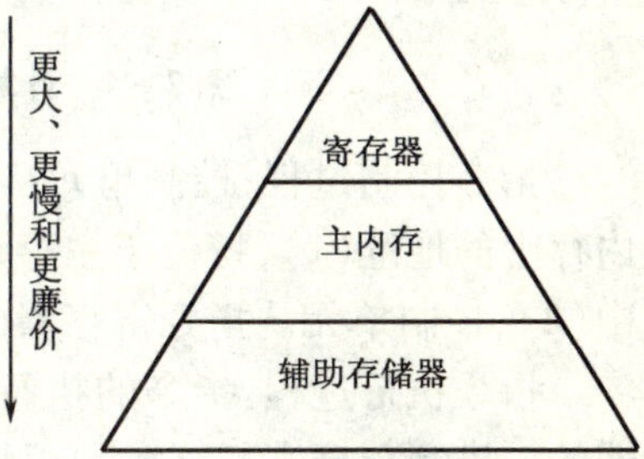

图 2－3　存储器的组织

在取指令的过程中：① 中央处理器的程序计数器指向下一条要执行的机器指令的内存地址；② 指令从主存复制到中央处理器的指令寄存器中；③ 指令被提交给控制单元进行解释；④ 程序计数器递增到下一条要执行的机器指令的内存地址。

机器指令包括两个部分，一个是二进制操作码（Operation Code），确定需要进行的操作，例如，读入数据、相加两个数等；第二部分是操作码相关的操作参数（Operands）。

在执行指令的过程中：①操作码被解释；②根据操作码从输入设备的寄存器或内存中读入数据；③ 进行算术或逻辑运算；④数据写到输出设备的寄存器或内存中。

对输入输出设备的控制是通过对输入输出设备特定的寄存器的读写操作来完成的。辅助存储器从原理上来看也是一个输入输出设备。

总结上面的分析,计算机作为一个数据处理设备的理解逐渐清晰起来。计算机硬件的数据处理能力表现为两个方面:①对二进制数据的算术和逻辑运算;②二进制数据在存储器之间的移动。整个的指令控制和数据处理流程如图 2-4 所示。

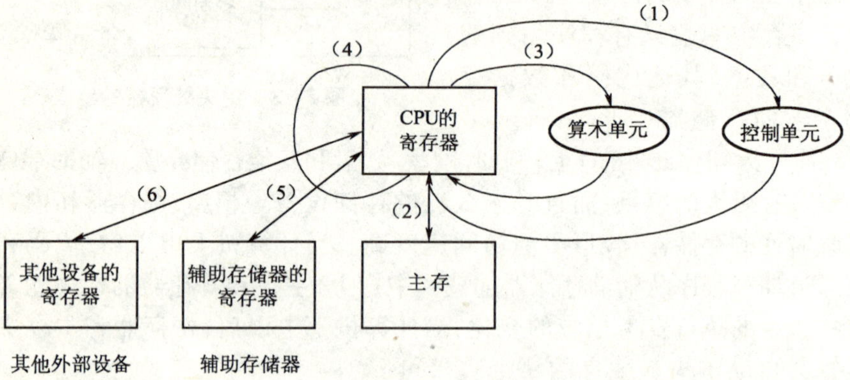

图 2-4 计算机的指令控制和数据处理

指令控制过程:控制单元从程序计数器寄存器中获得下一条指令在主内存中的地址(1),将位于主存该地址处的指令移动(读写)到指令寄存器中(2),控制单元从指令寄存器中获得执行指令并执行指令(1)。

指令执行过程:指令的执行只有两类操作,一是通过算术单元对寄存器的二进制数据进行算术和逻辑运算(3),这个运算包括给程序计数器的值设定为下一条要执行的指令在主存中的地址;二是将二进制数在 CPU 的寄存器和其他存储器之间双向移动(2)(4)(5)(6),以实现计算的要求和对外部设备的读写操作。

计算机硬件的能力是计算机最基本的能力。我们已经很难想像今天如此复杂的软件是运行在这么一个简单的硬件系统上的。但事实确实如此,任何复杂的软件系统最终都分解成为简单指令的序列执行。计算机的发明显示了人类利用简单的技术去克服复杂问题的智慧。

一个有实际意义的计算机通常包括一些必要的输入输出设备,图 2-5 是一个典型的微机系统的硬件组织示意图。中央处理器通过输入输出桥设备与所有外部设备相连。

2.1.2 编程模型

从程序员的角度分析,程序是机器代码和数据的一个集合。编写一个程序的过程就是设计一个有意义的机器指令序列,通过对不同的存储器读

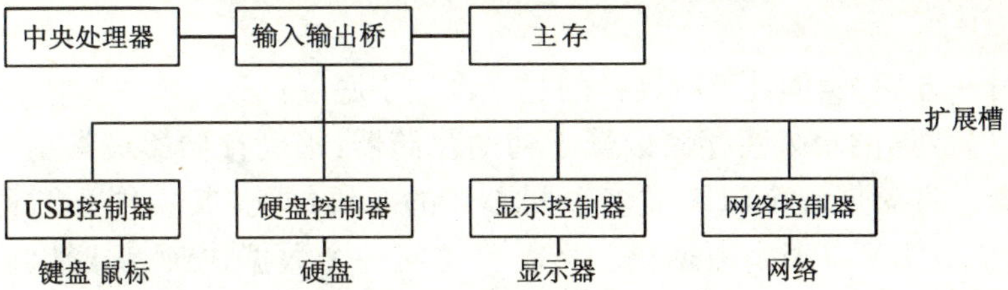

图2-5　微机的硬件组织示意图

写操作和对数据的算术和逻辑运算来达到解决一个应用问题的目的。机器指令包括操作码和操作参数两部分，指令集合和每个指令的操作参数的要求是由中央处理器规定的。

中央处理器所能提供的指令集合是一个非常有限和非常简单的集合，例如，从寄存器或主存中读入一个数值，或向寄存器或主存写入一个数值；进行二进制数的逻辑和算术运算；比较两个二进制串，或者将程序计数器的值进行修改以改变指令序列程序指令的执行顺序。指令的操作参数只能是二进制数和各种存储器。

计算机硬件的编程能力可以用一个简单的编程模型来表达，这个模型包括以下内容：①用机器指令来表达处理过程；②处理的对象是二进制数和不同的存储器；③处理是对二进制数进行算术和逻辑运算的操作和在不同存储器之间移动的操作。

在计算机刚问世的几年里，硬件编程模型是唯一能够使用的编程模型。随着计算机应用的深入，人们很快发现用这个编程模型去实现一个复杂的应用可能是非常困难，甚至是不现实的。程序员需要解决的应用问题与计算机的硬件模型有太大的差距，应用问题一般是较高层次的抽象，而计算机硬件编程模型却是一个很底层的能力。

一方面，由二进制数、机器指令和主存所提供的程序表达能力过于底层：

(1)数据类型和主存：应用问题一般涉及多种数据类型，例如，小数、整数、数组、字符串以及复合数据类型。如果每个程序员都需要将这些数据类型转化为二进制数，然后将其映射到主存的线性存储单元的序列上，这不仅有重复劳动的问题，而且产生了程序复杂性的问题。

(2)数据处理逻辑：应用问题对数据的操作是基于一些高级数据类型的操作，例如，在一个数组中进行查找，或者对数组进行排序，或者做一个矩阵的运算等等。如果每个程序员都需要将这些操作分解为适合中央处理器的简单的算术和逻辑运算指令，重复劳动和复杂性的问题也是存在的。

另一方面，操作计算机硬件的过程也过于底层：

(1)数据的永久性存储依赖于辅助存储器：辅助存储器最常见的形式是磁盘。磁盘是一个组织成多个同心圆的二维结构，其中同心圆称为磁轨，每个磁轨又有多个数据块。当需要访问一个数据块时，程序以机器指令的方式控制读写磁头的机械运动，直到磁头达到这个数据块的位置进行读写操作。而程序员希望将一个程序或者一个数据的集合作为一个逻辑存储单元，怎样把磁盘的数据块和程序员意义上逻辑存储单元结合起来，重复劳动和复杂性的问题也是存在的。

(2)与外部设备的交互：通信和输入输出设备的硬件接口一般是按照一个指令序列对设备的一些特殊寄存器进行读写操作，使得设备执行期望的功能。这些指令序列一般是非常复杂的，而且不同的设备可能有完全不同的指令控制序列。程序员如果希望使用外部设备，即使是做一些简单的操作，例如，键盘读入或屏幕显示，都需要对相应设备的指令操作序列有较深的理解，重复劳动和复杂性的问题也是存在的。

为了使程序员能够更方便地使用计算机的硬件去解决实际问题，人们开始尝试用软件的方法去构造一个更高级的编程模型，这些艰苦卓绝的努力形成了两个方向的系统软件的发展。

第一，编译系统软件。高级编程语言以数据类型、变量、控制语句、函数等抽象概念取代了二进制数、机器指令、主存、寄存器等与机器相关的底层概念。用高级语言编写的程序可以通过编译器、翻译器、连接器等程序自动转化为适合计算机硬件执行的机器指令序列。编译器、翻译器、连接器等程序构成了编译系统软件。

第二，操作系统软件。操作系统软件通过提供更高级概念的抽象为应用程序的开发提供了对不同计算机硬件的简单的和一致的操作能力。

系统软件成为现代计算机系统的一个重要的组成部分。

2.2 软件概念

2.2.1 高级编程语言

程序是问题求解过程的表达，表达求解过程的语言称为编程语言。编程语言是一个标准化的指令表达技术，它定义编写程序的语法和语义规则。

从计算机的发明开始，最早的编程语言——汇编语言（Assembler）就诞生了。它是直接以符号的方式表达二进制的计算机机器指令，使得计算机程序的编写和阅读摆脱了二进制格式的极大不便。我们需要使用一个称为汇编器的程序将用汇编语言编写的程序自动转化为相应的二进制的机器指令程序。由于汇编语言的符号与中央处理器的操作码有一一对应的关系，因此这个转化相对来说是比较简单的。如图 2－6 所示，一个用汇编语言编写的程序 A. asm 通过汇编器程序转化为机器可执行的二进制程序 A. exe。

图 2－6　汇编器的处理

汇编语言只是解决了二进制格式问题，程序表达的底层特征并没有得到根本的克服。

今天，在绝大多数的程序编写中，汇编语言已经被更高级的编程语言取代，例如，Fortran，Cobol，Basic，Pascal，C，C ＋＋，Java，Perl 等等。高级编程语言的核心思想从与机器相关的指令集合转变到一个与机器无关的面向解决应用问题的编程语言的定义，而将最后生成机器指令代码的繁琐工作提交给一个称为编译器（Compiler）或者解释器（Interpreter）的自动转化程序来完成。在这个领域，并行的努力或对应用问题的不同的理解产生了多种不同的高级语言设计，从而引发了高级语言之间激烈的和持续的争议。

高级语言是一个包括词汇、语法和语义的规范集合。高级语言依赖编译器程序将语言的抽象概念自动转化为机器指令，因此高级语言的抽象概念与计算机的底层概念之间存在必然的映射关系。如果说计算机是通过机器指令操作二进制数的一个硬件，那么高级语言则是定义了一个通过高级指令操作高级数据结构的抽象计算机。高级指令构成了高级语言中语句和表达式的规范，是关于中央处理器的抽象；高级数据结构构成了高级语言中数据类型系统和变量规范，是关于主存的抽象。语句序列和数据通过编译器程序分别映射到计算机主存中的机器指令序列和数据区域上，这样使得用高级语言编写的程序可以转化为计算机可执行的二进制机器指令程序。虽然不同的高级语言采用了不同的名词概念，但都毫无例外地遵循了上述原理。高级语言程序的编译原理如图 2－7 所示。

（1）数据类型系统和变量。在实际的问题域中，数据代表了诸如姓名、账号和金额等信息，高级语言负责将低级数据格式组织为更高级的数据概

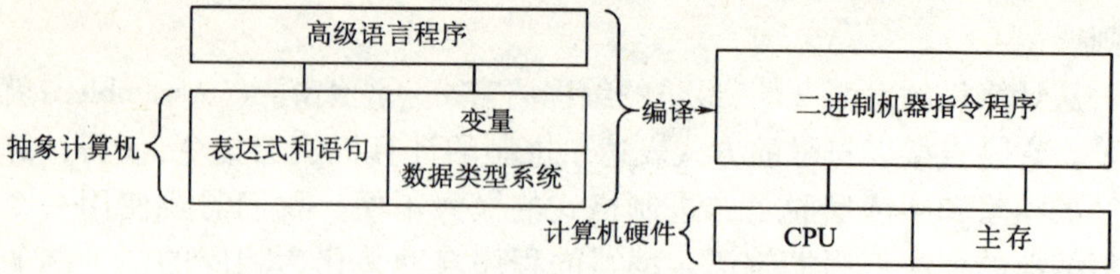

图 2-7　高级语言的编译原理

念。高级语言中组织数据的子系统称为数据类型系统(type system)。数据类型系统一般提供包括字符、整数、浮点数、双精度数和数组在内的常用数据类型,这些数据类型称为语言内置(build-in)的数据类型。大多数高级语言还允许使用内置的数据类型去构造更复杂的数据结构,例如,线性表、栈和文件等。

高级语言使用变量的概念来表示某个数据类型的数据。程序中的变量一般需要通过变量申明语句定义以后才能被使用,有些编程语言允许默认的和隐式定义的变量。变量一般有比较复杂的内存分配机制和访问控制机制。编译程序一般将主内存按照一定的方式进行组织,以便于自动生成机器指令的二进制数据。图 2-8 是一个典型内存组织方式,程序的二进制格式在主内存中组织为代码和数据两个部分,数据又分为堆数据区域和栈数据区域两个部分,前者用于管理程序的全局变量和内存的动态分配,后者用于管理程序的局部变量和函数调用时形成的栈数据结构。函数的概念参看 2.2.2 节。

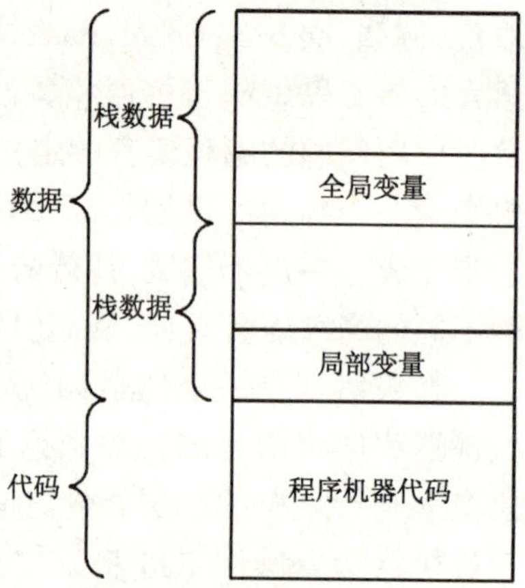

图 2-8　内存的典型组织结构

变量可以按照名字和地址(引用)进行访问,并遵循一定的变量作用域的定义。变量在主存或寄存器上的映射由编译器自动实现。程序员既不需要关心主存和寄存器的存在,也不需要关心数据在主存或寄存器上的二进制组织方式。有些高级语言为了实现底层操作或执行效率的需要,保留了部分与机器相关的概念。例如,C 语言中的指针数据类型是为了使程序能够直接访问主存而设计的;C 语言中的 i++、i-- 等运算符也是针对机器指令的一种优化,虽然 i++ 和 i=i+1 逻辑上是完全一样的,但编译器在处理后者时产生的机器指令较前者更为复杂。

（2）语句和表达式。当程序的数据被确定以后，计算机必须知道如何操作数据。高级语言负责将低级机器指令组织为高级语言的语句。高级语言一般定义了数学和逻辑表达式以及一定语法结构的执行控制语句。控制流语句决定了语句执行的顺序，它包括条件判断、循环和选择判断等。

（3）面向对象的编程语言。面向对象的编程语言允许定义"对象"类型的数据，这种类型的数据同时包括属性定义（变量）和方法定义（函数）。语言中"对象"的行为和相互作用较好地模仿或者模型化了现实问题域中的对象交互。目前它已经成为一种主流的编程语言。

2.2.2 函数和函数库

大多数高级语言允许将求解过程的一部分定义为子程序或函数。程序可以分解为函数，这不仅是克服程序复杂性的需要，而且也是实现求解过程复用的需要。程序通过调用函数而形成一个求解过程本身也是一个函数的概念。代表程序的函数又称为主函数。任何一个程序有且仅有一个主函数，主函数是程序执行的入口函数。

函数的定义一般包括函数的名称、参数列表以及返回值三个部分。函数之间的调用不仅可以嵌套，而且可以递归。主函数是唯一的例外，它只能调用其他函数，而不能被其他函数直接或间接的调用。理论上函数可以使用与调用程序不同的编程语言来实现，只要调用程序的语法和语义能够完全映射到编写函数的编程语言上。因此，我们说函数具有某种语言无关的特性，虽然实际上要做到这一点并不是很容易。如果做到了这一点，程序的编写可以使用多种编程语言的表达能力。

（1）独立编译。为了便于程序开发工作的组织，编译系统允许将一个程序的函数组织到不同的代码文件中进行独立编译，最后通过连接器程序将程序的所有函数组合到一个可执行的机器指令的程序中。如图 2－9 所示，程序文件 A.c 和 B.c 经过独立编译后分别生成二进制对象文件 A.o 和 B.o，然后它们由连接器程序组合成一个可执行文件 A.exe。

（2）函数库。将一些精心设计的具有公共价值的函数组合到一个称为函数库的软件中，构成了软件组件的最原始的形态。函数库是可以被复用的。函数库可以由不同的人用不同的编程语言来实现，函数库本身也是一个特殊的软件形态，是一个可以被独立开发、维护和提供的函数集合，它的最直接的用户是其他程序而不是最终用户。从复用性的角度分析，函数库

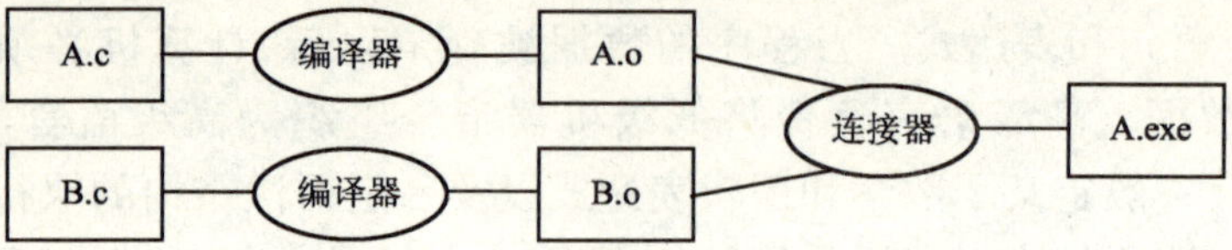

图 2－9　程序的独立编译和连接

的设计目标往往不局限于满足某一个程序的需求，一般是解决某一类问题的公共函数的集合。编译系统一般也是通过连接器生成函数库文件，并且允许以其他函数库文件为输入生成可执行程序和新的函数库，如图 2－10 所示。

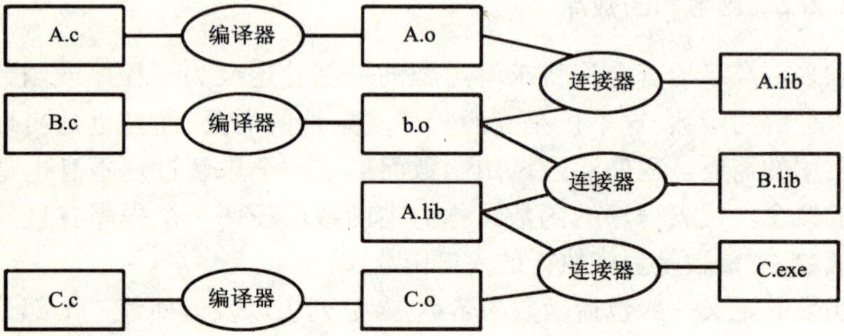

图 2－10　连接器生成函数库和可执行文件的组合

程序与函数库的区别在于，程序是可执行的，主函数是求解过程的第一个函数；而函数库一般没有主函数，它是不能独立执行的。

对某一个编程语言而言，它的可编程能力并不只是语言本身的表达能力，更重要的是它是否能够调用其他编程语言所写的函数，以及第三方函数库的提供能力。高级语言对计算机硬件设备的使用一般是通过调用操作系统软件的函数库来完成的。

代码段 2－1 Hello. c 程序

```
#include <stdio.h>
void main() {
    printf("Hello World\n");
}
```

实际上，即使一个最简单的程序都会使用到第三方提供的函数，例如，用 C 语言写的 hello. c 程序－代码段 2－1。其中，printf 就是一个系统函数，负责将字符串显示在终端上。

高级语言的完整的编程模型如图 2－11 所示。

（3）动态连接的函数库。上面介绍的函数库的技术又称为静态连接的函数库技术，因为在连接过程中，程序中用到的函数库中的函数代码被

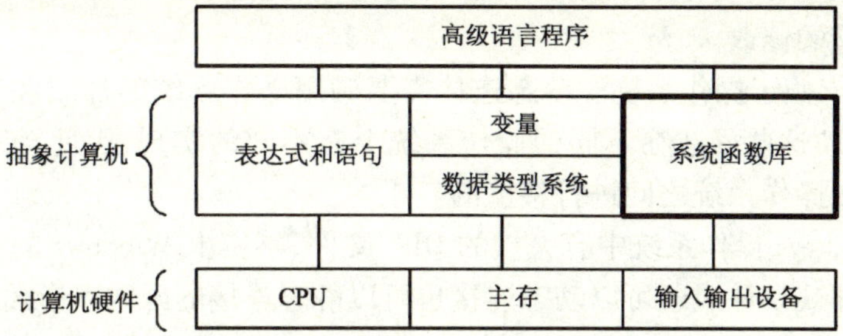

图 2-11　高级语言的编程模型

直接复制到用户的可执行机器指令程序中。这样做的结果是,函数库的机器代码成为了可执行程序的不可分割的一部分。以图 2-10 中的连接过程为例,如果 A. lib 中有一个函数 f 需要占用 16M 的字节的存储空间,那么与 A. lib 连接的所有使用到 f 的可执行程序都会增加 16M 字节的存储空间。如果一台计算机上有三个程序使用了 f 函数,则磁盘上需要多占用 48M 的空间。而当这三个程序同时运行时,情况更为糟糕,因为主存也需要多占用 48M 的空间,因为操作系统无法区别多个执行程序的重复代码。

静态连接的又一个问题是,当函数库的开发者发现了 f 函数的缺陷,或者对 f 函数进行了改进,新版本的 f 将被提供给用户;但我们知道,一旦函数 f 的机器代码被复制到应用程序中后,我们无法用新版本的 f 去替换旧的 f,除非重新连接应用程序。重新连接意味着将用户程序退回到开发环境,这是更新静态连接函数的一个不得不付出的代价。

解决上面问题的一种技术就是实现函数库的独立加载,这种函数库的形式称为动态连接库(Dynamic Link Library,DLL)。动态连接库是一种特殊的函数库形式,其基本原理如下:

• 在连接过程中,连接器只在可执行文件中加入调用动态连接库中函数的必要的连接信息,而不复制被调用函数的代码。

• 动态连接库可以自动或手动地被加载到计算机的内存中。

• 调用程序在执行过程中动态地发现函数,并建立与该函数的地址空间的连接。

动态连接技术解决了一些问题,但也产生了一些新的问题,主要有:

• 性能的损失。因为动态连接函数需要做更多的处理,对于频繁调用的函数,这个性能损失不总是可以忽略不计的。

• 全局变量的同步访问。如果动态函数库中的函数依赖于某个全局变量,由于 DLL 中实际只有一份全局变量,因此这时需要控制多个程序对全局变量的修改。

- 依赖于操作系统。动态连接需要调用操作系统的加载和卸载 DLL 的函数,而这些函数在不同的操作系统上有不同的实现,因此动态连接库是不能在操作系统之间进行移植的。

Windows 操作系统中有大量的 DLL 文件,事实上 Windows 的大多数系统函数都被设计成既可以动态连接也可以静态连接的函数库形式。

2.2.3 组件思想——接口与实现的分离

组件即组成部分。曾几何时,组件已经成为了一个充满魔力、歧义和有些过于滥用的术语。组件的含义真正发生变异应该是在 90 年代中期,在面向对象的神话开始破灭的时候,人们试图以更加正式和标准的方式来定义软件单元。制造业的大工业化水平成为软件开发所追逐的目标。在制造业中,从原材料到部件(组件、半成品),从部件到最终产品形成了一个具有规模效应的产业链。其中部件的标准化在这个产业链中扮演了关键的角色。这样的类比所带来的信心是,如果采用制造业的成功实践,软件开发没有理由不实现梦寐以求的工业化水平。软件组件的术语正是在这样的背景下被重新定义的。

在制造业中,一个零部件的含义至少包括以下内容:①独立产品的概念:可以被独立设计、制造和维护的产品;②功能:提供确定的功能;③规范:满足一定的规格和技术指标;④操作说明:关于使用环境、操作规程和限制条件的说明。

相对于最终产品零部件的细微区别在于它可能没有独立用途。例如,芯片是一个独立产品,但它只有被装配到一个电脑中时才能有真正意义上的用途。

如果采用同样的思路去定义软件组件,我们可以有下面的定义:

软件组件是可以被独立开发、分发和维护的一个程序、数据和使用文档的集合,它可以作为其他软件的组成部分而被使用。

事实上,软件组件是一个软件,它与通俗意义上的软件的区别在于组件的用户可以是其他组件或者其他软件。如果说将复杂软件分解为更小的组成部分是克服软件复杂性的必要手段的话,那么组件概念强调的则是组件标准化的即插即用功能和组件的复用能力。很多文献把面向对象编程作为理解组件的基础,我个人认为这是一个误区。组件可以用任何语言去编写,与面向对象编程没有直接关系。

组件概念的重定义的另一个重要因素是 Internet 的迅速崛起。虽然人们对于创建高效可移植程序的需求很早就出现了,但它毕竟被放在其他更紧迫的问题之后。在 Internet 出现之前,计算机世界被划分为三大块:Unix, Windows 和 Macintosh 以及若干小块。大多数应用软件都是在特定环境下开发的,它们之间的互操作需求相对薄弱。Internet 的崛起又重新使可移植和互操作这些老问题走到了前台。

组件一般依赖于运行环境的一些标准服务来建立与其他组件的交互。这些标准服务一般是建立在操作系统之上的,它们构成组件的运行环境,也称为组件服务,实现组件服务的软件一般被称为组件容器。通过对容器软件的配置,我们可以在一定程度上根据需求定制组件的能力而不需要改变组件,包括分布架构、事务处理、安全性等。能够通过配置来改变的系统的功能和能力,又称为系统申明性能力(Declarative Capabilities)。J2EE 中的 XML 部署文件正是申明性属性的使用。

组件的划分也有利于开发工作的分工协作,不同的技能小组专注做自己擅长的事情。例如,美工和页面设计师负责用户界面的组件,而业务小组负责业务逻辑组件的编写,等等。

很多文献认为,组件化是软件行业的一场革命,但过去的 10 年并未能证实这一点。人们设想的开发模式是:一部分人去开发组件,制造一个很大的商业组件库;而另一部分人去设计架构,选择组件和组装,像搭积木一样。软件将更可靠,更易于使用、维护和升级,软件开发过程将更快、成本更低。遗憾的是,今天的软件开发和 10 年前相比并没有发生太大的变化,软件开发过程依然存在工期、成本和质量等诸多的问题。

基于组件的开发改变了什么?我们长期以来一直认为满足功能是最重要的,其他的东西只是作为修饰性的或者派生的。而基于组件的开发是在工程的开始就将满足功能和将功能组织为可重用组件放在同等重要的位置,软件的设计是围绕着一组独立的、提供所需功能的组件展开的。这是从小作坊的运作到工业化运作的一个观念转变。

接口与实现的分离

在制造系统的装配线上,零部件是按照一定的规格和技术指标选用的,至于零部件是怎样生产或通过什么途径采购的并不十分重要。当有多种零部件满足规格和技术指标的要求时,诸如成本、生产能力、信誉等一系列非技术性指标才开始起作用。制定所需零部件的规格和技术指标是产品设计的一个重要环节。一方面,零部件的规格和技术指标直接影响产品的规格和技术指标;而另一方面,过高的要求也会造成零部件的供给困难和零部件的通用性降低，导致产品成本上升。零部件的“规格和技术指标”与零部件本身是不一样的，在软件的组件术语中，这种现象称为“接口与实现的分离”。

接口隐藏了组件的开发细节，它是一个组件外部特征的抽象。接口定义是关于组件的“规格和技术指标”的描述，也是组件和它的使用者之间的软件契约。换句话说，组件是接口的一个实现，它是通过接口来暴露自己的功能和连接性的。图2－12 按照通常使用的组件图标标志了组件和接口的关系。

在软件的组织中，接口与实现分离是一个重要的概念。一个调用某个函数的程序，并不实际依赖这个函数的实现，而是依赖这个函数的接口，只要接口不改变，程序就不需要做任何修改。同一个接口可以有多种不同的实现，就像机器的部件只要符合规格或其他标准，机器是谁提供的并不是组装过程的主要问题。

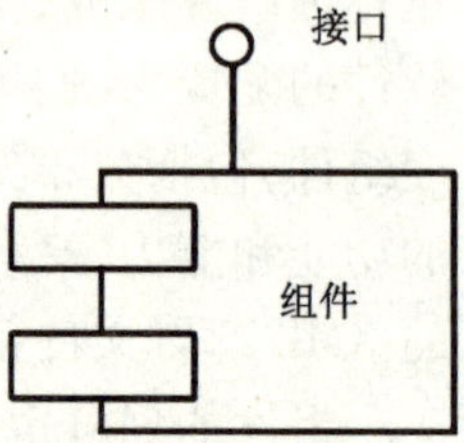

图2－12　图标

接口与实现分离的意义是双重的：一个接口可以有多个组件实现；一个组件可以实现多个接口。例如，一个排序接口可以有多个排序组件的实现，而排序组件除了实现排序接口以外，还可以实现其他接口，如图2－13 所示。

实际上我们很早就有了接口的概念。很多高级语言都提供常量、变量、数据类型以及函数声明的提前声明，并将它们组织到一个独立的头文件和类似头文件的一些文件中。例如，C++的#include 和 Java 的 import 都是针对这类文件来设计的。头文件事实上是组件接口的概念。由于头文件的编写一般与编程语言相关，也与每个程序员的命名风格和编程风格有关，因此它与程序实现有比较强的耦合关系，很难从实现中独立出来。它起到了接口的作用，但没有得到足够的重视。我们可以有两个几乎具有完全相同功能的函数库，但它们的头文件却可以完全不一样，结果是，这两个函数库无法作为替

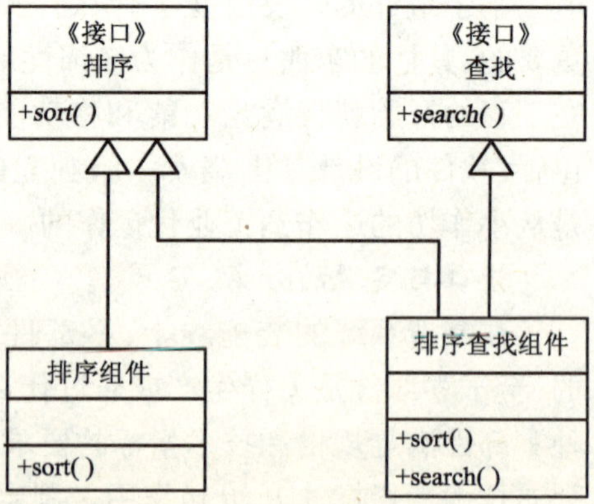

图2－13　多接口和多实现

代的组件。同一个头文件可以有多个不同的实现并没有被很好理解。

为了克服头文件方式对编程语言的依赖性,开发软件组织(Open Software Foundation,OSF,现在更名为开放组织,Open Group)为分布式计算环境(Distributed Computing Environment,DCE)设计了一种C语言风格的接口定义语言IDL(Interface Description Language)。这个标准得到了业界较为广泛的认可,CORBA和COM都沿用了这个语言标准。而Java阵营依然使用Java语言关于接口的定义,因为对于Java而言,语言的独立性并不是Java所倡导的。

接口与实现的分离向组件化进程迈出了重要的一步。但接口的标准化工作依然遥遥无期,困难在于我们无法准确地、无歧义地、标准化地表达一个组件的"规格和技术指标",仅有描述语言是远远不够的。

2.2.4 程序的解释执行:Java语言

程序解释执行并不是一个新的想法。当人们还对是否能成功开发编译程序抱有很多疑问时,约翰·巴克斯博士在1953年已经成功地开发了第一个解释执行程序Speedcoding。但它的运行速度比手写的汇编程序要慢10到20倍。到1954年,Fortran编译器的成功开发和应用彻底葬送了该解释执行程序的前途。但解释执行程序的命运并没有就此终结,到了20世纪70年代末,解释执行随着BASIC语言重新进入了人们的视野。但真正赋予解释执行新生命的是1991年出现的Java语言。

让人有点奇怪的是,Java的最初推动力不是来自互联网。其主要动机是设计一个与平台无关的语言,人们可以使用这种语言来开发各种家用电器设备的软件,如微波炉、遥控器上的软件。家用电器使用了多种不同类型的CPU,而编译器生成的可执行代码却只能在一种CPU上运行。Gosling及其同事开始创建一种可移植的平台独立的语言,能够生成运行于不同CPU上的代码。这种努力导致了Java的创立。

如果没有互联网,Java或许会成为一个有用但却不会为人关注的语言,因为家用电器的编程毕竟是一个很窄的应用领域。在Java的演变过程中,互联网的出现和普及扮演了关键的角色。互联网是一种多样化的分布式世界,其中充满了各种类型的计算机、操作系统和CPU,设计能够运行在互联网上的程序所引发的技术挑战最终导致Java从家用电器的编程转为针对互联网的编程,由此将Java推到了计算机语言设计的前沿。

允许Java程序运行在多种平台上的关键技术是程序的解释执行:Java编译器的输出不是机器的可执行代码,而是被称为字节码(bytecode)的伪机器代码(Pseudo code,p-code)。Java 程序的执行系统称为 Java 虚拟机(Java Virtual Machine,JVM),它实现了一个高度优化和抽象的虚拟机器的指令集合。JVM 是以可执行机器代码的形式存在的,因此对于每一个目标平台,它有一个不同的版本。

JVM 的标准执行形式是对 Java 字节码的解释执行。如果将 Java 程序直接编译为可执行代码,那么对于不同的 CPU 就会存在一个不同的版本,而字节码是与平台无关的、具有"写一次到处运行(Write Once Run Anywhere,WORA)"的特征。

Java 程序被解释执行的事实也使得它非常安全。因为每个 Java 程序的执行都是在 JVM 的控制之下,JVM 实际控制了 Java 程序对外部资源的访问。一般来说,通过互联网下载、安装和执行 Java 程序是安全的。图 2-14 是 Java 程序编译和被解释执行的原理图,Java 程序 A. java 被编译为字节码 A. class,A. class 由 JVM 解释执行。实际上从操作系统的角度看,只有 Java 虚拟机才是真正意义上的可执行程序,它以程序的字节码为输入进行解释执行。

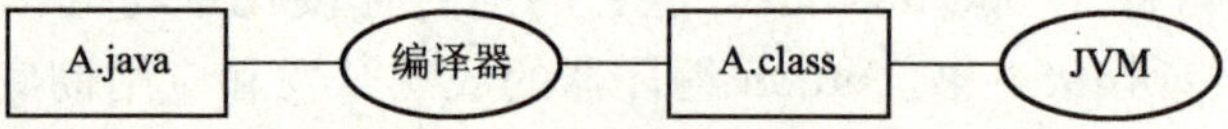

图 2-14　Java 程序的执行原理图

当一个程序被解释执行时,它通常比相应的可执行代码运行要慢得多,这也是大多数语言被设计为编译运行的主要原因。就 Java 而言,字节码的使用缓解了这个性能矛盾,Java 程序的运行效率对大多数互联网应用而言已经被证明是可以接受的。另一方面,Java 中并不存在技术上的限制阻止字节码被编译为可执行代码运行。Sun 公司提供了 Java 的即时编译器(Just In Time,JIT)。JIT 编译器是虚拟机的一部分,Java 的字节码在执行时一段一段地"按需"编译成机器的可执行代码。这种动态编译的功能既改善了性能,又继续保证了 Java 程序的可移植性和安全性。

在计算机语言世界里,Java 的成功不容忽视。Java 与 C++ 非常相似,但它不能简单地被理解为"更好的 C++"。Java 和 C++ 既不向上兼容也不向下兼容。或许关于 Java 成功的最好的例子是微软公司新近推出的 C# 语言,虚拟机、字节码等一系列关键技术在 C#中得以采用和发展。

Java 也许是程序解释执行的一个最成功的典范。但程序解释执行的影响不仅限于此。各种脚本语言,例如,操作系统外壳命令、SQL 命令以及互联网上流行的 PHP,PERL,ASP,JSP,Javascript,VBScript 等都是成功使用了程序解释执行的模式。应该说,程序的编译执行和解释执行各有优缺点,将在相当长的时间共存。

2.3 操作系统

2.3.1 原理和组织

操作系统软件产生的直接动机是为了解决对计算机的操作问题。这也是操作系统名称的由来。在早期的计算机系统中,可执行程序和数据通过一个加载器程序(Loader)加载到机器的内存中,用户需要在这个过程中手工设置程序的启动地址和数据的起始地址。由于计算机的主存不能在断电后保留数据,而CPU却只能执行主存中的程序,因此系统上电以后如何将加载器程序加载到主存中成为系统的技术难点。用一个形象的比喻,就像一个人试图拉自己的鞋带升高自己。为了能够在主存中加载第一个程序,早期的计算机依赖一个特殊的硬件装置,这个装置在计算机上电以后能够将包含加载器软件的少量数据加载到主存中并启动它的执行。这个特殊装置的英文词为bootstrap,是从拔鞋带的比喻中引申而来的。现代计算机一般通过使用一个永久性的只读内存(ROM)更简单地解决了系统上电启动问题。例如,微机一般是将加载器程序和基本输入输出系统(BIOS)保留在ROM区域,当系统上电后,加载器程序自动启动,在对机器进行例行检查后,启动系统。

由于早期系统的加载和执行需要操作员手工操作,到了20世纪50年代末,出现了具有中心控制功能并自动化加载和执行程序过程的操作程序,这个程序被称为批处理操作系统(Batch Operating System)。随着新的需求的驱动,操作系统软件融入了越来越多的新内容,以至于界定操作系统软件的范围都变得很困难。微软公司官司缠身的主要原因也是因为它在自己的Windows操作系统中免费捆绑了很多“不属于”操作系统的软件,使得其他软件厂商无法与之公平竞争。从操作系统的发展历程来分析,现代意义的操作系统的形成主要是来自于以下三个方面的需求驱动,这应该是一个较少争议的共识。① 方便用户对计算机的操作和管理;② 为程序员提供对计算机硬件的简单、一致的编程能力;③ 优化计算机资源的使用和管理。

这三个方面的需求催生了操作系统的三个重要的设计思想,那就是透明化、抽象化和虚拟化。透明化是对用户隐藏处理细节的过程；抽象化是将低级操作组织为高级操作的过程；虚拟化是将计算机的实际资源组织为虚拟资源的过程，这三个过程的结合形成了现代意义上的操作系统。

(1)方便用户对计算机的操作和管理，即透明化设计思想。这是将计算机作为一个处理终端的概念。用户通过终端界面加载程序、执行程序，并通过一系列工具软件操作和管理计算机。处理终端对用户隐藏了计算机处理的技术细节。我们一般也倾向于认为，人机交互的界面功能也属于操作系统的范畴。例如，Windows 的图形界面是 Windows 操作系统不可分割的一部分；Unix 操作系统是字符界面的，虽然我们可以通过其他软件包来使用图形界面的功能，但由于我们缺乏度量方便性的客观标准，工具软件的提供很难统一。操作系统的工具软件一般包括诸如磁盘的文件列表程序、文件的复制和移动程序、软件的安装和卸载程序、设备管理程序和文本编辑器程序等。至于浏览器程序、媒体播放器程序、WWW 服务器程序是否是方便用户使用的工具软件，还有争议。

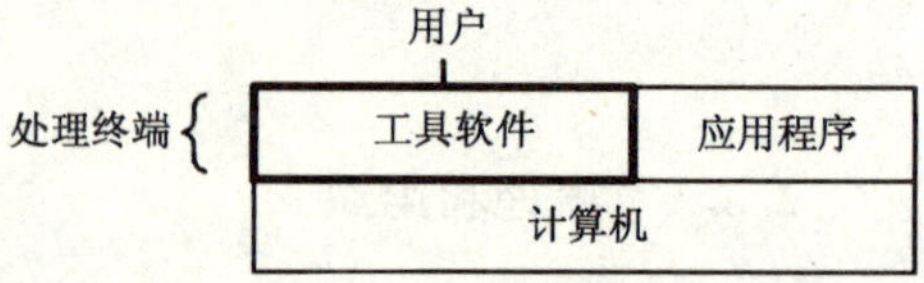

图 2－15　操作系统作为处理终端

(2) 为程序员提供对计算机硬件的简单一致的编程能力，即抽象化设计思想。这是操作系统作为扩展的计算机的概念。它的基本思想是将低水平的机器指令系列组织成函数，这些函数可以被看成是单个的基本操作。因此机器的低级访问功能通过抽象化而形成了一个机器的扩展功能。例如，系统的输入输出控制、文件管理和外壳命令(Shell commands)。这些函数构成了操作系统的函数库。从程序员的角度分析，应用程序、操作系统的函数库和硬件构成了一个层次结构。从某种意义上看，操作系统屏蔽了应用程序对硬件的直接操作。一个良好设计的操作系统能够满足绝大多数应用系统对硬件的操作需求。需要直接操作硬件的应用是极为罕见的。

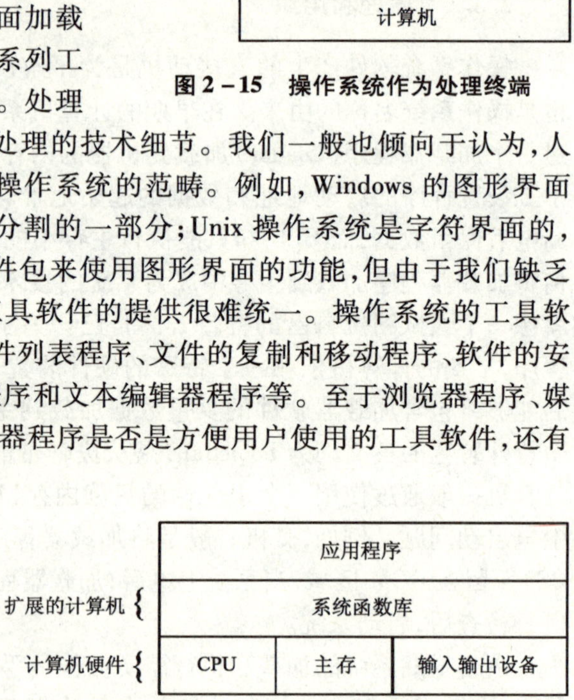

图 2－16　扩展的计算机

(3)优化计算机资源的使用和管理，即虚拟化设计思想。这是操作系统作为虚拟计算机的概念。操作系统需要管理和控制多用户共享使用机器的各种硬件资源。虽然一些应用程序之间存在合作关系,但在大多数情况下,它们对可用资源形成竞争关系。理想的情况是,每个应用程序可以使用机器的所有资源而不用考虑其他用户的存在。虚拟化的概念就是允许这样一种形态的资源共享。操作系统通过操作系统核心软件为每个运行的应用程序提供和管理一个虚拟计算机。每个应用程序运行在自己的虚拟计算机上,它有虚拟的 CPU、虚拟的内存和虚拟的设备,这个执行过程称为操作系统的一个进程。操作系统负责将虚拟的资源映射到实际的资源上,并管理竞争的访问。例如,分时管理子系统将 CPU 的运行分为小的时间片段,每个时间片段分配给一个应用。CPU 在应用程序间的切换是完全透明的,每个应用程序就好像自己在独立使用 CPU,如图 2 - 17 所示。

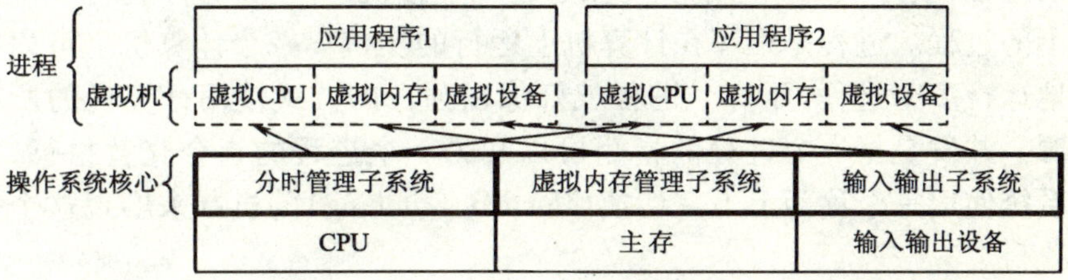

图 2 - 17　虚拟计算机

虚拟机的设计从另一个层次上隔离了应用程序对计算机资源的直接访问,使得操作系统成为计算机资源的实际管理者。操作系统在管理资源竞争访问的同时,还需要考虑最大化系统整体效率的问题。这就涉及操作系统必须实现一般化的和基本的优化策略,同时还应该为应用程序提供优化的机制,用户可以组合操作系统的优化机制而实现自己的优化策略。例如,I/O 的设备的提前读功能和异步访问功能是优化整体系统性能的重要手段。

综合上面的分析,操作系统软件由三个部分组成,最底层是操作系统内核(OS Kernel),提供系统虚拟机器和资源管理的功能;较高一层是系统函数库(System libraries),提供系统扩展机器的功能;最高一层是操作系统的工具软件,如图 2 - 18 所示。一般用于系统分析的操作系统的概念只包括操作系统内核和系统函数库两层,操作系统的工具软件属于应用软件的范畴。

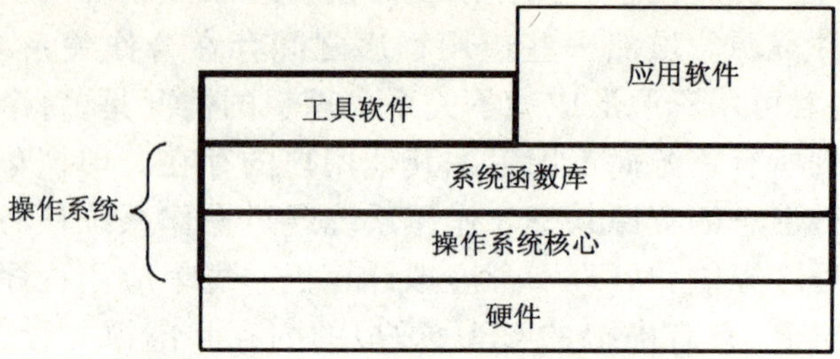

图 2－18　操作系统的组织结构图

2.3.2　进程

进程是现代操作系统的一个重要概念。一个程序在计算机上加载执行的过程，实际上是操作系统的核心建立虚拟机，并使得程序运行在虚拟机上的过程。进程是程序在计算机上运行的实例。一个计算机上可以并发地运行多个进程，而每个进程就好像以独占的方式使用计算机的所有资源。并发是指一个进程的指令可以和另一个进程的指令交替执行，操作系统使用一个称为上下文切换（Context switching）的机制来实现这个交替执行。

每个进程有一个运行时的状态信息。这个状态信息称为进程的上下文，它一般包括程序计数器的值、寄存器的值和虚拟内存的占用等所有恢复进程运行所需要的信息。在单处理器的计算机上，在任何时刻，有且仅有一个进程运行在计算机上。当操作系统按照某种分时的策略决定将一个进程的执行转换到另一个进程的执行时，它执行一个进程切换的操作：保存当前进程的上下文，恢复另一个进程的上下文。假设操作系统的核心进程为 K，计算机上有 P_1 和 P_2 两个进程，P_1 和 P_2 的并发运行的原理大致如图 2－19 所示。

操作系统内核在多个进程之间轮流调度，让每一个进程运行一个时间片（time slice），然后迅速地切换到下一个进程。由于每个进程能够频繁地获得时间片，当时间片足够短、频繁程度足够高时，人们不通过仪器是无法觉察到时延和切换过程的，因此这些进程就好像是并发在运行。但过多的进程必然产生可以察觉的时延和切换过程，大多数人都经历过机器变得很慢的情况。进程交替执行的另一个问题是，程序的执行所需要的时间变得不确定，它不仅依赖于本身的算法效率，而且还依赖于并发的其他程序，程序员很难得到准确的可重复的执行时间的度量。

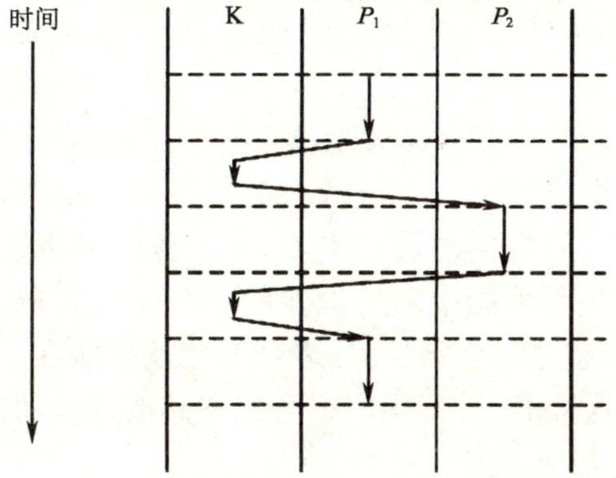

图 2－19　P_1 和 P_2 的并发处理

进程的交替执行造成了一个并行处理的假象，但在一个多处理器的计算机上，真正的并行处理也会发生。支持多处理器的操作系统可以安排进程在不同的处理器上并行处理，但运行在同一处理器上的进程仍然是交替地并发执行。

2.3.3　并发编程和进程间通信

进程设计的初衷是允许多个应用程序并发运行在一台计算机上，以提高计算机硬件的使用效率。传统的理解是，进程是一个系统的概念，而不是可编程的概念，操作系统是唯一被允许和能够建立新进程的程序，而程序员既没有必要也没有技术能力去管理并发处理。但这个观点在现代计算机系统中发生了变化，今天的程序员可以使用进程的复杂机制去建立包含多个程序的应用系统，这就是所谓的并发编程的思想。

很多应用需求有明显的并发性需求。例如，一个文档编辑程序一般有编辑和打印两个功能，用户一般希望在打印文档的同时可以继续编辑文档，编辑和打印最好是可以被并发处理的两个任务；再举一个例子，媒体播放器程序有播放和控制两个功能，当媒体在播放过程中，用户希望能够进行播放控制的操作，如暂停、快进、慢进等。播放和播放控制必须是能够被并发处理的两个任务。

如果将一个应用处理分解为多个并发运行的进程，这些被操作系统所隔离的进程必须能够进行通信以形成一个协作关系。通信的本质是交换信息，进程之间交换信息存在两种不同的方式：一种是通过一个共享内存区域，一个进程写入的信息可以立即被另一个进程读出，两个进程之间通过读写的操作完成了一个信息交换；第二种方式是基于消息传递的，一个进程可以向另一个进程发送消息,另一个进程通过接收消息来完成一个信息交换。在并发编程的模型中,进程之间也存在一些需要解决的问题,例如:

(1)数据操作的原子性。我们经常假设读和写一个机器字长。二进制数的操作是原子的操作:即进程的一个读或写的操作完成以后,另一个进程的读、写才可以开始。从处理器的设计来看,原子操作是机器在一个硬件周期内的操作,分时系统不可能中断处理器的一个硬件周期,而执行另一个操作。如果数据结构超过一个字长,处理器可能就不能在一个硬件周期内完成读或写的操作,这样的读、写操作很可能与其他进程的读、写操作交替而无法保证数据的一致性。

(2)生产与消费问题:在一个共享的缓存中,一个进程向缓存写入数据,另一个进程从缓存中读数据,前者是数据的生产者,后者是数据的消费者。生产与消费的问题需要解决的是在缓存满的时候阻止生产进程的写入,在缓存空的时候,阻止消费进程的读出。

这些看上去很困难的问题可以通过进程之间的共享内存的通信来解决。操作系统和一些编程语言一般提供了基于共享内存的进程间通信(Interprocess Communication,IPC)技术,例如:

(3)信号量(Semaphores)技术:一个信号量是一个可以通过原子操作读、写的非负整数。信号量允许有两种操作,一个是所谓的P操作,另一个是所谓的V操作。一个V操作给信号量的值加1;当信号量大于0时,一个P操作给信号量减1,当信号量等于0时,执行P操作的进程被阻塞。信号量非常适合进行互斥操作:首先将信号量初始化为1,每个访问特定资源的过程以P操作开始,以V操作结束。我们可以推断,在每个访问过程中,其他进程均被阻塞,直到访问结束。

(4)监控器(Monitor)技术:监控器定义了一个数据结构和能够访问该数据结构的一组函数,并且调用这些函数的操作是互斥的。由于数据只能通过监控器定义的函数访问,而且在任何时刻,只有一个进程可以调用允许的函数,因此数据访问得到有效控制。Java 的 synchronized 关键字实现了语言级的监控器。

(5)管道(Pipes)技术:一个管道是一个数据流从一个进程进入到另一个进程的通信机制,是生产与消费问题的一个具体实现。管道是 Unix 系统的一个进程通信的基本方式,Unix 命令 $P_1 | P_2$ 同时调用程序 P_1 和 P_2,并通过管道将 P_1 输出连接到 P_2 的输入上。

(6)消息传递(message-passing):一些操作系统提供消息传递机制作为

本机的进程间通信手段。进程的同步问题主要依赖消息发送进程和接收进程的时序关系,因为一个消息的接收不可能先于发送。消息传递可以使用监控器技术或管道技术来实现,这种本机的消息传递依然是基于共享内存的。消息传递是运行在不同机器上的进程的唯一通信手段,这时,消息传递依赖于底层网络功能,而不是共享内存。

基于共享内存的 IPC 通信存在两个方向的问题:①只能为本机的进程提供通信服务;②依赖于特定的操作系统,因此是不兼容的。随着网络的普及,尤其是基于网络通信的套接字编程标准的建立,越来越多的人倾向于使用网络通信来建立进程间的通信,即使这些进程是完全运行在一台计算机上。我们将在 2.4 节深入分析网络通信的原理。

并发编程的理论和实践给软件设计带来了一些新的思路。例如,我们可以将函数库设计在一个进程中,而将调用函数的程序设计在另一个进程中,然后利用进程间的通信来完成函数的调用过程。这种函数库的组织方式称为客户服务器方式,是继 2.2.2 节中介绍的静态连接库和动态连接库之后的第三种函数库组织方式。假设我们有一个简单的返回当前的时间函数 time(),图 2-20 描述了三种不同组织方式下的函数调用过程。

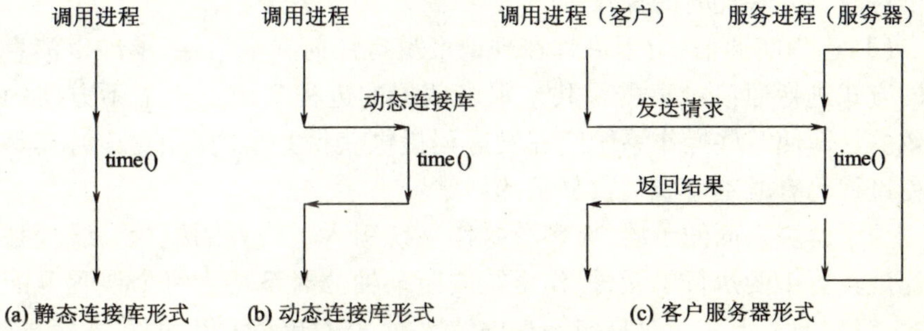

图 2-20　三种函数库的组织

函数 time 是一个独立进程的一部分。这个进程,又称为服务器进程,它以消息的方式接收其他进程的请求,并以消息的方式返回执行结果。调用进程又称为客户。这种方式以增加了一个持续运行的服务进程为代价,获得了以下一些处理结构的优势:

(1)适合于分布式处理。服务进程可以安装在一个专用的计算机上,其他进程可以通过网络来调用服务。

(2)更好的容错性。当服务进程崩溃后,调用进程可以继续工作,而在静态连接库和动态连接库两种情况下,time()的崩溃使得调用进程直接崩溃。

(3)客户管理能力。由于服务的调用是通过服务进程进行的,服务进程可以在更高权限上跟踪、执行和管理客户的调用。

(4)更容易维护。客户服务器方式对功能的划分有利于应用程序的设计、开发和维护。

操作系统的函数库组织也采用了上述三种方式的组合。

2.3.4 线程

大量的实践证明,基于进程的并发编程往往过于复杂和低效率,太多的进程直接影响到系统的整体性能。

(1)建立进程:系统在建立一个新的进程时,需要为进程配置一个完全独立的虚拟机,配置意味着新的内存分配、初始化内存以及将程序代码拷贝到内存中,并建立程序调用的栈结构等一系列操作;建立进程是一个耗费资源和耗时的操作。

(2)进程间切换:系统在进程间切换需要保存当前进程的上下文,和恢复下一个进程的上下文,而进程的上下文是一个包括寄存器使用、内存映射、打开的文件和统计等一系列信息的较大的数据集合。进程间切换也是一个耗费资源和耗时的操作。

(3)进程间通信:由于进程在理论上没有任何共享内存,单纯以消息传递的方式进行通信对于需要共享很多数据的进程来说是非常不方便的和低效的。即使某些操作系统给并发进程提供获得共享内存的技术,其具体编程过程仍有既不直观又很复杂的问题。

为了解决上面的矛盾,大多数操作系统引入了线程的概念。线程是一个比进程更小的执行单元,操作系统按照某种分时策略为每个线程分配时间片,线程的上下文一般只包括程序计数器、寄存器等 CPU 的状态信息,线程的切换相对简单。因此我们也说线程是一个轻量级的进程。每个进程至少包含一个线程,我们称它为主线程。此外,一个进程可以有多个线程,进程中的所有线程共享进程的资源,线程总是依附在一个进程上。由于线程的共享内存的本质,线程间的通信一般不需要进行消息传递,从而简化了编程过程,如图 2-21 所示。

从虚拟化的思想来理解,线程只是虚拟化了 CPU,它依赖进程提供的虚拟机环境执行;而进程虚拟化了除 CPU 以外的所有机器资源,它依赖线程提供执行能力。

(1)进程之间逻辑上(几乎)没有共享的资源,因为虚拟机之间是互相独立的。虚拟机的资源到计算机物理资源的映射由操作系统负责。进程更多的是一个系统的概念。

(2)进程中的线程完全共享虚拟机的资源,线程对虚拟机资源的合作和竞争访问的管理完全由程序员编程确定。线程是一个完全的编程概念。

以一个简单的例子加以说明:如果计算机上有一台打印机,两个进程可以同时打印,但两个进程的打印的内容不会交叉在打印纸上,因为进程是在一个虚拟打印机上进行,操作系统会负责将打印任务分开,按顺序打印在实际的打印机上。如果进程中有两个线程同时打印在同一个虚拟打印机上,那么打印结果会相互交叉。这也就是说,程序员需要通过正确的程序逻辑使得打印效果符合要求。

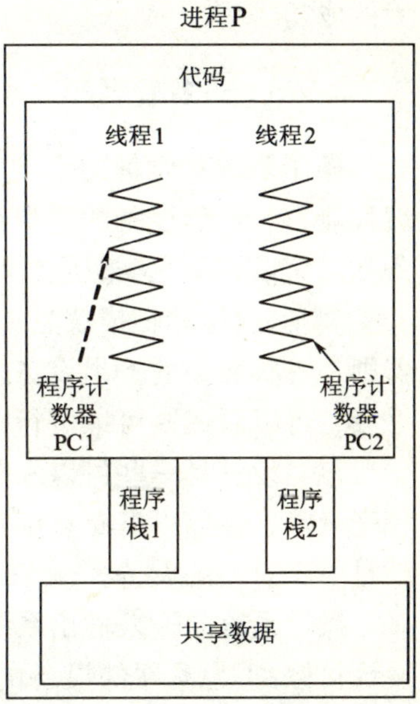

图 2-21　进程中的线程

线程技术给程序的设计带来了两个重要的影响:第一,程序可以分解为多个并发处理的过程,而这个并发处理比基于进程设计更高效和更简单,实际上多线程的程序效率一般不会低于同样功能的单线程程序效率,在很多情况下,多线程能够带来效率的提升;第二,线程之间的通信虽然更为简单,但对共享内存的竞争访问需要程序员进行附加的设计,遗憾的是,这个问题往往没有得到很好的理解和处理。

为了克服并发编程的复杂性和对操作系统内核服务的依赖,Java 的设计者们建立了一个简化的进程/线程模型:

(1)Java 进程之间除了套接字通信以外没有其他进程间通信手段。套接字通信也是 Java 进程与非 Java 进程的唯一通信手段。Java 标准语言包实现了套接字通信的所有操作。从套接字的特征推断,所有 Java 进程都是分布式进程,这一点在分布式系统设计中具有特别的意义。

(2)Java 标准化了对线程的管理。Java 的核心语言包实现了关于线程的基本操作,包括建立线程、运行线程和暂停线程等。

(3)Java 语言定义了 synchronized 关键字,以 synchronized 修饰的类、对象和方法将得到自动的监视器同步。多任务并发处理的同步问题第一次在语言级得到了处理。这是 Java 语言的一个重要创新。

经过这样一系列处理,Java 屏蔽了对操作系统内核服务的调用,标准化了多任务的处理。实践证明,这个简化的模型不仅可行,而且获得了巨大的成功。

2.3.5 设备管理和文件系统

操作系统对设备的管理为程序员提供了对硬件操作的简单和一致的编程能力。虽然设备的种类很多,但我们大致可以将这些设备分为存储设备和通信设备两大类,后者又可以分为输入设备和输出设备。

键盘、鼠标和扫描仪是一些典型的输入设备,而打印机、绘图仪和显示器则是一些典型的输出设备。当计算机通过网络设备与计算机通信时,网络设备可以看成既可以进行输入也可以进行输出的通信设备。

存储设备是一些可以永久性保存数据的设备,主要有硬盘、软盘、U 盘和光盘等。存储设备有只读存储设备和可读写存储设备的划分。CD-ROM 就是一个只读的设备。

操作系统的输入输出系统(Input Output System, I/O 系统)有以下三个设计目标:①隐藏硬件设备的处理细节,提供一个逻辑的和抽象的通信和存储设备的高级概念;②提供对通信和存储设备的高效访问;③支持通信和存储设备的共享访问。

输入输出系统的组织可以分为两个层次,底层是设备相关的软件,又称为设备的驱动程序,高层是一个与设备无关的软件层,它为程序员对设备的使用提供一个高级的函数库。

这个函数库一般按照设备的不同特性组织划分为不同的部分,主要有:

(1)块设备管理库:它主要对应存储设备,存储设备的数据一般在设备上组织为一个连续的、固定大小的数据块,我们一般可以顺序地或者按照块地址去存取数据。

(2)流设备管理子系统,也称为字符设备系统:这些设备可以接受任意长度的字符流的输入输出,我们只能按照字符流的顺序去访问每一个字符,而不能对流中字符进行按位置的访问。

(3)网络通信子系统:计算机通过网络设备与其他计算机通信,要求通信的计算机双方使用网络上的名字标识,采用相同的网络协议和表达希望建立通信的愿望。这部分内容将在 2.4 节中展开讨论。

块设备管理库的更高一层抽象是文件系统。文件将一个数据的集合组织成为一个逻辑存储单元,方便用户对数据的访问和修改。文件系统负责将对逻辑文件的操作转变为对块设备的读写操作。文件系统是操作系统的重要概念,因为它不仅在更高层抽象了块设备,文件系统本身也是一个具有复杂组织的系统,包括对文件夹、文件、文件类型等信息的管理。在Unix 操作系统中,所有的输入输出设备都被抽象为一个文件。

I/O 系统的总体框图如图 2 - 22 所示。

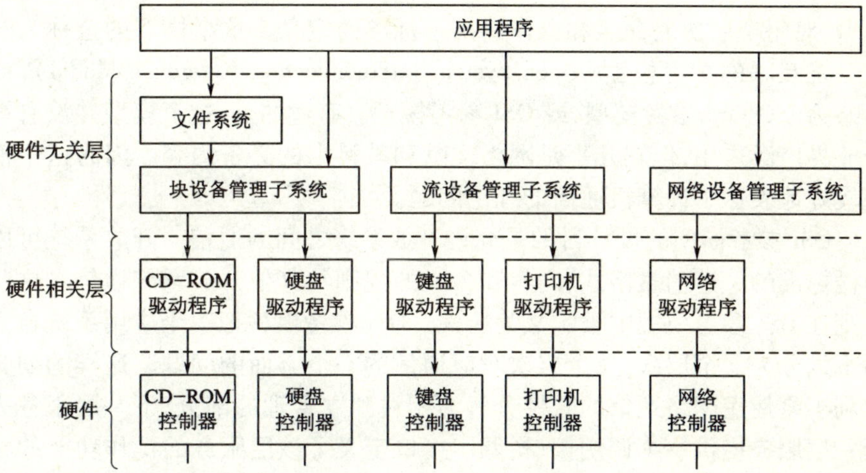

图 2 - 22　I/O 系统框图

2.4　网络通信

2.4.1　网络通信的分层协议

由于缺乏共享内存,计算机网络中的计算机间的通信只能采用消息传递的方式。换句话说,消息传递也是不同计算机上的进程间的唯一通信手段。假设进程 A 和进程 B 是不同计算机上的两个进程,当进程 A 需要与进程 B 发生通信时,进程 A 首先在自己的地址空间构造消息,然后通过对操作系统的网络服务的调用,将消息通过网络发送给进程 B。虽然这个基本操作看起来非常简单,但为了避免混乱,进程 A 和进程 B 之间必须对传递的消息的格式和内容有一致的约定。例如,如果进程 A 是在发送一篇 ASCII 编码的英文写的论文,而进程 B 却在等待一个用 IBM 的 EBCDIC 编码的法文货物清单,那么通信问题会变得复杂起来。

实际上,为了达到有效通信的目的,通信的双方在不同的层次上必须建立一致的约定,例如:①多少电压代表0,多少电压代表1? ②接收方怎么知道是消息的结束？③如何检查消息是否损坏或丢失，以及如何处理消息的损坏和丢失？④什么是整数、小数、字符串以及其他内部的编码？

为了方便对不同层次的通信约定的理解，国际标准化组织（International Standards Organization，ISO）在1983年建立了一个七层的标准参考通信模型，对每个层次的命名和操作给出了标准的定义。这个模型的全称为开放系统互联的参考模型（Open System Interconnection Reference Model），或简略为ISO OSI参考模型，或OSI参考模型。有趣的是，这个模型并没有被产业界广泛采用，但它几乎是网络文献和教科书的必备内容。因为这个模型较好地表达了计算机通信的理论问题。

OSI参考模型的设计目的是允许开放系统之间的通信。开放系统可以遵循标准的关于消息格式、内容和含义的规则与其他开放系统通信。这些规则在OSI参考模型中被定义为协议。OSI参考模型把一个应用系统自上而下划分为七个层次，每个层次对应通信的一个方面的问题。这样的划分有利于将使用网络通信的软件分解为相对独立管理的部分，下一层服务为上一层服务提供一个调用接口，调用接口定义了该层服务的操作功能的集合，如图2－23所示。

（1）物理层：物理层涉及二进制中0和1的传输，例如，多少电压表达0和1，每秒传输多少位，数据是否可以双向传输等。

（2）数据链路层：物理层只负责传输位串，在实际网络中，通信网络会发生错误，数据链路层将二进制位串组织成称为桢（frame）的数据单位，并负责检测和纠正错误。

（3）网络层：在共享介质的局域网中，数据的发送到接收不存在路径的选择；而在广域网和互联网中，数据从发送到接收可能需要经过一系列的路由选择。网络层定义了一个逻辑网络，负责提供数据在发送者和接收者之间路由功能。

（4）传输层：传输层是基本网络通信服务的最后一层，它负责将发送方的数据分解为多个数据段（segments）在网络上进行传输，进行数据的流控制（flow control），以及最后按照数据段的顺序在接收方还原数据。

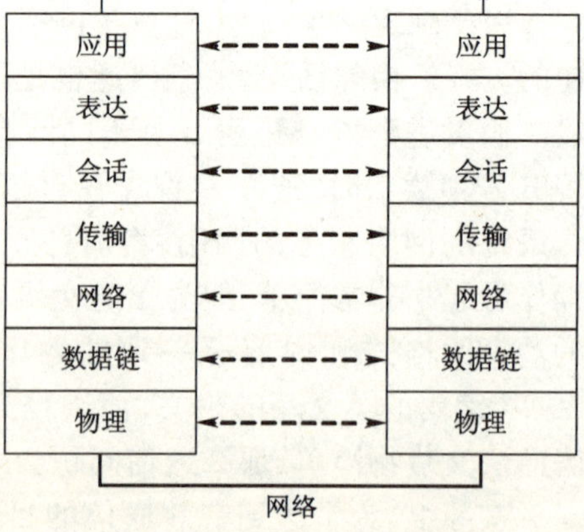

图2－23　ISO OSI参考模型

(5)会话层:会话层负责建立、保持和结束应用之间的会话过程。

(6)表达层:表达层定义了应用之间传输的数据格式,提供不同格式之间的数据转换以适合不同网络和硬件的传输需求。

(7)应用层:应用层是每一个或者说每一类应用相关的高层协议,是关于数据通信、同步和服务质量(Quality of Service)的表达。

当进程A需要同进程B进行通信时,进程A构造消息,将消息提交给OSI参考模型的应用层。应用层在消息上增加一个应用层报头以后提交消息给表达层,表达层在消息上增加了自己的报头以后再提交给会话层,如此类推。有些层次可能在消息中增加一个报尾,例如,图2-24中的数据链层报尾。

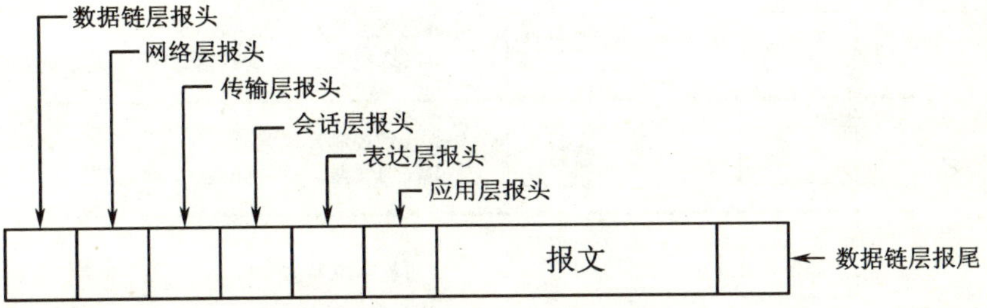

图2-24　网络消息的典型形式

当进程B接收到网络消息以后,它要自下而上进行反向操作,逐层去掉报头和报尾,最后将消息提交给用户。第 n 层增加的信息应该符合第 n 层的通信协议。为了理解协议的含义,我们以一个假想的数据链协议来图解数据传输的过程。如图2-25所示,发送方A需要将数据1和数据2发送给接收方B。由于信号或其他问题,数据1到达接收方时已经不正确,数据1无法通过接收方的校验。随后发生的一系列会话构成了协议的纠错处理过程。这些会话一般是通过数据链报头进行的,报头定义了各种请求和响应的会话格式。

通信分层是一个很重要的概念。在邮递系统中我们实际上也采用了同样的原理。你将写好的信放进一个信封,就好像将信件加了一个报头。只要信封的书写符合规定,邮局就可以将信件投递给收件人。发件人和收件人对信件书写的语言和内容有一个约定,否则收件人无法读懂信件内容;邮局之间必须对信封书写有一个约定,否则信件无法投递。这两个约定是相互独立的,例如,信件可以是用英文书写的,只要收件人懂英文就可以,如果信件是在中国境内投递,信封必须用中文书写。

按照协议对连接的要求,我们一般将协议分为面向连接的协议和无连

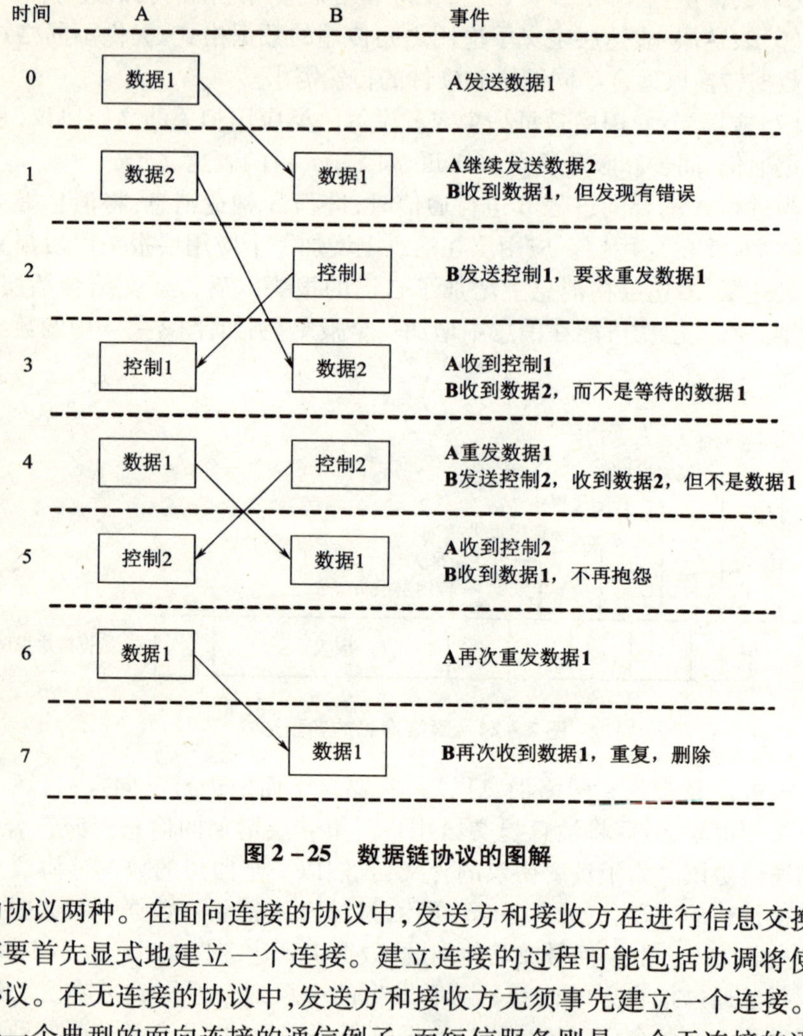

图 2－25　数据链协议的图解

接的协议两种。在面向连接的协议中，发送方和接收方在进行信息交换之前需要首先显式地建立一个连接。建立连接的过程可能包括协调将使用的协议。在无连接的协议中，发送方和接收方无须事先建立一个连接。电话是一个典型的面向连接的通信例子，而短信服务则是一个无连接的通信例子。

一个协议的集合称为协议集或者协议栈。OSI 参考模型拥有七个协议构成的协议栈。在前面我们已经提到，OSI 参考模型并不流行。相反，为国际互联网开发的协议集，如 TCP/IP 得到了广泛的应用。TCP/IP 已经成为事实上的网络互联的工业标准。与此同时，还有像 SNA，ATM，X. 25 等协议栈也取得了相当的成功。我们将以 TCP/IP 为例来分析网络通信的层次和相关协议。

2.4.2 TCP/IP 协议

TCP/IP 的研发开始于美国军方的 ARPANET 项目,到现在已经有了三十多年的历史。TCP/IP 的发展历史也是国际互联网的发展历史,国际互联网从实验室到走进千家万户的巨大成功确立了 TCP/IP 协议作为事实上的网络互联的工业标准的地位。TCP/IP 协议也称为国际互联网协议。TCP/IP 协议不是一个协议,而是一个协议栈。同几乎所有的网络协议栈一样,TCP/IP 协议同样采用了分层结构的设计。虽然 TCP/IP 的分层与 OSI 参考模型的分层有相当的出入,但这种差别并不影响我们对网络通信原理的一般性分析。

国际互联网协议可以分解为四个层次,如图 2 - 26 所示。我们也注意到,OSI 参考模型中的有些层次对应多个 TCP/IP 协议。

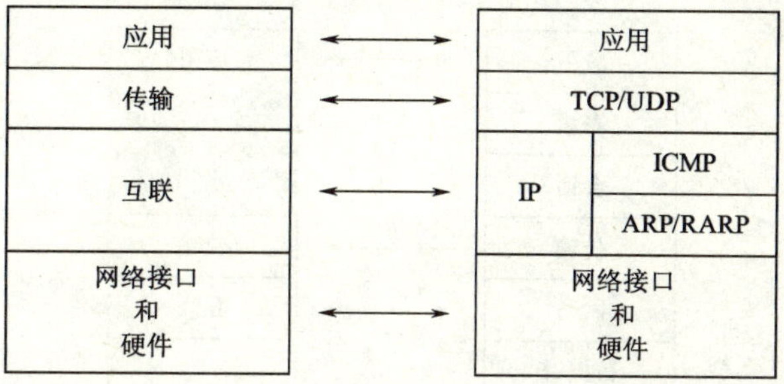

图 2 - 26 TCP 协议栈:左侧是模型,右侧是协议栈

(1)应用层。应用层是使用 TCP/IP 通信的程序。这个程序实际是一个用户进程,它可以通过 TCP/IP 通信与本地或网络上其他计算机的进程进行交互合作。例如,在标准的 TCP/IP 服务中的 Telnet,FTP,SMTP 和 Gopher。

(2)传输层。传输层负责端到端的数据传输。传输层的主要目的是提供一个可靠的信息交换。在这一层的一个主要协议是 TCP(Transmission Control Protocol),另一个协议是 UDP(User Datagram Protocol)。UDP 是一个无连接的非可靠的传输协议,而 TCP 则是一个面向连接的协议。这就意味着使用 UDP 的程序需要编程处理端到端的数据流控制和纠错。一般来说,UDP 用在需要实时传输大量数据的应用中,如流媒体。

(3)互联层。互联层又称为网络层。它提供了实际网络的虚拟化功能。通过隐藏实际网络的物理结构,互联层构造了一个互联网的虚拟网络。IP(Internet Protocol)是这一层的最重要的协议。它是一个无连接的通信协议,不对更底层的通信可靠性做任何假设。IP 协议本身也不提供可靠性、数据流控制和纠错功能。

路由是 IP 协议的一个重要功能,是消息经过路径选择从发送方传递到接收方的功能。在 IP 网络中,一个消息的基本单位称为 IP 消息。在这一层还有 ICMP,IGMP,ARP 等网络互联协议。

(4)网络接口层。网络接口层又称为数据链层。它是与网络硬件的接口。这个接口可以也可以不提供数据的可靠通信,也可以是基于包交换或基于数据流的。实际上,TCP/IP 对这一层没有任何协议的要求,互联层的灵活性由此可见一斑。网络接口层支持以太网、令牌网、X. 25,ATM,FDDI,电话网(PSTN)甚至 SNA。

与 OSI 参考模型做比较的话,TCP/IP 的网络接口层对应了 OSI 的数据链层和物理层,TCP/IP 没有会话层和表达层,如图 2 – 27 所示。

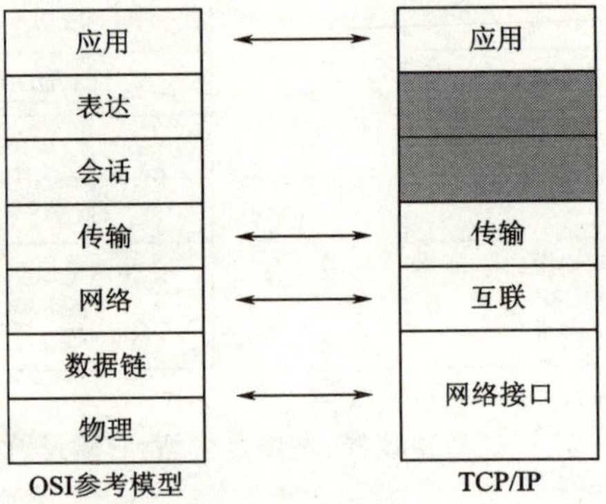

图 2 – 27　OSI 参考模型与 TCP/IP 比较

2.4.3　套接字编程模型

图 2 – 28 是网络上两台计算机上的两个进程调用网络服务进行通信的示意图。例子中假设了一个面向连接的协议,机器 1 上的进程 A 需要向机器 2 上的进程 B 请求数据。(1)和(2)是建立连接的过程,(3)和(4)是处理数据请求的过程,(5)和(6)是断开连接的过程。进程是通过对协议栈的系统调用来使用网络通信功能的。图中的协议栈就是实现和提供网络服务的软件。

从程序调用的原理上看,应用程序依赖网络服务的程序编程接口(Application Programming Interface,API)来访问网络通信的功能。网络服务 API 定义了网络服务的所有可调用函数的名称、每个可调用函数的参数以及函

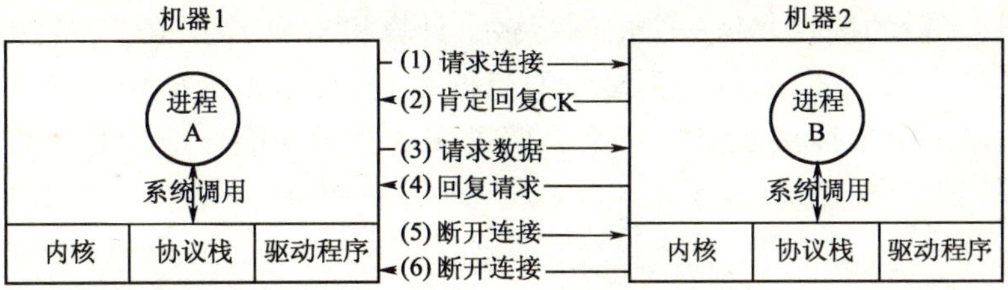

图 2－28　网络服务的调用

数调用之间的逻辑关系。

网络服务的设计者往往会面临这样两个问题：①对于同一个网络协议，不同的网络服务设计者能否统一到一个标准的 API 上？②对于不同的网络协议，是为每一个网络协议设计一个 API，还是设计一个可以支持多个网络协议的通用的 API？

第一个问题涉及标准化的问题，而第二个问题不仅是标准化的问题，还有技术是否可行的问题，也就是说我们是否能够将网络服务实现在一个更为通用（抽象）的接口上。

位于伯克利的加利福尼亚大学在 20 世纪 80 年代初开始了将 TCP/IP 网络服务软件移植到 Unix 操作系统中的工作。作为项目的一部分，设计者们为网络的传输层协议设计了一个接口，并在 Unix 中实现了相关服务。因为操作系统被称为伯克利 Unix 或者 BSD Unix，而这个接口定义了一个叫套接字（socket）的抽象通信概念，很快这个接口就以伯克利套接字接口（Berkeley Socket Interface）的名字流行起来。

随后的几年，很多计算机厂商选择了 BSD Unix 为操作系统，其中最著名的有 Sun，DEC 和 Tektronis 公司。越来越多的机器开始使用套接字编程模型。微软公司最终也选择了套接字通信为操作系统的主要网络服务。至此，套接字通信已经基本完成了统一的霸业，成为网络编程的事实上的工业标准。需要注意的是，不同的厂商的套接字接口直到今天依然存在一些不重要的差别。

虽然套接字的设计起源于 TCP/IP 的移植工作，但套接字的设计者在一开始就锁定了支持多协议的目标。在套接字的编程模型中，TCP/IP 的所有协议被定义为一个协议家族，套接字可以允许使用其他协议家族，也就是说套接字模型是一个可扩展的编程模型。

套接字模型是一个点对点（peer-to-peer，P2P）的对等通信模型，这种模型又称为单播通信（unicast）。另外两种通信模式为广播（broadcast）和多播

(multicast),都是一点到多点的通信模式。广播的接收方是网络中的所有计算机;多播的接收方是一个由网络多个计算机构成的多播组。但无论是多播还是广播,它们采用的都是点对点的编程模式,因为广播组或多播组可以通过一个虚拟接收方来定义。广播或多播的功能一般依赖于网络的物理层(参见图2-29)。

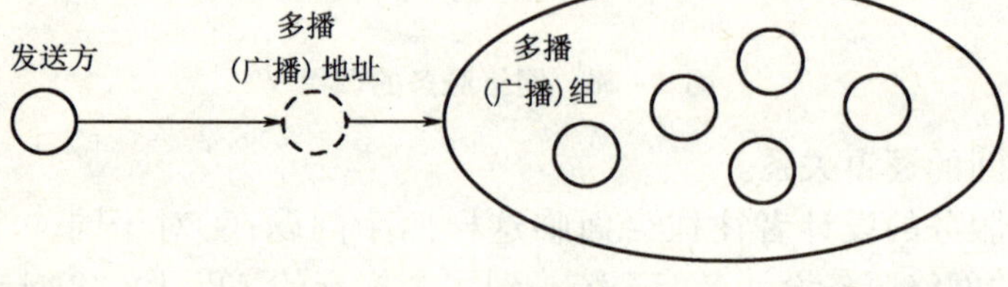

图2-29　多播和广播

(1)什么是套接字(socket)。在Unix系统中,一个进行I/O操作的应用需要调用open函数去获得一个文件的描述子句或者说是句柄。同样套接字是一个网络通信的抽象,它通过调用socket函数建立一个套接字的句柄。套接字可以理解为一个特殊文件。像文件一样,运行中每个进程都维护一个socket句柄的表,句柄指向socket的内部数据结构。图2-30是关于socket句柄表和数据结构的一个示例。

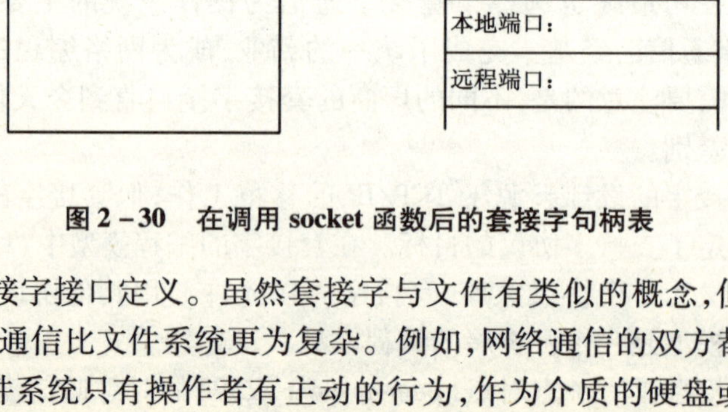

图2-30　在调用socket函数后的套接字句柄表

(2)套接字接口定义。虽然套接字与文件有类似的概念,但套接字所代表的网络通信比文件系统更为复杂。例如,网络通信的双方都有主动的行为,而文件系统只有操作者有主动的行为,作为介质的硬盘或其他存储设备只是被动地服从。套接字接口定义了点对点通信的一个函数集合。

表 2－1 列举了伯克利套接字接口 1.1 版的主要函数。很多网络服务提供商改造或扩展了这个接口，例如，微软公司的 Windows Socket。使用厂商的扩展功能所付出的代价是软件的可移植性。

表 2－1　套接字的主要函数表

函数名称	含　义
socket	建立一个网络通信的句柄
connect	连接到一个远程机器（客户）
write	在连接上发送数据
read	在连接上读入数据
close	结束通信并释放句柄
bind	指定一个本地网络地址
listen	将套接字设在等待连接的状态（服务器）
accept	等待下一个连接（服务器）

（3）套接字接口的使用。从套接字接口函数的定义中我们可以看到，套接字函数是一些单个的基本操作。当这些函数组成一个正确的调用序列时，套接字接口才可以真正实现逻辑上有意义的网络通信。对很多应用来说，这些函数过于底层，使用起来并不方便。如果我们用套接字接口实现图 2－28 的通信，进程 A 和进程 B 的函数调用过程以及函数之间的同步关系可以大致如图 2－31 所示。

套接字编程模型为进程间通信提供了一致性接口方法，套接字通信不仅可以发生在不同计算机的两个进程上，而且也可以发生在同一台计算机的两个进程上。我们可以理解，套接字通信相对于其他进程间通信方式有更好的开放性、标准化和扩展能力，它逐步成为进程间通信的主流技术。在 Java 中，套接字通信是 Java 进程间通信的唯一方式。

2.4.4　网络操作系统

关于是否将网络服务增加到操作系统里的问题曾经存在一些争议。反对者认为，操作系统不应该承担太多的任务，太多的任务会让操作系统难以维护和升级。但这个争议现在看来已经毫无意义，因为今天的操作系统已经变得越来越庞大，几乎所有的操作系统都有了网络功能。操作系统在增加了网络服务以后就演变为今天称之为网络操作系统的概念，

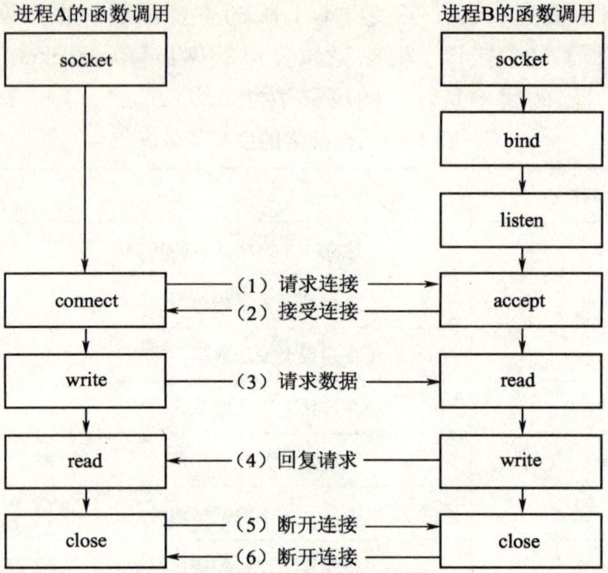

图 2－31　网络调用的套接字编程

如图 2－32 所示。

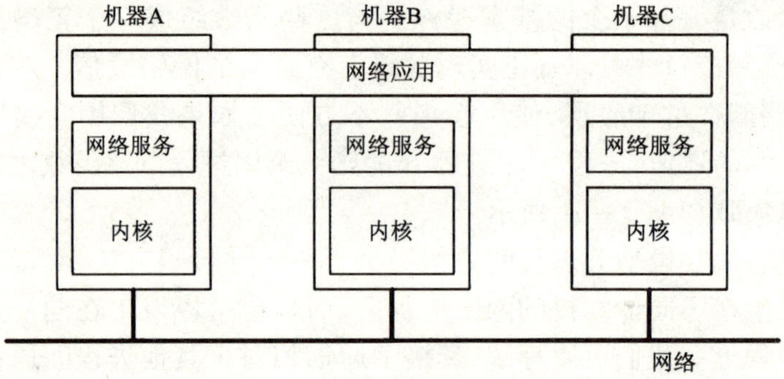

图 2－32　网络操作系统

一般的网络操作系统的网络服务包含三个方面的网络软件：①网络硬件驱动程序；②协议栈软件；③网络公共服务。

网络公共服务的设计目标是为用户提供特定机器上可用资源的共享。网络公共服务包括了网络的标准服务，例如，Telnet，FTP，Gopher 等，它还可以包括文件服务器、打印服务共享，以及其他流行的客户或服务器网络组件，例如，浏览器软件和 WWW 服务器软件等。图 2－33 描述了一般网络服务的框架。

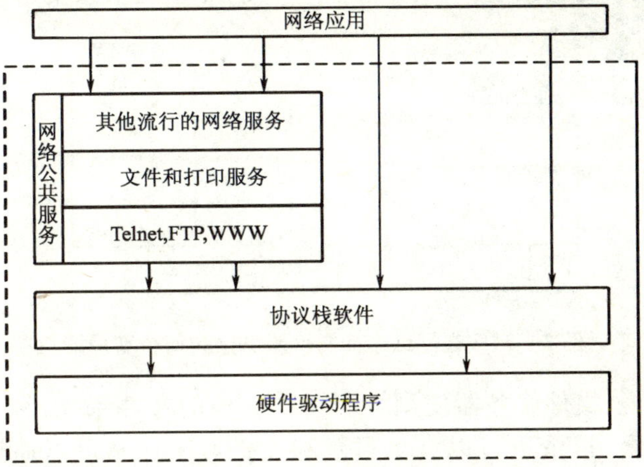

图 2－33　网络服务的框架

我们可以通过更仔细地描述网络操作系统的一些典型服务来进一步理解这个框架概念。

网络操作系统一般都提供远程登录功能,在用户端输入像下面一样的指令:

rlogin machine

这个命令就是让用户的工作站变成一个登录到远程机器上的一个终端。假设用户正坐在一个图形界面的终端后面,在远程终端的模式下,用户的所有键盘输入将会提交给远程机器,远程机器的输出在客户的终端上显示。如果用户想登录在另一台远程机器上,他只需要再打开一个工作窗口,输入相应的 rlogin 命令。机器的选择是完全手工的。

网络操作一般还提供一个远程复制命令,可以将文件从一台机器拷贝到另一台机器。指令通常如下所示:

rcp machine1:file1 machine2:file2

在这里同样必须显式地输入机器和文件的名称,用户必须知道文件的位置和机器的相关信息。

虽然这样做比什么都没有强,但这种通信方式还是太原始了。系统的设计者们需要研究更方便的通信和共享信息的方式。其中一个方法就是在网络上提供一个所有工作站都能访问的统一(global)的共享文件系统。这个文件系统可以运行在一台或多台我们称之为文件服务器的机器上。文件服务器是一个独立的进程,它负责接收和响应其他机器对文件读写的请求,这些其他机器又称为客户机。如图 2－34 所示,服务器执行客户的请求，然后将结果返回给客户。打印共享也采用了完全类似的机制。

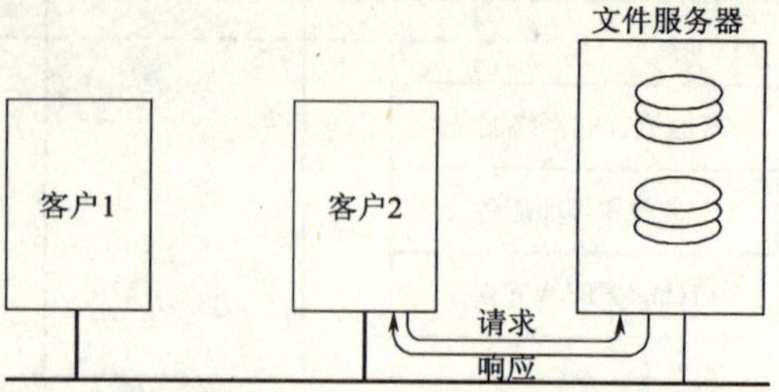

图2-34　在网络中的文件服务器和两个客户端

一般来说，文件服务器使用一个树状结构的文件系统，每个文件系统有一个根目录，目录下可以有子目录和文件。工作站可以通过导入(import)或安装(mount)的方式使用服务器的文件系统来扩充本地的文件系统。图2-35显示了1个文件服务器和2个客户的情形。服务器上有一个叫games和work的目录，每个目录中都有若干个文件。图中的两个客户都在自己的文件系统上安装了服务器的目录(虚线连接)，但放到了本地文件系统的不同位置。客户1将它们都安装在根目录下，可以使用/games和/work访问到服务器上的文件；而客户2只将work安装在根目录下，而把games安装在private下(他可能认为games是私事)。所以，如果他想玩pacman，那么它将使用/private/games/pacman。因此通过安装文件的操作，不同的用户可能有完全不同的文件系统视觉(外观)，这对访问它们的程序来说会带来问题。

网络操作系统不假设网络像一个系统一样被管理。它们一般是构造在很多独立的计算机系统上，这些独立的计算机系统可以有自己的网络操作系统。网络操作系统缺乏整体性的问题导致了一些后果。例如，用户觉得使用远程登录和远程文件拷贝等命令比较困难，因为用户必须记住所有的名称。当然，这也涉及管理方面的问题。因为网络上的每台机器独立运行，那么在管理上也一般是独立的。造成的结果是，如果一个用户希望远程登录到机器X上，那么他必须有一个机器X上的账号。同样，如果用户希望使用一个密码，那么更改在一台机器上的登录密码需要他在其他机器上全部修改。按照同样的思路，一般情况下，网络中的访问控制是在每台机器的基础上建立的。因为没有简单的办法通过更改一次许可而使所有的许可都能够被修改。这种非集中的安全机制很难抵御恶意入侵者。

网络操作系统也有不少优势。因为网络中的结点机器是相对独立的，因此增加或减少一台机器非常容易。在某些情况下，增加一台机器就是将

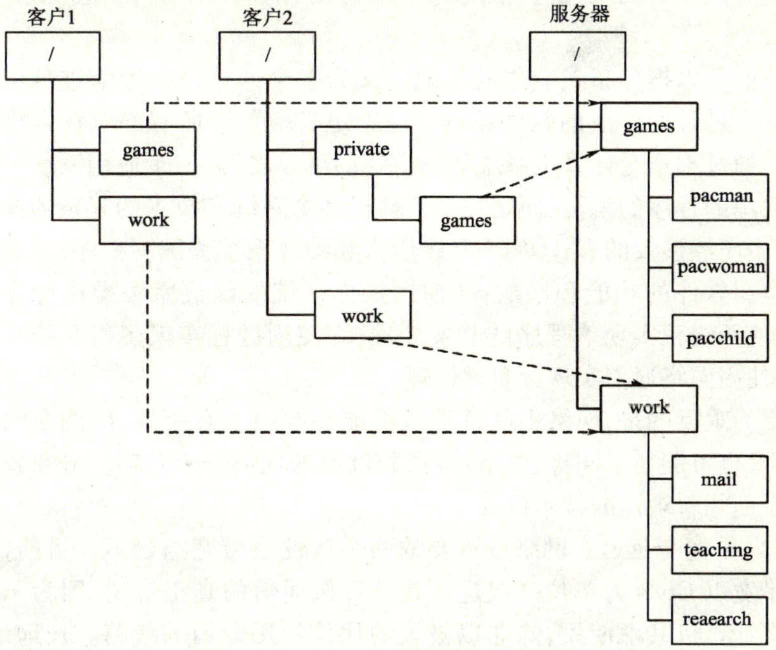

图 2-35　客户加载服务器文件的例子

机器连接到共同的网络中，然后向其他的网络成员告知自己的存在。在国际互联网上进行告知只需要提供一个网络地址或者机器的名称然后输入到 DNS 中就可以了。

2.5　分布式系统

2.5.1　分布式应用的挑战

我们可以用两个“无处不在”来概括今天的计算环境：

- 无处不在的网络——各种网络普及到日常工作和生活中。公用电话网、移动电话网、公司网络、国际互联网、校园网、家庭网等，它们或独立或组合地为我们提供服务。

- 无处不在的计算——廉价和小型的计算设备普及到日常工作和生活中。微机、笔记本电脑、掌上电脑、手机、数字家电等，它们通过网络成为计算机系统的一部分。

所有这一切具有一个相同的本质特征，那就是：分布式处理的无处不在。

我们可以把分布式应用简单地定义为一个通过网络通信进行协同工作的多个进程所构成的软件系统。这个定义覆盖了所有部署在网络上的应用。通过本章对计算机系统的分析我们可以看到，一个应用系统不再是一个简单的程序的编写，而是一个依赖很多个系统和技术的复杂的系统工程，其中已经涉及的有：①使用高级语言和编译系统去编写程序；②通过函数库组织软件的功能和层次；③使用操作系统的函数库去操作计算机硬件；④使用线程实现单程序的并发处理；⑤使用进程实现多程序的并发处理；⑥使用网络通信实现分布式处理。

更为艰巨的是，网络中的计算机可能在空间上有距离，可能在同一个房间内，也可能在不同楼、城市、国家和世界的任何一个角落。分布式应用的开发面临着艰巨的技术挑战：

(1)带宽与延迟。网络最重要的两个属性是带宽与延迟。目前，干线网的带宽以 Gb/s 为单位。但这不是计算机通信的真正带宽，因为干线网由众多计算机共享使用，除非以极大的代价租用专门的线路。长远地看，带宽不会是严重的问题，带宽达到 Tb/s 量级已经指日可待。相比之下，延迟可能会成为羁绊分布式应用发展的重要因素。网络传输速度受限于光速，距离越长延迟越大，例如，横跨美洲大陆需要 24ms。传输所经过的大量中继站点的转发过程更加加剧了网络的延迟。这种无法压缩的网络延迟使得研究人员非常头疼。

(2)网络的异构特征。计算机网络中的计算机硬件、操作系统、通信等呈现出差异化，或者说是异构的特征。异构计算机网络可以存在多样的、不同的、独立的计算机，这些计算机又可以通过不同的网络互联起来。这就意味着构成网络的计算机在处理器类型、内存大小和输入输出带宽等方面都可以有很大的差异。同样，网络的互联也可以有很大的不同。异构的计算机网络往往缺乏一个整体的系统观，意味着一个应用不能假设在任何地点都能提供同样性能的服务或者同样的服务。

(3)并发处理。在计算机网络中，程序的并发执行是非常常见的行为。同一台计算机上的进程的并发处理一般依赖共享内存或间接共享内存的同步技术，而不同计算机上的进程只能依赖消息传递机制。而消息传递机制的过程是相对复杂的；另一方面，进程的协作往往需要对动作发生时间的共识，但事实证明，对时间的共识受到网络上计算机时钟准确性的限制，即缺乏一个全局的准确时钟。所以，分布式处理的并发性更难处理。

(4)故障的独立性。所有的计算机系统都可能发生故障,故障一般由系统设计者来处理。分布式应用的故障有新的特点,那就是网络故障导致与之互联的计算机的隔离,但并不意味着这些计算机停止工作。事实上,我们无法通过编程的方法去区分网络故障和网络运行很慢的问题,因此也无法区分与之通信的计算机是发生了故障还是运行慢。系统中的每个组件会单独地出现故障,这些故障不能被其他组件觉察,而其他组件仍在继续运行。

(5)组织冲突。计算机网络中硬件和软件往往由不同的人和组织进行部署,分布式应用的开发一般也是一个组织行为,有不同的人参与,这些人可能隶属于不同的部门,并分布在各处。有效组织一个分布式应用开发往往是一项复杂的工程问题。多数分布式应用的开发努力都不同程度地受到时间、成本和质量超过限度的困扰。一段时间以来,大量的范例和方法论试图成为解决这个问题的灵丹妙药,但最终人们发现和意识到软件开发固有的困难以及软件不可能有单一的解决方案。

传统意义上的应用系统是一个单一的程序,无论程序中有多少个函数、有多少条命令,程序的执行是完全顺序的。程序的复杂性实际上等同于算法的复杂性。这也是我们对程序复杂性的朴素认识。而由分布式并行处理衍生的复杂性已经远远超过了简单的算法复杂性。UML 的主要设计者 Grady Booch 在 1998 年一次著名的演讲中断言:“下一个 20 年的挑战不是速度、成本和性能,而是软件复杂性问题。”

2.5.2 分布式系统的定义

操作系统和网络通信,或者说是网络操作系统,为分布式应用的开发建立了基本的编程模型,如图 2-36 所示。

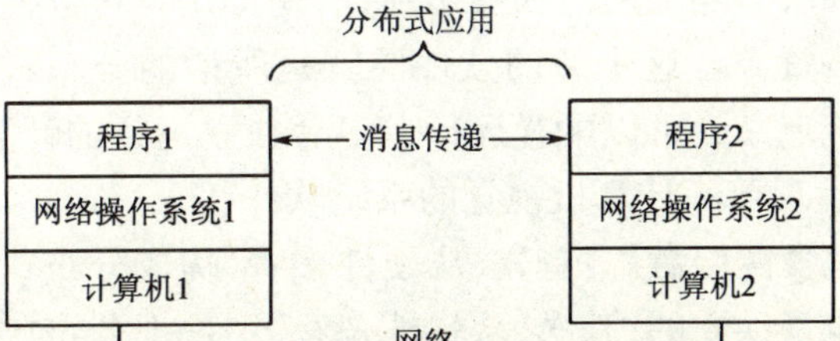

图 2-36 分布式应用的编程模型

这个编程模型要求分布式应用中的每个程序独立处理每个计算机的资源访问和管理，并依赖消息传递机制进行通信和合作以满足分布式应用的需求。这种缺乏整体系统观的模型和对消息传递机制的依赖不能很好地支持分布式应用的开发，因为分布式应用的需求是整体的更抽象的表达，有功能的需求，也有性能、可用性和缩展性等非功能的需求。

在分布式应用中，程序员需要面临和解决的问题是相当复杂的，例如：

- 使用模式多样化的问题：系统的组件承受不同的负荷，例如，有些 Web 页每天只有少量的访问，而另一些 Web 页可能瞬间有成万上千的点击。系统的一部分可能断连或连接不稳定，还有一些应用对通信带宽和延时有特殊的要求，例如，流媒体。
- 系统环境多样化的问题：应用系统必须能够适应异构的硬件、操作系统和网络。系统还必须能支持不同的规模，从几十台计算机到上百万台计算机。
- 内部问题：全局时钟问题、共享资源的访问冲突、故障处理。
- 外部问题：包括数据的完整性、私密性以及入侵的检测和防范。

如果每个程序员都需要独立编写程序去解决上述问题，必将会造成大量编程资源的浪费，成功和失败将会不断重复，同时分布式应用的开发也将受到程序员驾驭分布式处理的复杂性能力的限制。这是一个难以接受的软件开发模式。

因此，建立一个更高级的编程模型以简化分布式应用的编程是非常必要的。

在上一章中，我们介绍了从计算机硬件编程模型到操作系统的抽象化过程，抽象化的结果产生了界于硬件和用户之间的操作系统软件。操作系统软件隔离了用户和硬件，为用户提供了操作计算机硬件的简单的和一致化的能力；为分布式应用建立更高级的编程模型的本质在于，我们需要一个新的系统软件层去隔离用户和操作系统，使得用户可以简单地和一致地使用计算机网络资源。这个新的软件层就是所谓的分布式系统。我们可以把分布式系统定义为可以配置运行在多台独立运行的计算机上的，并对用户（程序员）呈现单一计算机视觉的系统软件。

这个定义包含两层意思：首先，从硬件来看，构成分布式系统的计算机是自治的或者说是独立的；其次，从软件来看，用户把分布式系统看成是一个计算机系统，而不是多个。由此我们引出分布式系统的几个重要特征：

- 系统对用户隐藏了其中不同计算机的差异和通讯方式。
- 用户同系统的交互方式是统一的和一致的，而不管实际处理发生的地点和时间。

• 系统相对来说易于扩展和调整规模，因为系统隐藏了计算机加入和退出系统的细节。

• 系统可以做到持续的可用，因为用户可能察觉不到损坏的系统组件被替换，新的组件的加入可以服务更多的用户。

分布式系统可以使程序员从底层的、复杂的和繁琐的工作中解放出来，更好地专注于应用逻辑的实现。分布式应用的开发从针对操作系统的开发转变为针对一个分布式系统的开发，如图 2 – 37。

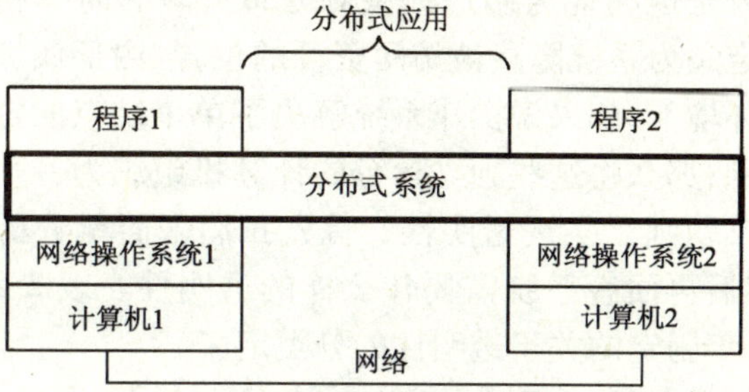

图 2 – 37　分布式系统

分布式系统中的计算机、处理器，或更准确地说分布式系统中的进程，又称为分布式系统的自治结点。"自治"意味着这些结点有自己的控制机制，所以并行计算机不能被认为是分布式系统。作为软件的概念，运行中的系统可以被理解为一个能够进行通信的进程的集合，这些进程有时能够在一台计算机上运行。当然，在大多数情况下，一个分布式系统至少包含通过硬件连接的多个处理器或多台计算机。

和操作系统不同的是，分布式系统的简单概念并没能产生"一个"分布式系统软件。应该说，我们正处在一个分布式系统理论形成和发展的重要时期，争议与共识相互印证，成功与失败不断交替。传统学院派的关于分布式系统的研究试图通过对单机操作系统的扩展来建立一个普适性的分布式操作系统。20 多年过去了，这个持续和艰苦的努力始终无法形成可用的系统；现代分布式系统与传统分布式系统的分水岭是研究方法的转变。现代分布式系统建立了基于分布模型的研究方法，它将普适性的要求分解为多个具有一定适用性的分布模型，用不同的模型去解决不同的分布式问题。这个更加灵活和务实的研究方法取得了技术和商业的巨大成功。最有代表性的有分布式文件系统 NFS，分布式文档系统 WWW，分布式对象系统 DCOM 和 RMI，消息系统 MOM 以及集成的分布环境 J2EE，NET 和 CORBA。

2.5.3 设计目标和透明性

从分布式系统角度来分析,计算机硬件和操作系统是通过网络连接的一个分布式资源系统。资源可以是系统中的任何东西,主要有计算机、打印机、存储设备、文件系统、数据、Web 页、网络等。分布式系统同操作系统非常相似。首先,它是一个资源管理器,允许多个用户和应用共享分布资源。其次,也是最重要的,分布式系统通过提供一个中间层软件来支撑所有的应用,从而隐藏了构成系统的内部属性和网络的异构特征。分布式系统的设计目标就是透明地为用户提供对分布资源的简单和一致的访问能力。透明性被定义为系统隐藏被访问资源的位置、内部属性和异构特征的能力。在网络环境下,如果说操作系统解决了单个结点的资源的简单和一致性的访问问题,那么将这些独立运行的计算机组织为一个单一视觉计算机的关键技术难题则是实现透明性。首先我们来简单分析一下透明性所涉及的内容,然后再回答系统需要什么样的透明性。表 2－2 是国际标准化组织在 1995 年制定的关于透明性的分类定义。

表 2－2　分布式系统的透明性分类(ISO,1995)

透明性	描　述
访问	隐藏数据组织方式和资源访问方式的差异
位置	隐藏一个资源的位置信息
移动	隐藏资源从一个位置移动到另一个位置的信息
重定位	隐藏一个正在使用的资源从一个位置移动到另一个位置的信息
复制	隐藏一个资源是复制的
并发	隐藏多个用户对一个资源的并发使用
故障	隐藏资源发生故障和恢复的信息
存取	隐藏资源是永久存储还是在内存中存在的信息

(1)透明性的分类定义。访问的透明性是指隐藏不同计算机系统在数据组织方式和资源访问方式的差异。例如,Sun Sparc 处理器使用 big endian 格式(低位在前,高位在后)来处理整数数值,而基于 Intel 的处理器则使用 little endian 格式(高位在前,低位在后)。其他数据类型也存在类似的问题。对于资源的访问,不同的操作系统对资源命名、属性和控制等都有不同设定,例如,文件系统在不同的操作系统中的命名规范是不一样的。

位置的透明性是指隐藏一个资源的位置信息。位置的透明性反映了一般用户不能准确表达资源的物理存放位置的事实。资源的命名系统在实现位置的透明性上起着关键的作用。一般的命名系统采用资源的逻辑名称来隐藏资源的实际物理位置。例如，URL http://www. prenhall. com/index. html 是一个主页资源的逻辑名称，隐藏了 WWW 服务器以及主页位置的物理信息。这个 URL 也不提供该主页资源的移动信息，我们无法知道该主页曾经发生的物理地址变化。在分布式系统中，资源的移动不影响对该资源的访问的特性，我们称之为移动透明性。更进一步，一个在用的资源的移动不影响对该资源的访问的特性，我们称之为重定位透明性。例如，正在用无线 GSM 上网的笔记本电脑并不会在移动中影响用户的使用，更有趣的是，GSM 机站的变动也不会影响到用户的使用。

资源的复制是分布式系统改善可用性和提高资源访问效率的重要手段。复制透明性就是向用户隐藏一个资源可能有若干个复制品的事实。因此支持复制透明性的系统必须支持资源的所有拷贝拥有同样的逻辑名的功能，也必须支持资源位置透明性的功能。这是不言而喻的。

在很多情况下，共享访问发生在竞争的条件下，也就是所谓的并发访问。例如，两个用户在同一个时刻要求修改同一个文件，或者修改数据库的同一个表。在这种情况下，系统需要不让用户觉察到存在另一个用户正在使用相同的资源。这就叫并发透明性。并发处理要求资源的完整性不被破坏，一般来说它使用资源锁定机制给授权的用户独占的访问权。一个更复杂的机制是使用事务处理的原理，但在后面的章节中我们将看到事务处理机制在分布式系统下实现起来相当困难。

系统的可用性主要体现在系统故障的处理和恢复上。应对故障是分布式系统设计的一个重大课题和技术挑战。故障透明性就是指用户觉察不到系统里有资源发生故障，当然更觉察不到故障资源的恢复。但隐藏资源的故障非常困难，首先遇到的问题就是怎么区分故障和性能不佳。例如，一个非常忙的 WWW 服务器可能会给用户无法连接的信息，用户如果就此推断系统发生了故障就可能有点仓促。

最后一个关于透明性的话题，就是所谓的存取透明性。系统向用户隐藏正在使用的资源是暂存在内存中还是永久性地存到了外部存储设备中。例如，在大多数面向对象的数据库的使用中，我们可以直接对存取的对象操作它的方法。但具体的过程可能是，对象从硬盘中拷贝到系统的内存中，然后再进行方法的操作，最后内存中的对象被写回硬盘中。存取透明性对分布式和集中式系统有同等的重要性。

(2)关于透明性的讨论。透明性是分布式系统的一个设计目标，也是判定和衡量分布式系统的重要标准。但是物理条件的差异并不都是可以隐藏的，如果你使用的是一个很低带宽后的终端，你对资源的访问和系统使用就不可能与高带宽后的终端相比拟；又比如，你在地球上不同的时区，你的位置的差异也不可能对系统透明。

高透明性的实现会为系统带来很大的复杂性，有时候会产生性能的损失。例如，对于一个 WWW 服务器的故障，如果为了向用户隐藏这个故障而使客户停留在重复请求连接的状态下，这显然是不妥的，应该让用户能取消连接和重试。另一个例子就是网络上多个资源拷贝存在的情况下，数据的随时同步会产生一定的时延，这个时延也是很难做到完全透明。

最后的结论是，透明性是一个美好的设计目标和准则，但其实际的实现只能是一个在性能、复杂性等方面约束下的折中。

2.5.4 分布式操作系统

分布式操作系统是多处理器操作系统的延伸概念，它试图为同构的计算机网络建立一个完全透明的分布式系统。因此在展开进一步分析之前，我们需要对相关的一些概念做一些简单的分析。

(1)多处理器计算机和计算机网络。一个计算机网络中有多个处理器在工作，它与多处理器计算机在结构上的关键区别在于这些处理器与物理内存的联结方式。前者是处理器共享物理内存的结构，而后者无共享的物理内存，如图 2 - 38 所示。例如，在地址 1000 处存有整数 44，则所有的处理器在读地址 1000 的值时都得到 44。所有处理器共享同样的内存。相反，在计算机网络中，每个处理器有它私有的内存。当一个处理器在地址 1000 处写入 44，那么另一个处理器在地址 1000 处读出的仍然是它原来的值。也就是说第一个处理器的写入对其他处理器的内存空间没有任何影响。

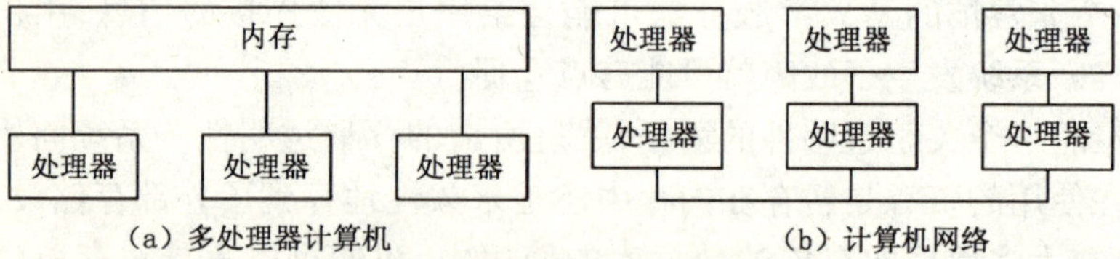

图 2 - 38 处理器与内存的联结

传统的操作系统是用来管理只有一个处理器的计算机的。采用虚拟机设计的现代操作系统很容易扩展到多处理器计算机上，这是因为进程对处理器的占用是通过操作系统来调度的，应用程序的设计和运行与处理器的数目毫无关系。多处理器计算机的设计目标是通过多个 CPU 来达到高性能，而性能的扩展能力最终受到共享内存的限制，因为共享内存实际上是集中数据的概念,参看1.3.4节的内容。

(2)同构计算机网络和异构计算机网络。与多处理器计算机相比,构造一个计算机网络要相对容易。每个处理器都直接访问属于自己的内存。唯一的问题是怎么解决处理器的通信。很清楚,在这里我们需要一些互联的机制。仅仅用于处理器之间的通信的互联通信量要比用于处理器和内存之间的通信小好几个数量级。

我们还可以对计算机网络做一个同构的和异构的分类。

在一个同构的多计算机结构中,只存在一种使用同样技术的计算机的互联网络。这样,所有处理器是一样的,所有可访问的私有内存大小一般来说也是一样的。同构多计算机系统就像多处理器系统一样趋向于被并行计算所使用。在这些系统中,用单一的高性能网络互联的结点建造一个大的机柜式的机群系统,我们又称之为系统区网络(System Area Networks,SANs)。

机群系统可以在很大范围内配置,其中一端就是我们称之为大规模并行计算机系统(Massively Parallel Processors,MPPs),它们是巨大的、包含成千个CPU的、价值几百万美元的超级计算机(supercomputer)。在多数情况下,所用的CPU和我们在PC和工作站中所用的是一样的。它们区别于其他多计算机系统的地方就是使用了高性能的、私有的互联网络技术。这样的网络设计必须保证低延时、高带宽以及特殊冗错功能。因为在几千个CPU中,每周都可能有CPU发生故障。如果由于一个CPU的故障而导致整个系统的瘫痪,这种情形是不能接受的。

在另一端,我们有称之为工作站集群系统(Clusters of Workstations COWs)的交换式多计算机系统。它们基本上是由一些不再流行的像Myrinet线路板通信组件联结起来的标准PC和工作站。工作站集群系统和大规模并行计算机系统的区别在于网络互联方式。在工作站集群系统中,一般来说没有高带宽保证和冗错的特殊设计,这样使得工作站集群系统简单易行、价格低廉。

相反,异构多计算机系统中可以存在多样的、不同的、独立的计算机,这些计算机又可以通过不同的网络互联起来,例如,一个由ATM或者FDDI为骨干网连接成的局域网所构成的计算机网络。今天用得最多的分布式系统都是建立在异构的计算机网络上的。这就意味着构成系统的计算机在处理器类型、内存大小和输入输出带宽等方面都可以有很大的差异。实际上,系统中的一些计算机也可能是多处理器计算机和同构机群系统。

异构的计算机网络往往缺乏一个整体的系统观,这意味着一个应用不能假设在任何地点都能提供同样性能的服务或者同样的服务。正是因为系统的规模、本质的异构,还有明显的缺乏整体系统观等原因,在异构的计算机网络上开发应用需要复杂的软件支持。这就是分布式系统所涉及的领域。为了使应用的开发者能够不去关注系统背后的技术细节,分布式系统提供了使应用与操作系统相隔离的软件层次,分布式系统提供了透明性。

(3)分布式操作系统。分布式操作系统与单计算机的操作系统有着完全不同的结构和复杂性。这个区别主要是因为系统区域资源管理的数据结构不再能够通过物理共享内存的方式而非常方便地共享了。取而代之的是,消息传递成为计算机之间的唯一的通信方式。分布式操作系统一般组成为图 2 – 39 的形式。每个结点计算机都有自己的内核,管理着本地的内存、CPU、本地盘和很多本地的其他资源。

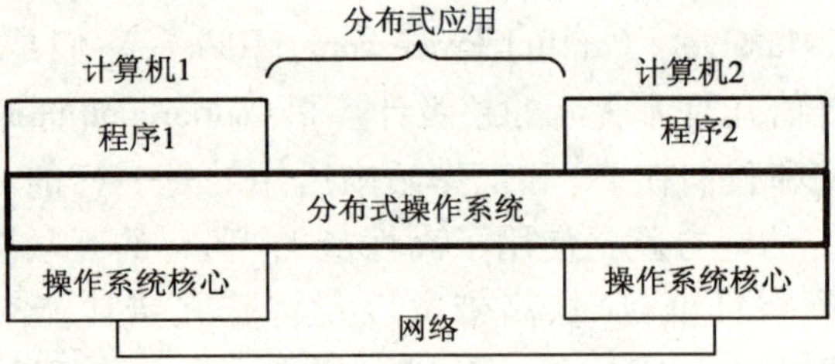

图 2 – 39　分布式操作系统

分布式操作系统是在本地操作系统核心之上的一个公共的软件层,它使得整个系统就像支持并行和并发的多任务的虚拟机。换句话说,它提供一个完全的共享内存的软件实现。在这个软件层,还经常实现另外的一些功能,诸如将一个任务提交给一个处理器、隐藏处理器故障、提供透明的存取和一般的进程间通信等。换句话说,分布式操作系统提供任何操作系统所需提供的功能。

很多涉及建造分布式操作系统的问题在分布式系统中也同样重要。分布式操作系统和分布式系统的主要区别在于前者一般假设硬件是同构的和完全可控的,而后者一般是建立在已有的操作系统之上的。

实践告诉我们,网络编程比共享内存的编程要困难得多,像缓冲区、锁定以及可靠通信的问题使得网络编程更加困难。由此出现了大量的关于在计算机网络中模拟共享内存的研究。这些研究的目的是为计算机网络提供一个虚拟机,应用程序可以使用共享内存模型来设计和运行。

一种办法是使用每个结点计算机的虚拟内存能力来支持一个大的虚拟内存空间。这就是我们所谓的基于内存页的分布式内存系统(Distributed Shared Memory,DSM)。基于内存页的分布式内存系统的原理是这样的:在一个 DSM 系统中,(虚拟内存的)地址空间被分为内存页(典型的页包含 4KB 或者 8KB),这些页定义在系统的不同处理器上。当一个处理器所请求的内存页不在本地时,一个探索(trap)随即发生,操作系统在相应的机器上取得该页,然后重新启动请求该页的进程,该进程这时能够正常运行。图 2－40 简示了一个 16 页地址空间和 4 个处理器的概念模型。

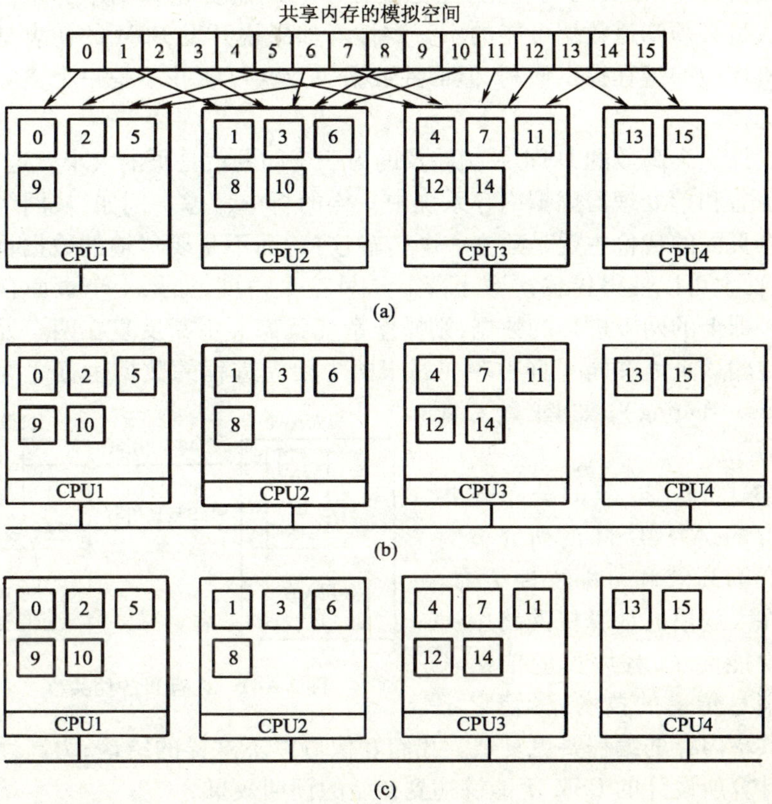

图 2－40　共享内存系统

在这个例子中,如果处理器 1 需要 0,2,5,9 页内的代码或数据,这些操作在本地完成,但如果需要其他页的数据则就会发生 trap。例如,请求第 10 页则会将第 10 页从处理器 2 中移到处理器 1 中,如图 2－40(b)所示。

对这个基本模型的一个改进是复制只读的内存页,而不是移动。这将会提高经常访问的只读页的效率。如图 2－40(c)所示，如果第 10 页中只有像程序文本、只读常量和其他只读的数据，那么处理器只是对第 10 页做一个复制。处理器 1 和 2 对以后第 10 页的操作都可以在本地完成。

另一个办法是不仅复制只读页，而且复制所有页。在读数据的过程中，只读页和其他页是没有区别的。然而，当一个拷贝突然被修改的时候，这就需要采取一些特殊的措施来保证数据的一致性。典型的措施是在对一个拷贝进行写操作之前使其他拷贝无效，禁止被访问。

更进一步的性能改善是在一定程度上允许拷贝的数据不一致。实践告诉我们，这种办法的确有用，但也使程序的编制复杂和困难起来。因为开发人员必须知道数据可能的不一致性。如果说开发 DSM 的初衷是为多计算机环境的编程提供便利，但牺牲数据一致性可能并不是一个实际上的可行选择。

设计一个高效的 DSM 系统涉及的另一个问题就是页的大小。这里，我们面临着和单处理器虚拟内存系统中一样的折中考虑。例如，从网络上传输一个页面的代价主要是建立一个传输连接，而不是要传输的数据量。因此，页面大可以使得传输次数下降。从另一个角度，如果一个页面存在不同处理器上的两个进程的数据，则操作系统就需要不断反复在两个处理器之间传输该页。在同一页中存在属于两个独立进程的数据也称之为伪共享(false sharing)，如图 2－41 所示。

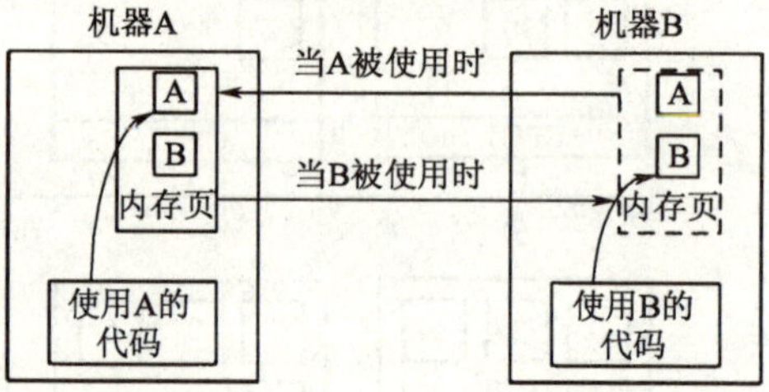

图 2－41　内存页的伪共享

经过将近 20 年的分布式共享内存的研究，DSM 的研究员们仍然在为高效和可编程性努力。为了在大规模的计算机网络中达到高性能要求，程序员们依然求助于消息传递的技术，尽管它比虚拟共享内存的编程要更复杂。我们好像可以下这样的结论，为高性能的并行计算所设计的 DSM 不能够达到初始的预期效果。

2.5.5　作为中间件的分布式系统

很多分布式应用直接调用网络操作系统所提供的编程接口。例如，不同机器上的进程可以使用网络套接字操作来完成消息通信。另外，应用系统也经常使用本地文件系统的编程接口，使得文件访问与存储位置相关和不透明。网络操作系统和分布式操作系统构成了分布式系统的两端。一个分布式操作系统不能管理一个独立运行的计算机集合，而网络操作系统没有单一系统的概念。直观的想法是能不能结合这两种系统的优点而去构造一个真正的分布式系统：结合网络操作系统的缩展性和开放性与分布式操作系统的透明性和易用性。我们找到的解决办法是在网络操作系统之上增加一个软件层次，它一方面或多或少地能够向用户隐藏硬件平台的异构特征，同时也能改善系统的分布透明性。这个层次就是我们称之为中间件软件(Middleware)的层次，它位于应用和网络操作系统之间，如图2－42所示。中间件软件层次不像分布式操作系统那样被设计为一个单一的软件，而是由不同服务功能的多个中间件组成。人们在使用中间件时，往往是把一组中间件集成在一起，构成一个平台，它包括开发平台和运行平台。

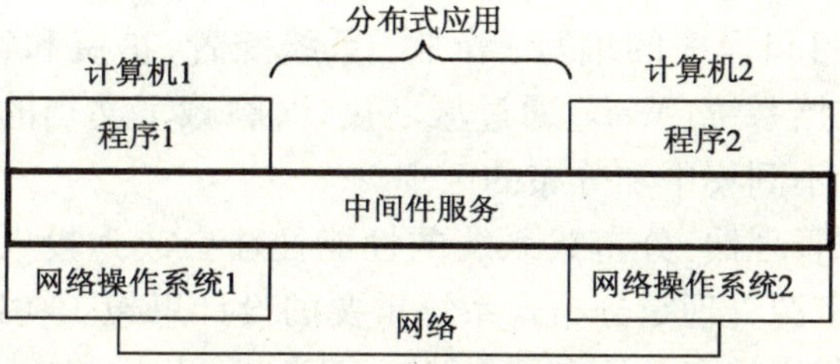

图2－42　中间件服务

网络操作系统提供本地资源管理和简单的计算机联结方式。换句话说，中间件自己并不管理每个结点，本地操作系统全权负责自己结点的管理。

中间件的一个重要目标就是对分布式应用隐藏背后硬件平台的异构特征。所以，很多中间件系统提供一个较完整或不太完整的服务集合，鼓励大家使用这个集合，而不是底层的服务。我们一般不建议越过中间件层而直接访问操作系统的服务。有趣的是中间件并不是学院式的分布透明性的研究发明出来的。在网络操作系统被引入和普及后，很多机构自己发现很多网络应用不容易被集成到一个系统中。于是，厂商们开始在他们的系统中构造一些高层次的与应用无关的服务。典型的例子包括提供对分布式事务处理和高级通信服务的支持。

当把分布式系统作为中间件时，分布式系统的设计思想与操作系统的概念在很大程度是吻合的，虽然设计“一个”普适性的分布式系统的努力遭到很大的挫折，但不争的事实是：具有特定适用性的分布式系统不断取得突破，这些“多个”分布式系统已经成为今天信息系统开发的最重要的技术基础,例如,分布式文件系统、分布式对象系统与分布式文档系统等。回顾2.3.1节关于操作系统的讨论,分布式系统的设计思想同样可以表达为下面三个方面的内容:

第一,扩展的机器:将分布式信息的采集、处理和发布所涉及的进程与通信的较低级的操作组合为更高级的分布式服务,实现扩展机器的思想。用户和程序员从繁琐的技术细节中摆脱出来以后,可以更加专注于应用逻辑的设计和实现。例如,通过客户服务器机制访问远程文件的底层操作可以组合一个访问远程文件的高级服务。事实上,没有扩展机器的思想,程序员通过消息传递去管理成千上万个进程是不可能的。

第二,虚拟机器:通过透明性的设计,分布式系统可以呈现单一系统的效果。用户和程序员通过分布式系统获得了一个单一的虚拟机器,所有的访问和处理就好像发生在一台计算机上一样。虚拟机器的思想极大地简化了系统的使用和程序的编写,增加了系统配置、扩展和管理的灵活性。例如,分布式文档系统(Web)通过域名设计,隐藏了文档的实际的位置信息,一般用户看不到集中和分布的区别。

第三,资源管理器:分布式系统的性能往往会成为投入实际使用的一个瓶颈。优化资源管理是分布式系统重要的设计思想。在通信环节,我们有时候需要将连续的多条消息组合为一条消息,以减少建立通信的资源消耗;在数据访问上,一些分布式系统提供自动缓存机制以减少远程访问的资源消耗;在数据库的使用上,有效地使用连接池(Connection Pool)技术可以极大地提高数据库的访问效率和减少数据库的使用成本,等等。

2.5.6 关于中间件的讨论

随着市场竞争的加剧以及电子商务的发展,企业经常要进行业务流程的调整,越来越多的企业开始关注系统的伸缩性和可扩展性。而中间件可以支持跨平台操作,为不同操作系统上的应用软件集成提供方便,从而满足企业内部对系统伸缩性和可扩展性的要求。由于以上因素的作用,中间件已经成为企业应用的“新宠”,在银行、电信、金融等大规模关键事务领域中,在整合各种异构平台、保证交易完整性等方面,表现出了超强的能力。在ERP、电子商务交换平台和电子商务基础平台中,也不能没有中间件的存在。可以说,没有中间件就不能支撑今天的网络应用。

在目前我国发展大型系统软件能力不足的状况下,发展介于应用与系统之间的中间件,是我国软件产业向系统软件深入的一个切入点。振兴民族软件,中间件责任重大。目前,中间件产品已成为国内软件行业投资的新热点。据了解,国家有关部门已把中间件列入重点发展、重点扶持的软件项目,并寄希望于中间件能够推动我国在基础软件方面实现突破,并带动软件产业的规模化发展。

中间件提供一种基于标准的、独立于计算机硬件以及操作系统的开发和运行环境。开放性是中间件的一个重要的设计目标。一个真正意义上的开放式系统要求它的服务接口描述是完整的。完整意味着所有实现系统的东西都要被描述。接口定义描述的不完整导致系统开发者不得不增加一些自己的接口。结果是,基于同样标准的中间件系统产生差异,一个系统开发的应用在另一个系统上可能就不能工作。

同样糟糕的情况是,不完整性会导致两个基于完全一样的接口定义的但使用内部不同协议的分布式系统不能协同工作。例如,如果两个实现使用了底层网络的不兼容的网络协议,要达到系统互操作性的目标几乎是不可能的。我们所需要的是中间件之间的协议和接口必须是一致的。

作为另外一个例子,为了保证系统的互操作性,在不同的系统中资源被引用的方式必须是一致的。例如,在一个系统中,资源单位是通过 URLs 来引用的,而在另一个系统中,资源引用采用了另一种网络地址的方式,这无疑会发生问题。在这些情况下,接口的定义必须规定引用的规范。

当然,对于中间件到底是什么很难有一致的意见。人们试图通过设立一些组织,负责制定中间件解决方案的标准。但结果是,尽管有了不少这样的组织和标准,但这些标准一般仍是不兼容的;更糟糕的是,不同的厂商使用同样标准开发的产品也很少能协同工作。这一问题在不久的将来肯定会通过“上面件”(upperware)去解决。

为了更好地理解中间件与开放性的关系,我们可以将 OSI 参考模型(参看 2.4.1 节)中的七个层次的协议组合分为自下而上的三个层次级别,协议的分层以及相应软件的组织如图 2-43 所示。

- 第一层是底层协议,是硬件相关的。它的功能由网络控制器硬件的驱动程序软件提供。

- 第二层是网络传输层协议,是硬件无关的和应用无关的,它的功能由协议栈软件提供,套接字通信是这个层次的抽象,它为应用程序的开发提供了简单的、一致的和标准的编程接口。

- 第三层是高级通信协议,是分布模型中特定分布资源相关的,它涉及 OSI 参考模型中与会话、格式的应用相关的协议。客户端可以使用套接字通信进行编程来实现协议,也可以使用通信软件的功能。这是因为,在这个层次上还未能形成像网络传输层那样的统一接口标准。

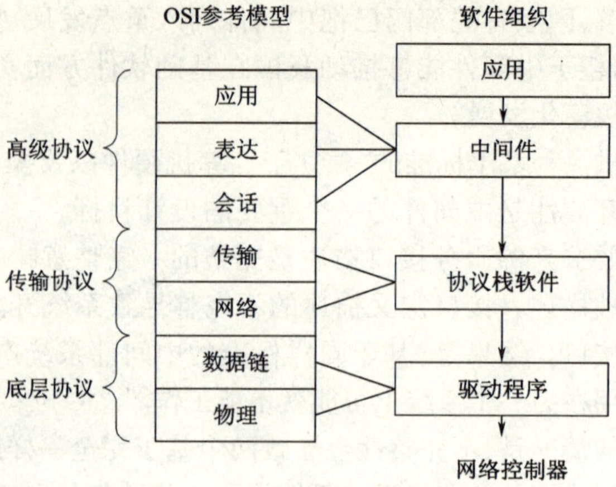

图 2-43　OSI 参考模型和软件组织

开放性很容易被当作一个商业口号而被滥用，实际上开放性有严格定义的内容。开放性包含了两层含义——可移植性(portability)和互操作性(interoperability)。

- 可移植性是指为一个系统所开发的应用可以不做修改地运行在另一个系统上，这时，我们说这个系统相对于另一个系统是可移植的。
- 互操作性是指基于同一个标准的两个不同的系统实现可以协同工作，在第一个系统上开发的应用可以像调用本系统的服务一样调用第二个系统的服务，反之亦然。这时，我们说这两个系统是可以互操作的。

中间件存在是为了隔离应用与操作系统，它使得应用可以独立于操作系统以实现应用的可移植性和互操作性。遗憾的是，应用对中间件的依赖又反过来削弱了应用的可移植性和互操作性，因为中间件的开放性不是一个简单的问题。从通信中间件来分析，应用系统或建立在套接字通信之上，或建立在通信软件之上，通信软件是组织成函数或类库的形式。开放性依赖一个共同的标准。

可移植性的主要设计目标是为了减少在不同系统上的重复开发。可移植性需要一个兼容的开发环境。除了编程语言的标准，编译系统的支持，可移植性还要求两个中间件有完全一致的服务接口定义，包括接口的语法和语义。例如，套接字编程接口就是一个标准的网络通信接口。可移植性又可以分为源代码级的和机器代码级的两个层次。在中间件接口一致的条件下，源代码级的应用的可移植性是比较容易做到的，而在不同的操作系统的环境下实现机器代码的可移植性就非常困难。例如，微软公司的 COM 组件的目标是一个跨平台的二进制机器代码标准，但几乎所有使用 COM 服务的应用却只能运行在 Windows 的操作系统上。没有二进制代码的可移植性，即使应用不需要修改，重新编译和连接的过程也需要得到很好的管理。Java 的一个成功之处在于 Java 建立了二进制代码层次（字节码）的可移植性，即所谓的“写一次，到处运行”（Write Once Run Anywhere，WORA）。

可移植的应用不一定是可以互操作的，可以互操作的应用也不一定是可以移植的。互操作性与可移植性有完全不同的目标。互操作是使得不同的系统无缝连接，呈现单一系统的特征。在通信服务的设计中，互操作性主要是依赖一个共同的通信协议。我们可以运行浏览器去访问 WWW 服务器，浏览器和 WWW 服务器可以运行在不同的操作系统上。这是一个典型的互操作例子，它是建立在 HTTP 通信协议标准上的。

所有的标准都有同样的一些问题。首先是我们很难达到一致的标准，其中既有学术和技术流派之争，也有利益集团之争；另一方面，不同的厂商在遵循标准的同时或多或少地在标准中增加或减少了一些内容，造成标准的事实差异。标准与标准的发展是一对矛盾体。简单的理解是接口标准提供可移植性，协议标准提供互操作性，如图 2－44 所示。

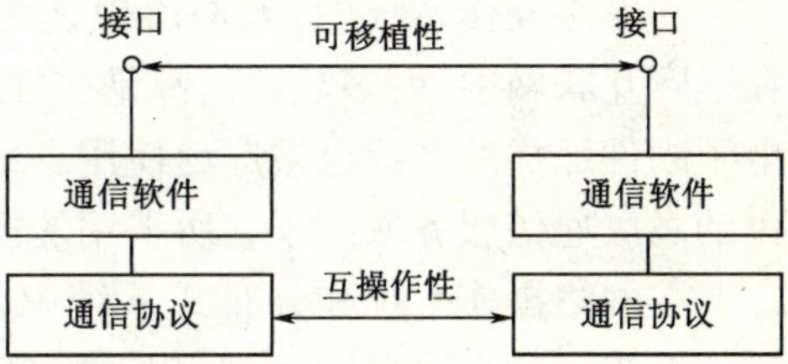

图 2－44　通信中间件的开放性

由于标准的问题，可移植性和互操作性只能是一个尽最大努力（Best effort）的工作方向。

2.5.7　系统比较

表 2－3 是对分布式操作系统、网络操作系统和基于中间件的分布式系统所做的扼要比较。

表 2－3　系统比较表

比较项目	分布式操作系统	网络操作系统	分布式系统
透明的程度	高	低	高
每个结点同样的操作系统	是	否	否
通信基础	消息	文件	根据模型
资源管理	全局的、分布的	每个结点	每个结点
缩展性	一般	有	变化
开放性	封闭	开放	开放

在透明性方面,分布式操作系统明显要好于网络操作系统。多处理器系统只隐藏了处理器的数目,这相对要简单一些。难点在于隐藏物理分布的内存,这也就是为什么构造一个完全透明性的分布式应用如此困难。分布式系统通常通过一种模型来改善分布和通信的透明性。例如,分布式文件系统在文件的位置和访问方面就有不俗的表现。然而,当用户不得不用一种模型去表达所有的东西时,它们就失去了普遍意义。这对特定应用而言可能不太便利。

分布式操作系统是同构的,意味着所有的结点有相同的操作系统(内核)。在多处理器系统中,因为它们都共享一个主存,所以不需要将系统的数据进行复制。在这里,所有的通信机制是基于公共的内存,而计算机网络使用消息传递。

在网络操作系统中,人们可以认为所有的通信是基于文件的。例如,在国际互联网中,大多数通信都是文件的传输。然而基于消息的像 BBS 和电子邮件那样的系统也被广泛使用。最后,基于中间件的分布式系统所提供的高级通信服务取决于它所采用的模型。

在网络操作系统和分布式系统中,资源的管理是单结点式的,使得这样的系统相对来说易于缩展。然而,实践告诉我们,增加了中间件这个软件层使系统的缩展性受到局限。分布式操作系统采用了全局的资源管理,因此系统比较难缩展。

最后,网络操作系统和分布式系统在开放性上胜出。一般情况下,支持像 TCP/IP 一样标准的通信协议使得它们具有较好的互操作性。然而,在多种操作系统并存的情况下,应用的移植也有很多问题。一般来说,分布式操作系统并不是为开放性设计的,而是为了达到更高的性能。

2.6 分布式系统的分析模型

2.6.1 本质问题

分布式系统是一个由一系列进程组成的,进程之间使用基于消息传递的网络通信进行协作的软件系统。回顾 2.3.3 节关于并发编程的分析,实际上多进程系统已经出现在单机的集中式软件系统中。在无共享内存通信的假设下,进程之间的交互表现出一些全新的特征。从技术层面分析,分布式系统与集中式的区别在于以下三个方面。

(1)没有全局状态的知识。在一个集中控制的系统中,进程可以根据系统的状态做出下一步处理的安排。虽然获得系统的全局状态往往不能通过一个指令来完成,但程序总是可以通过一个一个地访问内存中变量的值来决定程序的控制。在程序访问变量值与下一个操作之间,数据不会被有意无意地改变。这种顺序处理保证了系统的完整性。

分布式系统中的进程只能直接访问到它们自己的状态,而不能够简单地访问到其他进程的状态,它也就不能够简单地获得整个系统的全局状态。进程虽然能够通过接收消息获得其他进程的状态,但考虑通信的无法压缩的时延,当进程得到这个状态时,这个状态很可能已经过时了。如果在收集状态时要求锁定所有的进程,这种效率的损失是绝大多数应用所无法承受的。此外,通信状态也不能简单地获得:在某一个瞬间哪些消息是在途的?发送和接收进程都不能直接通过访问本地变量而获得这样的信息。

(2)没有全局的时钟。集中式系统中的所有事件可以按照时序进行完全排序,它意味着对任何两个事件,事件的先后关系是完全确定的。而在分布式系统中,由于缺乏完美同步的时钟,事件的全序关系不能简单地得到。在一些应用中,如果系统不能对事件的顺序达成一致,那么不一致的处理将会产生。

(3)不确定性。一个集中式的处理在给定输入的条件下其结果是完全确定的。因为虽然存在循环、跳转等指令,程序的顺序执行却是本质的。相反,分布式系统的每个进程是确定的,但整体行为却因为各个进程之间同步的随机性而形成不确定性的结果。假设一个服务器进程同时处理多个客户进程的请求,服务器按照请求消息到达的时间处理每个请求。通信中由于电气、干扰或其他随机因素,这些请求到达的顺序是无法事先确定的。

存在这些区别的根本原因在于,在分布的环境下,消息传递所需要的时间是不能忽略的。在时延为零的理想状况下,全局状态、完美同步的时钟以及结果的确定性都是可以保证的。因为进程获得一个消息的时间为零时,远程访问与访问本地变量成为等同的操作,也不存在任何在途的消息。但按照物理学的定律,时延的压缩只能在光的传播速度以内,时延是无法克服的。

通信问题不只是存在于分布式系统中。在一台计算机的内部,CPU、内存和硬盘等部件都是通过物理线路连接到一起的,有线路就有通信,因此通信是普遍存在的。但在单台计算机系统的设计中,通信问题的处理却是完全不同的：

• 因为部件之间有固定的和非常短的距离，通信延时非常之小，这个延时在大多数情况下可以忽略不计；即使存在不能忽略的延时，这个延时也可以被精确度量，并得到有效的处理。

• 通信失败一般被认定为是硬件故障，因此通信的可靠性取决于一定工作环境下硬件的可靠性。现在的制造工艺水平可以将通信的不可靠性降到最低。

• 软件不可能应对所有可能发生的硬件故障，而且故障的后果是无法预测的。因此在恶劣环境和苛刻的可靠性要求下，特殊的硬件冗余和相应的软件设计是必要的。

所以，在分布式系统的研究中，我们假设进程内部不存在通信问题的。

在分布式系统中，缺乏全局状态、缺乏全局时钟和不确定性往往是交织在一起的问题。首先，状态和时间是紧密关联的两个概念，一个系统的执行是系统状态在时间上的变迁过程。在一个没有全局时间的系统中，定义和获得系统的全局状态成为一个很棘手的问题；如果能从算法上确定性地预测系统的全局状态的变迁，缺少全局状态的问题也可以得到解决；遗憾的是，系统的不确定性导致无法用算法来预测系统的未来全局状态。由于这些区别，在集中式系统用得很好的一些算法不能够简单地移植到分布式系统中，我们需要去研究和开发一些针对分布式系统的一些新的算法。

分布式系统的另一个设计难点是故障处理。在集中式处理中，进程在逻辑上是独占计算机的所有资源的，故障一般是设计错误引起的，故障的解决一般需要修改程序。因此，集中式系统本身不需要有经常性的防范故障和故障恢复的设计。而在分布式系统中，防范故障和故障恢复是一个极为重要的设计。在一个大规模分布式系统中，我们不愿意看到因为某个进程和/或某个通信的故障而导致整个系统的瘫痪。我们可以区分以下两类故障：

第一，进程故障：分布式系统的进程是运行在自治的计算机上，每个进程都可能独立地发生故障。当系统涉及多个独立自治的管理部门时，因管理混乱所带来的故障则是不可避免的。例如，一台计算机没有按照要求启动，或被无意关停。在大规模分布的环境下，进程故障是系统设计必须防范的和解决的问题。进程故障处理的一个技术障碍是，系统中的其他进程无法区别一个运行很慢的进程和一个已经崩溃的进程。

第二，通信故障：这个问题或多或少与时延有关。在消息传送的过程中,消息丢失、消息错误和重复等问题都有可能发生,时延越大,消息在途时间越长,不可靠通信的风险就越大。消息的发送方和接收方都无法用简单的方法了解在途消息的状态。因此,在分布式系统中,我们不是总能假设通信是可靠的,或者是实现可靠通信的性能支出远大于处理通信故障的代价。

综上所述,分布式系统的问题解决有其特殊的复杂性。在分布式应用的需求驱动下,研究机构和企业在过去的 20 多年里进行了大量理论研究和实践活动,构造分布式系统的相关方法和技术正在逐步走向成熟。

2.6.2 分析模型

分布式系统的很多模型都是与研究的问题域相关的,例如,客户服务器模型、对等模型和文档模型、文件模型等。在这些模型背后都存在一些基本的分布式问题,例如,时钟问题、系统的全局状态问题、进程的交互问题和进程达成共识问题等。为了能更好地理解这些基本问题的解决,我们需要将这些问题从具体的应用中剥离出来,放在一个更一般性的模型下进行分析。这就是本节试图达到的目标。

我们先来分析一个简单的 Web 服务的进程交互模型。如图 2－45 所示,客户通过浏览器程序与 Web 服务器交互,系统涉及两个进程。而在具体实现中,Web 通信模型构成的分布式系统有更复杂的进程组织,例如:

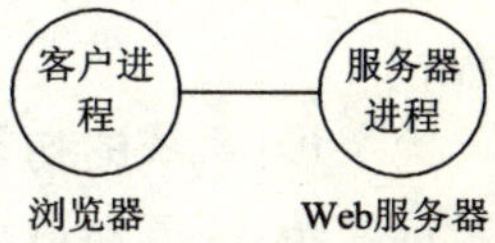

图 2－45　Web 通信模型的进程交互

- 在多个客户使用服务器时,客户端有多个客户进程分布在多台客户计算机上。
- 对于每个客户端,客户端可能会为每个图片的下载打开一个新的进程或线程,以加快图片的显示速度;如果网页中有 5 个图片,则这个客户端可能除了主进程外,还有 5 个下载图片的进程。
- 服务器端一般由主进程和服务器每个客户的进程构成。主进程负责监听网络端口,然后为每一个请求生成一个单独的进程或线程,使得服务器有更强的并发处理能力。当有 n 个客户并发请求时,服务器端有 $n+1$ 个进程。
- 服务器端还可以作为其他服务器的客户进行级联访问。
- 分布式系统的进程组织是动态的,有的进程在生成,有的进程在消亡;进程之间的关系也是动态的,有的进程在等待消息,有的进程在发送消息,有的进程正在进行处理。

在简化的情况下，假设一个 Web 系统有两个并发的客户，它们所访问的网页分别包含 1 个和 2 个图片，那么在某个并发的时刻，进程的组织大致如图 2 - 46 所示。

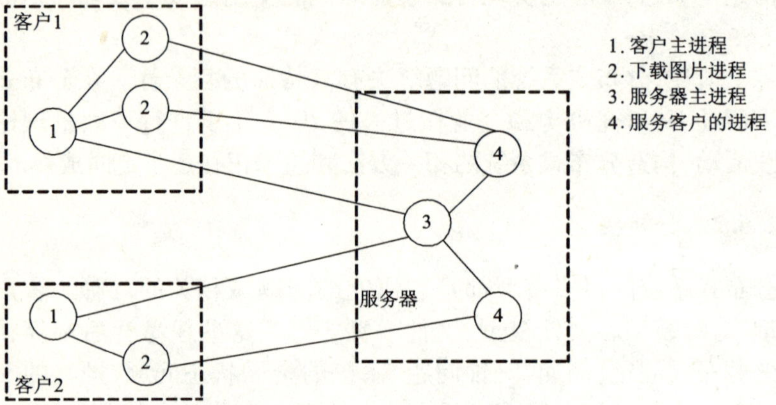

图 2 - 46　Web 系统在某一时刻的进程组织

作为分布式系统，Web 服务演变到图 2 - 46 的状态可以经历下面一些过程：

第一步：系统的初态：没有任何启动的进程；

第二步：服务器启动：进程③启动并运行，等待进入的请求；

第三步：客户 1 连接：代表客户 1 的进程①启动，发送请求到进程③；

第四步：服务器处理客户 1 的请求：进程③为客户 1 启动服务进程④，服务进程④负责处理客户 1 的请求，返回给客户 1 请求的 Web 页面；

第五步：客户 1 获取 Web 页面：客户 1 分析获得的 Web 页面，启动两个进程②进行图片下载；

第六步：客户 2 连接：代表客户 2 的进程①启动，发送请求到进程③；

第七步：服务器处理客户 2 的请求：进程③为客户 2 启动服务进程④，服务进程④负责处理客户 2 的请求，返回给客户 2 请求的 Web 页面；

第八步：客户 2 获取 Web 页面：客户 2 分析获得的 Web 页面，启动一个进程②进行图片下载。

从第 3 步到第 8 步的过程并不一定是顺序的，客户在不同的机器上，进程是完全并行的，而服务器如果假设在同一台机器上，服务器上的进程是并发的。

从上面例子中可以看出，一个分布式系统是由相互作用的进程所构成的网络。下面我们给出分布式系统分析模型的主要构成。

(1)进程网络。由此我们需要细化分布式系统的进程交互模型，以帮助我们理解分布式系统的执行过程以及系统的动态演变。从最简单的客户—服务器交互，到横向和纵向交错分布的成千上万个进程的交互，如果我们不考虑应用背景的话，分布式系统可以抽象为一个运行在计算机网络上的进程网络(process network)，如图 2-47 所示。

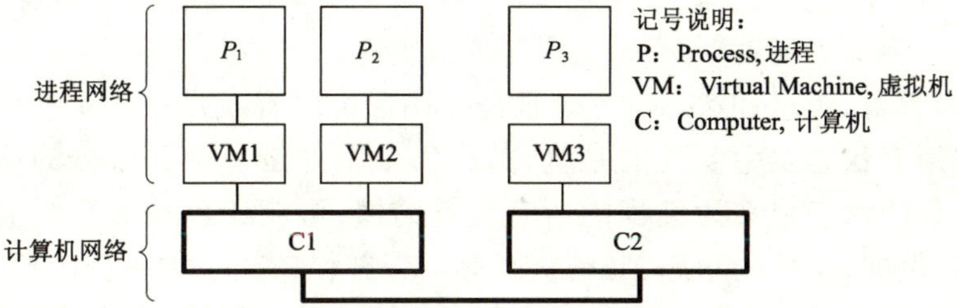

图 2-47　计算机网络与进程网络

计算机网络的设计目标是提供满足组织使用的一个综合的运行环境，主要涉及进程和进程之间通信的相关能力设计。而进程网络则是执行一个特定任务的软件设计。网络中的每个进程承担了分配给它的子任务，它们通过消息传递进行协作，以完成特定任务的执行；进程网络是一个逻辑分布的网络，大多数操作系统都能够通过虚拟机的设计允许多个进程运行在一台计算机上，如图 2-47 中进程 P_1 和 P_2。

在更一般性的分析中，根据进程通信是双向还是单向的区别，我们可以将分布式系统分别表示为无向图和有向图，如图 2-48 所示。

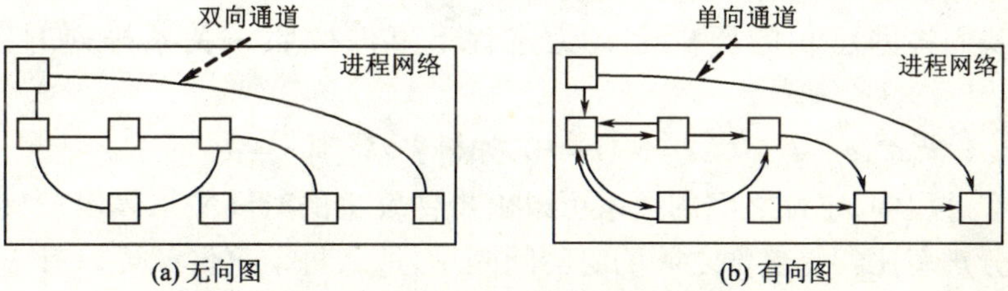

图 2-48　分布式系统的进程网络

(2)通道。进程之间的连接称为通信通道(Communication Channel)，或简称为通道。不带箭头的连接为双向(Bi-directional)通道，带箭头的为单向(Uni-directional)通道。通道代表的只是消息传递的方向，在大多数分布式系统中，进程之间总是进行双向的消息传递，而在另一类系统中，消息传递有确定的方向性。例如，在典型的客户服务器交互中，通道是双向的；

在多媒体通信中，媒体信息一般是单向流动。

一个由 n 个进程构成的分布式系统，记为 DS。它可以用下面的形式进行定义：

- DS = {P，C}，其中：
  - P 是进程的集合，记为 $P = \{p_i \mid i = 1, 2, \cdots n\}$
  - C 是通道的集合，记为 $C = \{ <p,q> \mid p,q \in P$，$<p,q>$ 表示从 p 到 q 的通道，$c(p,q)$ 定义了通道属性

(3)事件、消息和状态。一个进程的执行可以看成是在一系列离散事件的作用下状态发生变迁的系统，其中每个事件是一个不可分的原子操作。进程的状态定义为进程中所有变量的值，可能还包括受它影响的资源的值，例如，文件的状态、通信状态等。当进程在执行时，它有一系列的事件（操作）发生，每个事件或是一个消息的发送，或是一个消息的接收，或是进程进行状态转换的一个内部事件，例如，读或写一个变量。将进程理解为这样一个变迁系统（transition system）是恰当的，因为任何一个处理实际对应了进程状态的变迁。例如，文件服务器进程可以接受文件处理的请求消息，如果是写消息的话，服务器进程的写的动作必将导致文件状态的改变，也就是进程状态的变迁。

我们把事件定义为发生了一个动作，通信动作或者是状态转换动作。该动作由一个进程完成。在不失一般性的条件下，我们可以合理地假设进程运行在单个处理器上，进程上的事件是完全单调有序的，因为单处理器只有一个时钟。我们把事件之间的关系记为→，如果 e→e′，则当且仅当事件 e 发生在事件 e′之前。

我们将进程 p_i 的历史定义为进程上事件按照→关系排列的序列。则有：

$h_i = <e_{i1}, e_{i2}, e_{i3}, \cdots, e_{im}>$，$m \geqslant 0$，如果 $j < k$，则 $e_{ij} \rightarrow e_{jk}$

在进程中，事件之间的关系可以由事件发生的时间戳来表示。只要时钟的分辨率比相邻事件之间的时间间隔小，那么每个事件就可以有一个唯一的时间戳 t。假设事件 e 的时间戳为 t，e′的时间戳为 t′，如果 e→e′，则有 t < t′，反之亦然。

如图 2-49 所示，a 和 e 分别是进程 P_1 和 P_3 的内部事件，b 和 c 是进程 P_1 发送消息 m1 的事件和 P_2 接收消息 m1 的事件；d 和 f 分别是进程 P_2 和 P_3 发送和接收消息 m2 的事件。我们一般假设消息的传递经过一个非零的时间过程，在系统的任何一个时刻，可能存在一些在途的消息。

从原理上观测单个进程的离散状态是可能的，但如何获得分布式系统

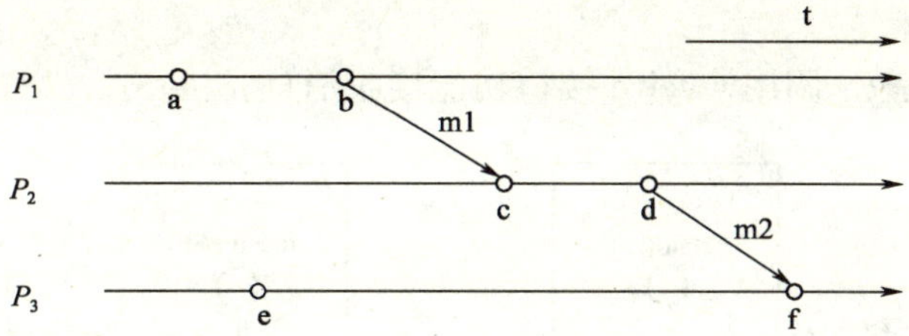

图 2－49　进程与事件

的全局状态却是非常难解决的。本质的问题是缺乏一致的全局时钟。如果所有进程有完全同步的时钟,那么我们可以在同一时刻记录下每个进程的状态,以及所有通道上的在途消息,这个结果集实际上就是分布式系统的全局状态。但事实上,我们不可能看到时钟的完美同步,也就是说物理时间戳无法可靠地对所有进程的所有事件进行正确排序。

2.6.3　通道与通信系统

进程间的信息交换建立在底层通信系统的通道能力之上。回顾2.4节关于通信原理的分析,进程间的通信依赖一个协议栈软件,它是一个独立的模块,而用户进程一般通过一个标准的接口来调用网络的通信功能。通道一般具有下面一些性能特征:

(1)从一个进程发送消息到另一个进程之间所需要的时间称为通道的延迟。延迟包括:①访问网络的等待时间,当网络负载很重时,该时间增长很快;②消息中第一个比特从网络到达目的地所花的时间;③通信系统发送和接收消息所需要的处理时间。

(2)通道的带宽是指在单位时间通道能传递的信息总量。

(3)通道的抖动是指传递一系列消息所用时间的变化值,它是由通道的延迟和通道带宽的随机特点引起的。通道的抖动对有实时要求的数据传输是非常有害的。例如,对流媒体数据。

在很多的系统设计中,通信系统是一个独立的进程。用户进程通过共享内存来与通信系统交互,主要包括接收和发送消息。通信系统需要按照通信协议的要求,将消息分层进行分解传输,增加消息头或消息尾信息(参见图2－24),并在接收端重新进行组合,最后提交给用户进程。通信系统一般还承担网络数据的采集、统计分析以及与网络监控管理相关的功能。图2－50是进程间使用通道进行消息发送和接收的示意图。

(1)进程 P_1 调用 send 接口功能,将消息 m 提交给通信系统,$S_1 \rightarrow S_2$;

(2)通信系统负责将消息通过网络通道送达到接收方的通信系

统，$S_2 \rightarrow S_3$；

(3)进程 P_2 调用 receive 接口功能接收消息，$S_3 \rightarrow S_4$。

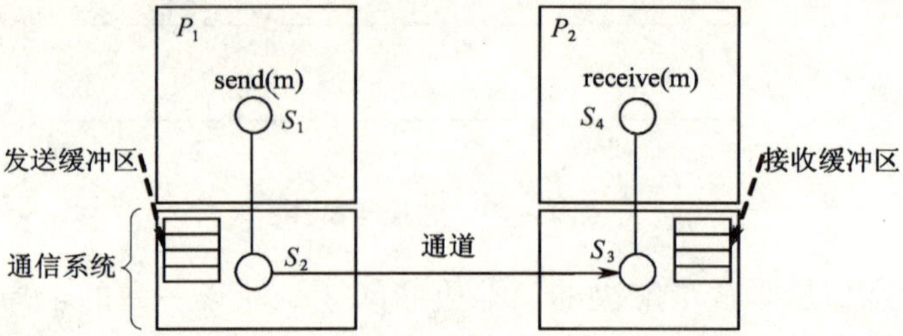

图 2-50　通道与通信系统

S_1，S_2，S_3，S_4 称为消息传递的同步点(Syncronization Point)。理想的情况是，消息发送和接收过程完全同步，并且消息能够可靠地到达。在分布式环境下，由于进程的自治性和网络环境的异构特征，保持发送和接收方的同步，以及实现可靠通信所需要付出的管理和技术的代价并不总是现实可行的。

从管理上看，参与通信的计算机可能分布在不同的部门和地理位置上，协调和管理所有这些计算机的运行并不总是可能的。在企业级计算中，规范管理可以达到较高的协调水平，一些称为服务器的机器可以提供规定的服务时间和服务能力；但在另一些应用中，例如，电子邮件系统、公文流转系统中，参与通信的个人计算机情况差异很大，实现它们之间的完全同步既不可能也没有必要。

从技术上分析，消息传输的可靠性保证需要复杂的消息交换和控制机制，这些机制需要附加的计算和网络资源。例如，在 TCP/IP 协议中，数据被重组为定长的数据包，每个数据包独立寻址和路由到目的地。TCP 协议使用同步消息 SYN 建立发送方和接收方关于数据包大小、数据包编号、流量控制等方面的信息同步、使用 ACK 消息回复一个正确的消息接收以及使用 FIN 消息来通知对方结束通信。图 2-51 是一个从进程 P_1 传输消息 m 到进程 P_2 的过程的示意图。

在一切都正常的情况下，TCP 协议传输单条消息实际上需要进行 7 条消息的交换。如果出现消息丢失或其他异常，TCP 协议自动进行消息的重发和重复消息检测以保证可靠通信，这个过程需要更多的网络资源和计算资源。虽然在一个连接中可以进行多条消息的交换以提高传输效率，但维持连接的成本也是不能忽略的：例如，HTTP 协议是建立在 TCP 之上的客户服务器通信，但 HTTP 协议在两次请求/回复之间不保留通信连接，因此

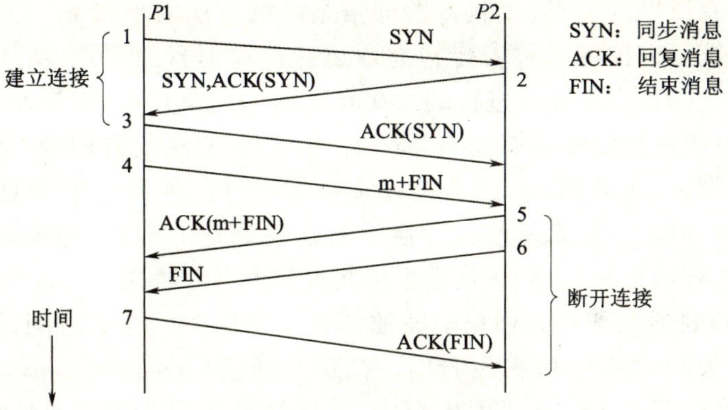

图 2-51　TCP 的消息传递

HTTP 自身却是一个可靠的无连接的协议。在一些应用中,当可靠性的要求可以降低时,非可靠的消息传输可以节省资源和提高效率。例如,网络管理协议 SNMP(Simple Network Management Protocol)中,每个被管理的网络结点经常性地向网络管理设备发送包含本结点的动态信息的消息,这个消息的偶尔丢失是可以容忍的。

因此,在分布式系统的设计中,我们一般需要根据应用的需求来设计通道的能力,以较小的管理和资源成本来实现所需要的功能。下面是关于通道的主要属性分析:

(1)同步通信与异步通信。同步通信是最常见的一种通信方式。它要求发送进程与接收进程同时运行,接收消息的进程被阻塞在等待消息的状态,发送消息的进程被阻塞到消息成功提交给接收进程。如图 2-50 所示,接收消息的进程被阻塞在 S_4 同步点;发送消息的进程可以在 S_1、S_2、S_3 这三个同步点被阻塞:当通信系统的发送缓存区已满时,发送进程在 S_1 点被阻塞;当网络拥堵时或接收消息的缓存区满时,发送进程在 S_2 点被阻塞;当消息等待提交给接收进程时,消息在 S_3 点被阻塞。即使我们可以假设客户进程等待并不耗费什么资源,但等待时间过长也是难以接受的。更糟糕的是,我们实际无法区分一台计算机是运行很慢还是已经崩溃。大多数基于同步通信的设计都有超时的约定,如果客户在规定的时间内得不到响应的话,它就可以选择放弃或继续等待。因此,我们合理地假设在同步通信中,进程是否崩溃是可以检测到的。这个假设对于基于同步通信的算法研究是非常重要的。

异步通信解除了通信双方的这种过强的依赖关系。发送消息的进程和接收消息的进程可以在不同的时刻独立地发送和接收,发送方的通信系统缓存所有待发的消息，接收方的通信系统缓存所有已经到达的消息，两个通信系统可以按照某种安排建立通道并传递消息。因此，消息的发送、传递和提交都是完全独立进行的。在异步通信的模式下，如果发送缓存区已满时；发送进程仍然可能被阻塞在 S_1 点，接收消息的进程则可以在三种模式下工作：①阻塞模式：如果接收缓存区没有任何到达的消息，进程阻塞；②非阻塞模式：如果接收缓存区没有任何到达的消息，进程继续；③事件模式：当有消息到达时，接收进程将获得一个事件通知。

(2)瞬时通信和永久通信。按照消息在通信中的存活时间，我们可以将通信分为瞬时通信和永久通信。在瞬时通信(transient communication)中，所有消息缓存在计算机的内存中，消息的存活期依赖于通信系统进程的存活期。当通信系统停止运行或崩溃时，所有待发送的消息和所有到达的消息都会丢失。

与瞬时通信不同的是，永久通信(persistent communication)将所有消息保存在一个永久性存储设备中，消息的存活期不再依赖通信系统而成为永久消息，如图 2－52 所示。

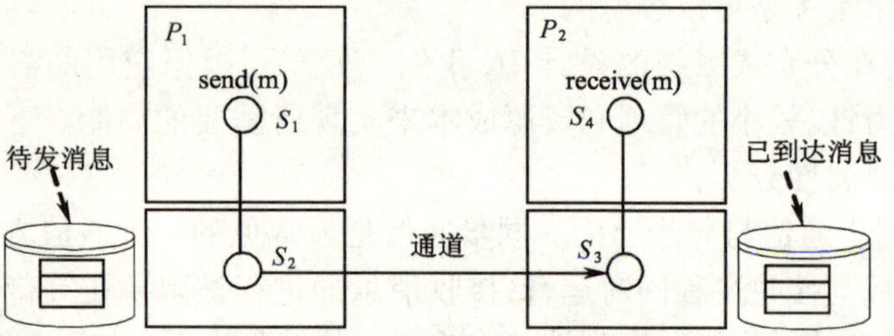

图 2－52　永久通信示意图

关于异步通信和永久通信的研究产生了一个重要的研究领域，那就是面向消息的中间件系统(Message-Oriented Middleware，MOM)。它的使用可以简化用户对异步消息和永久消息的处理。电子邮件系统采用了类似的原理。

(3)有连接的通信和无连接的通信。如果通信双方在协议层保存一个连接信息，所有的消息传递发生在一个连接上，这就是有连接的通信(connection oriented communication)，这时通信双方需要显式地建立连接，在这个连接上进行消息传递，最后关闭连接。相反，如果通信双方在协议层没有连接信息，则通信是无连接的(connectionless)。我们需要注意到的是有连接和无连接的定义是相对一个协议层的，与它所依赖的底层是否有连接还是无连接无关。例如，TCP 是一个有连接的协议，UDP 是一个无连接的协议,它们都依赖于底层的IP协议,而IP协议是无连接。HTTP协议是建立在TCP上的更高层协议,但HTTP却是无连接的。

(4)可靠通信与不可靠通信。可靠通信是指消息能够从发送方不重复、不丢失、完整地到达接收方。可靠通信是正好一次(exactly once)的通信保障。根据丢失和重复消息的可能,不可靠通信的情况又可以分为:①最多一次(at most once):消息是完整的,最多能够被接收一次。消息可能丢失,但不会重复;②最少一次(at least once):消息是完整的,消息最少能够被接收一次。消息不会丢失,但可能重复;③无任何保障。

(5)FIFO假设。消息传递的FIFO假设是指一个进程所收到的来自同一个进程的消息顺序与发送消息的顺序完全一致。这是一个比可靠通信更强的要求。我们知道,在大规模分布环境下,由于消息可能选择不同路径,消息到达的顺序与发送的顺序并不能保持一致。在同一个TCP会话中,TCP在接收端按照数据包的编号重组数据,FIFO假设是成立的。但如果连续的两个消息的发送是在不同的会话中,消息的发送顺序与消息的到达顺序可能会不一致。如果要实现FIFO假设,我们可能需要建立消息的全局编号,并进行相应的检测和控制。

(6)组通信。大多数的传输层通信协议能够提供点到点的可靠通道,但很少能提供一个到达进程组的可靠通信。组通信的一个直观定义是一个进程发送的消息可以到达一个进程组的每一个进程。如果发送消息的进程属于这个进程组,那么这个进程也会收到自己发送的消息。逻辑上看,组通信可以被理解为进程组中每两个进程之间都存在一个通道,进程在所有的通道上同时发送消息。很显然,如果按照这种方式去建立通道,那么网络和计算资源将会有较大的浪费。在进程数比较少时,这也不失为一个最简单的方法。在一些共享介质的局域网中,网络硬件和底层协议可以方便地提供广播和多播的通信功能,但这些功能一般不允许通过路由器漫延到其他网络上。因此,在大规模分布的网络中,组通信,尤其是可靠的组通信,仍然是一个非常艰巨的技术问题。

(7)多媒体通信。迄今为止,我们讨论的信息都是没有严格的时间约束的,信息的正确性仅表现为数据的完整性。但在另一类实时系统中,信息的正确性更依赖于时间的正确性,完整性的要求甚至是第二位的。多媒体信息就是一个典型的实时信息,它要求有一个严格的时间同步来保证回放的效果,相反,丢失一些数据和某些数据错误有时候是能够被接受的。多媒体通信需要一些关于传输、同步和服务质量的专门研究。

2.6.4 故障模型

在分布式系统中,进程和通道都可能发生故障。故障是指进程和通道不能按照承诺的方式工作而产生的意外错误。故障与系统的一般性错误的区别在于,故障不是一个设计的系统行为,而错误可能由设计或设计缺陷所导致。例如,一个良好设计的通道如果在设计时并不承诺可靠通信,那么发生消息传递的错误时就不能认定为发生了一个故障;而承诺可靠通信的通道发生传递失败的错误就是一个故障。故障模型定义了故障可能发生的方式,以便于我们理解故障的后果。Hadzilacos 和 Toueg 在[文献1]中给出了区别进程故障和通道故障的分类标准是:

(1)崩溃故障:一个进程过早地终止,它在终止之前一直正常工作。崩溃故障的特征是,一旦进程崩溃,我们再也无法检测到来自这个进程的任何反应。例如,如果一台计算机的操作系统进程发生崩溃故障时,机器不再响应用户的键入或鼠标点击操作,用户除了重启计算机而没有别的办法。微机系统的经常性崩溃几乎被认为是微机的正常行为。在这个意义上,将重设(reset)按钮从机箱背面移到机箱前端是一个非常好的主意,但希望有一天这个重设按钮会重新回到机箱的背面。

(2)遗漏故障:消息从一个进程到另一个进程发生中途丢失的故障,参照图2-50给出的通道与通信系统的概念模型。遗漏故障又可以分为以下三种:

• 发送遗漏:进程的消息不能到达通信系统的发送缓冲区。

• 接收遗漏:进程的消息不能从通信系统的接收缓冲区到达接收进程。

• 通道遗漏:消息不能从发送缓冲区传递到接收缓冲区。

(3)时序故障:发生在实时系统中不能满足时间要求的进程和通道故障。在实时系统中,进程的时钟、执行时间、消息传递时间等均有时间。时序故障又可以分为:

• 时钟故障:进程的本地时间与实际时间的偏移超出限制;或进程之间的时钟偏移超出了限制。

• 进程性能故障:进程的处理时间超出了限制。

• 通道性能故障:消息的传递时间超出了限制。

(4)随机故障:随机故障或拜占庭故障这样的术语描述的是最坏的故障情形。这里可能发生任何类型的故障。进程可能跳过了一些处理步骤,或者多做了一些不期望的处理。因此进程的这种故障不能通过判断其是否有响应而得知,因为它可能有完全随机的响应;通道也有随机故障:消息可能被破坏,也可能有不存在的消息或的重复传递的消息。除非在恶意的环境下,通道的随机故障一般由通信系统的容错设计加以克服。

表2-4汇总了故障的主要分类。

表2-4 故障分类一览表

故障类型	影响	描述
崩溃故障	进程	进程没有任何响应
遗漏故障		消息丢失
发送遗漏	进程	消息不能从发送进程达到发送缓冲区
接收遗漏	进程	消息不能从接收缓冲区到达接收进程
通道遗漏	通道	消息不能从发送缓冲区传递到接收缓冲区
时序故障		时间超出限制
时钟故障	进程	进程的本地时间与实际时间的偏移,或进程之间时钟的偏移
进程性能故障	进程	进程处理时间
通道性能故障	通道	消息传递时间
随机故障	进程/通道	进程和/或通道的随机行为

关于故障模型的进一步讨论涉及更多的内容:

(1)健壮性:如何在存在故障的分布式系统中设计健壮的服务,系统不仅需要具备从故障中恢复到正确状态的能力,有时候还需要系统在部分故障的条件下不中断服务的能力。

(2)故障屏蔽:故障透明性是分布式系统透明性的一个要求。一个良好设计的系统能够自动处理故障,并向用户屏蔽故障发生和处理的细节。

(3)安全问题:在恶意的环境下,伪造的消息、旧消息的重复或篡改消息都是一些可能的入侵行为。实际上随机故障很多是安全漏洞所造成的。

我们将在后续的章节中做更深入的讨论。

第二部分　分布式系统基础

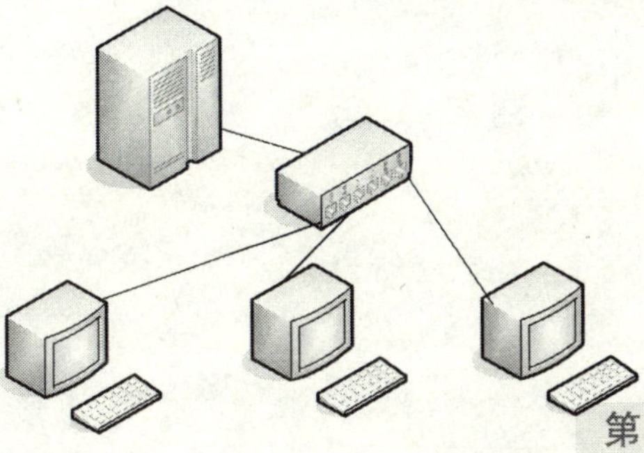

第3章

时间与系统全局状态

时间在现实生活中扮演着非常重要的角色,很多活动的协调依赖于一个共同的时间约定。例如,各种计划、会议、日常活动都是基于时间的。从人对时间的分辨能力看,精确到分钟已经是比较高的要求了,当然也有一些活动对计时有较严格的要求,例如,体育比赛的计时。需要区别的是时间的准确性是相对于某一个标准的参考时间而言的,计时的准确性就是时钟运行的准确性。一个计时准确的时钟可以通过设置与标准时间一致,而一个计时不准确的时钟无论怎么设置总会逐渐偏离标准的参考时间。

在计算机系统中,计算机时间与标准时间保持同步也是一个最基本的要求。我们经常需要知道计算机上特定事件发生的时间,也需要制定一些作业的时间安排。计算机系统中也存在一些对时间有较为严格要求的应用,例如,多媒体系统。20 世纪末被人们广泛关注的 2000 年问题实际上是计算机在时间处理上的一个缺陷所带来的。在单一计算机系统中,时间的重要性并不明显,因为单一计算机有单一的时钟,所有事件发生的时间是单调有序的。而在分布式系统中,每台计算机有自己的时钟,但时钟往往会偏离,完美地同步这些时钟是不可能的。也就是说每台计算机关于事件的时间记录,或者叫时间戳,不能可靠地表达事件实际发生的先后顺序。对于不同的观察者,两个事件的相对顺序甚至可以完全相反,这对于有因果关系的两个事件来说会产生很大的问题。在这种情况下,对于所有的观测者而言,虽然他们所能观测到的原因事件和结果事件的时间间隔可以不同,但结果时间必须迟于原因时间,至少是不早于。例如,在论坛上发布一个新帖子和对帖子的回复就是有因果关系的两个事件,它们之间的先后顺序必须对所有观测者保持一致。分布式系统缺乏全局时间的问题也给观测分布式系统的全局状态带来问题。在某一个时间 t,由于不同计算机的时钟偏差,不同计算机上采集的本地状态不能可靠地提供分布式系统的全局状态。例如,在时间 t 时,一台计算机收到另一台计算机的一个消息,而在同一个时间 t,由于发送消息的计算机的时钟走得快一点,它可能还没有记录已经发送消息的事件。

本章主要研究分布式系统与时间相关的三个方面问题:①物理时钟的同步;②逻辑时钟与事件排序;③分布式系统的全局状态。

3.1 物理时钟的同步

3.1.1 时间、时钟和时间标准

时间问题并不像我们想像的那么简单,尤其是当我们需要一个很高精度的时间参照时,理解现实世界的时间度量方法还是很有意义的。

即使是最渊博的历史学家也无法告诉我们第一座时钟产生的确切日期和它的发明人。我们所知道的是,早在公元前 3500 年,人类就开始用日晷来确定时间。由于地球自转和公转的角度问题,用这种方式得到的时间不够准确,大约每天要差 15 分钟左右。在随后的时间里,人类还采取过多种方式来获取较为精确的时间,沙漏、水钟和燃香都曾经被广泛使用。然而,所有的这些时钟都存在着同样问题:精确度不够。

机械钟的出现大大提高了时钟的精确度。1350 年,第一座机械闹钟在德国问世,到 16 世纪初,意大利教堂就响起了机械钟声。1583 年,伽利略发现单摆的摆动周期与振幅无关,这是时钟历史上的一大进步。在前人研究的基础上,1656 年,荷兰天文学家、数学家惠更斯提出了单摆原理并制作了第一座自摆钟,从此,时钟误差可以以秒来计算。在 1762 年,最好的机械表已经能够达到每 3 天才差 1 秒钟的精确程度,这样的时钟,即使放在如今的日常生活中也足够用了。但在天文、物理等科学领域中,人们对时间精确度的要求却并不以此为止境。

1928 年,贝尔电话实验室的研究人员沃伦·马里森利用石英晶体在电路中能够产生频率稳定震动的特性,制造出了第一座石英钟。翌年,第一批石英钟作为商品面世了。它的每日误差只有万分之一秒,比 1920 年制造的世界上最精确的机械钟的误差小 10 倍。自此,石英钟取代机械钟,成为天文台向世界各地的人们提供标准时间的天文钟。

然而,石英钟的风光历史没有持续多久,1949 年在美国制造成功的原

子钟就以其几千几万年才相差1秒的准确性，将石英钟变成了天文学领域的明日黄花。

说起来，原子钟是最不像时钟的钟。在美国标准和技术局(National Institute of Standards and Technology, NIST)的实验室中，为美国提供标准时间的NIST－F1看上去就是一大堆让人摸不着头脑的元件，没有时针分针秒针，也没有钟点显示。其实，原子钟的任务，只是提供“秒”这个时间单位的精确计量。

一秒钟如何确定下来？这首先要从时间的概念说起。当我们提到时间时，有时指的是某一时刻，是一个点，有时指的则是两个时刻之间的间隔，是一条线段，只有将这两者结合起来，才能够构成对时间的正确认识。很早以前，科学家们就意识到精确界定秒的长度的重要性了。17世纪，科学家确定了地球自转一周、地球上任何地点的人连续两次看见太阳在天空中同一位置的时间间隔为一个平太阳日。由此，法国科学院于1820年提出，以一个平太阳日的1/86 400作为一个平太阳秒，成为世界时秒长。世界天文时间最广泛使用的标准就是著名的格林尼治标准时间。

格林尼治标准时间(GMT，又译“格林威治平均时间”或“格林威治标准时间”)是指经线零度(即子午线)所经地区的当地时间，由于子午线穿越伦敦附近的格林尼治市，故称格林尼治时间。格林尼治时间与英国时间相同，也是用以计算全球不同地区时间的基础。理论上来说，格林尼治标准时间的正午是指当太阳横穿格林尼治子午线时(也就是在格林尼治上空最高点)的时间。由于地球在它的椭圆轨道里的运动速度不均匀，这个时刻可能和实际的太阳时相差16分钟。自1924年2月5日开始，格林尼治天文台每隔一小时会向全世界发布调时信息。

地球的自转要受季节影响，且呈现逐年减缓的趋势，世界时秒长的精确程度对于飞速发展的空间物理、军事和航天等领域来说就显得不够了。量子物理的出现与发展，一方面对时间计量的精确度不断提出更苛刻要求，另一方面也指出了解决之道。

根据量子物理学原理，当原子从一种能量状态跃迁到较低的能量状态时，它会释放电磁波。同一种原子产生的电磁波的共振频率是一定的，如铯133原子，它的共振频率就为每秒9 192 631 770周，精确的时间间隔即可由此确定。

哥伦比亚大学的物理学教授、1944年诺贝尔物理学奖获得者伊西多·伊萨克·拉比(Isidor Issac Rabi)堪称原子钟之父。1945年，他就提出，可以运用其在30年代发明的原子束磁共振技术来制造原子钟。使用拉比的技术，美国国家标准化和技术研究院（National Institute of Standards and Technology，NIST）在1949年使用氨分子作为磁振源制成了世界上首台原子钟。1952年，NIST制成了第一台铯原子钟，它被命名为NBS-1（National Bureau of Standards，NBS，NIST当时的名字，译为美国国家标准局）。这一命名规则被延续下来，一直到1975年的NBS-6（它的下一代名为NIST-7，再下一代则为NIST-F1）。在那个时候，NBS-6的精确程度已经可以达到在30万年的时间中，既不会快1秒，也不会慢1秒了。

从原子钟诞生之日起，各国科学家就尝试过使用各种物质原子来制造它，先后出现有氢原子钟和铷原子钟，但它们的地位都远远无法同铯原子钟相比。尽管氢原子钟和铷原子钟的造价比铯原子钟低廉（目前位于NIST实验室中的NIST-F1原子钟价值65万美元），而且体积较小，但精确度不够高。因此，在1967年召开的国际计量大会（General Conference on Weights and Measures，CGPM）上，科学家们根据铯原子的振荡频率定义了秒的长度即：铯133原子基态的两个超精细能量级间跃迁辐射振荡9 192 631 770周所持续的时间为1秒。自此，全世界的计时标准不再建立于天文学的基础上，而这一标准也沿用至今。

目前，世界上大约有分散在各地的50多个铯原子钟，位于巴黎的国际时间办公室（Bureau International de l'Heure，BIH）定期地收集这些时钟的时间值，取平均数后得到一个称为世界原子时（International Atomic Time，TAI）的标准时间。但原子时间的一个重要问题是它存在相对于天文时间的偏离，每86 400原子秒大约要比天文秒慢3个毫秒，久而久之，正午的时间将越来越提前，这是不能接受的。1582年，罗马教皇格里高里十三世决定从日历中减去10天时，街面上一片混乱，租金、利息和工资计算引发了很多冲突。

为了解决这个问题，BIH建立了协调世界时标准（Coordinated Universal Time，UTC）。它是基于原子时间，但不时要增加闰秒或在极偶尔的情况下减少闰秒，以保持与天文时间的一致。今天，格林尼治时间已经不再被作为标准时间使用。现在的标准时间——协调世界时（UTC）——由原子钟提供。

UTC时间由覆盖了世界大部分地区的广播电台和卫星进行同步和广播。例如，在美国，NIST使用WWV短波台发布UTC时间，WWV自身的时间精确度在±1毫秒，考虑到广播信号受气象因素的影响，接收方的实际的时间精确度在±10毫秒左右。在英国，MSF电台提供类似的服务。一些卫星也承担了UTC的时间发布，例如，美国罗兰C西北太平洋链导航信号中标志的时间信号、美国导航星全球定位系统(GPS)的时间信号等。

在我国,中国科学院国家授时中心(陕西天文台)承担国家的授时任务,保持着我国高精度的原子时基准,负责由陕西天文台(CSAO)、上海天文台(SO)、北京天文台(BAO)、测量与地球物理研究所武昌时辰站(WTO)和北京无线电计量测试研究所(BIRM)共同组成的我国综合原子时 TA(JATC)的归算工作,通过专用长、短波授时台,BPL 和 BPM,以及中央电视台在我国广播卫星转发的电视信号中插入的时间信号发布我国的标准时间与标准频率信号。

在现实生活中,我们对时间的精确度一般没有太苛刻的要求,有时会参照电台或电视台的时间,有时候也会互相之间进行参照,然后手工进行时钟同步。在更苛刻的环境下,一些同步技术的研究就非常必要。我们将在下一节里展开计算机时钟的同步技术的讨论。

新的进展

伴随着物理学在玻色-爱因斯坦凝聚方面取得的突破,以及原子喷泉技术的进一步完善,铯原子的江湖霸主地位也遭到挑战。NIST 最新制造的光学原子钟所采用的就不是铯原子,而是汞离子(即失去一个电子的汞原子)。它的振荡频率比当今最准确的原子钟、每秒钟振荡 90 亿周的 NIST-F1 要高 10 万倍。主持这台光学原子钟制造工作的 NIST 物理学家司各特·迪达姆斯(Scott Diddams)在接受《科学》杂志采访时说:"它具有比当今最好的时钟准确 1 000 倍的潜力。"

科学家对精确计时的追求随着技术的进步和实验工艺的改进而不断提高。在平常人看来,让众多科学家倾毕生之力追求的从 100 万年差 1 秒到 10 亿年差 1 秒的飞跃可能毫无意义,但事实并非如此。即使是从最功利的角度来看,原子钟技术给人类带来的益处也是无处不在的。从 GPS 卫星定位系统,到无线通讯和光纤数据传输技术,它们的背后都响着原子钟的"嘀哒"声。或许"最精确"是个一出现就立刻成为过去时的概念,或许它是一个永远都无法企及的将来时,但无论如何,在从精确到更精确的过程中,人类在进步。

3.1.2 计算机时钟与同步

所有的计算机都有一个计时的特殊装置,它不是一个通常意义的时钟,更准确地说它是一个计时器(Timer)。计算机的计时器一般是一个石英振荡器,它在电压的作用下能够以恒定的频率震荡。计时器可以被设置为每振荡固定次数后产生一个时钟嘀嗒(clock tick)动作,每个时钟嘀嗒随后产生一个系统中断，适当编程的中断处理程序就可以完成计算机的计时工作。例如，微机的系统时钟主频为66MHz，如果固定次数被设置为1的话，则微机可以每秒生成6 600万次时钟嘀嗒。

在早期的计算机上，系统每次启动时都会要求用户输入当前时间，这个时间将被作为计时的开始时间。现代计算机一般都有一个使用电池供电的特殊计时装置，用以保持在计算机断电条件下的计时工作，以避免每次时间的输入。

在一台单个的计算机上，时钟是唯一的。两个事件发生的先后顺序可以由时间来唯一确定，这个理解是不存在歧义的。当它不与外界发生关系时，计算机时钟只需要保持单调一致就能满足处理的要求，时钟快一点或慢一点并不重要。但在分布环境下，每台计算机有自己独立的时钟，而这些时钟无论多么精确都无法保持完美的一致。分布环境缺乏全局时钟的问题给一些基于时间同步的处理产生了一些意外的后果。

例如，大多数编译系统会比较源文件的编辑时间（最后修改时间）和机器代码的生成时间来决定是否重新编译：如果源文件时间较新，则源文件将被重新编译，编译后的机器代码的生成时间一定晚于源文件的编辑时间；如果机器代码时间较新，则不重新编译。假设一个原文件 test. c 的编辑时间为2050，而机器代码的 test. o 的生成时间为2052，那么编译系统可以合理地认为，在生成机器代码后源代码没有被修改过，因此不需要重新编译。

如果考虑编辑与编译是在不同计算机上完成的，那么编辑时间与生成时间的比较就很难了。如图3－1所示，由于编辑使用的计算机的时钟慢于编译用的计算机的时钟，本来应该重新编译的 test. c 可能得不到重新编译，其后果是很难预测的。

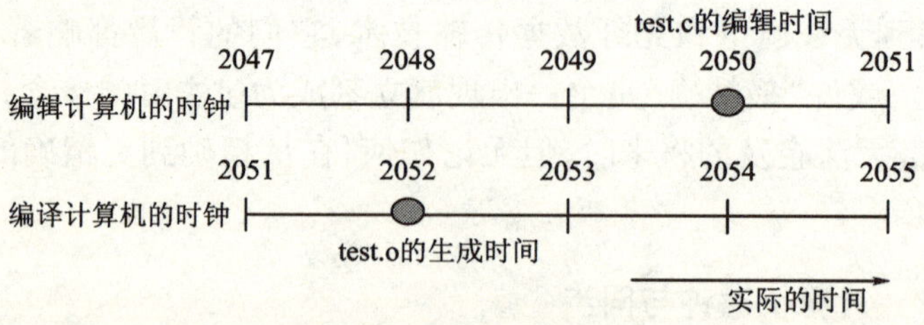

图3－1　两个不同时钟的计算机产生的时间上的不一致

在分布式系统中，计算机之间的时钟同步仍然是一个基本要求，这个同步问题可以分为两个方面：一是与现实世界的标准时间保持同步，这是外部同步；第二是计算机之间保持时钟的同步，这是内部同步。一般性的认识是，如果系统中有一台计算机有一个 WWV 接收器，那么我们则需要尽最大可能地将所有计算机的时钟同步到这个外部标准时间上；如果系统中没有一台计算机有 WWV 接收器，我们则需要尽可能地将所有的计算机的时钟同步到一个时钟上。

假设一个有 N 台计算机构成的分布式系统 DS，在 UTC 的时间 t 时，每台计算机的时钟时间记为 $C_i(t), i=1,\cdots N$；并假设 I 是 UTC 时间 t_1 到 t_2 的一个区间，$t_2>t_1$。

外部同步：对一个同步范围 $D>0$，如果对时间区间 I 上的任何 UTC 时间 t 满足 $|C_i(t)-t|<D, i=1,\cdots,N$，我们说，DS 在范围 D 上是外部同步。

内部同步：对一个同步范围 $D>0$，对 DS 中所有计算机，如果在时间区间 I 上满足 $|C_i(t)-C_j(t)|<D, i=1,\cdots,N, j=1,\cdots N$，我们则说 DS 在范围 D 上内部同步。

内部同步的系统不一定外部同步，因为即使它们相互之间满足内部同步条件，这个同步时间可能与 UTC 时间有很大的偏离；而相反，在 D 范围内外部同步的系统必然在 $2D$ 范围上内部同步。

在理想的情况下，对所有的 i 和 t，$C_i(t)=t$，即 $dC_i(t)/dt=1$。而实际的时钟总是存在一定的误差，时钟的正确性一般用偏移率来表达。如果时钟工作在一个已知的厂商提供的偏移率的范围内，那么我们说时钟是正确的。我们把偏移率记为 ρ，则有：

$1-\rho<dC(t)/dt<1+\rho$

目前的石英时钟的 ρ 值一般能达到 $10^{-6}/s$。

此外，在大多数系统中，时钟还必须满足前进的单调性要求，即时间永远不能后退。如果 $t<t'$，则必须 $C(t)<C(t')$。违背单调性会造成时间上的混乱。

在一个全部由正确时钟构成的分布式系统中，假设所有计算机的时钟的偏移率都为 ρ 时，对于任何一个时间区间 I，系统的最大的内部同步范围 $D=2\rho\cdot(t_2-t_1)$；反过来推演，如果我们希望系统的同步范围控制在 D 以内，那么我们则必须在小于 $D/2\rho$ 的时间间隔上对时钟进行重新同步的操作。

3.1.3 时间同步算法

关于时钟同步的算法有很多研究，我们在这里分别介绍用于外部同步的 Cristian 算法[文献2]和用于内部同步的 Berkeley 算法[文献3]，以及国际互联网上使用的 NTP 协议[文献4]。

（1）Cristian 算法。Cristian 算法使用一个接收外部时间源的时间服务器，系统中每台计算机周期性地向时间服务器请求当前时间，每个周期的时间间隔应该小于$D/2\rho$；时间服务器尽可能快地将当前的时间 C_{utc} 返回给请求计算机。算法原理如图 3-2 所示。

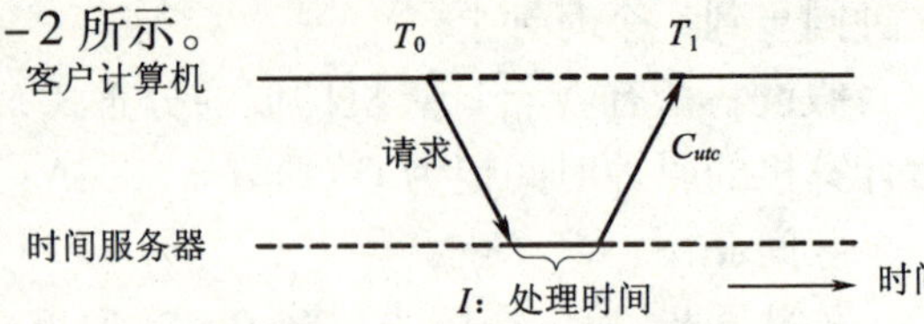

图 3-2　Cristian 算法图解

请求时间的计算机接收到当前时间 C_{utc} 以后，考虑到网络传输和服务器的处理时间，一个较为精确的当前时间的估算为：$C_{utc}+(T_1-T_0-I)/2$。请求时间的服务器可以将本机时钟调整到这个新的当前时间上。但问题并不那么简单，如果 C_{utc} 小于该计算机的当前时钟，那么直接调整将会违背对时钟的单调性的要求。解决的办法是逐步放慢，而不是一次性调整。例如，假设计算机时钟的嘀嗒是每秒钟 100 次，因此每次嘀嗒时间将前进 10 毫秒。在逐步放慢的算法中，我们可以在每次嘀嗒发生时修改中断处理程序使得时钟只前进 9 毫秒，这样经过一段时间后，客户计算机将达到正确的当前时间。这种处理的另一个优点是保持了时间前进的平滑性，避免了跳跃性的调整。因此这个原理也适用于逐步加快的处理。

（2）Berkeley 算法。在 Cristian 算法中，服务器是被动地等待请求。而 Berkeley Unix 的时间同步设计恰好相反，时间服务器周期性地轮询所有的其他计算机的当前时间，根据它们的回复，服务器计算所有时间的平均值，然后通知所有的机器新的当前时间，其他机器根据通知放缓或加快自己的时钟进度以调整到新的当前时间上。Berkeley 算法适用于没有外部时间源接收器的内部同步。一些关于通信和处理时间的估算与 Cristian 算法类似。

（3）NTP 协议（Network Time Protocol）。Cristian 算法和 Berkeley 算法都依赖于一个集中的时间服务器，显然它们不能适用于大规模分布的系统。NTP 协议全称为网络时间协议（Network Time Procotol）。它的目的是在国际互联网上传递统一、标准的时间。具体的实现方案是在网络上指定若干时钟源网站，为用户提供授时服务，并且这些网站间应该能够相互比对，提高准确度。

NTP 最早是由美国 Delaware 大学的 Mills 教授设计实现的，从 1982 年最初提出到现在已发展了 20 年多年，2001 年最新的 NTPv4 精确度已经达到了 200 毫秒数量级。对于实际应用，也可以是采用秒级精度的 SNTP 协议(Simple Network Time Protocol,简单的网络时间协议)。美国 NIST 从 20 世纪 90 年代初开始,进行 Internet 网上时间发布服务,至今已经设置了七八个时间服务专用网站,德国 PTB 也于 2004 年开通了专用授时网站,在网上发布标准时间。目前世界上的授时网站已有 100 多个。基于 NTP 的国际互联网授时系统如图 3-3 所示。

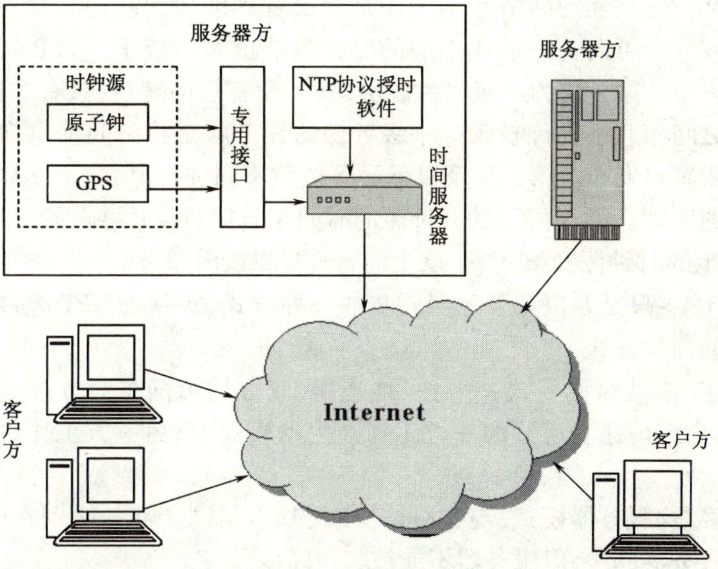

图 3-3 国际互联网授时系统

NTP 协议是 OSI 参考模型的高层协议,采用了 UDP 传输协议作为低层传输协议,拥有分配的专用端口 123。NTP 协议的时间同步算法与 Cristian 算法基本相同,需要同步的客户与时间服务器进行交互,如图 3-4 所示。其中,

T_1 是请求消息的时间戳,以客户时间为参照;

T_2 是请求消息接收的时间,以服务器时间为参照;

T_3 为服务器回复消息的时间戳,以服务器时间为参照;

T_4 为回复消息接收的时间,以客户时间为参照。

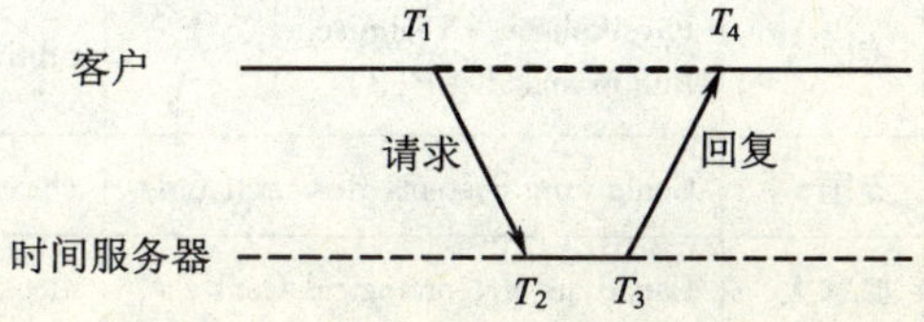

图 3-4 NTP 时间同步

假设客户时间的调整量为 θ,请求消息传递和回复消息传递的实际耗时均为 δ,那么我们则有:

$$T_2 = T_1 + \theta + \delta$$

$$T_4 = T_3 - \theta + \delta$$

最后得到:$\theta = (T_2 - T_1 + T_4 - T_3)/2$。可以看到,$\theta$ 只与 T_2, T_1 差值、T_4, T_3 差值相关,而与 δ 无关,即最终的结果与服务器处理请求所需的时间无关。据此,客户可通过 T_1, T_2, T_3, T_4 计算出时差 θ 去调整本地时钟。

NTP 所建立起的网络基本结构是分层管理的树形结构。每一层上的时钟源或客户可向上一层或本层的时钟源请求时间校正。第 0 层为官方时钟所保留。第一层为一级时钟源层,其上没有任何客户,只有主钟源,这些钟源之间相互不允许校正。一级钟源的任务就是将时间信息向第二层的钟源或客户发布。第二层及以下层除层数不同、时间质量不一样外没有本质上的区别。第 N 层上的时钟源的时间来自第 $N-1$ 层或第 N 层,并向第 N 层上的时钟源和第 $N+1$ 层上的客户提供校时服务。

图 3-4 只是客户与服务器同步的一种方式,实际上 NPT 允许三种不同的时间同步方式:

• 主/被动对称模式:一对一地连接,双方均可同步对方或被对方同步,先发出申请建立连接的一方工作在主动模式下,另一方工作在被动模式下。

• 客户/服务器模式:与主/被动模式基本相同。唯一区别在于,客户方可被服务器同步,但服务器不能被客户同步。

• 广播模式:一对多的连接,服务器不论客户工作在何种模式下,主动发出时间信息,客户由此信息调整自己的时间,此时网络延时忽略,因此在准确度上有损失,但可满足秒级应用。表 3-1 列举了互联网上公开的一些时间服务器的地址。

表 3-1 时间服务器列表

国家	机构	网络地址
美国	NIST Boulder Laboratories	time-b. timefreq. bldrdoc. gov (132.163.4.102)
美国	NIST Boulder Laboratories	time-c. timefreq. bldrdoc. gov (132.163.135.132)
德国	Physikalisch-Technische Bundesanstalt (PTB)	ptbtime1. ptb. de (192.53.103.103)
英国	Computing Systems Research Ltd.	chronos. csr. net(194.35.252.7)
加拿大	Canadian Meteorological Centre	clock. cmc. ec. gc. ca (142.3.100.2)
中国	中国计量科学研究院	202.108.158.139

3.2 逻辑时钟和排序

3.2.1 Lamport 逻辑时钟和同步算法

从上一节的分析中我们看到,无论使用什么样的同步算法,时间同步的不完美性是无法克服的。因此,基于精确时间的分布式应用是不可实现的。我们需要换一种思考方式来讨论这个问题。人们发现,在很多应用场合,外部同步不是必要的。例如,对前面 3.1.2 中介绍的编译应用,只要所有机器达到内部同步编译就不会出错,即使这个时间与实际的时间有出入;完美的内部同步也是不必要的,事件的排序比准确时间本身重要。例如,编译应用实际上依赖 test. c 和 test. o 的生成顺序而不是它们生成的准确时间。如果有准确时间,事件排序等同于按照时间的排序;如果不存在准确时间,事件的排序又将会怎样?

Lamport[文献5]发明了一种简单的机制,称为逻辑时钟。逻辑时钟可以被理解为是一个单调增长的软件计数器,它的值与任何物理时钟无关。每个进程维护它自己的逻辑时钟。满足单调性的物理时钟也可以看成是一个逻辑时钟,但它与实际时间是否同步已经完全不重要了。

为了同步逻辑时钟和对事件进行排序,Lamport 定义了事件之间的“发生在前”(Happens-before)的关系,记为→。表达式 a→b 意味着对分布式系统的所有进程,事件 a 发生在事件 b 之前。事件之间“发生在前”的关系可以在下面两种情况下被确定:

(1)如果 a 和 b 是同一个进程的两个事件,如果 a 事件发生在 b 事件之前,则 a→b 为真。我们已经知道,同一进程的事件之间顺序是没有歧义的。

(2)如果 a 是某一进程发送消息的事件,而 b 是另一进程接收到这个消息的事件,则 a→b 为真。一个消息的接收事件不能先于发送消息的事件,也不可能在同时。我们在这里假设消息的传递时间是一个非零的值。

“发生在前”关系具有传递性,即:如果 a→b,b→c,则 a→c。在分布式系统中,如果事件 x 和事件 y 没有“发生在前”的关系,即 x→y 和 y→x 都不成立,我们则认为 x 和 y 是并发事件。换句话说,我们无法确定这两个事件的发生顺序。

Lamport 的逻辑时钟的同步要求是,对于任何 a→b,如果 a 是进程 P_i 中的事件，b 是进程 P_j 中的事件，进程 P_i 记录的 a 事件发生的逻辑时间 $C_i(a)$ 必须严格小于进程 P_j 的逻辑时间 $C_j(b)$，即 $C_i(a) < C_j(b)$。C 就是所谓的 Lamport 时间戳。对于同一个进程中的两个事件，Lamport 的时钟同步意味着逻辑时钟的分辨率要高于两个连续事件的最小时间间隔；而对于不同进程的两个事件，接收消息的进程根据消息的时间戳（发送消息的事件时间）对自身的逻辑时钟做必要的调整。考虑对时钟的单调性要求，这个调整总是增加时间，而从来不减少时间。

注意，如果 a，b 是两个并发的事件，且 $C(a) < C(b)$，我们不能导出 a→b。因为对于并发的事件，$C(a)$ 和 $C(b)$ 的关系是不确定的。

Lamport 同步算法

现在我们通过一个例子来理解 Lamport 同步算法的过程。如图 3－5 所示的分布式系统中有三个拥有独立逻辑时钟的进程，每个逻辑时钟运行速率有较为显著的差距。在未采用 Lamport 同步算法时，消息发送和到达的时间关系如图 3－5(a)所示。

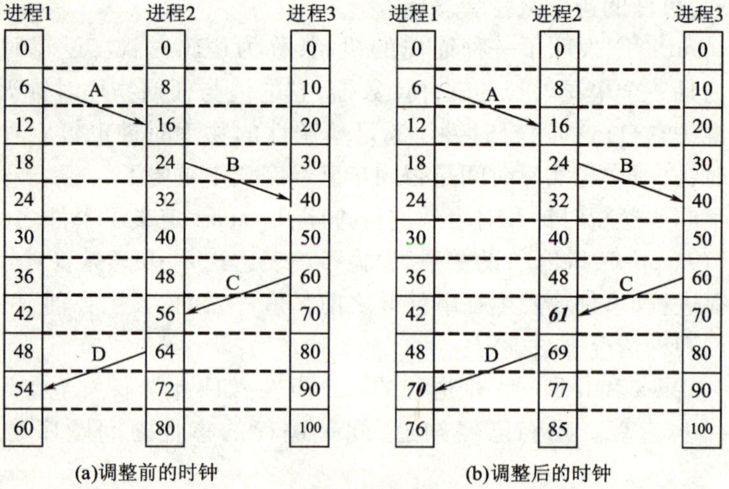

图 3－5　Lamport 同步算法图解

进程 1 发送消息 A 的发送时间是 6，以进程 1 的逻辑时钟为参照；进程 2 接收到消息 A 的时间为 16，以进程 2 的时钟为参照。

消息 B 的发送时间为 24，到达时间为 40；

消息 C 的发送时间为 60，到达时间为 56；

消息 D 的发送时间为 64，到达时间为 54。

消息 A 和 B 的时间关系满足 Lamport 同步的要求，而消息 C 和 D 的时间关系逻辑上是不可能的。Lamport 同步算法是基于事件"发生之前"的关系。消息 C 的发送时间为 60,则消息达到的时间必须是 61 或更大的时间值,因为通信时间被假设为非 0。所以,如果接收进程发现消息的时间戳早于接收进程的逻辑时间,我们则将本地进程的逻辑时钟调整为发送时间加 1。以消息 C 为例,进程 2 根据消息 C 的时间戳 60 将自己的逻辑时钟调整到 61,消息 D 也会带来相应的时钟调整,如图 3-5(b)所示。经过这样处理的逻辑时钟是满足 Lamport 的时钟同步要求的。

在一些应用中,为了避免两个事件有完全一样的时间,我们还可以将进程编号作为时间的小数部分。例如,如果进程 1 和进程 2 有两个事件都发生在时间 40,那么我们可以使用增加的小数部分来唯一地区分事件发生的时间,这两个事件的时间分别为 40.1 和 40.2。

使用上面的同步算法,我们可以为分布式系统的所有事件建立一个一致的时间标识:

(1)如果事件 a 和事件 b 发生在同一个进程里,a 发生在之前,则 $C(a) < C(b)$;

(2)如果事件 a 和事件 b 分别是发送和接收同一条消息的事件,则 $C(a) < C(b)$;

(3)对于所有事件,$C(a) \neq C(b)$。

这种标识时间的方法为分布式系统的所有事件的完全排序提供了一个简单的方法。很多分布式应用都需要一个一致的、无歧义的事件排序,至于并发事件实际的发生顺序可能我们已经无法确定。

Lamport 的事件排序有时又称为因果序,或隐性因果序。

3.2.2 全序多播

全序多播(Totally-Ordered Muticasting)是使用 Lamport 时间戳的一个典型应用。假设分布式系统进程构成一个多播组,每个进程可以随机地、独立地发送消息,消息可以被每一个进程,包括发送进程自身接收到。由于通信的不确定性,每个进程所接收到的消息顺序可能是不一致的,如果每个进程按照消息到达的顺序进行处理,那么很可能会导致系统的不一致。我们来看一个简单的例子。假设一家银行为了提高查询效率在两个不同的城市建立了系统的复制,所有的查询请求都是提交给最近的复制系统,以达到高效率,如图 3-6 所示。

这个高效率的代价是执行更新请求的高成本,因为查询请求可以在最近的复制系统上执行,但更新请求却必须在每个复制系统上执行,以保持

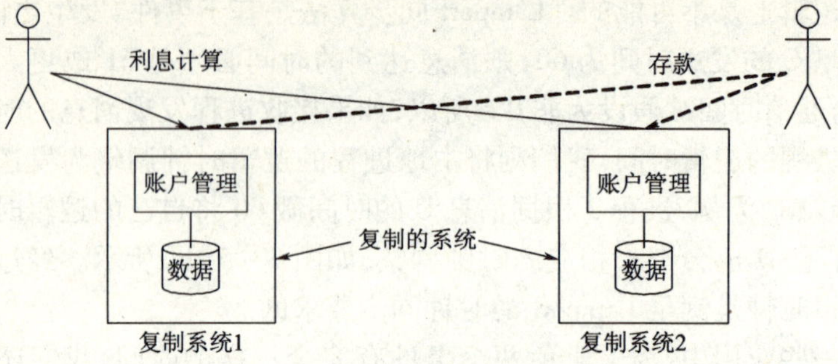

图 3-6 在复制的系统中进行更新的操作

数据的一致性。不仅如此，对于并发的两个更新，每个复制系统必须对请求顺序达成一致。假设，一个客户的账面余额是 1 000 元，客户在某一营业所做了一笔存款业务，金额为 2 000 元；而与此同时，银行的另一个业务员可能正在进行计息操作，每个账户的账面余额增加 1% 的利息。所有可能的组合情况是：

(1) 对所有的复制系统，利息计算消息都先于存款消息到达，则客户的账目余额在所有的复制系统上均为：1 000 ×（1 +1%）+1 000 =2 010。

(2) 对所有的复制系统，存款消息都先于利息计算消息到达，则客户的账户余额在所有的复制系统上均为：(1 000 +1 000) ×（1 +1%）=2 020。

(3) 如果对于复制系统 1，利息计算消息先于存款消息到达，而对于复制系统 2，存款消息先于利息计算消息到达，那么复制系统 1 和复制系统 2 的余额分别为 2 010 和 2 020。

(4) 如果对于复制系统 1，存款消息先于利息计算消息到达，而对于复制系统 2，利息计算消息先于存款消息到达，那么复制系统 1 和复制系统 2 的余额分别为 2 020 和 2 010。

前两种情况的结果是正确的，因为复制系统最终是一致的；而当两个消息的实际时间间隔较小时，后两种情况也可能发生，最终的结果是复制系统失去了一致性。在这样的应用中，我们需要一种机制来保证所有多播的消息在接收进程进行完全的排序后提交处理，这就是全序多播问题。Lamport 时间戳和时间同步算法可以帮助我们在分布环境下达到这个目的。

基于 Lamport 时间戳的全序多播算法要求多播组中的每个进程在提交消息之前将进入的消息保存在一个本地消息队列中，队列中的消息按照消息的时间戳排序。这个算法还对通信条件做了两个假设：①从同一个发送进程发出的消息到达接收进程的顺序与发送顺序一致；②可靠的组通信，即没有消息丢失。

每个多播的消息都带有发送进程的时间戳;进程接收到一个消息后将根据 Lamport 同步算法调整时钟,并将接收到的消息保存在本地消息队列中,然后多播应答消息(ACK 消息,Acknowledge),应答消息的时间戳一定大于接收到消息的时间戳。按照多播的要求,所有的进程都会收到所有的消息和所有的应答,按照 Lamport 时间戳的特点,所有进程的本地消息队列的顺序是完全一样的。

当消息队列的顶端,即时间最小的消息的所有应答都已经到达时,进程可以安全地将这个消息提交处理,因为这时不再可能有比在途的时间戳更小的消息。因为我们假设了同一个进程所发送的消息是按发送顺序到达的。提交的消息将从本地队列中被删除。

这样的过程就实现了全序多播。对于 n 个多播进程的 m 个消息的排序,附加的 ACK 消息达到 $n \times m$ 个,而且关于通信的两个假设在大规模网络中一般是不能保证的,因此基于 Lamport 时间戳的全序多播的使用存在相当的局限性。

3.2.3 向量时间戳

Lamport 时间戳建立了分布式系统事件的一个偏序关系,它的主要缺点是我们无法根据时间戳来确定事件的顺序:如果 $C(\mathrm{a}) < C(\mathrm{b})$,我们不能推出 $\mathrm{a} \rightarrow \mathrm{b}$。Mattern[文献6] 和 Fidge[文献7] 开发了向量时间戳(Vector Timestamps)来定义逻辑时间和进行逻辑时钟的同步。用一个单调的值来表达逻辑时间是比较直观的,而用一组称为向量的单调值来表达一个进程的逻辑时间初看起来还是令人费解的。我们从一个简单例子来分析关于事件排序新的问题。在新闻组(news)的应用中,所有的文章和对文章的回复都多播给讨论组的所有成员。为了保证所有成员遵循文章和文章的回复顺序,我们需要对所有的事件进行完全排序。由于文章只与回复、回复的回复有逻辑上的因果关系,而新发的文章可以被假定为相互独立的,成员看到不同的新发文章顺序是可以接受的。因此,对这样的应用,完全排序是一个过于苛刻的要求。向量时间戳的发明者认为,一个进程的事件只可能与进程已知的分布式系统所发生过的事件有因果关系,而与它不能知道的其他事件无任何因果关系。有因果关系的事件才构成顺序关系。这种因果关系可以使用向量时间戳来表达。

在有 n 个进程的分布式系统中,每个进程的向量时间是包含 n 个数值的一维数组,记为 $V_i, i=1,\cdots,n$,其中的数值有下面两个属性:

(1) $V_i[i]$是进程已经发生的事件计数，每个进程维护自己的事件计数器；

(2) $V_i[j]$，$i \neq j$，是进程 P_i 知道的 P_j 进程上所发生的事件数。

第一个属性是进程本身的事件计数。进程的事件计数是满足 Lamport 逻辑时间定义的一个单调数值，它在每次事件发生时做计数加 1 的操作。而向量时间的第二个属性是通过消息获得的，因为我们已经反复强调过消息传递是进程间的唯一通信手段。使用向量时间的系统的每个消息都携带发送进程的向量时间戳，消息 m 的向量时间戳记为 vt(m)。假设发送消息 m 的进程为 P_i，接收消息 m 的进程为 P_j，则：

(1) P_j 通过 vt(m)[i]获得进程 P_i 在消息发送时已经发生的事件数；

(2) P_j 通过 vt(m)[k]，k≠i 获得 P_i 在发送消息前 P_i 所知道的其他进程上发生的事件数。

换句话说，消息 m 的时间戳 vt(m)告诉了接收进程消息 m 发送之前发送进程 P_i 所知道的所有进程已经发生的事件数，消息 m 与这些事件存在因果关系。P_j 进程的向量时间在接收到消息 m 后按照下面的规则进行调整：

(1) 取向量时间戳的最大值的合并操作：$V_j[\mathrm{k}] = \max(V_j[\mathrm{k}], \mathrm{vt}(\mathrm{m})[\mathrm{k}])$，$k = 1, \cdots, n$；

(2) P_j 的事件计数加 1：$V_j[\mathrm{j}] = V[\mathrm{j}] + 1$；

系统在初始状态时，所有进程的向量时间都初始化为(0,0,…0)。图 3-7是使用向量时间戳算法进行逻辑时间同步的一个简单图示。

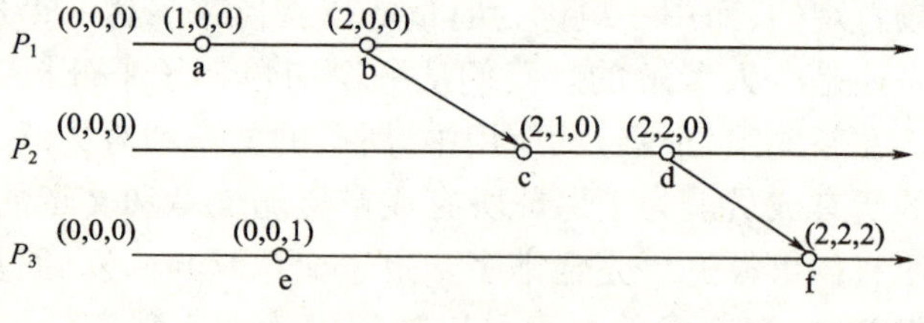

图 3-7　向量时间戳图示

我们用下面的方法比较向量时间 V 和 V'：

(1) 如果满足 $V[\mathrm{j}] = V'[\mathrm{j}]$，$j = 1, \cdots, n$ 的条件，则 $V = V'$；

(2) 如果满足 $V[\mathrm{j}] \leqslant V'[\mathrm{j}]$，$j = 1, \cdots, n$ 的条件，则 $V \leqslant V'$；

(3) 如果 $V \leqslant V'$ 并且 $V \neq V'$ 时，则 $V < V'$。

按照上面的比较操作，根据向量时间戳关于事件的顺序关系的定义，我们很容易得到：如果 a→b，则 $V(\mathrm{a}) < V(\mathrm{b})$；而且如果 $V(\mathrm{a}) < V(\mathrm{b})$，则

a→b。在图 3－7 中，事件 a，b，c，d，f 构成一个事件顺序，e，f 构成另一个事件顺序。类似地，通过比较时间戳，我们能够区分两个事件是并发的。例如，从 $V(e) \leqslant V(a)$ 和 $V(a) \leqslant V(e)$ 均不成立的事实，可以认为事件 a 和 e 是并发的。

基于向量时间戳的多播排序算法

假设有 n 个进程构成的多播组系统，并且通信是可靠的。

- 初始化：所有进程的向量时间都初始化为 0：$V_i(j)=0, i, j=1,2,\cdots,n$；
- 多播消息的发送，假设发送进程为 P_i：
  - ■ 发送多播消息时进程 P_i 的事件计数器进行加 1 操作，其他内部事件和接收消息的事件都不改变计数器的值；
  - ■ 每个多播消息携带发送进程的向量时间戳，即 $vt(m)=V_i$；
- 多播消息的接收，假设接收进程为 P_j
  - ■ 如果 $i=j$，则直接提交消息，不做进一步处理；
  - ■ 将消息 m 保存在进程的消息队列中；
  - ■ 如果 $vt(m)[i] = V_j[i]+1$，并且对于所有的 $k \neq i$，$vt(m)[k] \leqslant V_j[k]$，则提交消息，否则等待；
  - ■ 提交消息后，将消息 m 从队列中删除，设置 $V_j[i]=V_j[i]+1$。

在这个算法中，由于只有发送消息事件参与进程的事件的计数，则消息 m 的向量时间戳代表的是进程 P_i 已知的每个进程发送过的消息数量，也就是说，消息 m 可能是依赖于这些已知的消息。因此，接收进程 P_j 在提交消息 m 之前必须确认已经接收到 P_i 所已知的消息，否则消息间的因果关系将被破坏。算法中的消息提交条件是由此得来的。

以新闻组应用为例，假设我们有一个如图 3－8 所示的新闻多播组。进程 P_1 发布了一篇文章 m，m 将在组内进行多播，m 的向量时间戳为(1，0，0)。P_2 首先接收到文章 m，m 的时间戳相对于 P_2 的向量时间(0，0，0)满足提交条件，则消息在 P_2 上提交处理。P_2 随后发布了对这个文章的一个回复 r，r 也在组内进行多播，r 的向量时间戳为(1，1，0)。在对消息到达顺序不做任何假设的情况下，P_3 完全有可能先接收到消息 r，然后再接收到消息 m。如果 P_3 按照到达顺序处理 r 和 m，不合理的结果将会出现，因为 r 是对 m 的回复，必须发生在 m 之后。实际上，由于 r 的向量时间戳不满足 P_3 提交消息的条件，消息将进入队列等待。随后到达的消息 m 满足提交条件，m 被提交。在 m 被提交以后，r 又达到了提交条件，r 最后被提交。从这个过程看，算法保证了因果关系的事件在多播环境下的一致性排序。

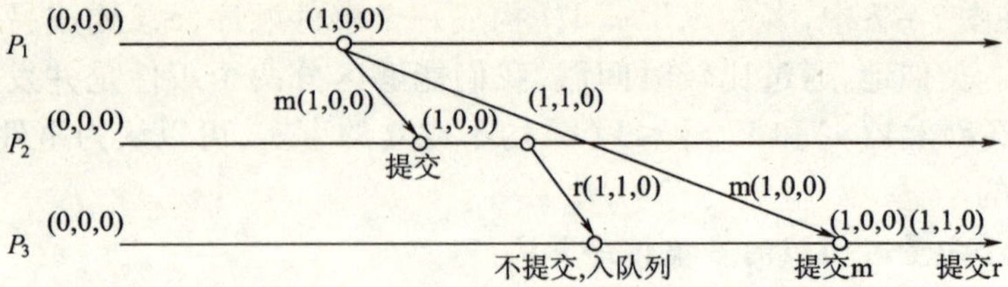

图 3-8 基于向量时间戳的多播排序的图示

向量时间戳技术的缺点是算法有 $O(n)$ 级的空间复杂度。算法所需要的存储空间大小与 n 成正比关系的。

3.3 系统的全局状态

3.3.1 一致的全局状态

一个分布式系统的全局状态严格地说是指在某时间 t,系统的所有进程的(本地)状态与所有在途消息的一个数据集合。在途消息是指已经发送但还没有到达的一类消息。但实际上,并不是所有的状态数据都是有意义的,状态数据的采集取决于全局状态使用者的应用需求。我们一般只关心一些根据应用的需求在全局范围内有意义的状态数据,而不是所有的状态数据。例如,在无用单元收集器的应用中,引用与引用之间的关系是我们所关心的全局状态。如图 3-9 所示,系统中的进程 P_1 和 P_2 分别有两个实体(对象),进程 P_1 包含对 $E1$ 的引用,进程 P_2 包含对 E_2 的引用,在途消息包含对 E_3 的引用。因此无用单元收集算法必须同时考虑进程的状态和信道的状态,否则 E_3 很可能被作为无用单元而被错误地删除。

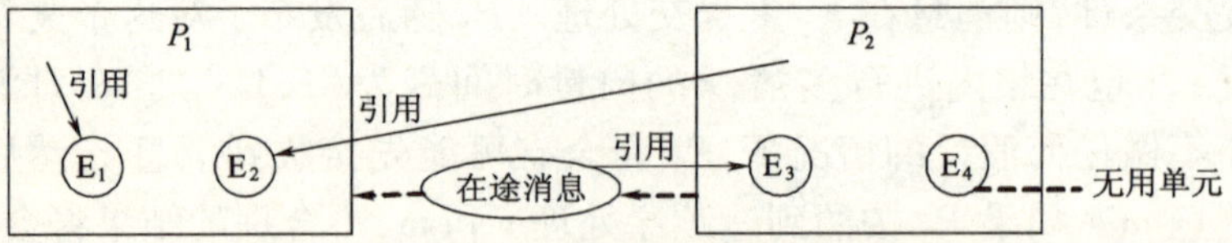

图 3-9 无用单元收集应用的全局状态

再例如,在一个电子商务应用中,系统管理员可能只关心产品、库存和订单的数据库的状态,其他诸如进程的技术数据、网络状态、在途消息等都不是他所感兴趣的。从分析的角度看,无论我们采集什么样的状态数据,分布式系统的全局状态总是由进程的本地状态和在途消息构成。

分布式系统中存在的另外两个技术问题也与观测分布式系统的全局状态有关。一个是进程间是否发生了死锁，另一个是系统的终止检测。在死锁的情况下，两个进程都处在等待对方消息的状态，系统不能有任何进展；在终止条件检测的问题中，我们需要知道所有的进程是否已经完成了本地处理而且系统中是否还有任何在途的消息。

由于缺乏完美同步的时钟，能够单独观测到的单个进程状态的事实并不能很简单地给出在某个时间 t 的系统的全局状态。以图 3－10 所示的系统为例，(a)是完全同步的时钟下的正确的全局状态，在时间 t 时，P_1 记录了 P_1 的本地状态和已发送的消息 m，P_2 记录了 P_2 的本地状态，消息 m 此时未到达。在时钟不能完美同步的条件下，(b)和(c)都是可能的两种情况：在(b)中，时间 C_1(t)和 C_2(t)的偏差没有影响到全局状态的正确性，而在(c)中，P_1 未记录已经发送消息的事件，而 P_2 却记录了已经接收到消息的事件，全局状态这时是不一致的。

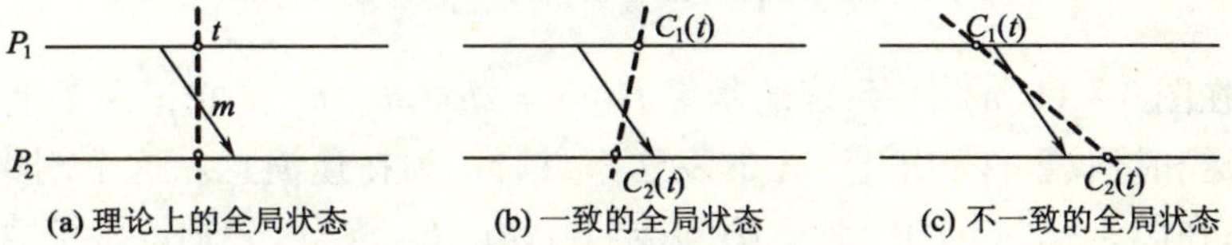

图 3－10　时钟带来的全局状态问题

我们需要解决的问题是：在时钟不能完美同步的条件下，如何从系统中所有进程的本地状态汇总出一个一致的全局状态？为了理解什么是一致的全局状态，我们回到 2.6 节中定义的一般性的分布式系统分析模型上。在一个由 n 个进程构成的分布式系统 DS 中，对于任何进程 P_i，进程历史的定义为：

$h_i = <e_{i1}, e_{i2}, e_{i3}, \cdots, e_{im}>, m \geqslant 0$，如果 $j<k$，则 $e_{ij} \rightarrow e_{jk}$

如果我们将进程 P_i 的第 j 个事件结束后的本地状态记为 S_{ij}，进程的初始状态为 S_{i0}，我们将进程 P_i 的状态变迁随着进程的历史前进的序列记为 SP_i，则有：

$SP_i = <S_{i0}, S_{i1}, S_{i2}, S_{i3}, \cdots, S_{im}>, m \geqslant 0$。

在时间 t，进程 P_i 的历史记为 $h_i(t)$，本地状态记为 $S_i(t)$，则分布式系统在 t 时间的全局历史和全局状态分别为：

$H(t) = h_1(t) \cup h_2(t) \cup \cdots \cup h_n(t)$；

$S(t) = \{S_1(t), S_2(t), \cdots, S_n(t)\}$；

这时的全局状态是一致的。

假设每个进程在 t 时间的时钟时间为 $C_i(t)$,由不同的时钟时间记录的事件集和状态集如下所示:

$H(t)=h_1(C_1(t))\cup h_2(C_2(t))\cup\cdots\cup h_n(C_n(t))$;

$S(t)=\{S_1(C_1(t)),S_2(C_2(t)),\cdots,S_n(C_n(t))\}$;

从前面的分析我们已经知道,如果不做任何处理的话,这样的 $H(t)$ 和 $S(t)$ 是可能不一致的。我们将系统的进程历史集定义为系统事件的一个割集(Cut)。图 3-11 是一个系统的两个不同的事件割集。

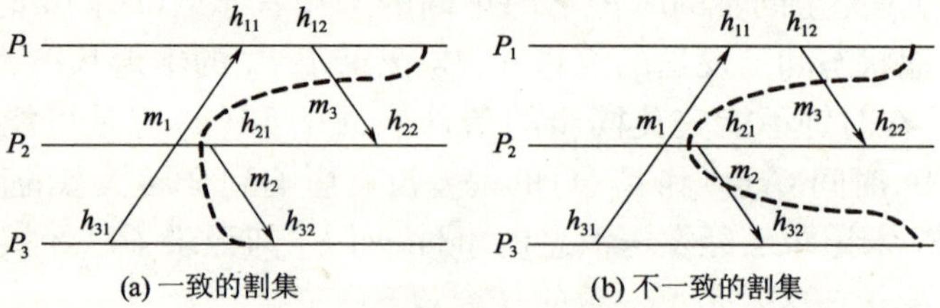

图 3-11　一致与不一致的割集

在图 3-11(a)中,系统的割集 $H(t)=\{h_{31},h_{11},h_{12}\}$,它记录了消息 m_1 的发送和接收事件和消息 m_3 的发送事件,m_3 为在途消息。这个割集是一致的;在图 3-11(b)中,割集 $H(t)=\{h_{31},h_{11},h_{12},h_{32}\}$,分别记录了消息 m_2 的发送和接收事件以及消息 m_3 的发送事件和消息 m_2 的接收事件。由于消息 m_2 的发送事件未能包含在这个割集中,这个割集是一个不一致的状态。

我们看到,如果割集是一致的,它必须包含所有接收事件所对应的发送事件,更一般地说,它必须包含与事件有"发生之前"关系的所有事件。从而,割集 H 的一致性的定义是:对于任何事件 $e\in H$,如果存在 $f\to e$,则 $f\in H$。否则割集 H 为不一致的。

一致的全局状态被定义为是相对于一致割集的状态。我们可以将分布式系统的状态变迁描述为它的一致全局状态的变迁,$S_0,S_1,S_2,\cdots S_n$,其对应的事件割集序列为 $H_1,H_2,\cdots,H_n$。

3.3.2　Chandy 和 Lamport 快照算法

关于求解分布式系统的一致全局状态问题,Chandy 和 Lamport[文献8] 描述了获得系统一致全局状态的"分布式快照(Distributed Snapshots)"算法。算法的假设条件为:①进程的通信信道是单向的,并提供满足 FIFO 假设的消息传递;②通信是可靠的,即每个发送的消息可以完整地、不重复地被接收到;③任何一个进程可以在任何一个时间开始一个分布式快照算法;④构成分布式系统的进程图是强连通的有向图,即任何两个进程之间存在路径;⑤在进行快照算法时,分布式系统可以正常工作,即进程可以正常地发送消息、接收消息和处理。

对每个进程 P_i,进入通道是进程 P_i 接收消息的通道,其他进程通过这个通道向 P_i 发送消息;类似地,P_i 的外出通道是 P_i 向其他所有进程发送消息的通道。

算法的具体过程如下:

(1)开始算法的进程,假设为 P,首先记录自己的本地状态。

(2)P 在自己的每一个外出通道上发送一个特殊的标记(marker)消息。

(3)接收到 marker 消息的进程,设为 Q,根据它是否已经接收过 marker 消息进行不同的操作:

a. 如果 Q 是第一次接收到 marker 消息,它记录和保存自己的本地状态,并在每一个外出通道上发送 marker 消息;

b. 如果 Q 已经接收过 marker 消息,则 Q 必须记录和保存这个进入通道的状态。这个通道的状态记录了 Q 进程在记录了本地状态之后在这个通道上接收到的消息序列。

(4)当一个进程在每个进入通道上都接收和处理了 marker 消息后,这个进程就完成了算法处理,它将保存的本地状态和所有通道状态发送给开始算法的进程 P;

(5)P 最后得到的所有进程的本地状态构成了分布式系统的一个一致割集,或者说是一个一致的全局状态。

我们注意到的事实是,所有记录的通道消息是系统的所有进程在记录了本地状态以后的在途消息。因为按照消息传递的 FIFO 假设,对于接收进程而言,从一个进程发送的 marker 消息,其到达时间一定先于同一个进程此后发送的其他消息,所以一个进程在接收到 marker 消息之后的发送消息事件和相应的接收消息事件均不在割集中。而在接收到 marker 消息之前的发送消息事件是记录在割集中的,相应的接收事件是否在割集中则是不确定的。关于分布式快照算法的割集的一致性的证明如下:

我们假设 e_i 和 e_j 是进程 P_i 和 P_j 上两个事件,并且 $e_i \rightarrow e_j$。如果 e_j 在割集中,我们需要证明分布式快照算法能够保证 e_i 也一定在割集中。

当 $i=j$ 时,如果进程的本地状态记录了 e_j,则它也一定记录了 e_i;

当 $i \neq j$ 时,我们采用反证法证明。假设 P_j 的本地状态记录了 e_j 事件,

而 P_i 的本地状态没有记录 P_i 事件。我们可以断言 e_i 事件一定发生在 P_i 保存本地状态之后，即发送 marker 消息之后。根据 $e_i \to e_j$ 的假设和不同进程间发生在前的关系定义，则一定存在一个从 P_i 开始经过 0 个或多个进程到达 P_j 的一个消息系列 $(m_1, \cdots m_k)$，e_j 或是 P_j 上接收 m_k 的消息事件，或是 P_j 上接收 m_k 的消息事件之后的事件。因为消息顺序的 FIFO 关系，从 P_i 到 P_j 的 marker 消息一定先于 m_k 到达。按照 P_j 对 marker 消息的处理约定，P_j 的本地状态将不包含接收到 marker 消息之后的任何事件，因此 ej 也一定不在 P_j 记录的本地状态中。这与我们的假设矛盾。

分布式快照算法的一个有趣的特点是，多个快照算法可以同时运行在一个分布式系统上，我们只需要在 marker 消息上附加一个版本信息以区分不同的算法过程。

我们通过图 3-12 简单地看一下分布式快照算法的执行过程和不同结果。假设有两个进程 P_1 和 P_2，P_1 的外出通道为 c_1，进入通道为 c_2；类似地，P_2 的外出通道为 c_2，进入通道为 c_1。进程 P_1 的初始状态为 S_{10}，在发送消息 m_1 后状态达到 S_{11}，在接收消息 m_2 后状态达到 S_{12}；进程 P_2 的初始状态为 S_{20}，在发送消息 m_2 后，状态达到 S_{21}，在接收消息 m_1 后状态达到 S_{22}。

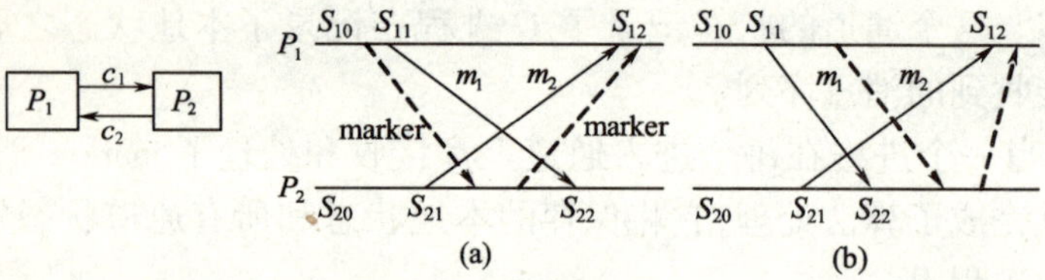

图 3-12　算法示例

算法执行过程(a)：P_1 记录本地状态 S_{10}，然后发送 marker 消息到 P_2；P_2 在接收到 marker 消息后记录本地状态 S_{21}，并发送 marker 消息到 P_1；P_1 这时记录在进入通道 c_2 上已经发生了的消息 m_2。于是系统状态 $S = \{S_{10}, S_{21}\}$，$c_1 = \{\}$，$c_2 = \{m_2\}$。因此 m_1 的发送和接收事件均不在割集中，m_2 的发送事件在割集中，接收事件不在割集中。割集是一致的。

算法执行过程(b)：$S = \{S_{11}, S_{22}\}$，$c_1 = ()$，$c_2 = (m_2)$。消息 m_1 的发送和接收事件均在割集中，m_2 的发送事件在割集中，接收事件不在割集中。割集是一致的。

分布式快照算法很容易用来判断分布式系统的终止条件。当所有的进程都已经完成处理而且没有任何在途消息时，即表明系统满足了终止条件。具体算法设计如下：

(1)开始算法的进程，假设为 P，如果 P 已经全部结束本地处理，则 P

在自己的每一个外出通道上发送一个特殊的标记(marker)消息;否则P上的算法终止。

(2)接收到marker消息的进程,设为Q,根据它是否已经接收过marker消息进行不同的操作:

- 如果Q是第一次接收到marker消息,如果Q已经全部结束本地处理,则在每一个外出通道上发送marker消息;否则发送消息CONTINUE到开始进程P,Q上算法终止。
- 如果Q已经接收过marker消息,而在此后,通道又记录了新的消息,则发送消息CONTINUE到开始进程P,Q上算法终止。

(3)当一个进程在每个进入通道上都接收和处理了marker消息后,这个进程就完成了算法处理,它发送消息DONE到开始算法的进程P。

(4)如果P进程收到的所有消息均为DONE时,系统满足终止条件,否则不满足。

分布式系统死锁问题与终止条件问题很类似,进程在互相等待对方的消息,系统一般也没有在途消息。它们的主要区别在于,进入死锁的进程试图进行下一步的操作,本地没有完全结束。由于在大多数情况下,死锁并不是设计的行为,发生死锁的进程一般不能对终止条件算法进行回复。因此,当开始算法的进程在一个时间范围内得不到某些进程的回复时,我们可以认为系统发生了死锁。

第4章 分布式算法基础

本章主要分析分布式系统常用的一些进程交互的基本算法:一组进程如何协调动作或对一个或多个值达成一致。

为了协调一组进程的动作,我们常常需要一个进程扮演协调者、初始者或管理者的角色。例如,在获取系统全局状态算法(参看 3.3.2 节)或判定系统是否中止的算法讨论中,算法的执行总是开始于一个指定的进程。这个进程可以是进程组的任何一个,但关键的是进程组必须选举出唯一一个而且必须达成共识。

如果一组进程并发地访问一些公共资源,那么访问资源时一般需要互斥的方式以防止干扰和保证处理的一致性。这就是在操作系统中大家熟悉的信号量或临界区的问题。而在没有共享内存通信的条件下,我们需要设计一个仅基于消息传递的分布式解决方案。

最后我们需要考虑一组进程如何对某个值达成共识,我们将遭遇到分布式系统的一个基本结论:在某些条件下,不可能保证进程能够达成共识。

希望对分布式算法有更全面了解的读者可以参看《分布式算法导论》一书[文献9]。

4.1 进程的选举

如果所有的进程都完全一样,它们之间没有任何可区别的属性,那么也就没有任何办法选举出一个特别的进程。因此,我们一般假设进程有一个全局唯一的编号,这个编号可以是网络地址或其他方法产生的编号。不失一般性,我们可以假设选举算法总是选举编号最大的进程作为协调进程。

我们另外还假设,每个进程都知道组内其他进程的编号。如果最大编号的进程总是在运行中并且总是能够担当协调者的角色,那么选举就变成了指派。选举算法需要考虑的是,当最大编号的进程因为这样和那样的原因不能成为协调者时,选举过程才会发生。我们称它为一个进程召集选举。

如果一个进程启动了选举算法的一次执行,且每次只能启动一次召集选举的过程,则原则上有 n 个进程的分布式系统可以并发地召集 n 次选举。算法的一个基本要求是对当选进程的选择必须是唯一的,即使有多个并发的召集过程在执行,最后的结果必须保证所有召集选举和参与选举的进程对当选的进程达成共识。

我们在这一节中将讨论两个有代表性的选举算法:霸道选举算法和环选举算法。

4.1.1 霸道算法

Garcia-Monila 在 1982 年的一篇论文[文献10]中发明了所谓的霸道选举算法(Bully Algorithm)。当一个进程 P 发现协调者进程不再响应时,这个进程就召集选举。由于进程的独立性,在同一个时刻,系统中可能有多个召集选举的过程。假设 P 是召集选举的进程,每个召集选举的过程如下:

(1)P 向所有比自己编号大的进程发送一条 ELECTION(选举)消息;

(2)如果 P 得不到任何回复,则 P 赢得选举,P 向所有进程发送 COORDINATOR(协调者)消息,宣布自己的胜利;

(3)如果 P 得到任何一个回复,回复一定来自于比自己编号大的进程。P 的召集选举的工作结束,因为 P 此时已经不可能赢得选举。

其他进程或正在召集选举,或可能接收到比自己编号小的进程的 ELECTION消息。当它收到一个 ELECTION 后,它回复一个 OK 消息给发送消息的进程;如果这时它还不是召集选举的进程,它也将开始一个召集选举的过程,即执行 1 到 3 的操作。

拥有最大编号的进程不召集选举,它直接发送 COORDINATOR 消息宣布胜利,霸道算法的名字由此得来。我们通过图 4-1 的例子解读霸道算法的整个过程。

假设一个有 8 个进程的进程组,进程的编号从 1 到 8,进程组的初始协调者为进程 8。在某一个时刻,进程 4 注意到了进程 8 已经不再响应,进程 4 就启动一个召集选举的过程,向比自己编号大的进程(即进程 5,6,7,8)分别发送一条 ELECTION 消息,如图 4-1(a)所示。

进程 4 将收到除了进程 8 以外的另外 3 个进程的 OK 消息回复。这时,进程 4 的召集选举的工作已经完成,它要做的是等待选举结果。如图

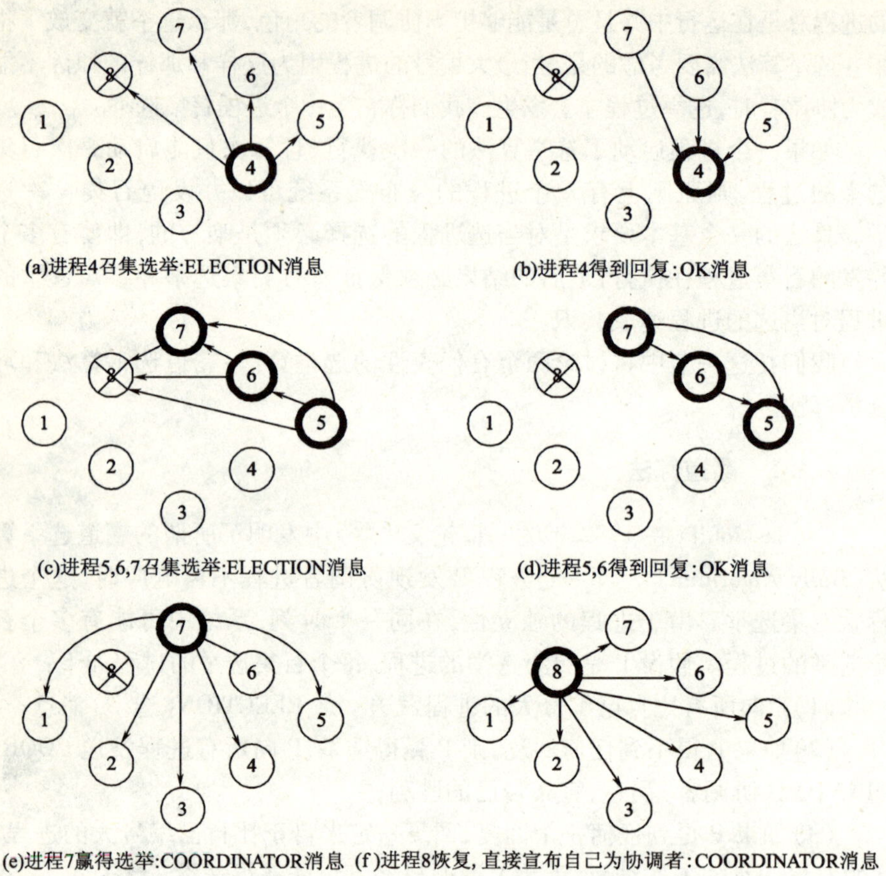

图 4-1　霸道选举算法图示

4-1(b)所示。

回复进程 4 的 3 个进程将独立地启动召集选举的过程,它们将分别向比自己编号大的进程发送 ELECTION 消息,实际上这时系统中有三个并发的召集选举过程,如图 4-1(c)所示。

收到 ELECTION 消息的进程将对发送进程回复 OK 消息,我们注意到,在这三个并发的召集选举的过程中,由进程 5 和进程 6 召集的选举将终止,因为它们都分别得到了 2 个和 1 个回复,而进程 7 因为得不到回复而赢得选举,如图 4-1(d)所示。

进程 7 将向除了进程 8 之外的其他进程发送 COORDINATOR 消息来宣布自己的胜利,如图 4-1(e)所示。

在任何时刻,当进程 8 重新恢复过来后,因为它拥有最大的进程编号,可以直接发送 COORDINATOR 消息给所有的进程，宣布自己为新的协调者进程，如图 4 - 1(f) 所示。

4.1.2 环选举算法

关于选举的另一个著名算法是基于进程环的机制设计的。与一般的环算法不同的是，环选举算法并不使用令牌（参见 4.2.3）。在这个算法中，我们假设所有进程能够在物理上或逻辑上组成一个环结构，每个进程都保留一个按进程编号逻辑排序的一个表，因此知道自己的所有后继进程。

算法的过程非常简单。当一个进程 P 注意到协调者进程不再工作时，它将启动一个召集选举的过程：

(1) 进程 P 构造一个包含自己进程编号的 ELECTION 给直接后继进程，如果直接后继进程没有响应，进程 P 就将消息发送给环上的下一个进程，直到找到一个正常运行的进程。

(2) 接收到 ELECTION 消息的进程将自己的进程编号增加到 ELECTION 消息中，然后按照同样的方式将消息发送给后继进程。这样，消息在环上的传递将构造一个包含所有正常运行的进程的编号表。

(3) 当 ELECTION 消息最后回到召集选举的进程时，消息中最大编号的进程即成为选举的胜利者。召集选举的进程将消息类型改为 COORDINATOR，然后将消息沿着环重新发送一次，将选举结果通知所有的进程。

(4) 当 COORDINATOR 消息重新回到召集选举的进程时，算法终止。

同样，在环选举算法中，也可能同时存在多个召集选举的过程。当在这个时刻环结构不变时，最后的结果是一致的，只是消息数量多一些，并无大碍。

使用与霸道算法中的同样的例子，环选举算法的执行过程如图 4 - 2 所示。在第一个阶段，以进程 4 为起点，ELECTION 消息沿着环进行传递，ELECTION 消息中的进程列表不断有新的进程加入，直到回到进程 4；在第

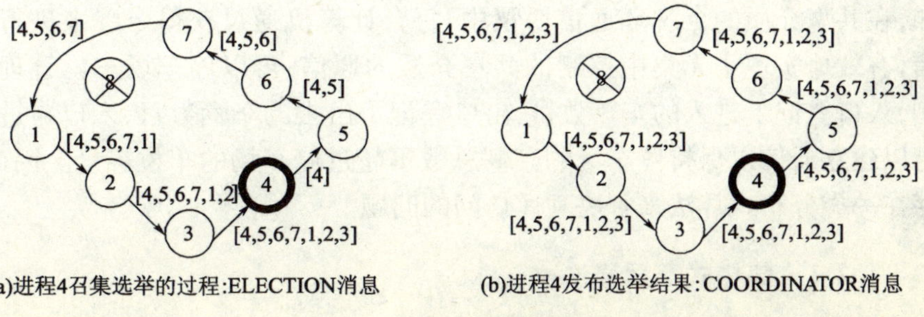

图 4 - 2　环选举算法图示

二个阶段，进程 4 将消息类型改为 COORDINATOR，消息沿着环再传递一周，每个进程都从消息中获得环中所有运行结点的一个列表，并一致地将列表中最大编号的进程作为协调者进程。

关于选举算法的讨论

霸道选举算法和环选举算法都依赖一系列苛刻的假设：

(1)假设了可靠的通道通信，更进一步的假设是系统中任何两个进程之间都可以进行通信。

(2)每个进程都知道其他进程的编号，也就是说算法依赖一个全局的数据。

(3)在多个并发召集选举的过程中，进程组的正常进程数量保持稳定，而且在环选举算法中，环结构也必须稳定。

(4)假设进程能够明确地判断出一个正常运行的进程和一个已经崩溃的进程。

有很多放宽假设条件下如何改进算法的讨论，但就算法的应用来说，召集选举的过程不应该是很频繁的，参与选举的进程数量和结构应该是相对稳定的。我们看不到频繁故障下的频繁选举的应用价值。因此，虽然算法的适用条件比较苛刻，但它们基本能够满足应用的需求。

4.2 进程的互斥

管理共享资源或共享数据的访问需要建立进程的互斥访问机制。例如，当有多个用户在同时更新一个文件时，保证文件数据一致的简单方法是：一次只允许一个用户访问文件。在常见的情况下，资源的互斥发生在服务器软件中，因为分布资源一般是通过服务器软件来提供服务的。这一类的互斥算法本质上是集中式的。还有一类互斥机制是完全分布的。例如，在共享介质的令牌环通信协议中，每台计算机通过获得令牌来进行通信，有效地实现了无集中控制的共享介质的通信；再以停车场车位管理为例，入口登记了进入的车辆数目，出口登记了出去的车辆数目，入口与进口可以建立通信以保持停车场的车辆总数不超过停车场的车位容量。因此，存在一类分布式算法来解决互斥访问的问题。

4.2.1 集中式互斥算法

在分布式系统中实现互斥的最直接的思路就是模仿操作系统的关键

区域(Critical Section,CS)的机制。操作系统中的关键区域定义了进程中需要进行互斥控制的代码区域,进程在进入这个区域时需要执行一个 EnterCriticalSection 的原子操作,在离开这个区域时需要执行一个 LeaveCriticalSection 原子操作。操作系统通过信号量或监视器技术来保证在任何时刻只有一个进程能够执行关键区域的代码。在分布式环境下,虽然信号量和监视器技术不再有效,但我们可以通过消息传递的通信来模仿互斥控制的行为。我们首先选举一个进程作为协调者。当一个进程希望进入关键区域时,它首先必须向协调者进程发送请求允许的消息;当它离开关键区域时,它需要向协调者进程发送一个释放互斥的消息。关键区域包含了需要互斥性处理的代码段,如图 4-3 所示。

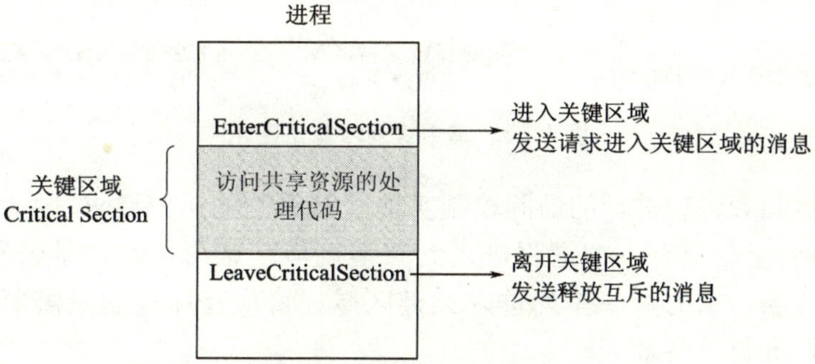

图 4-3　关键区域机制原理

协调者进程根据互斥性的要求决定允许还是拒绝请求。

- 当已经有进程在关键区域中时,协调者进程将拒绝访问请求;协调者如何拒绝访问取决于具体实现:协调者进程可以给请求进程发送一个拒绝消息,也可以阻塞请求进程以达到拒绝的目的。
- 当关键区域中没有正在访问的进程或协调者进程收到了释放互斥的消息时,协调者可以立即发送允许消息给请求进程,或者简单地解除被阻塞的进程。
- 如果考虑多个并发请求的可能,协调者可以采用队列的方式管理请求,并按照请求到达的顺序逐一发送允许消息。

假设有一个由 4 个进程组成的系统,进程 4 被指定为或被选举为协调者进程,如图 4-4 所示。在初始情况下,协调者进程的请求队列为空,没有一个进程在访问看护的资源。

图 4-4(a):进程 2 希望进入关键区域,向进程 4 发出请求,进程 4 立刻回复允许消息;进程 2 开始进入关键区域。

图4－4(b):这时,进程3也希望进入关键区域,但由于进程2正在处理中,因此进程4以阻塞的方式拒绝了进程3的访问,进程3进入请求队列。

图4－4(c):进程2结束了处理,在离开关键区域后发送释放消息给进程4;进程4从队列中选择最早到达的请求,即进程3,发送允许访问的消息。进程3被解除阻塞后进入关键区域。

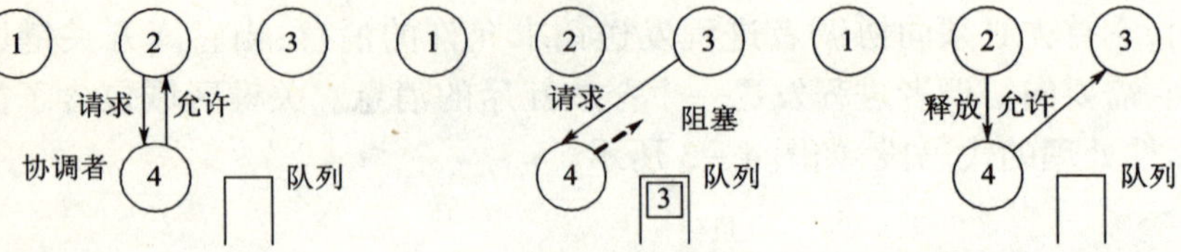

(a) 进程2请求并得到允许　(b) 进程3请求被阻塞，进程3入队列　(c) 进程2结束处理，释放互斥，进程3获得允许

图4－4　集中式互斥算法图示

由协调者进程进行的访问控制实现了互斥性的访问要求,因为在任何一个时刻,至多只有一个进程进入到关键区域。这个机制也是公平的,所有进程按照请求的顺序排列进入关键区域。每次互斥控制只需要三条消息(请求、允许和释放)。

集中式互斥算法有一些本质的缺陷:①协调者进程是一个失败点,即如果协调者进程失败,整个机制就完全瘫痪;②如果协调者失败,请求进程无法区别协调者的失败和协调者的拒绝访问;③在大规模系统中,单一的协调者会成为网络资源和计算资源的瓶颈。

4.2.2　Ricard 和 Agrawala 互斥算法

关于分布式互斥算法的研究可以追溯到1978年Lamport关于逻辑时钟的研究[文献5]。Ricard和Agrawala在1981年的一篇论文[文献11]中对Lamport的算法做了重要改进。我们将主要讨论他们的算法。

Ricard和Agrawala互斥算法有以下几个基本假设:

(1)系统中所有事件存在一个全序关系:系统中的任何一对事件的时间顺序关系必须是无歧义的。例如,我们可以通过消息的时间戳来区分发送消息事件的顺序关系。3.2.1节介绍的逻辑时间同步技术可以作为实现事件全序关系的一个可行的方法。

(2)系统中存在可靠的组通信,即系统中的每个进程可以向系统中所有的进程发送消息,而且消息传递是可靠的。从多播的概念看,发送消息的进程作为组内成员也会收到自己发送的多播消息。

(3)任何两个进程之间都存在可靠的点到点的通信。

(4)每个进程独立地维护一个待进入关键区域的进程队列。

Ricard 和 Agrawala 互斥算法的具体过程如下：

(1)当一个进程希望进入关键区域时,它向系统内所有进程发送一个包含关键区域名字、自己进程编号和时间戳的一条多播消息。

(2)如果接收者不在关键区域内,而且也没有发送希望进入关键区域的请求消息,它将向发送消息的进程回复一个 OK 消息。

(3)如果接收者不在关键区域内,但自己已经发送了希望进入关键区域的请求消息,则将接收到的消息的时间戳与自己发送的请求消息的时间戳进行比较：

- 如果接收到的消息的时间戳早于自己的消息的时间戳,则将向发送消息的进程回复一个 OK 消息；
- 否则,它将这个请求放入自己的进程队列,不回复发送消息的进程。

(4)如果接收者已经在关键区域内,则将这个请求放入自己的进程队列,但不回复发送消息的进程。

(5)当请求进入关键区域的进程收到所有的回复消息后,它才可以进入关键区域进行处理。

(6)当进入关键区域的进程结束处理后,它在离开关键区域后,向队列中的所有进程发送一个 OK 消息,然后删除队列中的所有请求。

这个算法很巧妙地利用了消息全序的特征。每个进程的待进入关键区域的进程队列维护一个所有晚于自己请求的进程列表。如果自己尚未请求进入关键区域,那么列表一定为空;如果自己已经离开关键区域,那么列表也会被清空。

我们通过图 4－5 的例子来解读该算法的过程。假设系统中有三个进程：

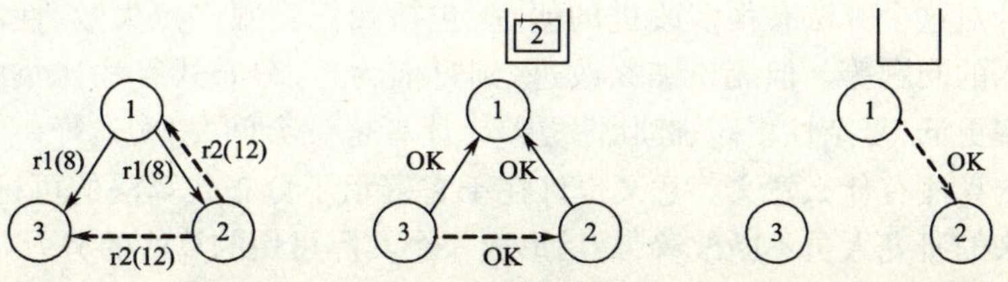

(a)进程1和2同时发送请求　(b)进程1进入关键区域　(c)进程2进入关键区域

图 4－5　Ricard 和 Agrawala 算法图示

图 4-5(a)：进程 1 和进程 2 同时发出了请求的多播消息，消息分别为 r1 和 r2，消息的时间戳分别为 8 和 12。

图 4-5(b)：进程 3 在接收到 r1 和 r2 消息后，将分别回复 OK 消息，因为它这时并不希望进入关键区域：对进程 1 而言，按照事件全序的要求，r1 消息的发送一定先于 r2 消息的到达，通过比较时间戳，进程 1 将进程 2 放入进程队列，而不回复进程 2；相反，进程 2 接收到 r1 的时间和发送 r2 的时间的顺序关系并不能确定，但最后结果却完全一致：

(1) 如果进程 2 先接收到消息 r1，则进程 2 这时尚未发请求消息，进程 2 将回复进程 1。

(2) 如果进程 2 后接收到消息 r1，则进程 2 通过比较时间戳后，仍然回复进程 1。

图 4-5(c)：进程 1 在离开关键区域后将发送 OK 消息到进程 2，这时进程 2 已经得到了全部的回复，轮到进程 2 进入关键区域。

遗憾的是，这个看似精巧的算法实际上并没有解决集中式互斥算法的任何问题。

从失败点上分析：在集中式算法中，协调者进程只是系统的一个失败点。而在这个分布式算法中，每个进程都是一个失败点，任何进程的失败都会导致算法失效，因此系统的健壮性被削弱了。

从性能上分析：在集中式算法中，协调者承担了全部请求管理的任务，每个请求只需要三条消息。而在这个分布式算法中，所有的进程都要参与到所有的决策中，每个请求共需要 $2(n-1)$ 个消息，单个进程的负荷和系统总负荷是加大了，而不是减少了。

从通信上看：分布式算法不仅依赖点到点的可靠通信，而且还依赖可靠的组通信。我们将在 6.1 节中分析到，如果考虑进程崩溃、进程动态的加入和离开多播组等问题，可靠的组通信很难在大规模分布环境下实现。

针对这个算法有很多改进的研究，包括如何克服多点失败、性能和其他方面的问题等。但无论怎么改进，到目前为止，分布式算法比集中式算法效率更低、复杂性更高、健壮性更差。读者也许会问，发明这样一个一无是处的算法有什么意义？意义也许在于它揭示了分布式算法的可行性，留给未来的研究人员不断改善，最后形成一个实际可用的算法的努力方向。

4.2.3 令牌环互斥算法

解决互斥问题的一个完全不同的思路是沿用了共享介质通信的令牌

环技术。与4.1.2节中环选举算法类似，我们假设系统中的进程可以组成一个逻辑上的环结构，每个进程能够知道自己的后继进程。最简单的逻辑环结构是按照进程编号组成的环。假设第一个进程的编号为1，进程数量为 n，则第 k 个进程的下一个进程编号为 $(k+1)\%n$。

算法的过程与令牌环网络通信很类似：

(1)环的初始化：进程1获得一个令牌，这个令牌沿着环从一个进程到下一个进程进行循环传递。

(2)当一个进程从它的邻接进程接收到令牌后，

• 如果它不希望进入关键区域，则将令牌传给下一个进程；

• 如果它希望进入关键区域，即可进入到关键区域，并将令牌留滞，直到离开关键区域再传给下一个进程。

(3)如果没有任何进程希望进入关键区域，则令牌只是高速地循环传递。

这个算法的正确性是很容易证明的，因为环上只有一个令牌，因此持有令牌的进程是唯一的。为了处理的公平性，我们一般不允许拥有令牌的进程多次进入关键区域。

图4-6是一个由8个进程组成的逻辑环，其中图4-6(a)是令牌在环上高速传递的过程；图4-6(b)是进程4在获得令牌后，进入关键区域，最后将令牌传给下一个进程的过程。

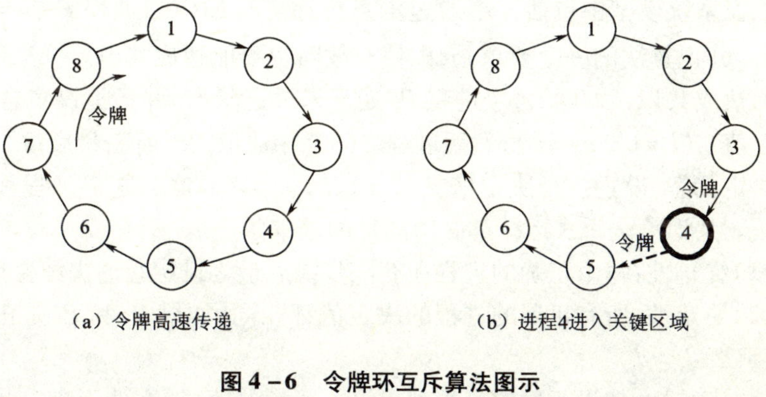

图4-6　令牌环互斥算法图示

令牌环算法也有自己的缺陷。如果令牌丢失的话，需要某种机制重新生成一个令牌。但问题是，没有太好的办法确定令牌是否丢失。两次令牌出现的时间并没有限制，一个进程等待了一个小时还没有等到令牌，并不一定表明令牌已经丢失，因为可能有一个进程正在使用这个令牌。如果能够估算每个关键区域处理所需要的时间，那么进程可以通过超时来判断令牌是否丢失。

如果有进程崩溃，那么该进程应该从环中移去，而且令牌必须传给下一个未崩溃的进程。为此，每个进程需要知道环中的活动进程的情况。我们可以像在选举算法中那样，在进行令牌传递的过程中，每次都将自己的进程编号加入进去，令牌上保留一个活动进程的列表。

4.3 进程的共识

共识问题的最简单的形式可以定义为：在一个进程组中，一个或多个进程提议了一个值后，所有进程怎样对这个值达成共识(Agreement)。前面介绍的一些算法中已经涉及某些特殊类型的共识问题。在全序多播中(参看3.2.2节)，所有进程必须对消息发送/到达的顺序达成一致；在选举算法中，所有进程最后能够对谁是协调者达成共识；在互斥算法中，所有进程对哪个进程可以进入临界区域需要达成共识。在本节中我们将介绍和分析更一般性的共识问题，特别是研究进程组在故障条件下的共识问题、拜占庭将军问题与交互一致性问题。

4.3.1 共识算法

假设系统模型中包括一组通过消息传递进行通信的进程 $P_i(i=1,2,\cdots,n)$。共识算法的一个要求是，即使有故障也要能达成共识。

为达成共识，一开始每个进程 P_i 处于未决定状态，并且提议集合 D 中的一个值 $v_i(i=1,2,\cdots,n)$；然后进程之间互相通信，交换值；最后每个进程进入决定状态，设置一个决定值 $d_i(i=1,2,\cdots,n)$ 的值。这个过程称为共识算法。共识算法每次运行都必须满足的基本条件是：

(1)终止性：每个正确的进程在有限步以后最终设定它的决策变量。

(2)协定性：所有正确的进程的决定值都相同：如果 P_i 和 P_j 是正确的进程，那么 $d_i=d_j$。

(3)完整性：如果正确的进程都提议了相同的值，那么处于决定状态的任何正确进程已选择了该值。

根据应用不同，完整性要求可以适当放宽。例如，一种较弱的完整性是决定值等于某些正确进程提议的值，而不是所有进程提议的值。例如，在分布式互斥算法中，只要有超过半数的进程对希望进入临界区域的进程回复了 OK 消息，则共识已经达到。因为其他不到半数的进程不可能形成另一个共识。在后面的分析中，我们采用这个较弱的完整性定义。

在可靠通信与无故障的假设下，解决共识问题是简单的。例如，我们可以把 n 个进程集中为一个组，并让每个进程可靠地多播它提议的值到组中的成员。每个进程等待接收 n 条包含提议值的消息（包括它自己的），然后对接收到的值 $v_1, v_2, \cdots, v_n$ 计算函数 majority$(v_1, v_2, \cdots, v_n)$。该函数返回它的参数列表中超过半数的相同值，如果没有，则决定值是不确定的。算法的正确性是很容易证明的：

终止性由可靠多播保证；协定性和完整性由 majority 函数和多播的完整性保证。实际上，每个进程收到完全一致的提议值集合，并且进程使用同一个函数来计算决定值，因此结果一定是一致的。如果每个进程提议相同的值，则所有进程将决定这个值。

值得注意的是，这些进程为了从候选值中选出一个共同认可值的函数可以有很多，majority 只是最常用的。如果提议值具有可比较的属性，那么 minimun（最小值），maximun（最大值）也是可用的函数，甚至共同认可值可以是一组值。这是共识问题的一个变种，称为交互一致性（Interactive Consistency）问题。每个进程都提供一个不同的值，算法的目的是正确的进程最终就一个向量达成一致，我们称这个向量为决策向量。

共识问题的复杂性取决于是否存在可靠通信和系统的故障模型。

一个悲观的结论是，如果没有可靠通信，即使所有进程是正确的，进程也无法达成共识。我们通过著名的“两军问题”（two - army problem）来说明这个结论。假设红军有一支 5 000 人的部队，驻扎在一个山谷地带。在它的两侧，驻扎了两支蓝军部队，各有 3 000 人。如果两支蓝军能够协调进攻，则能以优势兵力取胜；如果每支蓝军单独进攻，它将会招致惨败。蓝军现在的问题是如何能够对进攻时间和部署达成一致。而两支蓝军只有通过互派信使作为唯一的联络手段。

假设蓝军一方的将军，称为“将军甲”，派遣一个信使到蓝军的另一方，携带的消息说：“我有一个好的作战计划，明天凌晨 5:00 发起总攻”。另一方的将军，称为“将军乙”，经过短暂思考，同意这个计划，并让信使带回一个消息：“完全同意，明天凌晨 5:00 发起总攻”。将军甲见到自己派去的信使返回，开始准备第二天的总攻。

过了一段时间，将军甲突然想起一个问题，将军乙并不知道信使已经安全返回，那么将军乙可能不敢贸然进攻。这时，将军甲又派出信使，想通知将军乙它的回信已经安全到达，总攻可以按计划进行。

当将军乙再次看到信使时，开始轮到他发愁了。他在想，如果将军甲不知道信使已经安全到达,明天一定不敢发起总攻,因此他又命令信使返回。

从这个过程分析,无论信使往返多少次,将军甲和将军乙都无法达成一致。即使两位将军事先约定了往返确认的有限次数,但如果最后一次信使被俘就会使得双方无法取得一致:最后一次派出信使的一方认为协议已结束,总攻可以按计划进行,而未见到信使的一方则认为协议未完成,总攻不能按计划进行。单独发起总攻的一方将会遭遇惨败。

因此,可靠通信是进程达成共识的必要条件。下面我们来分析另外一种情况,假设通信是完全可靠的,但进程可能发生故障。

首先来看崩溃故障发生时的情况。如图 4 -7(a)所示,系统中有三个进程,它们的提议值分别为 1,2,3。进程 3 在共识过程中发生崩溃。如果前面的算法不做任何改进,我们将看到:

(1)当进程 3 在发送多播消息之前崩溃时,进程 1 和进程 2 能够达成共识,因为这时它们有完全一样的值,如 图 4 -7(b)所示。

(2)当进程 3 在发送多播消息成功之后崩溃时,进程 1 和进程 2 也能够达成共识,如图 4 -7(d)所示。

(3)但当进程 3 在多播过程中崩溃时,进程 1 和进程 2 有不一样的值,共识不能达到,如图 4 -7(c)所示。

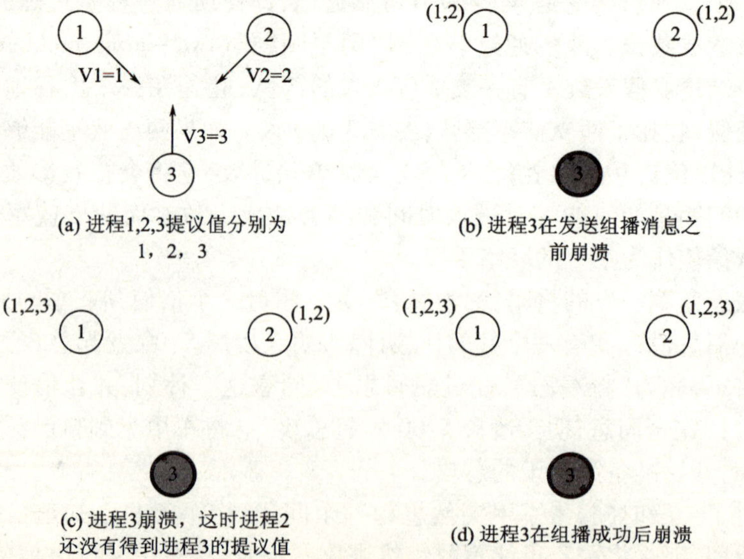

图 4 -7　在崩溃故障条件下的共识问题

换句话说，如果多播是一个原子操作，这个算法就依然是有效的，否则，这个算法就不能保证正确的进程达成共识。在不能假设存在可靠的原子多播的条件下，Dolev 和 Strong[文献12]提出了一个经过多次消息交换而达成共识的算法。这个算法的原理很直观，如果有一个进程在多播过程中崩溃，那么一定有一些正确的进程已经收到崩溃的进程的提议值，而另一些正确的进程还没有收到。已经收到这个值的进程将这个值再多播出去，就可以使其他正确的进程有完全一致的值列表。在有 n 个进程的系统中，假设至多有 f 个崩溃进程，具体算法如下：

(1)在每一个通信回合，每个正确的进程多播自己还没有多播过的提议值(列表)，每个进程从别的进程那里收集提议值；每个通信回合持续的时间是基于正确多播所需要的最长时间。

(2)算法一共进行 $f+1$ 个通信回合。

在算法结束时，所有正确的进程有完全一致的提议值列表，因而达成共识。我们可以用反证法来证明这个结论。不失一般性，在 $f+1$ 回合后，假设某个正确进程 P_i 得到值 v，而另一个正确进程 $P_j(i \neq j)$ 所得到的值不等于 v，出现这种情况的唯一解释是在 $f+1$ 回合另外有一个进程 P_k，$(k \neq i, k \neq j)$ 在把 v 传递给 P_i 后还没有来得及传递给 P_j 就崩溃了。同样道理，在前一个回合，P_k 已经得到 v 值，而 P_j 没有 v 值的唯一可能是在更前一个回合中发送 v 值的进程在多播过程中发生了崩溃。以此类推，每个回合至少有一个进程崩溃了。但是我们假设最多只有 f 个崩溃进程，而算法进行了 $f+1$ 回合。这样就得出了矛盾结果。

以图 4－7 为例来解读算法过程，其中 $n=3$，$f=1$，并假设进程 3 按照图 4－7(c)的情况崩溃。

算法第一个回合：进程 1 多播提议值(1)，进程 2 多播提议值(2)，进程 3 多播提议值(3)；进程 1 得到(1,2,3)，进程 2 得到(1,2)。

算法第二个回合：进程 1 多播提议值(2,3)，因为 2,3 是它未多播过的值。同样，进程 2 多播(1)；进程 1 得到(1,2,3)，进程 2 也得到(1,2,3)。

算法在 $f+1$，即 2 个回合后，进程 1 和进程 2 达成共识。

我们看到在崩溃故障的情况下，如果进程组在至多 f 个进程崩溃的条件下，必须进行 $f+1$ 回合的信息交换。如果进程以随机(拜占庭)方式发生故障，那么发生故障的进程原则上可以向其他进程发送任何数据。而且，这种错误可能不是偶然的，而是一些恶意操作的结果。某些进程可能故意向其他的进程发送一些不同的值，借此阻止正确的进程达成共识。随机故障的共识问题就是著名的拜占庭将军问题。

4.3.2 拜占庭将军问题

与两军问题类似,拜占庭将军问题可以表述为下面的情形。红军还是驻扎在山谷中,但有 n 个蓝军部队对红军形成包围之势。蓝军之间可以通过电话联络,因此通信是可靠和及时的。但在 n 个蓝军部队中,有 m 个将军已经叛变,他们试图通过提供不正确的、相互矛盾的信息来阻止蓝军部队中的忠诚的将军达成共识。这里,忠诚的将军代表了正确的进程,而叛变的将军则是有随机故障的进程。需要解决的问题是,忠诚的将军能否在这种条件下达成共识。不失一般性。我们假设每个将军知道自己部队的人数,共识的目的是经过消息传递后,每个将军有一个长度为 n 的向量 v,每个分量 vi 对应了第 i 个部队的人数。共识的要求表达为:对于所有忠诚的将军,它所对应的分量是正确的部队人数,而对于所有不忠诚的将军,这些人数是不确定的。

Lamport[文献13]设计了一个递归算法解决了在可靠通信下的拜占庭将军问题。我们以 $n=4, m=1$ 的简单情况解读这个共识算法的过程。假设,第一个将军有1 000 人的部队,第二个将军有2 000 人的部队,第三个将军有3 000 人的部队,第四个将军有4 000 人的部队,其中第三个将军是叛徒。算法总共经历3 个步骤:

第一步:每个将军向其他将军报告自己的部队人数。忠诚的将军报告一个真实的数据,而叛变的将军向其他的每一个将军报告一个不同的谎言,分别假设为 x,y,z。经过这一步的通信后,每个将军的决策向量为:

将军1:(1000,2000,x,4000)

将军2:(1000,2000,y,4000)

将军3:(1000,2000,3000,4000)

将军4:(1000,2000,z,4000)

第二步:要求每个将军将自己的决策向量报告给其他将军,同样,忠诚的将军如实报告,而叛变的将军每次又制造一个不同的谎言。经过这一步以后,每个将军可以收到来自其他三个将军的决策向量:

将军1:(1000,2000,y,4000),来自第二个将军

(a,b,c,d),来自第三个将军

(1000,2000,z,4000)来自第四个将军

将军2:(1000,2000,x,4000),来自第一个将军

(e,f,g,h),来自第三个将军

(1000,2000,z,4000)来自第四个将军

将军 4:(1000,2000,x,4000),来自第一个将军

(1000,2000,y,4000)来自第二个将军

(i,j,k,l),来自第三个将军

第三步:每个将军根据自己收到的 3 个向量进行分析,如果某个分量的某个值超过半数,则该值为决定值,否则该分量为不确定。从第二步的结果我们可以推出,最后忠诚的将军 1,2,和 4 能够达成共识:(1,2,不确定,4 000)。

因此叛徒的谎言不能阻止忠诚的将军达成一致,虽然叛徒将军的部队人数是无法确定的。

很容易看出,当 $n=3,m=1$ 时,没有将军的某个分量的值能够超过简单半数,因此无法达成共识。Lamport 更进一步地证明了,在一个有 m 个随机故障进程的系统中,能够达成共识的必要条件是至少有 $2m+1$ 个正确的进程,这时进程总数达到 $3m+1$。用另一种方式表达这个结论:一个有随机故障的进程组能够达成共识的必要条件是其中有 2/3 以上的进程是正确的。

更进一步的算法讨论超出了本书的范围。

第5章 数据复制与一致性

数据的复制是分布式系统中的一个重要课题。数据的复制可以用来改善系统的可用性和性能。但反过来,怎样维持复制数据的一致却带来很多问题。严格地说,一个复制发生了更新后,我们需要保证其他所有的复制都能够得到相应的更新,否则就产生了数据的不一致。在本章中,我们将深入研究什么是一致性和实现一致性的不同方法。

5.1 概论

复制数据有两个主要的动机:可用性和性能。首先,复制数据可以提高系统的可用性。例如,如果我们对一个文件系统进行了复制,当一个文件系统发生故障时,系统可以使用复制的文件系统继续工作。另一方面,多个复制数据也可以有效地应对数据遭到破坏的情况,使得系统具有一定的容错能力(参看第11章的内容)。例如,一个有三个副本的文件,在单个文件读写发生错误时,我们可以使用简单多数的机制来使用另外两个文件的正确的结果。

第二个动机是性能。当系统需要在用户数量和地理范围上进行扩展时,复制是支持这种系统扩展的关键技术。当用户数量增长时,单一服务器可能不能满足性能的要求,我们一般可以对服务器进行复制,然后将系统的负荷分配在多台服务器上;相对于地理范围的扩张,将数据复制到临近用户的位置可以减少网络资源的使用,改善系统的响应能力。

遗憾的是,多个复制可能导致数据的不一致,维持数据的一致性是使用复制技术所需要付出的代价。只修改了其中一个副本,这个副本与其他的副本就不完全一样了。因此,一致性的要求是必须在所有的副本上进行同样的修改。什么时候和怎样修改是解决一致性问题的关键设计。为了更好地理解复制和一致性这一对矛盾,我们来分析一个具体的例子。在访问远程网站的一个网页时,因为通信延迟,用户有时需要等待数秒钟的时间才能看到整个网页。为了改善性能,网页浏览器一般会自动地缓存已经访问过的网页,这样,用户再次访问这些网页时,浏览器可以使用本地的缓存,迅速地响应用户,从而节省了带宽和远程服务器的计算开销。然而,如果在缓存期间,服务器上的网页发生了更新的话,用户将从缓存中得到一个已经过时的网页。

解决过时网页问题的一个办法是禁止浏览器缓存访问的网页,这时,因为网页只有在服务器的一个版本,不一致的情况不会出现。但用户的每次访问都会经过远程通信,性能将不会很理想;另一个方法是由服务器来负责更新所有浏览器上的所有缓存,当服务器上的页面发生更新时,服务器将更新后的页面版本发送给所有缓存了该页面的浏览器。这要求服务器为每一个网页维持一个缓存机器的列表,服务器的性能会因此受到很大的影响。

因此,作为改善性能的复制反过来又会带来附加的性能付出。正如我们在 1.3.4 节中分析的那样,通过将资源复制到离客户比较近的位置可以解决缩展性的问题,但同时维持这些复制的一致会产生新的缩展性和其他技术问题。

(1)带宽的浪费:假设进程 P 每秒钟访问本地复制 N 次,而复制的更新频率是每秒 M 次。假设复制能够被及时更新,当 $N \ll M$ 时,即访问更新比非常低时,很多更新并没有被实际访问到。因此,用来更新这个复制的很多带宽支出毫无意义。为了避免这样的带宽浪费,我们要么不进行复制,要么采用一些其他的更新策略。

(2)同步复制的难题:直观地看,一个一致的副本集合要求所有的副本总是完全相同的。关于一致性的另一种理解是,对集合中的任一个副本的读的操作总是返回相同的结果。因此,当对一个副本进行更新后,所有后续的操作必须等到所有的副本完成这个更新以后才进行。这就是所谓的同步复制,它要求,不管是从哪个副本开始的更新,这个更新必须发布到所有的副本上,而且是一个原子操作。遗憾的是,同步复制在大规模分布环境下很难实际应用。

(3)并发访问的处理问题:对同一个副本的并发操作,需要按照一致的顺序应用在所有副本上。在 3.2.2 节关于全序多播的讨论中我们已经描述过两个银行账户的副本需要进行同步处理的例子。而全序多播所依赖的通信条件在广域网上很难有效地提供。

在这些矛盾面前,唯一可行的办法是放松一致性的限制。

第一,从应用的观点分析,内在的完全的一致性并不总是必要的,而更重要的是系统的可观测的一致性。要达到可观测的一致性,副本只需要在被访问前得到更新就可以了(参见5.3)。

第二,在另一些非关键的应用中,一些不一致的现象是可以容忍的。大量的网站信息被缓存在很多的服务器和用户机上,用户不能得到及时更新的信息这个问题实际上没有影响这些应用的主要设计目标。

在这一章中我们将重点讨论不同的一致性模型和分布模型,以及它们的适用范围。

5.2 以数据为中心的一致性模型

传统的关于一致性的讨论是以访问一个共享的数据为背景展开的。共享的数据可以是共享内存中的数据、共享文件中的数据或者共享数据库中的数据。在这一节里,为了讨论的方便,我们用数据仓(data store)一词来概括所有类型的共享数据;对数据的访问操作一般分为对数据的读操作和写操作两种形式:一个改变数据的操作是一个写操作,相反,不改变数据的操作为读操作。我们假设数据仓有多个分布在不同机器上的副本,每个用户进程可以直接访问到自己本地机器或较近机器上的一个副本。所谓一致性模型就是进程和数据仓的一种合约:如果进程按照某种规则访问数据仓,则数据仓承诺给出某种一致性的结果。直观地看,关于一致性的结果,我们可以有下面的定义:

一个对数据项的读操作,总是获得对该数据项最后一次写操作的结果。

在没有全局时钟的分布式系统中,什么是最后一次写操作是很难准确界定的。我们需要对读操作能返回什么样的值做出更进一步的分析,这些分析产生了一系列以数据为中心的一致性模型。

5.2.1 严格一致性

最严格的一致性模型称为严格一致性。它表达为:

对数据项 x 的读的操作总是返回对应于最新的对 x 的写操作的结果。

正如前面所提到的,严格一致性假设了一个全局时钟的存在,最新的操作必须是没有任何歧义的。单处理器系统中只有一个时钟，所有操作是完全线性的，意外不会发生。

例如，一个程序片段 $x=1$，$x=2$，print(x)，一定会打印出值2。但在分布式系统中，问题会变得复杂。假设 x 是只保存在机器 A 上的一个数据，假设在机器 B 上有一个进程在 T_1时间进行一个读 x 的操作，这就意味着有一条从机器 B 到机器 A 的消息在请求 x 的值。如果在 T_1的很短间隔后的时间 T_2，机器 A 上的一个进程对 x 进行一个写操作，按照严格的一致性模型的要求，无论 T_1 和 T_2 的间隔有多小，机器 B 上的进程都应该得到修改前的 x 的值。由此引发的问题是，B 进程的读消息必须先于写操作到达，我们知道在 T_2-T_1足够小时，由于光速的限制，这在物理上是不可能的。

即使不会发生上面的极端情况，在分布式系统中，给每一个操作设定一个唯一的时间戳也很难做到，因为有些操作可能发生在同一个时刻。不能严格区分两个操作的先后关系，也就不能实现严格的一致性。

为了更深入地分析一致性模型，我们采用下面的一些记号。

$W_i(x)a$ 和 $R_i(x)b$

$W_i(x)a$ 代表进程 p_i 用 a 值去改变 x 的写操作；$R_i(x)b$ 代表进程 p_i 读 x 而得到 b 作为返回值的读操作。我们假设 x 的初始值为空 NULL。严格一致性可以用图 5-1 来说明，其中横轴代表时间。

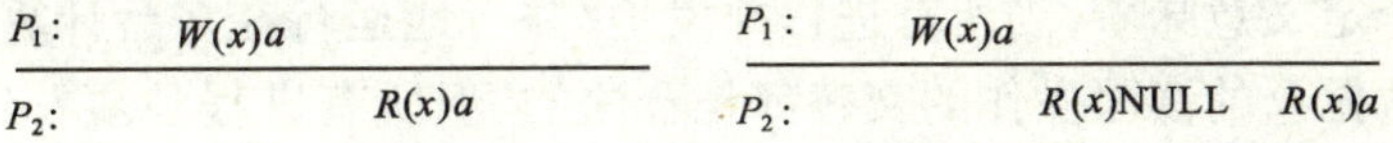

(a) 严格一致的数据仓　　(b) 不严格一致的数据仓

图 5-1　严格一致性图例

在图 5-1(a)中，P_1 先做了一个写操作，将 x 的值改为 a；P_2 随后做了一个读的操作，看到的 x 的值为 a。数据仓的这个行为是满足了严格一致性要求的。而在图 5-1(b)中，P_2 没有在随后的读的操作中得到 a，而是 x 的初始值 NULL。数据仓的这个行为违背了严格一致性的要求。

需要注意的是，提供 x 的数据仓可能有多个分布的副本，P_1 和 P_2 在不同的机器上访问数据的不同副本。当数据仓是严格一致时，所有的写操作是即时地更新所有的副本。当一个数据发生改变后，不管什么进程、在什么位置，随后的所有读操作都必须返回 x 的最新值；同样，当进程在进行一个读操作时，它必须得到数据的当时值，不管随后的写操作在时间上是多么接近。

在分布式系统中，严格一致性模型是一个理想的但无法实现的模型。

在实际的应用中，我们需要放松对一致性的要求，实践证明一些弱的一致性模型能够解决大多数分布式应用的问题。

5.2.2 线性和顺序一致性

操作系统的知识告诉我们，一个正确编写的并发程序不能对进程的处理速度和程序中的语句执行在时间上的交替做任何假设，因为这些时间因素在并发或分布环境下是不确定的。当两个程序毫无关联时，操作系统可以允许多个程序安全地并发执行，至于程序的语句是如何交替的对每个程序的运行结果毫无影响。当并发程序有关联时，而且语句执行的交替顺序需要进行同步管理时，程序员需要使用关键区域或互斥技术来实现这种同步。理解这个观点就很容易理解相对弱一点的一致性模型的设计思想。

顺序一致性是一个比严格一致性稍弱的一致性模型。Lamport[文献14]在研究共享内存的多处理器系统设计时发明了这个模型。如果一个数据仓是顺序一致的，那么数据仓必须满足下面的条件：

系统的任何执行的结果与所有进程的所有读写操作在某一个顺序下执行的结果相同，而在这个顺序中，同一进程内的读写操作与程序中设计的顺序一样。

这个定义意味着，当所有进程并发地/并行地运行在多台计算机上时，任何对数据仓的读写操作的交替都是合法的，但所有进程必须看到相同的操作交替，而同一进程的操作不能违反设计的顺序。有趣的是，这个定义既不涉及时间，也不涉及最后一次操作的概念。

如图 5－2 所示，时间在顺序一致上没有特别的作用。图 5－2(a)，在时间顺序上，P_1 先对 x 做了一个 $W(x)a$ 的操作，随后 P_2 对 x 做了一个 $W(x)b$的操作。然而，P_3 和 P_4 都是先读到 x 的 b 值，然后读 x 的 a 值。因此，对 P_3 和 P_4 而言，$W(x)b$ 发生在 $W(x)a$ 之前。这显然不是严格一致的数据仓，但顺序却是一致的。因为系统运行的结果可以用一个对所有的进

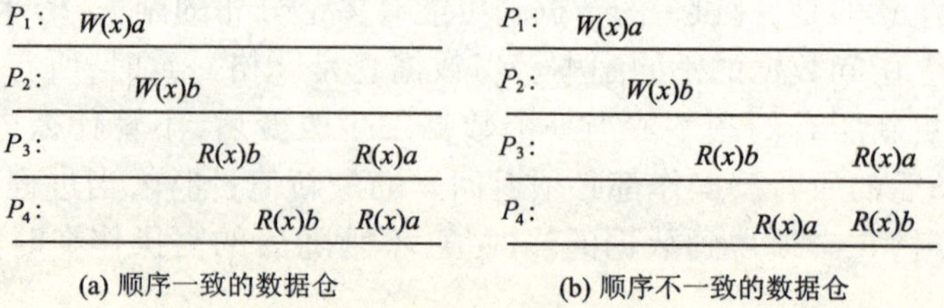

图 5－2　顺序一致性图例

程一致的有效顺序执行的系列：$W(x)b\ W(x)a\cdots$。而在图 5－2(b)中，P_3 和 P_4 看到了不同的写操作顺序，因此不存在一个对所有进程都有效的执行顺序。所以，图 5－3(b)不是一个顺序一致的数据仓。

更一般性地看，每个进程 P_i 可以有一个执行序列的集合 E_i，E_i 是进程 P_i 对数据仓 S 进行读写操作的程序定义的操作序列。

例如，在图 5－2(a)中：

E_1：$W_1(x)a$

E_2：$W_2(x)b$

E_3：$R_3(x)b, R_3(x)a$

E_4：$R_4(x)b, R_4(x)b$

顺序一致性要求能够将所有的操作组合为一个操作系列 H，在 H 中，E_i 中的每个操作须出现也仅出现一次，而且 H 必须满足：①程序定义的顺序必须保存；②数据的一致性必须保存。

第一个要求是指，如果 OP_1 和 OP_2 是同一个 E_i 的两个操作，而且 OP_1 在 OP_2 之前，那么在 H 中，OP_1 也必须出现在 OP_2 之前；第二个要求是指，H 的读写系列的操作是满足数据一致性要求的。即任何一个对数据项的读操作都是最后一个对该数据的写操作的结果。这个"最后一次"是按照操作序列的顺序而言的，与时间无关。H 就好像是单一进程对一个完全集中的数据仓的一致操作系列。

回到图 5－2(a)的例子中，$H = W_2(x)b\ R_3(x)b\ R_4(x)b\ W_1(x)a\ R_3(x)a\ R_4(x)b$ 就是一个满足上面两个条件的合法系列。在很多情况下，可能存在多个合法的 H 系列。一个满足顺序一致性的分布式程序，是指程序的每一次执行都对应一个合法的 H 系列。而在图 5－2(b)中，我们无法构造这样一个合法的 H，因此它不满足顺序一致性的条件。

介于严格一致性模型与顺序一致性模型之间还存在一个称为线性一致性的模型。线性一致性模型假设系统中的进程使用一个保持某种目前的时钟，如果用 $ts_{oP}(x)$ 代表操作 OP 的时间戳，线性一致性要求：

系统的任何执行的结果与所有进程的所有读写操作在某一个顺序下执行的结果相同，而在这个顺序中，同一进程内的读写操作与程序中设计的顺序一样。另外，如果 $ts_{oP1}(x) < ts_{oP2}(x)$，则 $OP_1(x)$ 应该在 $OP_2(x)$ 之前进行。

注意，线性一致性就是在顺序一致的基础上增加了全局时钟的约束。

顺序一致性与第 10 章讨论的并发事务处理的序列化(serialization)是类似的概念，它们的区别在于所讨论的问题粒度(granuity)：顺序一致性对应的是读写操作，而序列化对应的是事务，而事务又是读写操作的一个集合。

虽然顺序一致性是一个较好的编程模型,但实现顺序一致性有难以克服的性能问题。Lipton 和 Sandberg[文献15]从理论上证明了下面的结论:如果系统读出数据需要的时间为 r,写入一个数据的时间为 w,数据在结点传递所需要的最小时间为 t,则 $r+w \geqslant t$。这意味着,任何对读出时间的改善都将不可避免地影响到写入时间,相反也是如此。为了改善性能,我们将讨论一些更弱的一致性模型。

5.2.3 因果一致性和 FIFO 一致性

Hutto 和 Ahamad[文献16]提出了一个弱化的顺序一致性的模型,这个模型区别有因果关系的事件和没有因果关系的事件:如果事件 B 是被某一个以前的事件 A 所影响或引发的,因果性要求所有人能够先看到 A 事件,然后看到 B 事件。没有因果关系的事件可以以任何顺序发生。

例如,假设进程 P_1 对变量 x 写入一个数据,然后 P_2 读出 x,并对变量 y 写入一个数据。那么,我们可以理解,读出 x 的值和写入 y 的值这两个事件存在潜在的因果关系:因为 y 的值可能依赖于读出的 x 的值的某种计算或关系。更一般地看:

(1)如果一个读的事件后面有一个写的事件,则这两个事件有潜在的因果关系;

(2)如果对同一个变量,一个写的事件后面有一个读的事件,同样,这两个事件有潜在的因果关系;

(3)没有因果关系的事件是并发的。

一个数据仓满足因果一致性(Casual consistency)的条件是:

所有有潜在因果关系的写入操作对所有进程必须按照同一个顺序,而并发的写操作对不同的进程可以顺序不同。

图 5-3 是一个因果一致的数据仓的例子。在 P_2 进程中,$R(x)a$ 和 $W(x)$ 这两个事件存在潜在的因果关系,P_2 中的 $R(x)a$ 和 P_1 中的 $W(x)a$ 也存在因果关系,因此 $W(x)a$ 和 $W(x)b$ 的顺序对所有进程必须完全相同。实际上,P_3 先读到 a 然后读到 b,P_4 也是按照同样的顺序。但这个数据仓

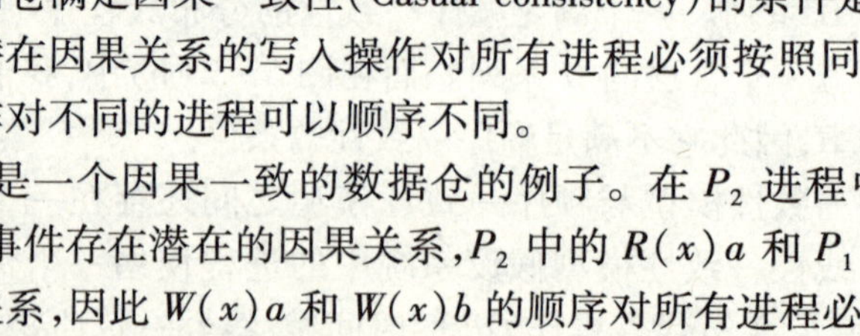

图 5-3 一个满足因果一致性但不满足顺序一致性的数据仓例子

并不是顺序一致的，因为进程 P_3 和 P_4 对 $W(x)b$ 和 $W(x)c$ 的顺序无法达成一致。从因果关系上看，$W(x)b$ 和 $W(x)c$ 是并发的事件。下面我们再看两个例子，如图 5-4 所示，在(a)中，$W(x)a$ 与 $W(x)b$ 存在潜在的因果关系，而 P_3 和 P_4 无法达成一个相同的顺序；在(b)中，$W(x)a$ 与 $W(x)b$ 是并发的写操作，虽然 P_3 和 P_4 看到了不同的顺序，但这个不一致并不违背因果一致性的要求。

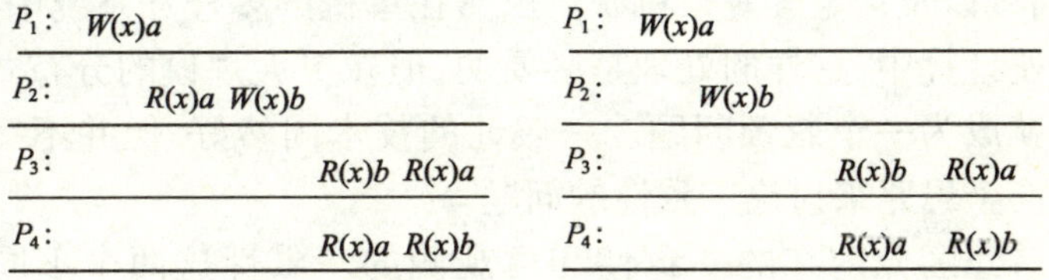

(a)不满足因果一致性的数据仓　　(b) 满足因果一致性的数据仓

图 5-4　两个数据仓的例子

3.2.3 节中介绍的向量时间戳技术可以用来标识事件之间的因果关系。

在因果一致性中，并发的写操作可以有不同的顺序，但有因果关系的写操作对所有进程必须保持相同的顺序。进一步放宽后面的要求，就是所谓的 FIFO 一致性：

同一个进程的写操作的顺序对所有进程都是相同的，并按照这些操作的顺序执行；不同进程的写操作对所有进程的顺序可以是不一样的。

FIFO 一致性的实现可以很简单，如果将每个操作用进程 id(顺序号)来标注，那么只要对每个进程的写操作按照顺序号执行就可以实现 FIFO 的一致性。

5.2.4　弱一致性

前面分析的一致性模型是针对每一个写操作，而在很多应用中，不是所有的应用都需要“看到”每一个写操作，更谈不上按同样的顺序。例如，当某一个进程以锁定的方式对数据进行一系列的写操作时，我们需要的是当进程完成操作并解除锁定后，一次性地将更改的数据传播到其副本上。而在锁定期间，将每个写操作单独地按顺序发布到其他副本上是没有意义的。这种将一系列操作合成一个处理单元的一致性协议称为弱一致性(Weak consistency)。弱一致性是在更大的粒度上来处理复制和一致性的问题。分布式事务处理正是一个基于弱一致性的设计，具体的处理设计请参看第 10 章的内容。

5.3 以客户为中心的一致性模型

以数据为中心的一致性分析假设有大量的进程随机地并发地访问一个分布式数据仓的一般情形。为了提供这样的一致性，系统需要使用全序多播、时间戳以及锁定等复杂机制。虽然在单机的多任务系统中以及集群系统和企业计算中，这样的处理是必要的，但在更大规模的分布式系统中，性能很快就成为一个瓶颈问题。一般性的技术固然好，但并不一定适用。我们需要换个思路来讨论一致性的问题。

我们首先区分内在的一致性和可观测的一致性这两个不同的概念。以数据为中心的一致性的目标是维持数据的内在一致性，无论有没有数据访问，系统都努力地维持所有副本的一致。假设一个副本几乎没有用户的访问，那我们知道频繁地更新它实际上没有意义。因为如果没有用户的访问，数据是否内在一致就变得并不重要。因此，我们在这里提出可观测的一致性的概念。可观测的一致性是指，无论数据是否内在一致，只要用户观测到的数据是一致的，就达到了目标。举例来说，一个邮件服务提供商在上海和北京有两台复制的邮件服务器，上海的用户登录在上海的服务器上，北京的用户登录在北京的服务器上。由于出差的用户的比例毕竟很小，实时地维持两个服务器一致会造成很大的资源浪费。因为，两个服务器可以"内在地不一致"，但只有对出差的用户保持一致就可以了。当一个北京用户出差到上海时，他在上海的服务器上进行登录后，系统只需要从北京服务器单独复制与该用户相关的数据。

从可观测的一致性的概念导出了一些称为以客户为中心的一致性的模型。这些模型假设数据仓没有并发的更新，或者即使有冲突也很容易解决。在这样一些特殊情形下，存在一些更廉价的维持一致性的方案。

第6章

高级通信服务

在2.6.3节中我们简单地分析了通道的性能与属性问题。一方面经济技术条件在很大程度上决定了分布环境下可提供的通道能力，另一方面，不同的应用对通道有不同的要求。我们一般将基本的消息传递能力，即OSI参考模型中传输层以下、含传输层的协议界定为网络操作系统的范畴，而将传输层之上的高级通信协议界定为分布式系统所研究的内容。

在本章中，我们将重点探讨分布式系统的几个重要的通道设计，如图6－1所示。

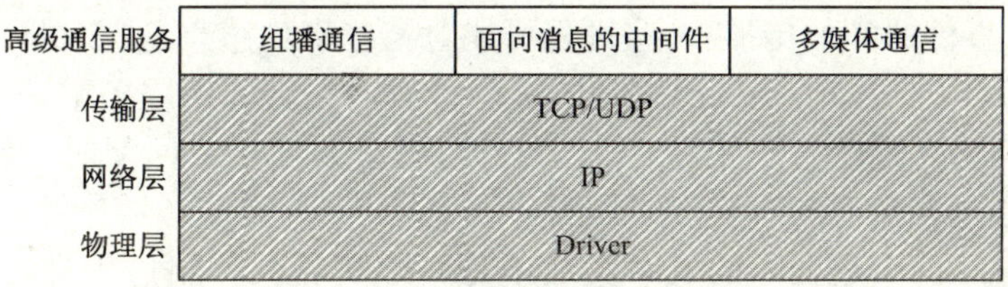

图6－1　高级通信服务的定位

组通信（group communication）：指一条消息从一个进程能够发送到进程组的所有进程的通信能力。这是分布式系统关于通信的一个重要需求，很多算法都依赖组通信机制。

面向消息的中间件（message-oriented middleware，MOM）：实现异步和永久性通信的通信系统软件。网络操作系统的消息传递是同步的，而在很多情况下，我们需要消息的发送方和接收方能够独立地收发消息。

多媒体通信（multimedia communication）：一些信息的正确性是与时间相关的，其中最常见的就是多媒体信息。多媒体通信有特殊的实时性和服务质量（Quality of Service，QOS）的要求。

6.1 组通信

组通信(group communication)是协调多个进程行为的一个重要的通道要求。前面章节介绍的一些算法中,我们总有存在组通信条件的假设。实际上,组通信以及通过多播构成的一些分布式算法提供了构造下面一些分布式应用的技术基础:

(1)基于冗余设计的容错系统:一个服务可以设计为运行在多台计算机的多个复制服务进程,客户的请求被多播到所有的复制进程。即使一些进程出了故障,系统仍能为客户提供服务。在这里,复制是提高系统可用性和容错能力的关键技术。

(2)在自组织网络中发现服务:在移动实体定位(9.3.2 节)和对等网络(P2P,7.2 节)服务的设计中,网络的结点动态地加入和离开服务网络,客户和服务器一般通过组通信来查找和定位服务。

(3)通过复制来提高系统性能:数据和进程复制到接近客户的位置能够提高系统的性能。为了维护数据的一致性,在一个副本上的更改需要多播到管理副本的进程上。

(4)事件通知的传播:一些进程可能对某些事件感兴趣,多播可以用来将事件发生的通知传播到感兴趣的进程,例如,在新闻组服务中,一些用户能够订阅感兴趣的讨论主题,当这个主题有新的帖子或回复时,新闻组服务可以通过多播通知所有订阅的用户。

消息在两个进程间的成对交换不是一个进程到一组进程进行消息传递的最佳模式。多播是更合适的通信方式——它允许将单个消息从一个进程发送到一组进程。多播也有很多可能的情况。最简单的多播是既不能保证消息一定送达,也不能保证消息在接收方完全排序。组通信极其复杂,即使是提供最简单的多播,也需要很多工程上的努力。

组通信是很多科研项目的研究目标。组通信的基本特点是一个进程只调用一个多播操作就可以将一条消息发送到进程组的每一个成员,而不是调用多个针对单个进程的消息发送操作。用一个组操作代替多个发送操作所得到的远不止是程序员的方便。它使得实现更有效,并且提供附加的发送保证。

6.1.1 IP 多播——组通信的一个实现

本节讨论互联网的多播协议 IP 多播(IP Multicast)。

在 Internet 上,单点到多点的通信服务存在两种形式:IP 广播和 IP 多播。虽然 IP 广播允许一个主机把一个 IP 报文发送给同一个网络的所有主机,但是由于不是所有的主机都需要这些报文,因而浪费了网络资源。在这种情况下多播(multicast)应运而生,它的出现解决了一个主机向特定的多个接收者发送消息的问题。1989 年,IETF 通过 RFC1112 定义了 Internet 上的多播方式。

IP 多播是指一个 IP 报文向一个"主机组"的传送,这个包含零个或多个主机的主机组由一个单独的 IP 地址标识。主机组地址也称为"多播地址",或者 D 类地址。除了接收方网络地址部分,多播报文与普通报文没有区别,IP 多播仅使用 UDP 传输数据,网络尽力传送多播报文,但是并不保证一定送达。

IP 多播地址由 D 类 IP 地址标记。D 类 IP 地址的最高四位为"1110",起讫范围从 224.0.0.0 到 239.255.255.255。如前所述,部分 D 类地址被保留,用作永久组的地址,这段地址从 224.0.0.0 到 224.0.0.255。临时主机组的多播地址由网络管理员选择,他需要保证这个地址在一定的范围内没有其他的主机组在使用这个多播地址。

主机组的成员可以动态变化,主机有权选择加入或者退出某个主机组。主机可以加入多个主机组,也可以向自己没有加入的主机组发送数据。主机组有两种:永久组和临时组。永久组的 IP 地址是周知的,由 Internet 管理机构分配,是保留地址。临时组的地址则使用除永久组地址外的非保留的 D 类地址。

IP 多播分组消息在互联网上的转发由支持多播的路由器来处理。主机发出的 IP 多播分组消息在本地子网内被所有主机组成员接收,同时与该子网直接相连的多播路由器会把多播报文转发到所有包含该主机组成员的网络上。多播报文传递的范围由报文的生存期(Time-to-Live,TTL)决定,如果 TTL 等于或者小于设置的路由器端口 TTL 门限值(TTL Threshold),路由器将不转发该报文。

在传送多播分组消息时,指派路由器需要构造一个连接所有多播组成员的树,这个树被称为分布树。根据这个树,路由器得出转发分组的一条唯一路径。由于成员可以动态地加入和退出,分布树也必须动态更新。

根据构造方法的不同,分布树分为源分布树(Source Distribution Tree)和共享分布树(Shared Distribution Tree)。源分布树以多播源为根结点构造到所有多播组成员的生成树,通常也称为最短路径树(SPT)。共享分布树,也称为 RP 树或基于核心的树(Core-based Tree,CBT)。它的构造方法是以网络中的某一个指定的路由器为根结点，该路由器称为集合点或中心点，由该结点生成包含所有组成员的树。使用共享分布树时，多播源需要首先把多播分组发送给集合点路由器，再由这个路由器转发给其他的组成员。IP 多播原理如图 6－2 所示。

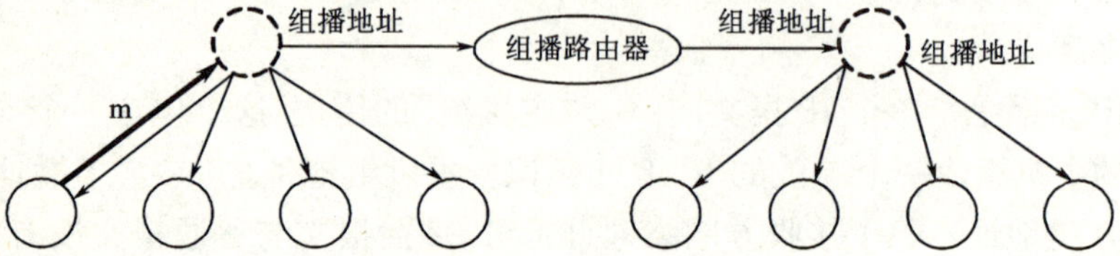

图 6－2　IP 多播图示

（1）IP 多播的编程模型。在 2.4.3 节中，我们已经介绍了点到点的通信套接字模型。在 IP 多播的情况下，发送一条多播消息等同于向一个多播地址发送一条点到点的消息；在组管理上，每个成员可以向多播地址申请加入和离开多播组。

（2）IP 多播的效率。在共享介质的局域网中，IP 多播可以有效地利用硬件多播能力。一个发送到局域网上的多播消息实际上只发送一次，所有组成员能在自己的端口上根据多播地址区分是否是发送给自己的消息。在互联网络中，多播路由器的设计以及分布树的结构可以使消息只在连接两个网络的通道上传输一次，这样可以有效地提高带宽的使用率。

（3）IP 多播的可靠性和排序。对于局域网的多播而言，任何一个接收者都可能因为它的缓冲区满而丢弃消息。在互联的网络中，从一个多播路由器发送到另一个多播路由器的消息也可能丢失。因此，IP 多播的主要故障是遗漏故障。

消息的排序是 IP 多播的另一个问题。在互联网上的 IP 数据包是不必按顺序到达的。这样，同属于一个多播组的成员从同一个发送者接收到的消息顺序可能互相不同。另外，从两个不同组成员发送的消息也可能以不同的顺序到达其他的组成员。

IP 多播的不可靠性与排序问题对很多应用是有害的。实际上，直接使用 IP 多播的应用主要是多媒体应用，这类应用对不可靠传输和排序有较为宽松的要求。单个数据流可以发送到多个客户端的 IP 多播能力已成为大多数多媒体应用的传输手段。

6.1.2　基本的可靠多播设计

在分布式系统中，点到点的可靠通信一般是由网络协议的传输层来提供的，例如，TCP 协议。TCP 通过消息编号、回复、重发以及重复消息检测等机制来解决通道的崩溃、遗漏和随机故障等问题。遗憾的是，可靠的组通信实现起来要复杂得多。在进程组比较小的时候，通过成对的点到点的通信是一个直接的、简单的解决方案，但这个方案在一定规模的网络中有明显的效率问题。

可靠多播的简单理解是将消息可靠地送达进程组的每一个成员。然而，如果在通信发生的时候，一个进程正在加入到进程组，这个进程应该还是不应该接收多播消息？同样，当发送消息的进程崩溃的时候，我们又怎么确定多播的状态？最后是消息排序问题，如果有这个需求，我们怎样保证消息能够按发送的顺序、或某种能够达成共识的顺序到达每一个进程。这一系列的问题都是非常难以处理的。

本节讨论多播的最基本的形式。我们假设进程是无故障的，而且在通信期间进程组的成员不发生变化，即，没有新的进程加入组，也没有进程离开组。同时我们还假设，底层通信系统能够提供一个基本的非可靠的多播能力，例如，IP 多播。在这样一些假设的前提下，Chang 和 Maxemchuck[文献17] 提出了一个简单的可靠多播的设计方案，如图 6－3 所示。

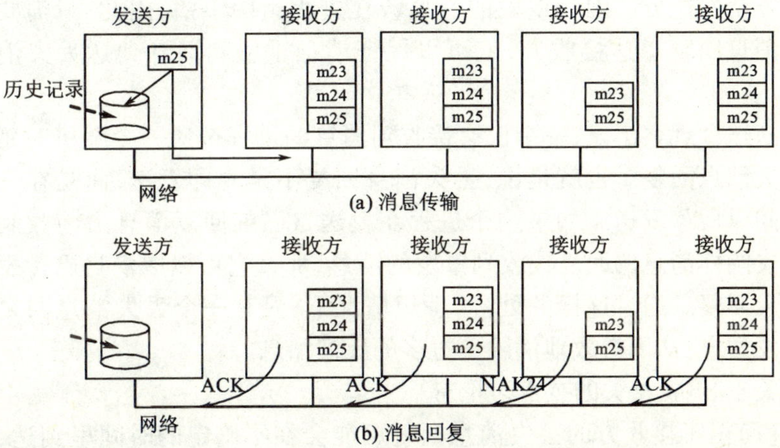

图 6－3　基本多播设计

发送进程将需要发送的多播消息进行编号，每个多播消息在发送的同时也保存在本地的一个历史记录缓冲区中。发送进程利用底层的不可靠的多播通信将消息发送出去，然后等待每个进程的回复。接收方通过消息编号来检测是否有消息丢失。没有丢失消息的进程回复一个 ACK 消息，而丢失消息的进程回复一个包含丢失消息的编号的 NAK 消息。当发送方在收到一个 NAK 消息,或在设定的超时时限以内没有收到任何回复消息,可以重发消息。接收方通过发现消息重号来放弃重复消息。

这个方案采用了类似于 TCP 的消息传输协议。它的一个主要缺点是在大规模环境下的缩展性问题。因为发送进程要等待所有进程的回复消息,当接收进程数量较大时,网络的带宽将被回复消息所占用,这个现象称为"反馈内爆"(Feedback Implosion)。一个改进的设计是接收方只反馈丢失回复消息,但即使如此,在恶劣的通信环境下,丢失消息反馈也同样可以产生反馈内爆现象。

以进一步取消过多的反馈消息为目标,Floyd[文献18]提出了一个可缩展的可靠多播协议(Scalable Reliable Multicast,SRM)的设计。这个协议被很多广域网的应用所采用。SRM 的工作原理如下:

在 SRM 协议中,接收方从不回复成功达到的消息回复,只反馈丢失消息的回复。协议没有规定具体检测消息丢失的机制,相反,它要求:①丢失消息的回复通过多播发送到进程组;②发送方通过多播重发消息。

多播有助于其他有同样丢失消息的进程取消一些自己的反馈。假设有多个进程丢失了同一个消息 m,每个丢失消息的进程都需要发送丢失消息回复给发送方。因为重发的消息会在进程组中多播,因此,只需要一个丢失消息回复送达接收方,就可以保证消息重发和消息到达丢失消息的进程。

从这个观察出发,一个没有接收到消息的进程按照一个随机时延来发送丢失消息回复。也就是说,丢失消息回复不是立即发送,而是在一个随机时间以后才发送。如果这个进程在发送自己的回复消息之前收到另一个丢失同样消息的回复或收到重发的消息,那么它可以取消自己待发的丢失消息回复。通过这样的处理,理想情况下,只有一个丢失消息回复能够到达发送方,从而有效地消除了过多的反馈消息。

关于 SRM 相关的技术讨论有:

(1)由于接收方的丢失消息回复可能会在不确定的时间里到达,发送方永远无法知道消息是否可靠地到达所有的接收方,因此发送方必须永远地保存所有已发消息的历史记录。

(2)取消反馈消息的机制取决于随机时延的设置。一个完美的设置可以保证只有一条丢失回复消息,而一个糟糕的设置可能会使所有的进程在同一个时间发送自己的丢失消息回复。在分布式环境下,协调这样的时间计划是非常困难的。

(3)反馈和重发消息的多播会对正常接收的进程造成不必要的干扰。

一个改进方案是将丢失消息 m 的进程组织为一个新的多播组,丢失和重发消息只在这个多播组中进行。但这个方案依赖一个高效的多播组管理手段,这在广域网环境下很难做到;一个折中的方案是将经常性丢失同样消息的进程组织成一个多播组,它们之间共享反馈消息和重发消息的多播通道。

(4)在更大规模的环境下,进程的平面结构变得无法管理。我们一般采用等级树的结构,将进程组合成多个多播组,多播组之间又形成层次结构。

(5)利用其他接收者做消息 m 的备份。当一个接收到消息 m 的进程收到一个关于丢失消息 m 的回复时,它甚至可以在发送方未收到这个回复时将消息 m 多播到系统中。

大规模分布环境下的可靠多播仍然是一个很艰巨的技术挑战,每个新的技术方案又会产生一些新的问题,很多研究工作在持续进行着。

6.1.3 原子多播与虚拟同步

本节讨论故障模型下的可靠多播问题。特别是,在很多的应用需求中,我们需要保证要么消息能够可靠地到达每一个成员,要么消息一个都不要送达,因为部分进程得到消息对一致性的处理可能是非常有害的。在另外一些需求中,我们需要保证所有进程有完全一样的消息顺序。这个问题就是所谓的原子多播问题。

为了理解多播的原子性的重要性,我们考虑一个有一组复制数据库作为数据源的分布式应用。我们可以合理地假设,每个复制的数据库有一个进程来进行维护。为了维护一致性,在任何副本上的更新都需要通过组通信发送到所有这些进程上。在 3.2.2 节的例子中,我们已经看到,可靠多播和消息全序是一个重要的需求,如果每个复制看不到一致顺序的全部更新,则复制数据库就不能保持一致。我们可以通过图 6-4 做进一步的说明:

(1)原子多播:在每次多播之后,多制数据库能达到一致的条件是所有进程或都接收到同一个更新消息,或都接收不到更新消息。

(2)全序多播:在有多个多播消息时,多制数据库能达到一致的条件是所有进程接收到相同顺序的完全相同的更新消息。

当一个复制进程发生崩溃时,假设崩溃的进程能够恢复到崩溃前的状态,但它可能遗漏一些更新消息。在这种情况下,恢复过来的进程需要知道遗漏了哪些更新以及更新消息的顺序,然后对复制数据库进行更新操

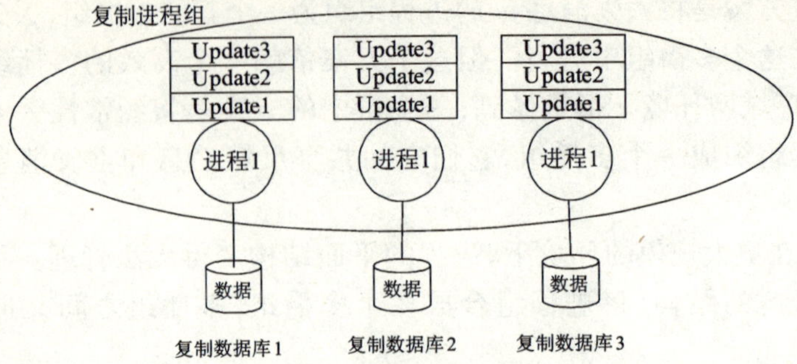

图 6-4 复制进程组

作,使得自己管理的副本最终与所有副本一致。因此,原子多播在故障模型下还需要满足下面两个条件:

(1)原子多播能够完成的先决条件是在任何时刻,所有进程必须对组中有哪些进程达成一致;换句话说,多播在组内所有正确的进程上进行,离开的或崩溃的进程不再属于这个多播组。

(2)当崩溃的进程恢复过来以后,或者离开的进程希望重新加入到组中时,原子多播要求这些进程在接收新的消息之前,必须实施与进程组其他成员同步的操作,即在自己的副本上按照相同的顺序处理所有遗漏的消息。

在故障模型下的可靠多播问题可以表达为:进程组和组成员有变化情况下的可靠多播问题。在任何一个时刻,一个原子多播消息 m 与当前时刻的进程组,或称为组视图(group view)相关联,消息 m 要么送达这个进程组视图中的每一个成员,要么一个都不送达;这个进程组视图是在消息发送时刻发送进程关于组内成员的一个集合视图,它也必须是所有组成员在这个时刻的进程组视图。换句话说,消息 m 必须发送到一个共识进程组视图中的所有成员,或者一个也不送达。

与所有原子操作的问题类似,在失败的情况下,所有的已经执行的操作必须回滚。这意味着,在多播遭遇失败时,例如,此时共识进程组视图中的某一个进程突然崩溃,那么系统必须能够撤销已发送的消息和回滚所有进程已经执行的操作。直观地去看这个问题,撤销一条消息一般意味着发送另一条多播反消息,这不仅会产生更多的消息而降低性能,而且处理的复杂性更加艰巨。但实际上我们可以利用 2.6.3 节介绍的通道模型对消息回滚做更简单的处理。

如图 6-5 所示,消息的送达由消息的接收(Receiving)和消息的提交(Delivering)两个不同的过程组成,原子多播可以通过抑制提交来控制消息的送达:①放弃提交消息来撤销消息;②通过缓冲区的消息排序来改变提交顺序以满足设计要求。

3.2.2 节中的全序多播算法也利用了这个通道特性。

假设在多播消息 m 发送的时刻,进程组视图为 G。如果在多播消息 m 进行过程中一个进程希望加入或离开进程组,这个组变化消息也需要发布到组内的所有成员。假设组视图变化(view change)消息为 vc,那么此时系统中就有两条在途消息:m 和 vc。原子多播必须保证,消息 m 能够在消息 vc 提交之前提交给所有 G 中的进程,或者消息 m 一个也不提交。这和 3.2.2 节全序多播问题很相似,消息 m 和 vc 的提交顺序对所有进程必须完全一致。

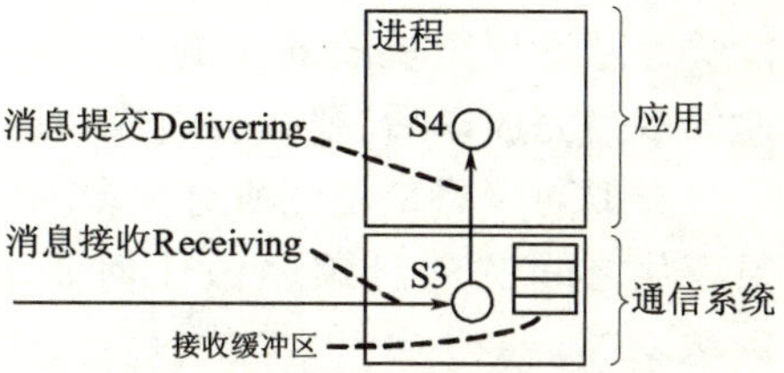

图 6-5 消息接收和消息提交

实际上只有一种合理情况消息 m 可以不提交,那就是组成员的变化是由于发送消息的进程崩溃所引起的。在这种情况下,其他正确进程要么全部都提交消息,要么全部忽略从崩溃进程发送过来的消息。这种组播特性又称为虚拟同步(virtual synchrony)。

我们以 图 6-6 为例来看虚拟同步的过程。假设在整个过程中有三个进程组视图的变化。

(1)P_1 在某个时刻加入到进程组中,进程组视图 $G=(P_1,P_2,P_3,P_4)$;P_2 此后发送了一个多播消息,消息可靠地到达了进程 P_1,P_3,P_4。

(2)随后,P_3 发送多播消息,消息可靠地到达 P_2 和 P_4 后,发送进程 P_3 崩溃,P_1 没有得到消息。因此,所有进程都必须放弃 P_3 发出的消息;这时,进程组视图 $G=(P_1,P_2,P_4)$;P_4 发送多播消息,消息可靠地到达 P_1 和 P_2。

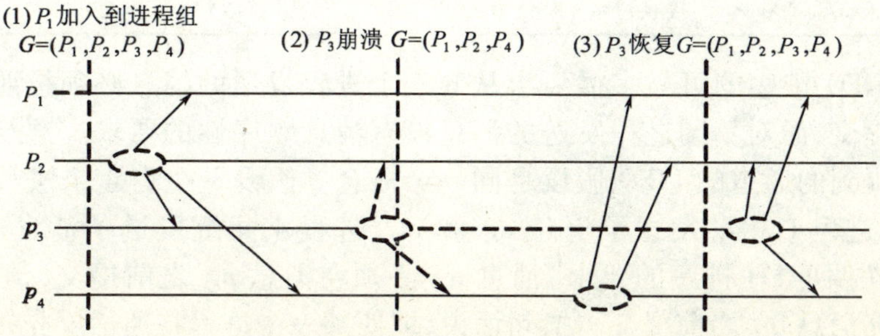

图 6-6 虚拟同步图示

(3)最后,P_3 进程恢复,在进行与组内成员的同步操作后,进程组视图 $G=(P_1,P_2,P_3,P_4)$。随后 P_3 发送多播消息,消息可靠地到达其他正确进程。

虚拟同步使得所有的多播发生在进程组视图变化之间,没有一个多播能够穿越进程组视图变化的边界线。进程组视图的变化要么必须等待在途的多播完成以后,要么会造成在途的多播失败。

虚拟同步只是说把所有的多播组成员变化分隔,但并没有对两个组成员变化之间的消息顺序做任何要求。我们将在下一节讨论消息的排序问题。

6.1.4 原子多播与消息排序

在 3.2.2 节中,我们已经讨论过全序多播算法,如果有 n 个进程和 m 条多播消息,则算法需要 $n\times m$ 条消息来实现全序多播。不是所有的应用都需要全序多播,我们可以将消息排序分为以下四种情况:①不排序的可靠多播;②FIFO 排序的可靠多播;③因果排序的可靠多播;④完全排序的可靠多播。

不排序的可靠多播只是一个虚拟同步的多播,它提交给每个进程的消息顺序是不确定的。我们来看一个简单的例子。假设一个进程组中有三个进程 P_1,P_2 和 P_3。P_1 相继发送了两个多播消息 m_1 和 m_2。在通信层,进程 P_2 可能先接收到消息 m_1,然后接收到消息 m_2,进程 3 可能接收到消息的顺序正好相反。如果没有任何消息排序要求,则通信系统可以按照接收消息的顺序提交消息,因此进程 2 和进程 3 可能看到两个相反的消息顺序。如表 6－1 所示。

表 6－1 不排序的可靠多播

进程 P_1	进程 P_2	进程 P_3
发送 m_1	接收到 m_1,提交 m_1	接收到 m_2,提交 m_2
发送 m_2	接收到 m_2,提交 m_2	接收到 m_1,提交 m_1

FIFO 排序的可靠多播要求从同一个进程发送的消息必须按照发送顺序提交,而对不同进程发送的消息没有消息顺序性的要求。这与我们前面提到的通道的 FIFO 假设是同一个概念。假设一个有 4 个进程的进程组,进程 1 相继发送了消息 m_1 和 m_2,进程 4 相继发送了消息 m_3 和 m_4。按照 FIFO 排序的要求,消息 m_1 必须在消息 m_2 之前提交,消息 m_3 必须在消息 m_4 之前提交。换句话说,即使某一个进程在通信层先接收到 m_2,它必须抑制 m_2 的提交,直到接收到消息 m_1 和提交 m_1 之后。相反,

对于来自不同进程的消息，它们的提交顺序是不确定的。如表 6-2 所示，进程 2 和进程 3 的消息提交都是满足 FIFO 排序要求的。

表 6-2　FIFO 排序的多播

进程 1	进程 2	进程 3	进程 4
发送 m_1	提交 m_1	提交 m_3	发送 m_3
发送 m_2	提交 m_3	提交 m_1	发送 m_4
	提交 m_2	提交 m_2	
	提交 m_4	提交 m_4	

因果排序的可靠多播要求消息的提交顺序符合消息之间的因果关系。也就是说，如果一条消息从因果关系上发生在另一条消息之前，则不管消息是否是从同一个进程发送，提交消息的顺序都必须反映这个因果关系。消息的因果关系可以通过向量时间戳来表示（参看 3.2.3 节向量时间戳的内容）。消息之间的因果关系大致有下面几种：①同一个进程发送的消息是有因果关系的，因此因果排序是比 *FIFO* 更强的排序要求；②同一个进程发送的消息与此前该进程接收的消息也是有因果关系的；③因果关系是有传递性的。

如表 6-3 所示，进程 1 中的两条消息 m_1 与 m_2 有因果关系；进程 4 提交了 m_1 以后发送了 m_3，则 m_1 与 m_3 有因果关系；同样 m_2 和 m_4 之间有因果关系，m_3 与 m_4 之间有因果关系。值得注意的是，消息 2 与消息 3 之间没有因果关系。因此，进程 2 和进程 3 的消息提交顺序必须维持这些消息间的因果关系。

表 6-3　因果关系排序的多播

进程 1	进程 2	进程 3	进程 4
发送 m_1	提交 m_1	提交 m_1	提交 m_1
发送 m_2	提交 m_3	提交 m_2	发送 m_3
	提交 m_2	提交 m_3	提交 m_2
	提交 m_4	提交 m_4	发送 m_4

最后，全序的多播要求所有的消息在所有进程上的提交顺序是完全一样的。值得一提的是，全序多播要求的只是某一个一致的顺序，它并不要求消息的排序满足 FIFO 顺序和因果顺序。换句话说，全序多播并不关心消息之间实际的先后和因果关系，所有的顺序都是合法的，关键是所有的

进程都看到同样的顺序，如表 6－4 所示。

表 6－4 全序多播

进程 1	进程 2	进程 3	进程 4
发送 m_1	提交 m_2	提交 m_2	发送 m_3
发送 m_2	提交 m_3	提交 m_3	发送 m_4
	提交 m_1	提交 m_1	
	提交 m_4	提交 m_4	

我们将原子多播定义为提供全序的虚拟同步的可靠多播方式，按照排序的不同的要求，可靠组播存在 6 种不同的分类，如表 6－5 所示。

表 6－5 可靠多播的分类表

组　播	基本消息排序	全序提交
可靠多播	无	否
FIFO 多播	FIFO 顺序提交	否
因果多播	因果顺序提交	否
原子多播	无	是
FIFO 原子多播	FIFO 顺序提交	是
因果原子多播	因果顺序提交	是

6.2 面向消息的通信

6.2.1 基本思想

远程过程调用（RPC）和远程方法调用（RMI）是关于通信透明性的杰出设计（参看 8.2 节和 8.3 节的内容），遗憾的是，不是所有的应用都能够适用于这些设计。下面是一些较为常见的不适用的情形：

（1）我们不是总能假设或要求通信双方都在运行中，例如，你需要发一个文件给另一个用户，他可能没有启动接收程序，或者更简单，他的计算机没有启动。

（2）网络条件是偶联的，或带宽条件不能保证可以具备接受的响应时间。网络条件往往受到经济和技术条件的制约。

（3）应用模型本身具有明显的消息传递的特征，例如，在电子邮件和公文流转的应用中,消息和消息的处理是完全独立的。

因此,在一些应用中,隐藏消息传递过程有时候不太可能,有时候没有必要。面向消息的通信正是解决这些问题的一个关键的通信技术,它允许通信的双方独立地发送和接收消息,而不需要关心通信另一方的状态以及消息经过网络传输的过程。面向消息的通信建立了消息传递的一个更高级的模型,通信双方并不直接通信,而是依赖一个或多个消息服务器来发送和接收消息。这个消息服务器称为面向消息的中间件(Message Oriented Middleware,MOM),如图 6 - 7(b)所示。在大规模分布环境下,MOM 系统自身一般也被设计为可以分布的,以满足系统缩展性的要求。

(a)传统通信　　(b)面向消息的通信

图 6 - 7　传统通信与面向消息的通信

相对于 RPC 或 RMI,MOM 系统有两个重要的技术特征:

(1)松耦合系统:面向消息的通信解除了通信双方的紧密耦合的关系。RPC 和 RMI 一般被认为是紧耦合系统,因为通信的双方必须在很多方面达成一致,例如,通信协议、消息格式、编码、连接状态等;在面向消息的通信中,通信双方只需要独立地与 MOM 中间件在这些方面达成一致,而中间件一般被设计成能够兼容更多的协议、消息格式和编码标准等。

(2)永久通信:面向消息的通信采用存储和转发的机制提供了永久通信的功能。在传统的通信中,消息只在通信阶段存活;在面向消息的通信中,MOM 系统负责消息的存储和转发,客户不需要保存未到达的消息。

松耦合和永久通信使得 MOM 系统成为企业级大规模分布环境下业务集成和关键业务处理所依赖的一个重要通信手段。

消息传递是所有通信的本质。这个思想实际上没有任何新颖的地方。邮政系统应该是最古老的面向消息的系统,邮局扮演了消息服务器的概念。同样,电子邮件系统也是一个典型的面向消息通信的设计。如图 6 - 8 所示,用户通过一个客户端软件程序 Outlook 或其他软件,编写、发送和接收电子邮件。客户端软件总是连接到一个邮件服务器上,这个邮件服务器对应了发送方(客户端)的邮局:①当用户提交一个邮件以后,邮件被送到发送方的邮件服务器上;②发送方的邮件服务器首先需要找到接收方的邮件服务器的地址(参看 9. 1. 4 节的内容);③然后将邮件转交到接收方的邮件服务器上;④对方用户在打开 Outlook 后就能取回自己的邮件。

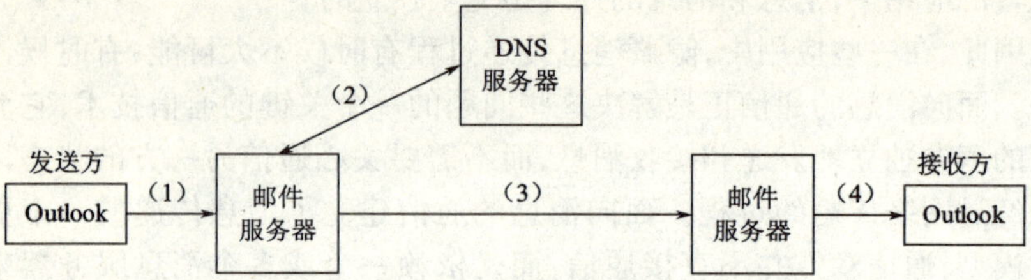

图6-8 电子邮件系统

在面向消息的系统中,消息服务器具有存储和转发能力,而对网络连接状态不做任何假设。如果说RPC和RMI的操作时间一般在毫秒或秒的数量级上,那么面向消息系统不能提供任何传输时间上的保证,可能是几分钟,也可能是更长的时间。

6.2.2 消息队列模型

面向消息的系统大都采用了消息队列模型,所以这些系统又称为消息队列系统(message queuing system)。

在消息队列的模型中,系统是由消息队列构成的,每个队列中消息按照一定的顺序排列,先进先出(First In First Out,FIFO)是最为常见的方式。发送消息对应了在某一个队列上进行的消息入队操作,接收消息对应了在某一个队列上消息的出队操作。因此,在消息队列系统中,可能有点出人意外的是,发送方和接收方的概念并没有定义在系统内部,发起一个消息入队操作的是一个应用,发起一个消息出队操作的可能是另一个应用,消息队列系统只负责提供一个操作消息队列的编程接口API。如图6-9所示的单一消息服务器的系统中,两个客户分别对同一个队列进行消息入队(Put)和消息出队(Get)的操作。

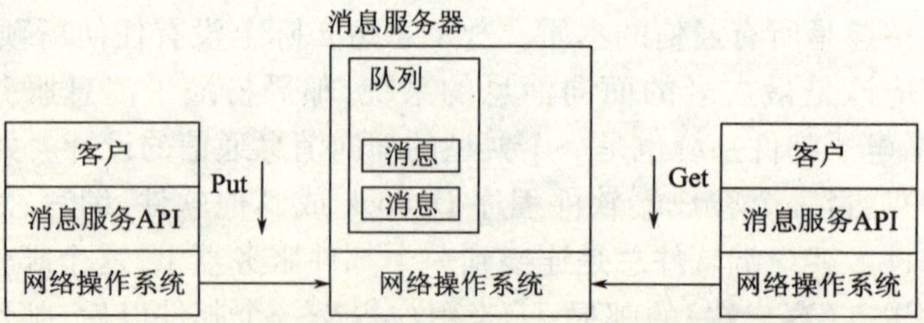

图6-9 消息队列系统

在消息队列系统的术语中,提供消息的一方称为消息的生产者(message producer)，而阅读消息的一方称为消息的消费者(message consumer)。根据消息的生产和消费关系，我们有点到点消息(Point to Point Messaging)和发布-订阅消息(Publish-Subscriber)两种不同的模型。

在点对点的模型中，消息的生产者将消息发送到消息的消费者的队列中，消息提交给消费者以后从队列中被删除。生产者和消费者是一一对应的点到点的关系。

在发布-订阅模型中，消息的生产者将消息发送到一个称为主题(topic)的队列中，消息的生产者是消息的发布者；每个主题可以有多个订阅者，或者说是消费者。消息必须提交给每一个订阅者后才从队列中删除。主题还可以组织成层次结构，例如，“语言”主题可以是“Java”和“C++”主题的上一层，那么消费者可以选择只订阅“语言”主题，也可以选择订阅含“语言”主题在内的所有子主题，它自动包括了对“Java”和“C++”主题的订阅。在发布-订阅模型中，生产者和消费者是一对多的关系。

主要操作

对消息队列的主要操作可以归纳为表6-6。其中的Notify操作一般用于设置一个程序作为消息到达的通知对象。消息到达以后，这个程序会被自动触发，对新进入的消息进行必要的处理。

表6-6 消息队列的主要操作

操　作	说　明
Put	向一个队列放入一条消息，不阻塞
Get	从队列中读第一条消息，调用阻塞如果队列为空
Poll	从队列中读第一条消息，不阻塞
Notify	安装一个消息达到的自动处理器

6.2.3 分布式设计

单一消息服务器系统是最常见的，但在较大规模的系统中，为了满足缩展性的要求，能够将消息服务分布在多台计算机上是一个重要的需求。消息服务的分布本质上是消息队列的分布，分布的消息系统是由多个消息服务器构成的，每个消息服务器管理一组消息队列。

(1)直接分布。从用户的角度分析，最直接和最有效的方法是直接连接到目标队列的服务器上进行操作。更进一步，我们还可以将队列和服务器网络位置的映射关系保留在一个独立的位置服务器上，以实现服务器网络位置的透明性。图6-10是这个直接方法的图示，在直接分布中，除了队列的名字必须满足全局有效的要求外，消息服务器不需要做任何

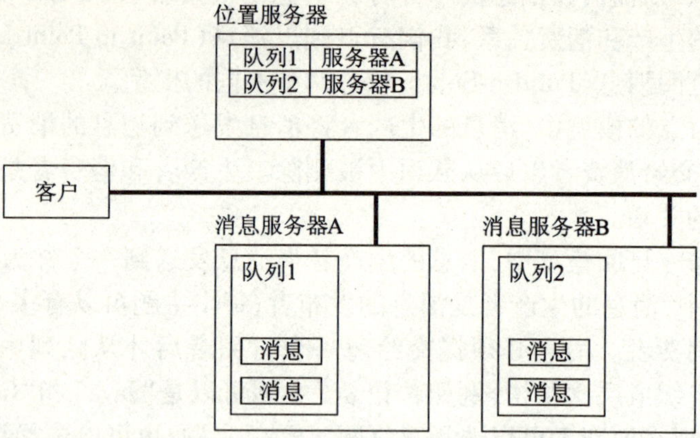

图 6－10　消息系统的直接分布

改动。

(2)使用代理的分布。消息系统的直接分布假设客户与目标队列的服务器可以建立直接的通信。但在更一般的分布环境下,这个假设会受到安全和技术因素的限制。例如,一般的客户可能只被允许访问自己所属管理区域的消息服务器,或者客户不具备访问另一个消息服务器的网络技术条件。例如,客户与消息服务器的协议不兼容,或者客户经常性地无法连接到消息服务器上等等。以生活中的邮政系统为例,如果将邮局看成是一个消息服务器的话,邮政系统是一个典型的分布系统,如果发信方自己需要将信投递到收信方的邮局,这显然是不能接受的方案。

一些消息服务器使用代理机制来实现消息服务器的分布访问。我们假设每个客户只能访问一个指定的消息服务器,这个服务器称为客户的本地消息服务器,其他的服务器则称为远程服务器。(在这里,本地并不一定代表物理位置很近,它是相对于客户所属的管理区域而言的)。使用代理机制的消息服务器维护一个远程队列到远程消息服务器的映射关系表。当客户请求操作的队列不在本地时,代理程序负责将请求提交给远程服务器,然后等待远程服务器的回复,最后将回复返回给客户。在这个机制中,本地消息服务器扮演了远程服务器的客户的角色,真正客户与远程服务器没有直接的通信。如图 6－11 所示,远程消息服务器的"队列 2"同时被定义在本地服务器上,如果一切顺利,客户访问远程队列就好像是访问本地队列一样,代理隐藏了本地和远程访问的差异性。从安全性上来看,一个消息服务器作为另一个消息服务器的客户也是一种合理的安排。

(3)存储和转发的分布。代理分布的遗留问题是客户同时依赖客户与

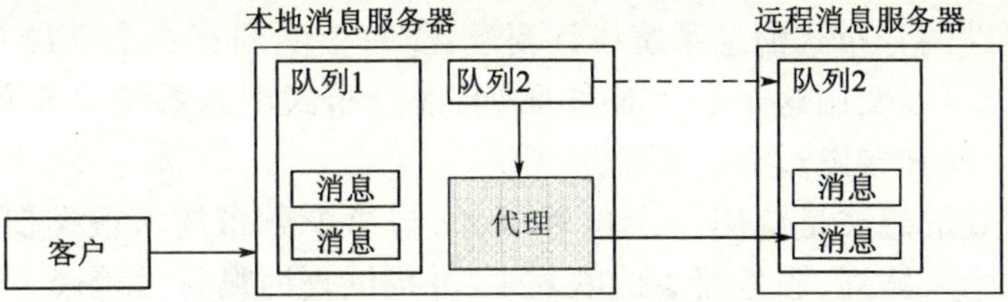

图 6－11 使用代理的分布

本地服务器、本地服务器与远程服务器的连接状态。如果消息到达了本地消息服务器，而不能到达远程服务器，那么消息就会丢失。从解决这个问题的思考产生了基于存储转发机制（store and forward）的分布。

存储转发的简单形式是在每个本地服务器上为每个远程队列建立一个相应的本地队列，并维护一个本地发送队列和远程队列的映射关系表，这个映射关系又称为消息桥（messaging bridge）。客户将消息发送到与远程队列对应的本地队列中，本地消息服务器通过一个转发程序将消息提交到远程服务器上。从本地分析，转发程序是发送队列的消息消费者，它也是远程队列的消息生产者。这个程序很容易实现。转发程序既可以定时启动，也可以通过消息的到达自动触发，如图 6－12 所示。

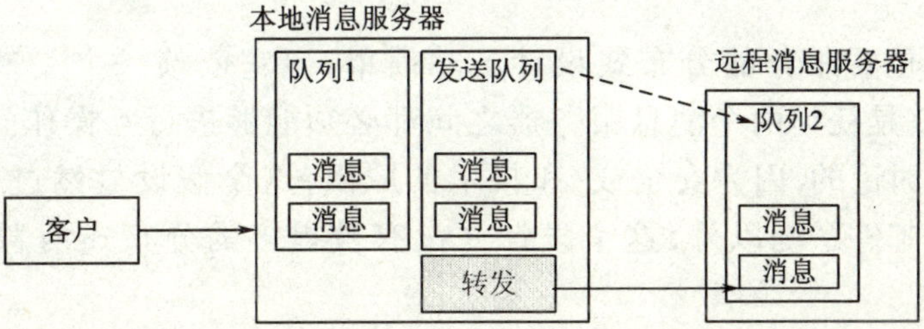

图 6－12 简单存储和转发分布

代理分布和简单的存储转发分布是两项广泛使用的技术，它只需要简单地扩展本地服务器的功能就可以实现，而远程服务器不需要做任何改动。稍微复杂一点的代理转发程序还可以对消息进行格式转换和协议转换，将消息发送到不同设计的消息服务器上。这时候，代理和转发程序又称为中间器（broker）程序，用于集成不同的消息服务器。

（4）一般性的分布式设计。在更为复杂的分布环境下，每个服务器上的消息桥信息变得难以维护，一个队列名的变更需要更改所有引用到这个队列的消息桥信息，不同的服务器可能会对相同的远程队列设置不同的本地队列的名字,这种不一致性也是不能忽略的。

一般性的分布式消息系统设计要求:①每个队列有一个全局有效的名字;②用户可以使用这个名字操作队列;③分布式消息系统呈现单一系统的特征,存储和转发过程由系统来实现。

最直观的想法是使用一个位置服务,与简单分布技术很类似,位置服务维护一个 <队列,服务器> 的映射表,并提供查询服务,如图 6 – 13 所示。每个消息服务器内部只需要一个发送队列,存储所有发往非本地队列的消息,转发程序通过位置服务器获得远程服务器的地址,并实施转发。

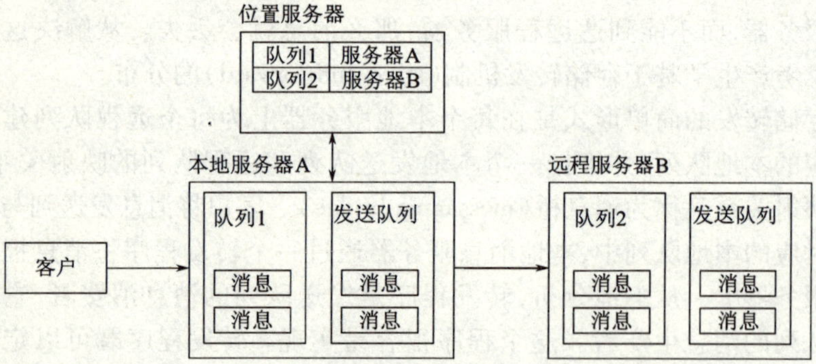

图 6 – 13　使用位置服务的设计

使用位置服务的分布式设计虽然简单,但它依赖一个关键的前提假设:那就是任何两个消息服务器之间都必须能够进行互操作。正如我们前面所讨论的,因为安全或/和技术的原因,这个假设显然过于苛刻。除了电子邮件系统以外,这个设计并没有被更多的分布式消息系统所采用。

事实上,一些满足安全和技术条件的服务器可以两两互联,并实现互操作;而另外一些连接则不被允许。因此,我们可以把消息服务器之间的关系看成一个有向图的结构,或者一个服务器的连接网络。如果每个服务器是可到达的,则它必须是一个强连通图,即任何两个结点都存在双向路径。

在图 6 – 14 中,箭头方向代表操作方向。如果客户需要提交一个消息给服务器 3 上的一个队列,客户首先提交给服务器 1,服务器 1 存储转发到服务器 2,服务器 2 同样经过存储转发将消息提交给服务器 3 上的目标队列;如果客户需要提交一条消息给服务器 4 上的一个队列,它实际上可以有三条路径,第一条路径是从服务器 1 到服务器 4;第二条路径是从服务器 1 到服务器 2，到服务器 3，最后到服务器 4；第三条路径是从服务器 1，到服务器 2，最后到服务器 4。

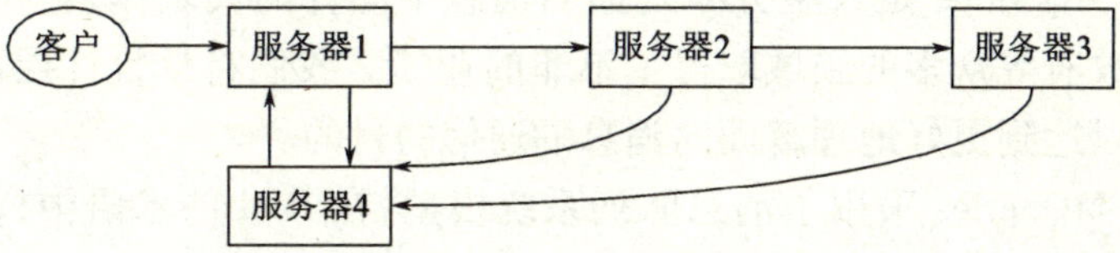

图 6-14　服务器的连接网络

分布式消息系统设计最为困难的是消息在服务器网络中的路由。

一种简单的方法是，每台服务器，或者是一台独立的服务器，拥有整个网络的拓扑结构，这样，利用图论的算法很容易实现消息的路由。但这种方法是一个集中算法的概念，在大规模分布环境下有很多内在的问题。

第二种方法可以沿用 IP 的动态路由机制，在每个服务器上建立一个 <队列，服务器> 的路由表，为了避免路由表过于庞大和无法维护，队列的名字可能也需要像 IP 地址一样做相应的划分，而且系统在多个路径存在的情况下作取舍的抉择。

实际上，大多数分布式消息既没有采用集中算法，也没有采用完全的动态路由，而是采用了一种简化的动态路由机制。每个服务器维持一个 <目标服务器，邻接服务器> 的映射关系的路由表，邻接服务器是指与该服务器可以建立直接连接的服务器。我们将在下一节通过对 IBM MQSeries 的实例研究来分析这种机制。

(5) 电子邮件系统。电子邮件系统是一个完全开放标准的面向消息的系统，它由一个或多个邮件服务器组成，服务器之间的存储转发采用了图 6-13 所示的基于位置服务器的分布设计，位置服务器的功能由域名服务器系统 DNS 承担。电子邮件系统主要目的是为最终用户提供邮件消息的服务，它包括一些与邮件相关的特殊设计，例如，邮件过滤、历史邮件的存储和查询、自动回复等等。电子邮件系统也常常被集成到一些应用中作为消息中间件来使用，应用程序可以通过电子邮件的编程接口来自动处理邮件消息。但是，电子邮件系统不能满足企业关键业务处理所需要的可靠性、安全性和事务处理能力。例如，它不能提供消息提交保证、消息的优先级安排、消息日志、容错设计、回滚等企业级运算的要求。面向消息的中间件的设计目标是为了满足企业级关键业务的处理，因此两者之间的区别还是实质性的。

6.2.4 IBM MQSeries 的实例研究

IBM MQSeries 是大型分布式面向消息中间件的代表作，它在金融、电子商务、政府等众多的领域取得了不菲的业绩。我们将从设计层面分析这个产品，以达到更好地理解面向消息的通信的目的。

IBM MQSeries 采用了消息队列系统模型，在 IBM 的术语中，消息服务器是一个队列管理器（Queue Manager）。队列管理器是通过消息通道（message channel）两两连接，每个消息通道是一个单向的、可靠的通信的抽象，消息通道的起始端是可以发送消息的队列管理器，到达端是可以接收消息的队列管理器。队列服务器为每一个起始于该服务器的通道建立一个本地的发送队列，用来存储需要在这个通道转发的消息。

在通道的每一端都运行着一个称为消息通道代理的程序（message channel agent，MCA），MCA 负责协商建立通道的实际通信连接，并传输消息。简单地说，起始端的 MCA 检查与之关联的本地发送队列，如果有消息，则将消息通过通道发送到到达端的服务器上；到达端的 MCA 监听进入的消息，在接收到消息后将其保存在合适的队列中。前提条件是，两端的 MCA 都必须处在运行状态。

每个 MCA 定义一组与通道相关联的属性，发送端的 MCA 与接收端的 MCA 的属性必须一致或兼容。例如，两个 MCA 必须使用相同的通信协议，并在消息按什么顺序提交以及消息的最大长度等方面有统一的约定。

消息传递

为了使消息能够在队列管理器之间传递，消息携带了目的地队列地址。这个地址分为两个部分，第一部分是目标队列的队列管理器的名字；第二部分是目标队列在目标管理器中的本地名字。除了目的地地址外，队列管理器还必须设置出去的路径，因为每个邻接队列管理器由本地发送队列唯一确定，因此我们可以使用本地发送队列去定义路径。每个队列服务器维护一个 <目的地队列管理器，本地发送队列> 的映射关系的路由表。每个到达端的 MCA 在接收到消息以后，从消息中得到目的地队列管理器的名字，如果是当前管理器，那么消息可以直接存储到本地队列中；如果不是当前管理器，MCA 将在路由表中查找相应的发送队列，然后将消息存储到该发送队列中，继续消息的转发。IBM MQSeries 的原理如图 6－15 所示。

在 IBM MQSeries 中，队列管理器的名字在系统范围内必须是唯一的。使用这个名字也有一个问题，如果某一个队列管理器的名字发生了变更，

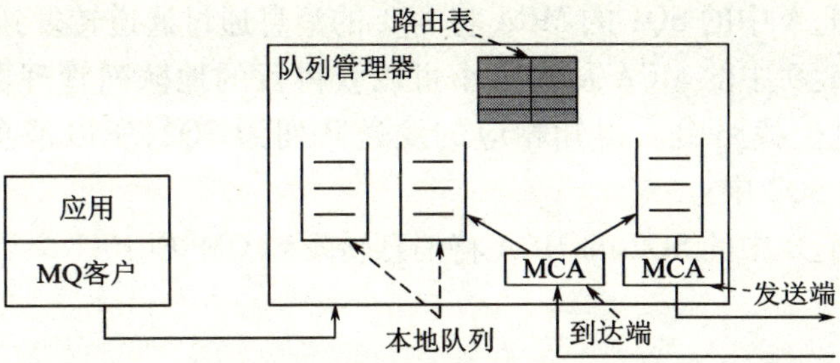

图 6-15　IBM MQSeries

则所有使用这个名字的程序必须随之变更。为了缓解这个问题，每个队列管理器可以建立一个管理器的别名表，而别名是在本地进行维护和管理的。如果一个队列管理器的名字变更，我们只需要更改这个别名表，而不需要更改使用这个别名的程序。图 6-16 是使用路由表、别名表和发送队列的一个简单例子，图中有两个队列管理器，分别为 QM_A 和 QM_B。在 QM_A 中，LA1 和 LA2 分别是 QM_B 和 QM_C 的别名，路由表确定了目的地管理器为 QM_B 和 QM_C 的发送队列均为 SQ1，SQ1 对应了从 QM_A 到 QM_B 的一个通道；在 QM_B 中，LA1 和 LA2 分别是 QM_A 和 QM_C 的别名，路由表确定了目的地管理器为 QM_A 和 QM_C 的发送队列分别为 SQ1 和 SQ2，SQ1 对应了从 QM_B 到 QM_A 的一个通道，SQ2 对应了从 QM_B 到 QM_C 的一个通道。

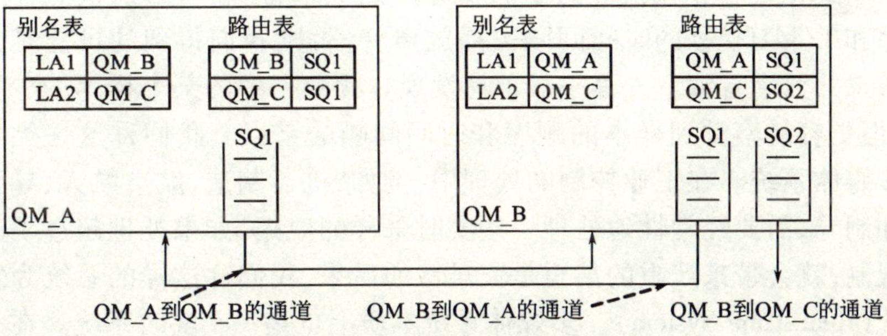

图 6-16　别名、路由和发送队列

假设连接在 QM_A 上一个客户通过 MQ 的客户端请求，发送一条消息到别名为 LA2 的一个队列中，其具体的处理过程如下：

(1) QM_A 首先从别名表中获得目的地管理器名字为 QM_C；经过查找路由表得知，发送队列为 SQ1，所以消息首先被存储在 QM_A 的 SQ1 中，并将目的地队列地址写入消息中。

(2)QM_A 中的 SQ1 的 MCA 将 SQ1 的消息通过通道转发到 QM_B 上。

(3)QM_B 中的 MCA 从消息中可以获得目的地队列管理器的地址为 QM_C,通过查找路由表得知相应的发送队列为 SQ2,所以消息被存储到 QM_B 中的 SQ2 中。

(4)QM_B 中的 SQ2 的 MCA 将消息转发到 QM_C 上。

6.3 多媒体通信

6.3.1 多媒体系统与实时系统

迄今为止,我们所讨论的数据都是一些离散的信息单元,它们在传输和处理过程中不依赖一个准确的时间安排,信息正确性在于数据的完整性。例如,在面向消息的系统中,消息发送的时间和到达的时间可以在较大的范围内变化而不影响消息的正确性,但消息的任何一个二进制位的错误都可能会导致无法预料的后果。大多数商业应用的数据都具有这个特征。

还有一类数据和处理,其时间的正确性往往比数据的完整性还要重要。例如,音频数据。一个 CD 音质的数字音频是按 16 位编码、采样频率为 44100Hz 的一个位流。为了获得原声的效果,播放器必须按照样本的顺序和 1/44100 秒的时间间隔去播放声音,否则我们得到的可能是另一个效果的数字音频。人耳一般不易发现音频数据中的某个样本的少量错误,但更容易察觉到样本的顺序和时间间隔的错误。我们称这一类系统为多媒体系统。在工业控制的处理中,例如,机器制造、航空航天、导弹发射和制导,需要经常性地处理一些实时采样的数据,如果处理超过了时间的限制,就会带来严重的甚至是灾难性的后果,我们称这样的系统为实时系统(Real Time System)。多媒体系统本质上也是一个实时系统。在多媒体系统和实时系统中,解决问题的办法是充分地估计或/和处理通信所需要的资源,并为资源的使用制定固定的时间调度计划,保证在最坏的情况下能够满足需求。按照需要进行有计划地分配资源和资源调度的工作称为服务质量管理(Quality of Service,QoS)。遗憾的是,目前大多数操作系统和网络都没有包含管理 QoS 所需要的基本能力,甚至从原理上无法提供这个能力。

(1)大多数操作系统是基于分时(time-sharing)的多任务设计,它以公平合理为原则，但却无法提供按照需要的准确时间的调度。我们看到的情形是，在有很多程序同时运行时，软件实现的媒体播放器很难流畅地播放音频和视频数据。一个常见的改进是通过一个称为解压卡的特殊硬件，这个硬件上安装了特殊的处理器和软件，它被用来独立地播放媒体而不使用操作系统的资源。传统的操作系统不能满足实时处理的需求。

（2）大多数网络通信是基于分组交换（packet-switch）原理的，数据被组织为限定大小的一个和多个数据包，每个数据包在网络中有独立的路由，目的地计算机负责将不同时间到达的数据包重组为原始数据。因此，这样的网络不是能够按照时间调度的资源，网络所标定的带宽只是一个理论值，完全匀速地在网络上传输数据是无法做到的。广泛使用的国际互联网通信协议就是这样一个设计。传统的网络不能满足实时传输的需求。

在这样一个领域，科学家和工程技术人员遭遇到了极为艰难的技术挑战，或者说是当今技术极限的挑战。我们可以将解决这些问题的努力分为两大类。

第一类是专用技术的研究和开发。在操作系统领域，针对实时处理的需求，人们成功地开发了一些实时操作系统（Real Time Operating System）[文献19]，而且很多流行的操作系统在经过改进后，也提供一个实时操作系统的版本。大量的嵌入式设备（embedded system）使用了实时操作系统，例如，家用电器、机顶盒和各种工业控制设备等；在网络领域，针对实时传输的需求，人们也成功地开发了一些专用的宽带网数据通信标准，以多路复用（Multiplexing）的技术实现了点到点的实时传输。这些技术已经应用到大规模的数字电视和数字广播系统中。另外一些基于多点通信的网络的宽带协议也在研发中，有望在不远的将来投入实际应用。但这些技术还没有被集成到广泛使用的计算机系统和应用中。

第二类是在现有技术设施上开发的一些技术和产品，它们主要集中在多媒体的应用领域。例如，视频点播、网络会议、远程医疗和远程教育等。这些应用的需求与一般的实时系统的需求有很大的差别：

（1）多媒体应用通常是高度分布的，并且需要在现有的技术设施下使用，更明确地说，在互联网的条件下使用。因此，它们都和网络上的其他应用竞争网络带宽和计算资源。

（2）多媒体应用对资源的需求是动态的。在一个视频会议系统中，随着参会人员的增加和减少，其资源的需求也在动态地发生变化。

（3）多媒体应用需要均衡资源的使用。不是所有的用户都能获得同样的服务质量。在视频会议系统中,低带宽的用户可能只有会议的音频服务,而更高带宽的用户才可以有视频服务,而视频服务又会划分为几个不同的级别,128K、512K 和 1M 等。

图 6-17 是一个典型的视频会议系统,其中用户 1 和用户 2 在 100M 局域网上,他们可以获得高质量的视频服务;用户 3 使用 ADSL 连接,也可以获得 512K 的视频服务,而用户 4 通过拨号的连接只能允许收听会议的音频。

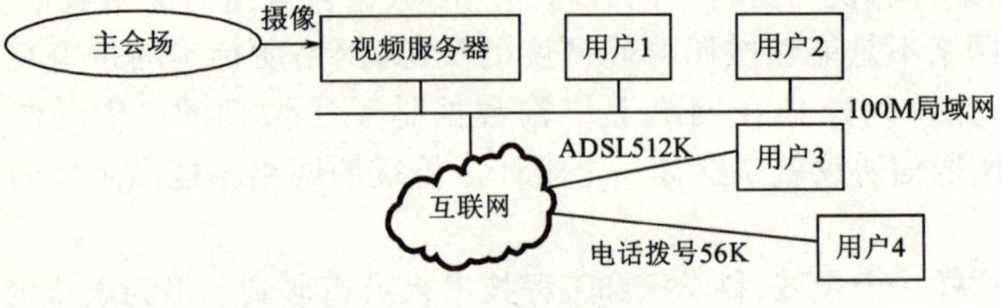

图 6-17　视频会议系统

专用技术的讨论超出了本书的范围,我们在这一节里重点讨论与多媒体通信相关的分布式系统问题。

6.3.2　多媒体系统:技术与应用

和一般的数据不同的是,多媒体数据是流特性数据,它的两个主要特征是:数据量大,实时性要求高。例如,数字电视图像中的 SIF 格式、NTSC 制式、彩色、4×4×4 采样,每帧的数据量为 2028Kb,每秒的数据流量可达 60.8Mb;CCIR 格式、PAL 制式、4×4×4 采样的彩色视频的数据流量可达 148.8Mbps。实验表明,176×144 的 YUV 原始视频在 10Mbps 的 LAN 上传送速率是 3 帧/秒左右。而由此引发的技术困难主要表现在以下三个方面:

第一,在目前的网络和存储设备的技术条件下,未经处理的原始多媒体数据的存取和传输无法达到可接收的效果。

第二,由于多媒体数据是基于精确时钟的,有严格时序的数据系列,而基于分组交换技术的网络协议并不适用于实时数据传输,它所使用的数据包排序和重发机制将产生随机的延时,因此无法满足多媒体数据严格时序的要求。

第三,传统的服务器由于海量数据存取和网络吞吐的瓶颈而无法满足多媒体服务的并发处理的要求。

伴随着计算机和网络性能的提高,经过科学家长期不懈的努力,在上述三个技术领域的探索和突破逐步形成了“运动图像和伴音的压缩”、“多媒体网络传输协议”以及“计算机集群技术”三门前沿学科。

(1)运动图像和伴音的压缩。原始视频数据必须经过编码(压缩)和解码(解压缩)的计算过程才能够应用到计算机网络系统中,这是现阶段技术条件下人们的一个共识。多媒体数据压缩编码的理论基础是信息论。压缩的第一部分工作就是从时域、空域两方面去除多媒体数据中的冗余信息,即将可推知的确定信息去掉,这也就是所谓的无损压缩;压缩算法的另外一部分工作就是按照应用环境的需要所进行的有损压缩,图像的色彩、精度和运动性将在不同程度上受到影响。一些较为高级的算法能够结合人的视觉和听觉的参考模型,使压缩后的多媒体数据的失真减至最小。

在多媒体数据应用中,压缩编码方法的选择不但要考虑到压缩比、信噪比,还要考虑到算法的复杂性。太复杂的编码算法可能会产生较高的压缩比和较小的失真,但也会带来较大的计算开销,可能无法满足实时应用的要求。目前,在众多视频编码算法中,影响最大并被广泛应用的算法是 MPEG(Moving Pictures Expert Group)。MPEG 经过多年的发展已经成为一个广泛使用的协议家族,主要有:

- MPEG-1:MPEG-1 制定于 1992 年,为工业级标准而设计,可适用于如 CD-ROM、Video-CD、CD-I 这样的存储介质。它可针对 SIF 标准分辨率(对于 NTSC 制为 352×240;对于 PAL 制为 352×288)的图像进行压缩,传输速率(码流)为 1.5Mbits/sec,每秒播放 30 帧,具有 CD(指激光唱盘)音质和相当于 VHS 的图像效果。
- MPEG-2:MPEG-2 制定于 1994 年,设计目标是高级工业标准的图像质量以及更高的传输率。MPEG-2 所能提供的传输率在 3-40Mbits/sec 间,既可以是恒定的也可以是可变的,以适应不同画面质量、存储容量以及带宽的要求,并保留了同 MPEG-1 的兼容性。它在 NTSC 制式下的分辨率可达 720×486。MPEG-2 能够提供广播级的视像和 CD 级的音质。MPEG-2 的音频编码可提供左右中及两个环绕声道,以及一个加重低音声道和多达 7 个伴音声道(DVD 可有 8 种语言配音的原因)。MPEG-2 除了作为 DVD 的指定标准外,也是数字电视广播 DVB(Digital Video Broadcast)的指定标准。对于最终用户来说,由于现存电视机分辨率限制,MPEG-2 所带来的高清晰度画面质量(如 DVD 画面)在电视上效果并不明显,但音频特性(如加重低音、多伴音声道等)已经被广泛采用。
- MPEG-4:MPEG-4 制定于 1998 年 11 月,与前两者不同的是,MPEG-4 不仅是针对一定比特率下的视频、音频编码,而且包含了多媒体系统的交互性和灵活性等方面的内容。MPEG－4 可以利用很窄的带宽，通过帧重建技术、压缩和传输数据，以求以最少的数据获得最佳的图像质量。更具有深远意义的是，MPEG－4 引入 AV 对象（Audio/Visaul Objects）概念，试图将自然物体与人造物体相融合，使得更多的交互操作成为可能。它是第一个使人由被动变为主动的交互式的动态图像标准。

• MPEG－7：图像、声音信息的管理和搜索也是一个日益重要的需求。MPEG 组织于 1998 年 10 月提出了解决方案 MPEG－7，对各种不同类型的多媒体信息进行标准化的描述，并将该描述与所描述的内容相联系，以实现快速有效的搜索。该标准不包括对描述特征的自动提取，它也没有规定利用描述进行搜索的工具或任何程序。其正式的称谓是“多媒体内容描述接口”。MPEG－7 可独立于其他 MPEG 标准使用，但 MPEG－4 中所定义的 AV 对象适用于 MPEG－7。应该说 AV 对象（MPEG－4）和多媒体内容描述接口（MPEG－7）的出现标志着视频编码技术已经从单纯的数据压缩理论发展到自然图像的识别、分析和再造，但目前这项研究还处于艰难的探索阶段。

（2）多媒体网络传输协议。在多媒体的应用中，尤其是在广播电视的条件下，先下载后播放的模式所导入的时延是无法容忍的。因此视频数据的传输需要端到端的带宽和实时协议的支持。在专业的视频网络上，例如，有线电视和卫星网，DVB 传输已经成为事实上的工业标准，但多媒体应用的开展受限于有限的频道资源；而在更广泛应用的数据网上，占主导地位的 IP 交换技术对视频应用缺乏很好的支持。近几年我们看到，在 IP 和 ATM 的网络体系结构上，出现了一些私有的或者公开的多媒体传输协议，在一定程度上推动了多媒体网络技术的发展。在公开的协议领域，相关的国际标准化组织推出了 RTSP，RTP/RTCP 和 RSVP 协议。

• RTSP：实时流协议 RTSP（Real Time Streaming Protocol）初期是由 Real Networks 和 Netscape 共同提出的，该协议定义了一对多应用程序如何有效地通过 IP 网络描述多媒体的网络应用，包括多媒体的信息、传输控制以及应用。它是一个基于文本消息的可扩展的高层协议集，而自身并不负责多媒体数据传输，也可以说它是独立于多媒体数据而传输的。

• RTP/RTCP：实时传输协议 RTP（Real-time Transport Protocol）/ 实时传输控制协议 RTCP（Real-time Transport Control Protocol）是针对多媒体数据流的一组传输协议。RTP 被定义为在一对一或一对多的传输情况下工作，提供多媒体数据格式和时间同步信息。RTP 通常使用 UDP 来传送数据，但 RTP 也可以在 TCP 或 ATM 等其他协议之上工作。当应用程序开始一个 RTP 会话时将使用两个端口：一个给 RTP，一个给 RTCP。RTP 本身并不能为按顺序传送的数据包提供可靠的传送机制，也不提供流量控制或拥塞控制，但在 RTP 会话期间，网络参与者周期性地传送 RTCP 包。RTCP 包中含有已发送的数据包的数量、丢失的数据包的数量等统计资料，这些信息可以被用来管理和控制多媒体数据的传输。通常 RTP/RTCP 协议并不作为一个独立的网络层来实现，而是作为应用程序代码的一部分。

• RSVP：由于交换网络的特性，端到端的带宽成为提供高质量多媒体服务的技术瓶颈。资源预留协议 RSVP（Resource Reserve Protocol）是一种正在开发的资源预订协议。使用 RSVP 于预留一部分网络资源（即带宽），能在一定程度上为视频数据的传输提供 QoS。但 RSVP 在协议的过程中需要得到端到端所通过的所有设备的支持和相应的授权，因此它的实施的局限性还是比较大的。

应该看到，多媒体网络技术还只是刚刚起步，从发展方向上看是有的放矢，针对性强；但从技术本身来看，还是治标不治本，任重而道远。

(3)计算机集群技术。多媒体系统本质上是一个客户服务器模式的应用系统。

最早的多媒体服务器采用计算机主机来实现其功能，它运行在一个标准的操作系统上，如 UNIX 系统，其硬件由一系列众多的多媒体磁盘阵列组成。多媒体服务器的主要功能是存储、选择、传送大量的数据。在通用服务器的基础上，按照多媒体服务器的功能要求，可制作出大量完成某项指令或专门功能的硬件单元，然后将相关单元组合成相应的专用多媒体服务器。

但是单一主机和单一主结点的服务器结构无法满足大规模视频点播的并发需求。服务器集群解决方案是分布式服务器解决方案的改进。在这种方案中，系统需要开发分布式存储工具，让每个节目可以分散到所有的磁盘阵列中去，实现真正的存储资源共享；另一方面，系统需要支持自动负载均衡，用来达成处理能力共享的要求。多个服务器之间通过局域网中的 Gbit 交换机连接。

(4)多媒体应用。与技术的艰难坎坷相反的是，一些多媒体系统已经应用在当今缺乏 QoS、但具有良好的计算能力和网络条件的环境下。人们对这些新技术如此热衷以至容忍了它们很多不完美的地方。多媒体应用包括：

• Web 的多媒体应用：大量的网页集成了多媒体的数据，在音频和低质量的视频应用中，系统使用客户端的缓冲区来减缓带宽和时延的影响，这样用户可以获得较为平滑的多媒体效果。

- 网络会议系统：在良好设计的网络环境下，用户可以通过网络加入到一个音频或视频的会议中，虽然交互的延迟效果经常是比较明显的。
- 视频点播（Video On Demand，VOD）：视频点播系统可以定义为基于计算机网络技术的点播式的视频服务系统。它是由运行在网络上的用户点播终端和一台或多台视频服务器构成的。人们可以在系统中查找自己所需要的节目和信息，并可在节目播放过程中进行回放、暂停、快进等控制。

6.3.3 多媒体通信基础

多媒体数据一般是一个时间相关的连续的数据流，因此我们又称它为连续媒体（Continuos Media）或流媒体（Streaming Media）。为了更好地理解传输的时间问题，我们可以区分三种不同的传输模式：

（1）在异步传输模式（Asynchronous Transmission Mode）中，数据流中的数据元素按顺序传输，没有任何时间的约束。例如，文件下载、请求和响应数据等。

（2）在同步传输模式（Synchronous Transmission Mode）下，我们对数据流中的数据元素有一个端到端的最大时延的约束。也就是说，传输只能快不能慢。例如，边下载边播放的应用就是一个典型的同步传输模式，传输得快则下载得快，播放效果不会受到影响，但如果传输慢于播放速度，则播放的效果会因为数据短缺而受到影响。

（3）在等时传输模式（Isochronous Transmission Mode）下，数据流中的数据单元既有端到端的最大时延的约束，也有端到端的最小时延的约束。换句话说，等时传输是要求匀速传输。最大和最小时延之差称为受限的网络抖动（bounded jitter）。一般的在线播放器只有一个很小的数据缓冲区，如果数据传输速度比播放速度快，则缓冲区会溢出而丢失数据，如果传输速度过慢，则缓冲区会变空而造成播放停顿。

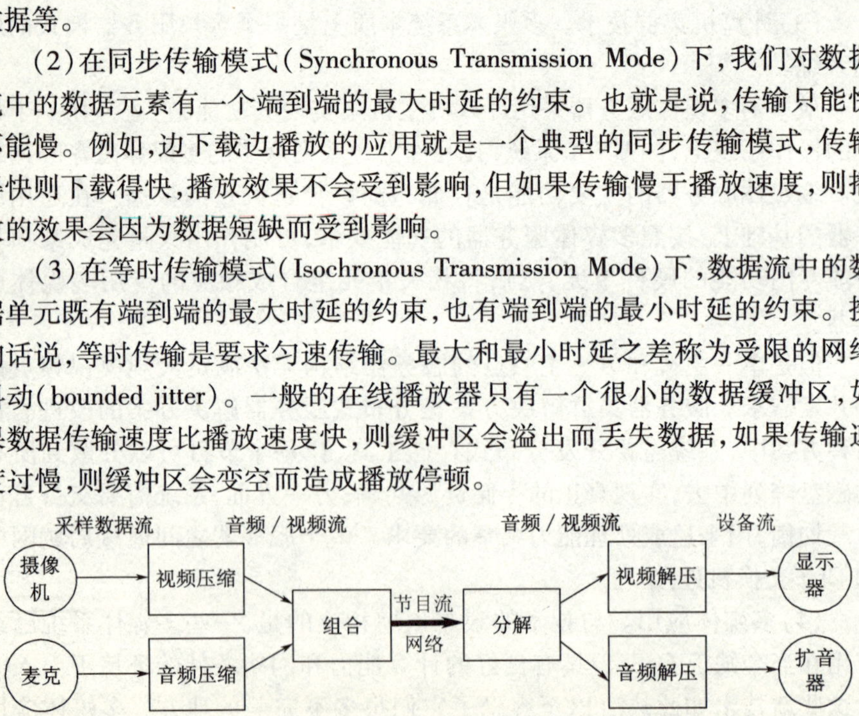

图 6-18　数据流的处理模型

数据流可以是只包含一个时间序列的数据元素的简单流，也可以是由多个简单或复杂数据流构成的复杂流。例如，音频数据流是一个简单流，而电影节目流是由音频流和视频流构成的复杂流。数据流可以看成是连接数据源（source）和数据接收器（sink）的有向连接，其中数据源和接收器既可以是硬件设备，也可以是某种软件。数据源和接收器是研究和分析分布式多媒体处理的两个极为重要的抽象，如图6－18所示。在这个图中，一个通过摄像机和麦克采集的原始数据流在经过了一系列的从源到接收器的连接后到达播放设备。

在微软的DirectX的术语中，每个源或每个接收器都是一个过滤器（filfer），每个过滤器有0个或多个数据流作为输入，也有0个或多个数据流作为输出。过滤器所起的作用不仅仅是压缩、组合、分解和解压缩，而且还可以进行格式转换或输出不同质量的数据流。如图6－19所示。

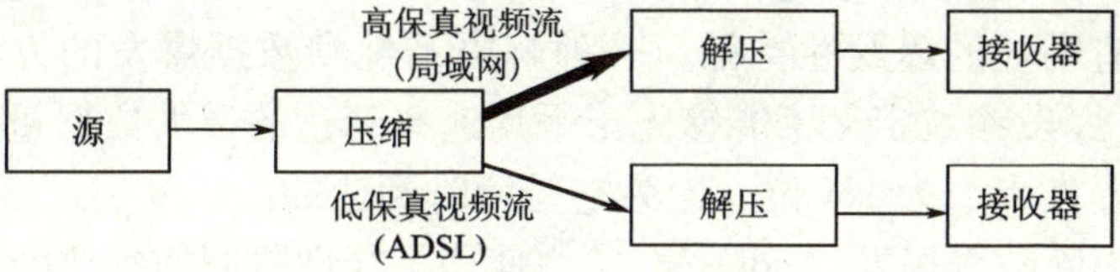

图6－19　过滤器

（1）服务质量管理。多媒体通信的需求一般地表达为对服务质量（QoS）的需求。QoS的需求是通过一个参数集来描述的，其中最重要的三个参数是带宽、延迟和丢失率。

• 带宽：指单位时间的数据流量，即多媒体数据的码流。一些多媒体压缩算法被设计为恒定码流，但还有一些是根据原始内容压缩成一个可变码流的数据流。例如，MPEG－1是恒定码流的编码，而MPEG－2则是可变码流的编码。一般的QoS允许设定最大码流、最小码流和平均码流。

• 延迟：是指单个数据元素从源端到达目的端的时间。造成延迟的主要原因有数字信号传输的速度，处理所需的时间以及带宽。对延迟参数设定依赖一些经验值。例如，视频会议的网络延时应不超过150ms，否则用户会感觉到明显的停顿；在视频点播中，延时应设定在500ms左右，这样用户的暂停、继续和重放的命令能及时地得到响应。

• 丢失率：迟到的数据在多媒体应用中是没有意义的，当数据不能及时传输时，数据将被丢失。丢失率是对缓冲溢出和迟到消息的统计值，用户很难将一个效果要求表达为丢失率，事实上这是很难定义但又必须定义的参数，因为相同带宽和延迟的QoS需求的区别在于丢失率的定义。

例如,一个视频会议的 QoS 需求可以设定带宽为 1.5Mbps,传输时延为 150ms 和丢失率为 1%。

QoS 管理过程涉及下面两个方面的内容:

- 服务质量协商:应用程序向 QoS 管理器提出 QoS 的需求,QoS 管理器根据可用的资源来评估满足这些需求的可能性,然后给应用系统一个肯定或否定的答复。如果答案是否定的,则应用程序需要重新评估(减少)自己的 QoS 需求,然后系统重复上面的过程。
- 许可控制:如果资源评估是肯定的,而且用户有相应的权限,所请求的资源将会被预留,同时应用程序得到一个资源契约,用于获得被预留的资源。这个契约包含一个时间的限制。

(2)流量调整。关于带宽的另一个问题是网络的数据爆发。假设有两个 1Mbps 的数据流,第一个是每秒发送 1M 位数据;第二个数据流是平均速度为 1Mbps 的流;尽管这两个流的带宽是一样的,但传输方式差别很大,第一个流有明显的爆发性特征。一种解决不规则数据爆发的方法是定义爆发参数,爆发参数定义了能够先于平均速率到达的最大数据量。第一个数据流的爆发参数为 1M 位。因为它是瞬时到达的。

为了消除数据爆发,Anderson[文献20]使用了线性限制的到达处理(Linear Bounded Arrival Process,LBAP)。模型将任意间隔内的最大数据量定义为 $Rt+B$,其中 R 为传输速率,B 为最大爆发数据量,t 是时间间隔。该模型在数据流的源端设计了一个缓冲区并规定了数据元素离开缓冲区的算法。可以用漏桶形象化地说明这个算法的特点,如图 6-20(a)所示。数据进入缓冲区的过程就好比是向一个漏桶注水,直到注满为止。因为桶下有一个漏洞,水可以匀速地从桶中流出。漏桶算法可以保证数据流的传输可以不超过流出的恒定速率 R。缓冲区 B 的容量被设计为在不丢失数据元素的条件下数据流的最大爆发数量。

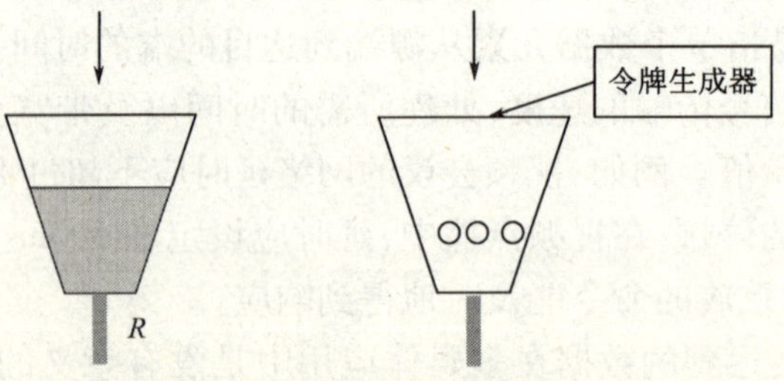

(a) 漏桶算法　　(b) 令牌桶算法

图 6-20　流调节算法

漏桶算法完全消除了爆发性，只要每个时刻带宽都能允许以 R 速率传送。在一般的情况下，为了充分利用带宽资源，完全消除爆发性是没有必要的。这个算法的另一种形式是令牌桶算法，如图 6－20(b)所示，令牌代表了允许传输的一个固定数量，令牌按固定速率产生，数据量为 N 的数据元素能够进行传输的条件是桶中有大于等于 N/s 个令牌，其中 s 为令牌的单位数据量。在令牌桶后面还可以放置一个漏桶以分解可能过大的数据爆发，漏桶的速率必须大于 R。

(3)时间同步。流媒体传输的另一个问题涉及分布环境下的时间同步。多媒体数据的传输与处理依赖于时间，而时间又依赖于时钟。无论时钟多么准确，两个不同的时钟也不可能完全一致。如果数据流与数据接收器之间存在时间漂移，那么一段时间以后，两端就会渐渐失去同步。在分布环境下，需要一些附加的设计使得系统的时钟保持同步。关于时钟的讨论参看第 3 章的内容。

第7章

进程的组织

一个分布式系统的本质是进程的分布，怎样组织进程是分布式系统的一个重要课题。

客户服务器模型无疑是分布式系统进程组织的最经典的模型。客户进程一般实现用户界面功能，并负责向服务器进程请求服务；而服务器进程负责为多个用户进程提供服务。虽然在今天的分布式系统中去严格地区分哪一个进程是客户，哪一个是服务器已经非常困难，但进程之间的互操作一直沿用了客户服务器模型的设计思想。系统的动态行为总是表现为一些进程在使用服务，另一些进程在提供服务，尽管进程角色的互换经常发生。

客户服务模型的一个主要缺陷是对服务器的依赖性。当前关于进程组织的一个新的热点是对等服务（Peer to Peer，P2P）。作为对等服务的典型应用，即时消息（instance-messaging，IM）和文档共享的应用与日俱增。例如，ICQ、QQ 以及 BT（BitTorrent）下载等，它们改变了用户之间通过网络的交互方式。在 P2P 的应用中，每个结点既是客户又是服务器。这些程序将处理任务对等地分布在多台计算机上，从而有效地避免了计算机资源的浪费和中央结点失败的问题。

真正的客户服务器模型是完全集中的处理，而真正的 P2P 模型是完全分散的。前者的优点是利于管理，而后者恰恰在这个方面显得比较薄弱。任何用户只要有适当的软件都可以匿名地加入到对等网络中，正是这个原因，导致我们很难判断网络上有多少个用户。而且因为缺乏一个中央服务器，P2P 的应用也妨碍了关于版权、知识产权和有害信息相关法律的执行。同时，由于每个查询必须在整个网络上传播，也增加了网络的开销。

更多的分布式应用是将这两者的某些方面结合起来，以实现特殊的目标。例如，大多数即时消息系统都不是严格的对等系统，它们依赖中央服务器进行身份认证。

在进程组织的讨论中,进程代码的迁移也是一个值得关注的研究方向。支持代码迁移的技术中,两个主要观点是提高处理性能和增加处理的灵活性。当通信比较昂贵时,一些计算可以从服务器机器迁移到客户机器上,使得客户机可以在本地完成尽可能多的处理。当客户可以动态下载程序时,处理的灵活性也有所提高,因为客户可以被赋予未预先安装和配置的软件功能。

代码迁移的进一步讨论产生了进程组织的一种新的思考,那就是基于软件主体(software agent)的组织与分布。软件主体是一种特殊的进程形式,它可以自主地与其他软件主体合作。从分布式系统的观点看,软件主体与一般进程的区别是软件主体使用了主体通信语言(Agent Communication Language,ACL)在应用层交互。与代码迁移的概念近似,软件主体也可以演变为移动主体。

7.1 客户服务器模型

7.1.1 模型概论

分布式系统理论中存在很多的争议,但客户服务器模型却是一个例外(参看1.2.3节)。建立客户服务器模型的最初动机是利用微机来分摊主机的一些处理和通信开销(参看1.2.4节)。在一个典型的客户服务器系统中,进程被分为两组:一组是提供服务的进程,称为服务器;另一组是使用服务的进程,称为客户。客户进程发送请求给服务器,然后等待服务器的回复。这种客户服务器的消息交换,有时又称为请求-回复行为。如图7-1所示。

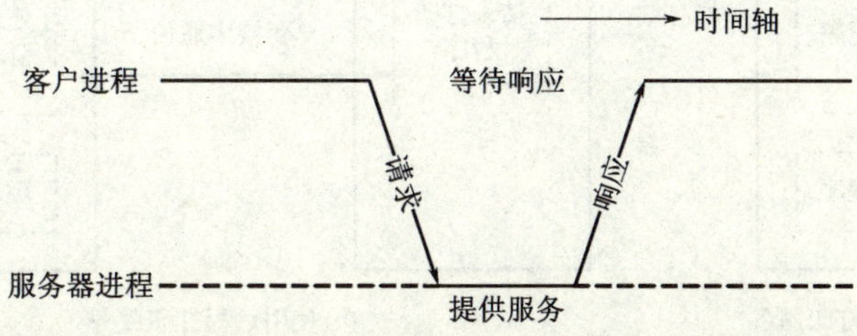

图7-1 客户与服务器的交互

客户服务器模型适用于很多涉及远程资源访问的场合。从资源访问的角度,分布式系统中有两个基本的假设:①进程只能直接访问到本地资源;②进程只能通过与远程进程通信来实现对远程资源的访问。

如图 7－2 所示,如果机器 A 上的某一个进程希望使用机器 B 上的一个资源,它除了使用网络通信建立与机器 B 上的某一个进程的合作关系,并通过机器 B 上的进程去使用资源以外,没有别的任何办法。因为机器 A 上的任何进程无法直接访问到机器 B 上的资源,而机器 B 上的所有资源只能被机器 B 上的进程访问到。

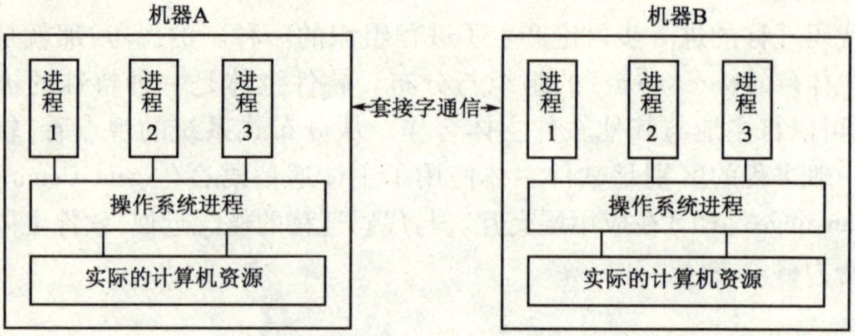

图 7－2　网络的资源管理

图 7－3(a)是本地打印进程,Print LPT1 A. doc 命令是将名字为 A. doc 的文档打印到本地打印机 LPT1 上;图 7－3(b)是使用远程打印,NetPrint Machine2:LPT1 A. doc 命令是将文档打印到机器 B 的 LPT1 打印机上。正如我们刚才所解释的,由于本地进程 A 无法直接访问到机器 B 上的任何资源,它需要与机器 B 上某一个进程建立通信,并通过进程 B 实现远程打印。

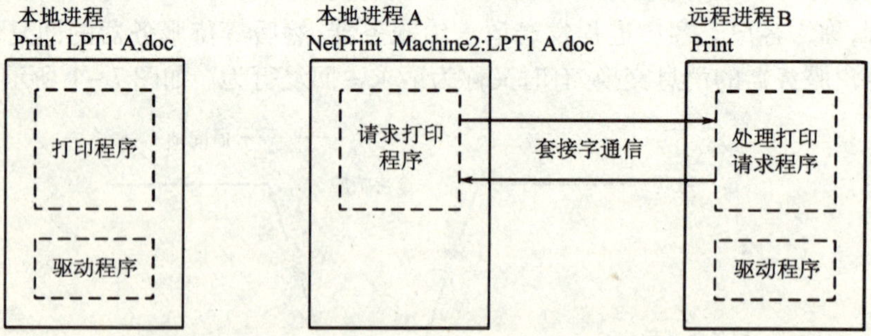

(a)使用本地打印服务　　(b)使用远程打印服务

图 7－3　本地和远程打印服务

为了实现图 7－3 的远程打印任务,我们可以假设进程 A 与进程 B 之间的套接字通信采用图 7 -4 所示的信息传递的设计：①connect：请求连接；②request to print：请求打印；③data：需要打印的数据；④notification：结束打印的通知；⑤disconnect：断开连接。

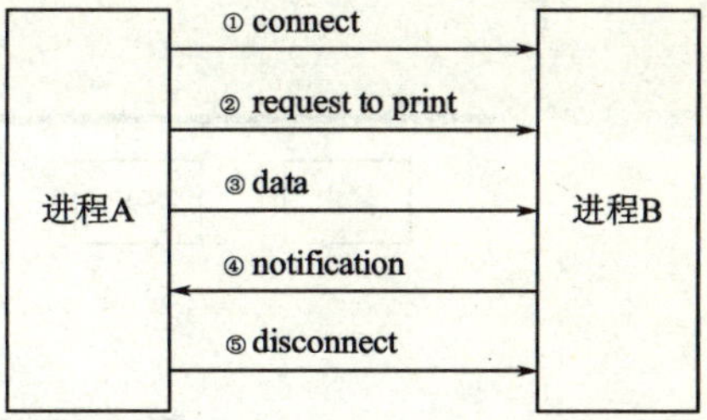

图 7 -4　打印任务的消息传递

进程 A 和进程 B 对这些消息的格式、内容和应答规则必须达成一致的约定，否则通信不可能成功。

图 7 -4 中的消息集合可能不是打印服务的通信协议的全部内容，打印服务的通信协议还会涉及打印的控制消息，例如，暂停打印、取消打印、打印机管理等。

在这样一个典型的分布资源的访问中，两个进程的角色是很清晰的，进程 A 是请求服务的进程，进程 B 是提供服务的进程。

进程 B 是服务提供者，它并不依赖某一个客户。我们可以把进程 B 设计为一个循环等待的进程，以多线程或多进程来处理多个并发的客户请求。进程 B 还可以注册为系统的服务，它的启动和停止由系统操作员进行管理。这就形成了我们一般服务器软件的概念。网络操作系统的大多数网络服务都采用了这种设计。这个例子的更一般性意义在于，对任何特定的分布资源的访问，都是通过远程计算机上的管理本地资源的服务器进程来实现的。服务可以被独立地管理，包括配置、启动/停止服务、客户管理等。

服务器进程扮演的是资源管理者的角色，所以我们有时候称它为资源的权威者(authority)。访问分布资源的通信的关键问题是建立客户与服务器的通信协议，它是基于消息传递机制的。这个协议必须明确双方消息的语法、语义以及消息之间的语序关系。

客户服务器模型的一种常见的变化是服务器可以作为另一个服务器的客户，以构成一个级联(chain)的服务。当一个服务器主要作为其他服务器的客户使用时，我们又称它为代理服务器(Proxy Server)。例如，Web 代理服务器一般只负责把请求提交给其他 WWW 服务器，并充分地使用缓存以改善性能，如图 7 -5 所示。

(1)有状态服务器和无状态服务器。服务器可以分为有状态服务器(stateful server)和无状态服务器(stateless server)。无状态服务器不保留客户的任何状态信息，每个客户请求都必须是一个独立的和完整的任务。

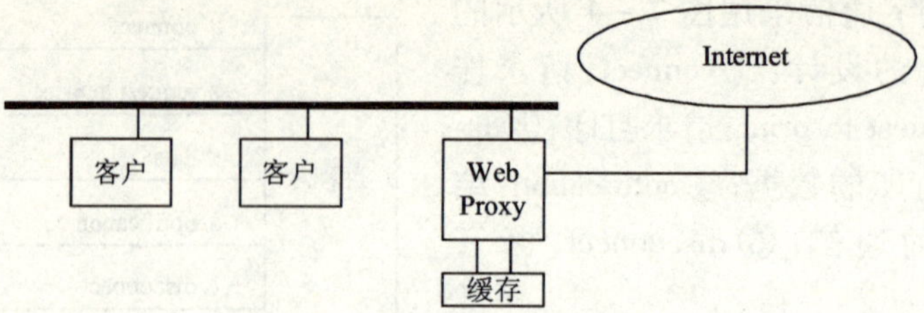

图 7 – 5 Web Proxy 服务器

Web 服务器就是一个无状态的服务器；有状态服务器维持客户请求服务的信息，客户可以建立一个请求序列来完成一个任务。例如，文件服务器的客户可以组成一个打开文件、写入数据、关闭文件的请求序列，这时文件服务器必须在多个请求之间保留客户的信息。

(2)客户进程与透明性。客户进程的主要任务是与用户和远程服务器交互。支持用户界面功能是很多客户进程的一个关键特性。用户界面可以是简单的文本终端，也可以是很复杂的图形界面。除了界面功能以外，客户进程还分担一些应用的处理逻辑，例如，输入校验、计算、打印和其他一些功能。从用户的角度看，客户进程的良好设计可以隐藏通信和处理的细节，实现分布式系统资源访问的透明性。例如：

- 位置透明性：客户进程可以使用名字服务来定位资源。
- 移动和重定位透明性：当服务器发生移动时，绑定在这个服务器上的客户进程可以重新定位服务器的新位置并进行重新绑定。
- 复制透明性：客户进程可以向每个复制的服务器发送请求，将最快的回复提交给用户；它也可以采用轮询的方式来分担服务器的负载。
- 故障透明性：客户进程可以反复向故障服务器发送请求，或转向另一个运行良好的服务器发送请求。

(3)客户服务器模型的实现。客户可以直接调用操作系统的协议栈软件来直接与服务器进行交互，也可以使用封装了这个协议的通信软件来与服务器交互，例如，NetPrint 就是一个封装了客户打印的客户端软件。通信软件隐藏了网络消息传递的细节。从中间件的概念来理解，一个特定通信服务的中间件是由服务器软件与客户的通信软件构成的，通信软件和服务器软件通信协议分别在客户端和服务器端实现，如图 7 – 6 所示。

通信软件一般是以函数库或类库的形式提供的。在直接使用协议栈软件的方式下，程序员需要使用套接字编程技术构造消息、发送消息、接收消息和解析消息。这个过程往往是过于底层的操作，不易为程序员所掌

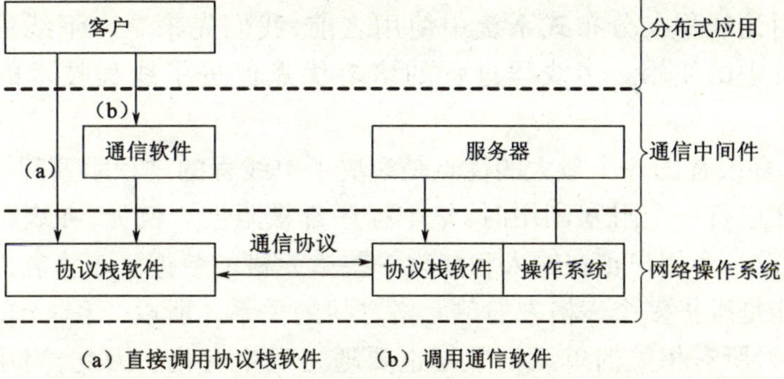

图 7-6　通信协议与通信服务

握。在调用通信软件的方式中,程序员只需要通过函数或类的方法来访问分布资源,编程的过程得到了简化。遗憾的是,针对一些复杂的通信协议,我们很难有一个简单的通信软件设计来表达协议的所有内容,也很难在通信软件的接口设计上取得一致。

7.1.2　线程的使用

虽然进程是分布式系统的一个基础构件,但实践证明在很多应用的设计中,进程仍然是一个粒度过大的处理单元。允许每个进程有多线程的设计可以更容易地开发分布式系统和达到更好的性能。本节从客户服务器模型的角度来探讨线程的使用,所涉及的一般性原则对于其他结构的分布式系统设计有同样重要的意义。

在 2.3.3 节中,我们已经简单介绍了线程的概念。线程从程序执行上与进程非常相似,所不同的是,线程没有任何并发处理的控制,从而能够获得比进程更高的性能。并发处理的控制需要付出很高的代价:例如,每次创建一个进程,操作系统需要为这个进程建立一个独立的地址空间,进程的切换同样也是比较昂贵的操作;而线程使用进程的地址空间,每个线程只需要保存与 CPU 相关的一些信息,因此线程的创建、切换和销毁所需要的资源开销较小。正因为如此,保护线程之间共享的数据成为程序员的责任。

进程和线程的区别产生了两个重要的后果:第一,一个多线程的程序性能一般不会差于有同样功能的单线程程序。事实上,在大多数情况下,多线程程序能够带来性能的提升。第二,由于线程之间没有像进程之间的并发处理的控制,开发多线程程序需要一些附加的智力劳动。

在非分布式系统中线程的使用

在讨论线程在分布式系统中使用之前，我们先来看一下线程在非分布式系统中的使用。多线程进程的诸多优点促进了线程技术的使用和推广。

(1)多线程的一个最大的优点是解决了单线程的进程阻塞问题。单线程程序在进行一个阻塞调用时，整个程序都被阻塞。例如，在表格编辑软件中，假设一个用户正在输入和修改一些单元格的数据。表格软件的一个重要功能是维护多个表格中的单元格之间的关系。所以，当一个单元格发生变化时，所有相关的单元格数据也要随之发生变化。因此，当用户修改一个单元格的数据时，它可能触发一个复杂的计算和处理过程。如果表格软件是按照单线程设计的，那么当用户在输入数据时，计算和处理必须等待输入结束。类似地，当计算和处理开始以后，用户就不能再录入，直到处理结束。解决这个相关性的简单方法就是使用两个控制线程：一个负责用户的录入，另一个负责表格的更新。

(2)多线程的第二个优点就是在一个有多处理器配置的计算机上真正用到并行处理能力。在这种情况下，每个线程可以独立运行在不同的处理器上，并使用共享内存进行通信。如果设计合理的话，并行处理是完全透明的。使用多处理器的并行能力是很多服务器软件的需求。

(3)在大型软件开发中，多线程设计也是非常有用的。这样一些大型软件一般被设计为多个程序，每个程序是一个独立的进程。这些进程一般依赖操作系统的进程间通信(IPC)技术进行合作，但 IPC 技术需要频繁的进程切换，造成较大的性能开销。在可能的情况下，把这样一些软件设计为独立运行的线程，可以有效地降低资源的使用和提高性能。

(4)使用线程有纯粹软件工程的理由。一些应用更容易使用线程来结构化，从而减少设计的复杂性。例如，在文字编辑软件中，多线程可以用来设计处理用户录入、拼写和语法检查、文档排版、建立索引、打印等一系列独立的任务。

在分布式系统中线程的使用

线程的一个重要特性是允许进程中的一些线程进行阻塞调用而不阻塞整个进程。这个特性为分布式系统中进程的通信设计提供了非常实用的帮助。一个进程可以通过线程来保持多个通信连接，而不需要阻塞整个进程。

(1)多线程客户。为了实现较高的分布透明性，在广域网中的分布式系统总是希望能够隐藏通信时间。但在广域网的环境下，通信的延时很容易达到几百毫秒，甚至几秒。一般隐藏通信延时的方法是启动通信以后迅速转向其他处理，解除客户的阻塞等待。浏览器软件是一个典型的例子。在很多情况下，一个 Web 页面包含文本、图标、图片等。为了获得页面上的每一个元素，浏览器需要建立一个 TCP 连接，从网络上接收数据，最后将数据显示出来。建立连接和接收数据的过程是一个明显的阻塞操作，如果页面元素较多，或者这些元素分布在较远的位置，那么完成单个操作和整个操作的时间都会很长。

现在的浏览器可以做到边通信边显示，用户不需要等待所有通信完成就能看到逐渐显现的页面内容。使用多线程技术可以简化这样的设计。当 HTML 页面下载以后，我们可以为每个页面元素启动一个独立的线程，每个线程负责建立通信、接收数据并显示到达数据。

如果页面和页面中包含的所有元素都在同一台服务器上，单台计算机的网络和处理能力的瓶颈在多个连接的情况下可能不会有明显的性能改善。但当一个页面的一些元素是分布在多台服务器上时，多线程浏览器就具有了同时处理多个连接的能力，从而充分发挥了多台服务器的并行处理能力，用户的等待时间将会明显缩短。

(3)多线程服务器。多线程技术不仅给客户端编程带来了一些重要的改善，而且它在服务器端所起的作用更为显著。实践证明，多线程技术不仅能够在很大程度上简化服务器的程序编码，而且可以有效地利用并发处理来达到更高的性能。虽然多处理器的工作站已经不再是奢侈品，但使用线程的并发编程有时候更有用。因为这样的编程既能运行在多处理器系统上，也能够不做任何修改地运行在单处理器系统上。

为了更好地理解线程技术是如何简化服务器的编程的，我们在这里以一个文件服务器为例来加以说明。考虑到对文件的操作时常会阻塞以等待磁盘的响应，文件服务器一般被设计为多线程的组织结构，如图 7-7 所示。一个分发线程(dispatcher thread)在指定的端口等待客户请求的到达，一旦有请求到达，它负责接收客户对文件操作的请求，并将请求的处理提交给一个当前空闲的工作线程(worker thread)，然后重新回到等待请求的状态。工作线程采用阻塞方式操作文件，直到操作结束，然后向客户返回结果；与此同时分发线程可以继续接收新的请求。

如果不采用多线程技术去编写服务器代码，那么服务器的每一个循环包含下面的操作：①等待客户请求的到达；②处理请求；③响应客户。

这种设计有一个明显的缺点：当服务器在等待磁盘响应时，CPU 处于空闲状态，但它却不能接收新的客户请求。这样的文件服务器每秒能够处

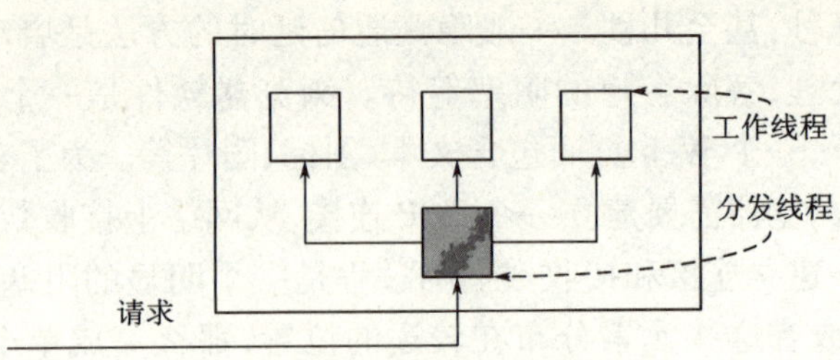

图 7－7　多线程的服务器结构

理的客户请求数会远远低于多线程的设计。（磁盘的性能因素也是不能忽略的，线程技术提高了磁盘和 CPU 的使用效率，但它不能改善磁盘的性能。如果一个磁盘能够每秒完成 n 个操作，采用线程技术的设计可以使得文件服务器更接近这个性能值。）

我们再假设一种情况，设计者没有线程技术，但又不能容忍单线程的低效率。一种可能的设计是采用有限状态机的机制：将接收请求到处理请求的过程分解为有限的若干状态，服务器每次只执行一个请求的一个状态迁移操作，并迅速察看是否有新的请求到达。每个状态迁移都被设计为一个足够小的非阻塞的处理过程。因此，所有通信和磁盘操作都必须采用非阻塞的方式。这样的设计实际上是模仿了线程的工作原理，因为程序在所有的请求上进行频繁的切换。使用非阻塞的有限状态机编程显然具有难以驾驭的复杂性。一些商用的服务器设计常常综合了线程和有限状态机这两种技术。Apple 公司的视频服务器 QTSS（Quick Time Streaming Server）就是这样一个设计。有兴趣的读者可以从 Apple 网站上下载这个开源的服务器代码。

作为结论，从多线程服务器、单线程服务器和单线程有限状态机这三种服务器编程综合分析，使用线程编写服务器更为简便和高效。

7.1.3　可靠的客户服务器通信

客户与服务器的通信并不像我们想像的那么简单。如果在客户与服务器之间消息既不丢失也不被损坏，那么客户服务器模型就能很好地工作。遗憾的是，即使是偶尔发生的通信失败也会使处理变得很复杂。例如，当客户得不到响应时，客户端能够采取的合理行动是重发请求消息。但问题是，客户无法区别是请求消息丢失还是响应消息丢失，这两种情况不尽相同。如果是响应消息丢失，那么重发消息会导致服务器处理两次。假设这个消息是“从某个账户转 1 000 元到另一个账户”，服务器做两次操作显然不是预期的结果；如果这个消息是“查询某个账户的余额”，重做多次这样的操作也没有什么不良的后果。

本节将探讨故障模型下的可靠的客户服务器通信问题。我们一般可以把客户服务器的故障分为以下五种情况:①客户无法定位服务器;②客户发送到服务器的请求消息丢失;③服务器接收到请求消息以后崩溃;④从服务器到客户的响应消息丢失;⑤客户在发送请求后崩溃。

每种故障表现为不同问题,需要不同的解决方案。

(1)客户无法定位服务器。客户无法定位服务器是一种常见的故障。服务器可能没有启动,或者已经崩溃,或者改变了网络位置。还有一种情况是,在服务器的软件版本发生变化后,客户程序没有进行必要的升级,客户无法正确地连接到服务器上进行处理。不管无法定位服务器的故障是因为什么引起的,我们在这里关注的是如何处理这个故障。

一个可能的解决方案是让这种错误抛出一个异常(exception)。在一些编程语言中,例如Java,程序员可以针对异常来进行编程处理,例如,被零除、数组下标越界等。在Linux环境的C语言中,我们可以使用信号机制来处理错误。例如,我们可以设计一个特别的信号类型NOSERVER,当发生客户无法定位服务器的错误时,系统产生这个信号。客户程序像处理其他信号一样处理这个新的类型的信号。

这个方案也有不完美的地方。首先,不是所有的编程语言都拥有异常和信号机制;其次,针对异常和信号的编程需要附加的劳动,而且某种情况下破坏了处理的透明性。例如在Java中,Java所有涉及通信的处理都必须定义为抛出Remote Exception的异常,本地处理与远程处理是不同的。

(2)丢失请求消息。在广域网的环境下,准确地判断消息是否丢失并不容易,但在实际的应用中,设置一个合理的超时重发机制是最有效的做法。如果客户等待时间超过了设定的超时时间,则客户可以认为上次发出的请求遭遇了某种失败,它所能做的就是重发请求消息。如果上次的请求消息确实丢失,因为服务器区别不出原来的请求消息和客户重发的请求消息(实际上服务器从来没见过上次的请求消息),系统一切照常进行;如果客户的请求消息频繁丢失,到一定程度以后,一些客户可能会判定服务器崩溃,这样就回到了“无法定位服务器”的故障情况。如果超时的发生是由于超时的设置不合理或其他原因,请求并没有丢失,则只需要让服务器区别重发的请求消息和原来的请求消息,避免重复处理。但这并不是一个简单的问题,我们将在丢失响应消息部分做更进一步的分析。

(3)服务器接收到请求消息以后崩溃。服务器一般至少有三个动作,接收消息(Receive)、处理(Execute)和发送响应消息(Reply)。服务器的崩溃理论上可以发生在任何时刻,为了讨论的方便,我们假设服务器的这三个操作是原子操作,服务器的崩溃可能有下面四种情况,如图7-8所示。

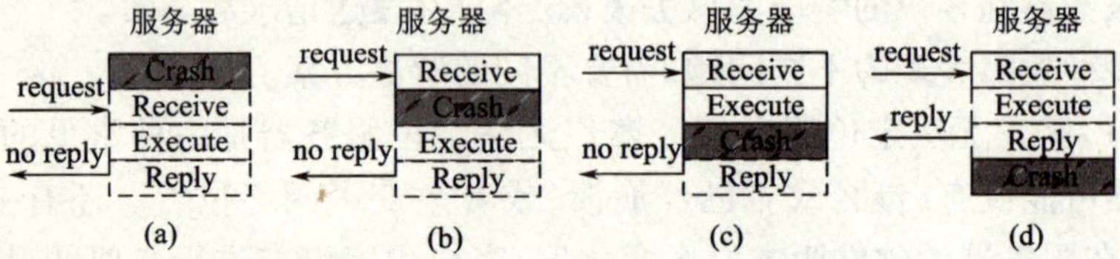

图7-8 服务器崩溃的四种可能情形

(a)崩溃发生在接收操作之前;

(b)服务器接收到请求消息后立即崩溃;

(c)服务器在执行处理后立即崩溃;

(d)服务器在发送响应后崩溃。

情形(a)等同于无法定位服务器或请求消息丢失的故障,我们在上面已经做过分析;情形(d)是所有处理已经结束,客户是看不到故障发生的,这种情形实际等同于无故障。我们在这里主要讨论情形(b)和(c)。

在这两种情形下,客户都是得不到响应。但正确处理故障的过程是不一样的。在(b)中,客户不需要重发请求消息,而在(c)中,客户需要重发请求消息。因为客户无法区别这两种情形,怎样进行下一步处理成为很棘手的问题。

我们可以有下面四个不同的解决方案。

- 客户在服务器恢复以后总是重发请求消息,直到客户收到服务器的响应消息。这对应了最少一次的处理协议(at least once semantic)。这个协议保证了请求消息至少被处理一次,但有可能处理多次。

- 客户只是简单地放弃,不重发消息。这对应了最多一次的处理协议(at most once semantic)。这个协议保证了请求消息至多被处理一次,但有可能不被处理。

- 不提供任何处理保证。服务器可以处理0次或多次。

- 正好一次的处理协议(exactly once semantic)。它要求保证请求消息被服务器处理一次,而且只被处理一次。

这里所表现的问题与一般性可靠通信的问题很类似。正好一次的处理协议只能在一定条件下实现。

(4)丢失响应消息。在服务器一切都正常的情况下,对客户来说,丢失响应消息也是难以判断和正确处理的故障。对这个问题的思考产生了一个关于请求响应操作的分类问题，一类是消息可以重复处理而不会产生任何不良后果的请求响应操作，它就是所谓的幂等（idempotent）操作；另一类属于非幂等操作。查询操作一般是幂等操作，例如，浏览网页的操作；而大多数更改操作都是非幂等操作，例如，在文件服务中请求建立一个新文件。值得注意的是，有些更改操作可以被设计为非幂等操作，例如，将删除文件和建立新文件组合在一起的操作，假设服务器可以忽略删除失败的错误。非幂等操作失败处理要求服务器能够具备区分重复消息的能力。

(5)客户崩溃的故障。客户在发送请求之前崩溃对客户与服务器都无大碍，但它在发送请求以后崩溃则会产生一些很不利的影响。在客户进程崩溃的时候，服务器正在进行处理，处理过程却没有一个对应的客户。这样一个无客户的处理过程称为"孤儿（Orphan）"。即使无害，"孤儿"处理也会浪费 CPU 或其他资源。"孤儿"问题有不少解决方案，但实际上没有一个非常理想的方案。

- "灭绝（extermination）"方法：客户需要保留一个请求消息/响应消息的日志，并假设日志是不随客户崩溃而消失的。客户在重新启动机器后要做的第一件事就是检查日志，然后通知服务器删除所有的孤儿。灭绝方法需要客户在磁盘上维护一个日志，这是一个比较大的资源和编程的开销。如果考虑到孤儿还会向别的服务器发送请求消息，从而产生孤儿的孤儿，那么灭绝方法在这种情况下很难级联实现。
- "转世（reincarnation）"方法：不需要客户做任何日志，它的基本原理是将时间划分为一个连续编号的时代。当一个客户重新启动机器以后，它向所有的机器发送一个广播消息宣布一个新的时代的开始。每台机器检查是否有这个客户的孤儿，如果有的话将删除这些孤儿。即使有些孤儿可以幸存一段时间，它们也因为带有过去时代的编号而很容易被检测到和被删除。
- "超时（expiration）"方法：为每个请求的处理分配一个标准的处理时间 T，如果在 T 时间后处理未结束，则客户需要向服务器申请一个新的处理时间 T。否则未决的处理将会被服务器自动删除。按照这个原理，只要崩溃的进程等待一个 T 时间后再启动，服务器上就不再有这个客户的孤儿了。

7.2 对等分布

大多数应用都有明显的客户服务器特征。Web 应用的开发者花很多精力去构造功能越来越丰富、并能同时支持成千上万个用户通过浏览器访问的系统。近几年来,像 Napster,SETI 和 KaZaA 等对等通信模型(Peer-To-Peer,P2P)的应用出色地表明了国际互联网的真正强大的地方是拥有数以千万计的具有信息存储和处理能力的计算机。P2P 的技术就是将这些计算机的能力调动起来,形成合力,以提供海量的信息存储、通信服务以及更强大的处理能力。

一个对等(Peer)被定义为一个应用,它具备与另一个相同或相似的对等应用进行通信的能力。从这个定义来看,面向消息的系统(参见 6.2 节)和主体之间(参见 7.3 节)的通信已经带有明显的对等通信的特征。但 P2P 的应用的需求是完全不同的。

从历史的演变来看,对等通信,或者称为主机到主机(host-to-host)的通信,是 TCP/IP 的发明者最早建立的通信模型。网络上的每个主机都是地位相等的,每台机器都可以访问到其他机器提供的服务,它也可以将自己的服务在网络上提供出来。每台计算机在通信中的地位也是相同的,没有一台计算机是另一台计算机的客户,它们基本公平地使用着网络带宽和其他网络资源。但很快,大多数应用系统采用了客户服务器的架构,其原因是多方面的:

(1)出于管理、安全和性能的考虑,一些企业和组织倾向于将应用建立在服务器系统上,有些应用是直接从主机的集中处理系统直接移植过来的;计算机的分工开始形成。一些机器被设计为专门提供服务,而另一些机器则被设计为这些服务的客户。

(2)大量流行的互联网服务被设计为客户服务器架构,例如,WWW、FTP 等等。

(3)桌面计算机逐渐退化为系统的终端概念,不对等的现象加剧。

但近几年,由于国际互联网的发展,网络带宽和桌面计算机的处理能力的提升,P2P 又重新被推崇为一个重要的通信技术,它的目标是优化网络上信息存储、带宽、处理能力的使用。

在一个 P2P 系统中,一个对等应用可以与任何一个对等应用通过 TCP 或 HTTP 建立网络连接。HTTP 协议的流行主要是因为 HTTP 的通信端口

80 一般是开放的。我们一般将所建立的连接区域分为两种架构，一种是完全分散的，图 7－9(a)所示；另一种是混合型的，如图 7－9(b)所示。

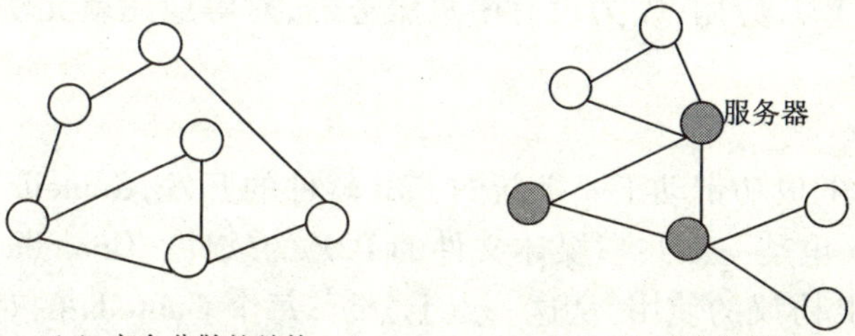

(a) 完全分散的结构　　(b) 混合的结构

图 7－9　P2P 架构

完全分散的架构有时候又称为真正的 P2P 方式。在完全分散的架构下，网络中没有任何中央的权威结点，所有结点都是对等的。KaZaA 和 Gnutella 就是完全分散架构的两个应用；在混合系统中，所有的对等依赖一个或多个中央服务器去发现和定位其他对等结点，并与那些对等结点建立连接。中央服务器还可以提供用户认证、消息的永久通信等一些其他的服务。例如，Napster 就是混合架构的一个应用。

为了更好地理解 P2P，我们来分析几个流行的 P2P 软件。

Napster

Napster 无疑是将 P2P 概念推到世人面前的一个重要软件。它是为在网络上分享 MP3 或其他数字音乐而设计的一款 P2P 软件，其使用过程大致如下：

(1)用户从 Napster 网站或其他镜像网站下载 Napster 对等应用软件，并进行安装。

(2)安装的软件启动后，会试图连接到 Napster 中央服务器上，中央服务器要求用户注册一个用户名，并设定密码。

(3)用户可以通过对等软件在本地驱动器上设定或搜索他愿意与其他用户分享的数字音乐文件，而且这些文件的名字列表将会发送到中央服务器。

(4)用户可以在中央服务器上搜索音乐文件，中央服务器将返回一个找到的文件列表，其中包括文件名、文件大小、对等计算机名、对等用户名、IP 地址、端口等涉及每个文件的信息。

(5)用户可以直接与另一个对等应用建立连接，并开始下载所需要的音乐文件。中央服务器不参与这一步的操作。

在 Napster 中，中央服务器是一个包含所有对等机器上共享文件列表的大型数据库。用户还可以管理与自己进行连接的一个下载连接任务列表和设置允许同时进行的下载任务的最大数量。Napster 是一个典型的混合型架构的 P2P 应用,因为没有中央服务器,对等应用就无法知道对方的位置。

Gnutella

Napster 的成功带动了一批新的 P2P 软件的开发,Gnutella 就是其中之一。Gnutella 也是一款共享媒体文件的 P2P 的软件。Gnutella 的一个技术特色是 HTTP 协议的使用,从这一点上分析,每个 Gnutella 的对等应用就好像是一个 Web 客户,又是一个 Web 服务器。Gnutella 采用的是一个完全分散的架构,即系统中没有任何中央服务器结点。

Gnutella 的关键技术在于不依赖中央服务器的网络搜索能力。当一个对等应用希望在网络上搜索媒体时,它构造一个包含查找条件的查找数据包,并设定这个数据包的最大搜索深度。如果一个查找包的最大搜索深度为 3,则意味着搜索包将传送到从原始对等应用起的最多三个对等应用距离。查找包首先被发送到请求查找的对等结点所知道的所有对等结点上,这些结点按照查找条件在本地计算机上的共享目录进行查找,将结果返回给发送查找包的对等结点。当查找深度没有超过规定的数目时,这些结点又将查找包提交给它们所知道的所有对等结点。这实际是一个广度优先遍历的算法。用户必须知道网络上的至少一个对等结点才能加入到 Gnutella 网络中。

Gnutella 的查找过程也产生了两个问题:一是你可能永远无法确认查找包能否到达包含要查找文件的对等结点;二是将查找包发送到所有已知的邻接结点会耗费较大的带宽资源。如果你增加查找深度,则最后的响应时间会更长。

JXTA 标准体系

因为缺乏标准和工具的原因,早期的 P2P 开发者都是每次重新开发或改造已有的一些开发。Sun 公司的技术人员建立了一个称为 JXTA(juxtapose 单词的缩写)的标准来解决这个问题,这个标准的核心思想是:①允许对等应用在没有中央服务器管理的环境下进行资源共享;②使用网络上计算机的闲置能力去解决复杂的计算问题;③向其他对等应用提供标准的 Web 服务的接口。

JXTA 的最重要的目标是建立一些足够标准化的功能,用以开发开源的或商业化的 P2P 应用。为了实现这个目标,JXTA 的中间件标准是与语言无关的,它只是关于系统的关键设计和实现的一个规范。JXTA 是围绕着一些协议标准来处理 JXTA 的服务，这些协议可以用任何语言来实现，这样可以做到一些非同构的设计在大规模对等环境下的并存。目前这个标准有六个协议：

(1)对等解析协议(Peer Resolver Protocol,PRP)：用来向任意数量的对等结点发送请求并接收响应。

(2)对等发现协议(Peer Discovery Protocol,PDP)：用来发布和发现对等结点的服务内容。

(3)对等信息协议(Peer Information Protocol,PIP)：用来获得对等结点的状态信息。

(4)管道绑定协议(Pipe Binding Protocol,PBP)：用来建立两个对等结点的通信路径。

(5)对等端点协议(Peer Endpoint Protocol,PEP)：用来查找从一个端点到另一个端点的路径。

(6)约会协议(Rendezvous Protocol,RVP)：用来在网络中传播协议。

图 7-10 代表的是在 Java 环境下的 JXTA 的协议框架。在一个完全分散的、自组成的网络上，这些协议允许 P2P 应用：①发布它所希望共享的内容；②查找它所感兴趣的内容；③组成和参与对等网络中；④协助消息在对等网络中透明地提交和路由。

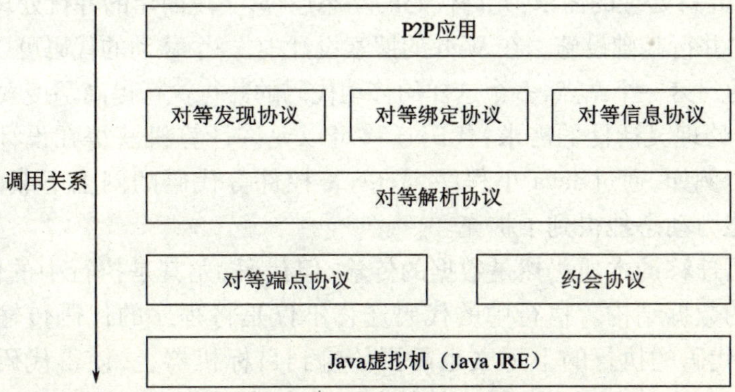

图 7-10 JXTA 协议框架

对等通信问题

世上没有免费的午餐，P2P 所倡导的开放和共享的思想在现实世界里引发了一些值得思考的问题。对网络上存储资源、处理能力和网络带宽的使用往往会受组织的约束，很多企业和机构并不愿意承担这个支出。对等应用也带来一些管理问题，例如，知识产权保护、有害信息的防范和自由的滥用等；完全分散的网络也无法实施有效的安全管理，对等应用本质是不可信的应用，我们很难确切地知道它是怎样使用资源和利用信息的。

7.3 代码迁移与软件主体

7.3.1 代码迁移

在Java RMI实例研究（参看8.3.2节）中，我们看到程序代码也可以作为普通数据在分布式系统中传输。有些时候，传输程序代码，甚至是正在执行中的程序代码，可以提高应用系统的能力。这一类通信问题称为代码迁移（Code Migration）或代码移动性（Code Mobility）问题。代码迁移在异构的分布环境下仍然非常困难。

代码迁移的需求是多方面的：

（1）动态的负载均衡的需求：允许一些进程从高负荷的机器上动态地迁移到低负荷的机器上，以有效地提高系统的总体性能。这是对静态分布的一个改进。例如，服务器的数量可以在不中断服务的情况下动态地进行配置。

（2）并行处理的需求：允许代码的动态迁移，实现简单的并行处理而不需要复杂的并行基础设施。在Web的搜索设计中，一个移动的代码可以从一个站点移动到另一个站点，多个这样的移动代码的并行执行提高了搜索效率。

（3）处理灵活性的需求：代码迁移可以允许计算机获得在设计时没有的能力。例如，通过Java小程序、ActiveX控件等代码的网上下载，客户的浏览器能力动态地得到了扩充。

代码迁移的本质仍然是数据的传输，但代码，尤其是执行中的代码，有更复杂的数据结构。执行中的代码迁移不仅是将程序的代码传输到目标机器上，代码的执行的上下文也需要传输到目标机器上，使得代码可以在目标机器上恢复上下文环境继续执行。执行中的代码迁移又称为进程迁移（process migration）。

为了更一般性地理解代码迁移的问题，Fugetta在1998年发表的一篇论文中[文献21]建议了一个代码的数据模型。在这个模型中，一个进程或代码包括下面三个部分的数据：①代码段（Code Segment）：包含了程序的可执行代码；②资源段（Resource Segment）：包含了程序对资源的引用，例如，文件、打印机、其他进程等；③执行段（Execution Segment）：包含了程序的执行状态,其中有数据、程序调用的栈结构、程序计数器的值等。

第一部分的数据是静态的,后两个部分是动态的,是代码在执行时才有的数据。最常见的代码迁移形式是只传输代码段的数据,传输后的代码每次都是从程序的初始状态开始执行,在新的计算机上重新建立资源段数据和执行段数据。这种迁移称为弱移动性。例如,浏览器上的 Java 小程序、ActiveX 控件或其他形式插件都是这种形式。弱移动性只要求目标机器能够执行传输的代码,换句话说,传输的代码必须是在目标机器上可移植的。弱移动性甚至不要求代码在发送方的机器上是可执行的。

与弱移动性不同的是,强移动性要求进程的所有数据都传输到目标机器上。这个过程包括:中断正在运行的进程,将进程的代码、资源和执行数据传输到目标机器上,然后进程在目标机器从中断的状态开始恢复执行。代码迁移模型如图 7-11 所示。

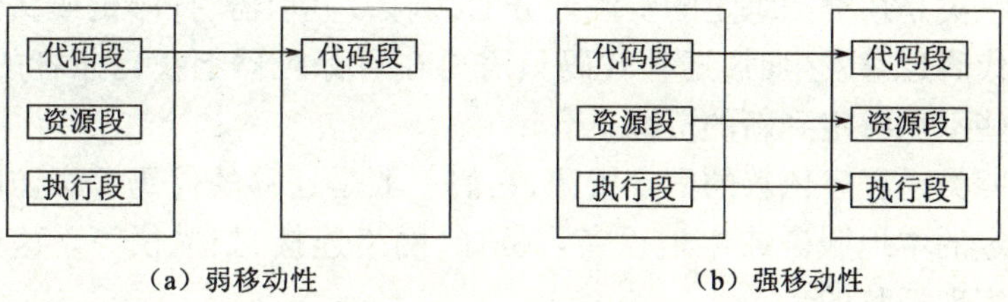

图 7-11 代码迁移模型

按照移动的发起方来划分,我们又可以将代码迁移分为发送方发起的迁移(Sender-initiated)和接收方发起的迁移(Receiver-initiated)两种形式。上传一个程序一般对应了发送方发起的迁移,而下载一个程序对应了接收方发起的迁移。例如,在 Web 搜索中,移动的查找程序是发送方发起的迁移;Java 小程序则是接收方发起的迁移。是否接收迁移的代码并允许它执行往往是接收方必须考虑的问题。在发送方发起的迁移的应用中,接收方一般需要对发送方进行相应的认证和授权;相比之下,接受方发起的迁移一般更加安全和易于管理。

关于迁移的代码也可以有两种不同的设计。一种是为迁移的代码启动一个独立的进程;第二种是将迁移的代码加载在一个已有的进程上执行。这个进程对应了组件容器的概念。浏览器进程就是这样的一个容器。容器以附加设计的代价换得了对目标计算机资源的更强的保护。遗憾的是,容器的设计和开发在经济技术上并不总是可行的。

当目标机器已经安装了程序代码时,强移动性的代码迁移也可以通过远程进程的克隆来代替,从而减少了代码传递的不必要的通信。在 Unix 系统中，远程克隆是通过在远程机器上派生一个与当前进程完全相同的进程。对用户而言，迁移和克隆的效果是完全一样的。

资源迁移问题

与在 RPC 和 RMI 中关于引用的讨论类似，一个正在执行的代码对资源的引用并不总是可以传递的。我们将资源的情况分为下面四类，它们的迁移问题是完全不同的。

第一类是按系统范围内能进行访问的分布资源划分的，例如，以 URL 标识的文件，以计算机域名代表的计算机，分布式对象等等。当代码迁移发生时，我们只需要将引用的值迁移到目标机器上。

第二类是按值绑定的本地资源划分的。例如，调用的函数、值对象等。这些资源的特点是可以按值传输，或者已经存在在目标机器上。当代码迁移发生时，资源的引用必须重新绑定在目标机器所对应的资源上。

第三类是按类型绑定的资源划分的，例如，显示器、打印机或文件系统等。当代码迁移发生时，迁移代码只需要在目标机器上找到兼容的资源，并将这些引用绑定到新的资源上。

第四类是程序依赖的固定资源，它们一般是迁移的代码无法访问到的一些特定的本地服务或本地设备。例如，网络连接、扫描仪等。这些资源是无法实现迁移的。

7.3.2 基于主体的分布

无论是巧合还是关联的研究，关于主体(agent)的研究从 20 世纪 90 年代初同时成为了系统科学和软件科学的热门话题。

(1)复杂适应系统。以霍兰为代表的一些科学家从社会、经济和生物系统模型研究中创建了复杂适应系统(Complex Adaptive System，CAS)理论。在复杂适应系统理论中，系统是由多个主体构成的，而主体的行为和主体之间的相互作用是具有主动性和适应性的，它们最终导致了系统从简单到复杂的演变。主体的适应性导致了系统的复杂性。这个适应性反映在主体的学习能力、改变自身的能力、与其他主体交互的能力和主动对环境变化起作用的能力。CAS 理论中的主体实际上是智能主体(Intelligent Agent)的概念。

基于主体的仿真是研究复杂适应系统(Complex Adaptive System，CAS)的一个重要方法。它从主体行为和主体相互作用的微观模型出发，在一定的时间周期下模拟系统的演变，对系统的宏观变量进行观察、采集和分析，为我们观察、分析和综合复杂适应系统的演变提供了强有力的手段。人们使用基于主体的仿真技术在经济、社会、军事等多个学科领域进行了很多有益的尝试。圣地亚研究所在1996年提出了关于美国经济的ASPEN模型[文献22]，在大规模的并行计算环境下取得了与宏观经济观察一致的结果；世界著名的圣菲研究所开发了支持主体仿真的通用计算环境Swarm，积极推进了主体仿真技术的应用。诺贝尔经济学奖得主阿克洛夫的旧车交易模型在Swarm环境下得到了验证。我国在该领域的学术研究也已经起步，ASPEN模型经过改造在国内也进行了较有影响的实验。

（2）软件主体。软件工作者从对象的交互、移动代码和分布处理这些方面入手建立了软件主体（Software Agent，也译为软件代理）的概念。在基于对象模型中，系统的行为是对象之间交互产生的；在基于主体的模型中，系统的行为是主体之间交互产生的，主体是比对象更高一层次的抽象。在不同的实现中，主体可以是一个进程、一个线程，或者是一个对象，主体可以移动也可以分布。像很多新的概念一样，人们还没有对软件主体形成一致的定义。在基于主体的分布模型中，一个软件主体是：①一个自治的和目标导向的软件单元；②位于一个环境之中，而且可以主动对环境产生反应；③与其他主体合作去完成工作。

软件主体是大规模异构环境的一个新的分布模型，它的重点在于可以模仿人或其他现实中主体的交互去解决应用问题。在一些应用中，我们需要考虑主体的移动性和智能特征。但这些特性并不是基本模型所必需的。

CAS中的主体与软件主体没有本质的区别，但前者侧重主体的智能行为的设计，用以仿真复杂系统的动态演变过程，主体的移动和分布一般是不必要的；而后者是更侧重于一般性的应用问题的解决，智能行为往往是不必要的，而移动和分布则是一个常见的设计。如果把基于主体的仿真看成是一个应用问题的话，软件主体的理论和技术也是适用的。

什么是主体，什么不是主体经常是一个很困惑的问题，一种更加中性的观点认为，主体是解决问题的一种思想，而不是把一个世界分为主体和非主体的两个部分的教条。正是因为概念上的模糊性，可能两个完全类似设计的系统一个会标榜为基于主体的开发，另一个可能完全不知道主体概念的存在。举一极端的例子，传统的客户服务器的结构又何尝不是基于主体的开发呢？我们有多个客户主体和一个服务器主体，它们的交互提供了可用的功能。

一些科学家和组织开始构造支持基于主体的开发的一般性模型，虽然这些工作还远未达到实际可用的水平。我们在这里主要分析FIPA组织（Foundation for Intelligent Physical Agents）建议的一个一般性分布主体的模型。

(3)FIPA 的分布模型。在这个模型中,每个主体注册在一个称为主体平台(Agent Plateform)的系统上,并在主体平台的管理下运行。

一个主体平台有三个重要的软件组件,如图 7-12 所示。

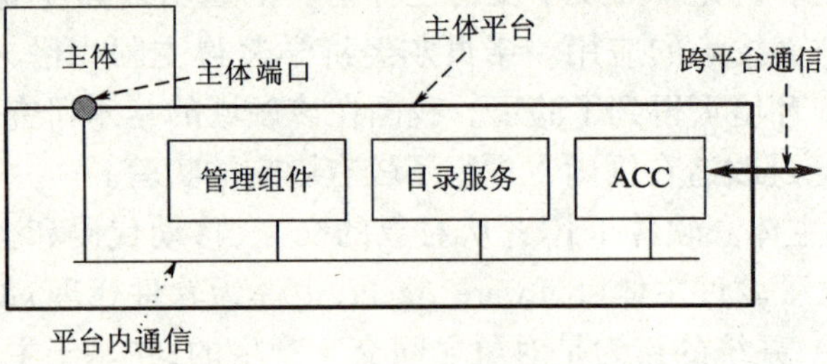

图 7-12 FIPA 的主体模型

- 管理组件负责跟踪这个平台上所有主体的活动,它提供在本地平台上创建主体、销毁主体和查找主体的操作。每个主体有一个当前的访问端口代表主体的位置。
- 目录服务组件负责提供按属性查找主体的功能,而它可以被远程主体访问。
- 主体通信通道组件(Agent Communication Channel,ACC)负责主体之间点到点的、可靠的和顺序的通信。

主体之间的通信是以消息传递为基础的,FIPA 定义了主体之间应用层的一个描述语言,称为主体通信语言(Agent Communication Language, ACL)。ACL 的一个突出特点是严格区分消息的目的和消息的内容,而消息的目的可以是一个非常有限的集合,如表 7-1 所示。

表 7-1 FIPA ACL 的消息目的与内容定义示例

消息目的	说明	消息内容
INFORM	通知对方一个陈述	陈述
QUERY - REF	请求一个对象	表达式
CFP	请求一个建议	建议的需求
PROPOSE	提供一个建议	建议
ACCEPT - PROPOSAL	接受一个建议	建议
IDREJECT - PROPOSAL	拒绝一个建议	建议 ID
REQUEST	请求一个操作	操作说明
SUBSCRIBE	订阅一个消息源	消息源的引用地址

ACL 的要求是发送主体和接收主体至少对消息目的的理解能达成一

致，而消息的内容可以是通信双方能够理解的内容，ACL 对消息的内容不作任何语言和格式的要求。例如，当一个主体收到一个 CFP 消息时，它应该用 PROPOSE 消息来回复。至于 PROPOSE 消息的格式和内容则是完全由建立通信的两个主体来自主约定的。从这个角度来看，ACL 定义了主体之间通信的高级协议。

第8章

分布模型

8.1 分布模型与系统架构

现代分布式系统中经常有成千上万个进程分布在一个异构的计算机网络上，如果所有的编程都是从通信开始，那么实现这些进程的交互将会非常困难，低水平的重复劳动会造成大量的资源浪费。因此，分布式系统的进程组织是一个过于底层和技术的系统分布概念，用户和程序员需要操作分布式系统中更为高级的一些抽象资源，例如，打印机、文件和数据库等。

由于分布环境的异构特征，以及分布资源的不同特点，试图以一种统一的方式去设计分布式系统已经被证明是一个不成功的努力。分布式系统的设计者在无法完美地解决分布式问题的前提下，采用了一条更为务实的技术路线：那就是根据不同的资源特点和应用需求来构造一个或多个分布模型，设计和开发支持特定分布模型的分布式系统。资源可以是计算机上的任何东西——软件的或硬件的。分布模型是将某一个应用概念抽象为一个可编程的分布资源，例如，文件、文档、事务、消息、用户等。在这些资源上建立资源的访问和管理系统，使得这些分布资源呈现单一系统的特征。实际上，我们还可以建立更高级的应用资源的抽象，例如，账户、人口信息、证券交易等。

更具体地看，它是从某一类问题的需求出发，建立问题的分布模型或者叫范例(paradigms)，以这个分布模型为基础来设计和开发分布式系统。图8-1是基于分布模型设计方法的一个简单图示。下面列举了几种主要的分布模型：

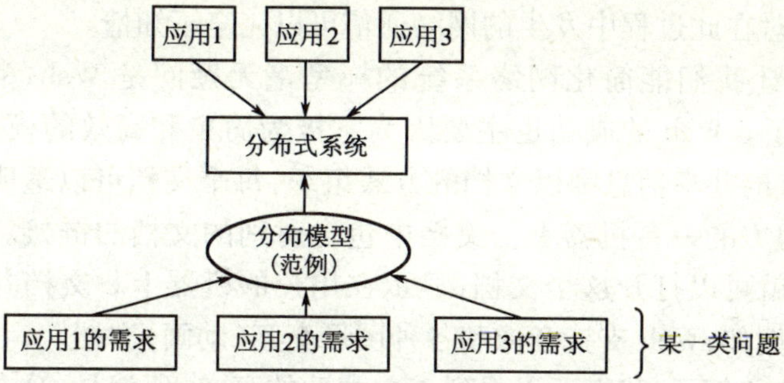

图 8-1　基于分布模型的分布式系统

(1)一个最简单的模型就是认为所有东西都是文件。这起初是一个Unix的概念,后来被贝尔实验室 Plan 9 项目采用和严格遵守。在 Plan 9 项目的研究中[文献23],所有的资源,包括输入输出设备,像键盘、鼠标、硬盘、网卡等等,都被当作文件来处理。在 Plan 9 的设计中,文件是本地还是远程没有任何区别。对一个资源的访问就是打开一个文件,读写字节,然后关闭文件。因为文件可以被多个进程共享,进程间通信的问题就被简化为访问相同文件。

(2)与 Plan 9 不同的是,分布式文件系统是传统意义上的文件系统在分布环境下的一个扩展。共享文件系统(参看 2.4.4 节)也是这样一个扩展,但它不提供单一文件系统的视图。

(3)另一个早期的分布模型就是著名的远程过程调用(Remote Procedure Calls,RPCs)。在这个模型中,允许一台机器上一个过程调用在远程机器上的另一个过程,使得网络通信的细节被隐藏。在调用远程过程时,调用参数通过网络被传送到远程过程上,远程过程执行完毕后将结果以同样的方式返回给调用过程。调用过程不需要知道中间发生的网络通信,只是在性能上可能有所降低。

(4)在对象技术成为潮流时,我们同样也可能以透明的方式调用远程机器上的对象。这就产生了我们称之为分布式对象(distributed objects)的技术。分布式对象的实质是每个对象实现一个隐藏所有对象细节的接口。一个接口包含对象实现的所有方法,不多也不少。对任何进程来说,所能看到的是对象接口。

分布式对象的实施一般是让每个对象自己定位在一个机器上,而它的接口在别的机器上都可以调用。当一个程序进程调用一个对象的方法,接口的实现让进程机器上的调用转换成一个发向该对象的消息,该对象执行完请求的方法后将结果作为一个回复消息传回来。就像在 RPC 中的情况一样，进程对在此过程中发生的网络通信可以完全不知情。

(5)最让我们能简化网络系统的模型毫无疑问是 Web(World Wide Web)服务了。Web 的成功也主要因为它极为简单和高效的模型：分布式文档。所有的共享信息都以文档的方式组织，每个文档可以透明地存储在世界任何地方的一台机器上。文档中包含对别的文档的链接。只要点击链接，我们就可以打开这个文档，显示在用户的机器上。文档并不局限于文本信息，例如，Web 支持音像和各种图形交互(动画)文档。

通过这些例子，我们可以看到一个共性的事实，那就是，分布模型是关于某种特定分布资源的访问和管理的设计。在 Plan 9 和分布式文件系统中，这个特定分布资源是文件，在远程过程调用中是过程，在分布式对象系统中是对象，在 WWW 服务中是文档。我们大致可以将分布模型分为两类，一类是基于编程语言概念的分布模型，一类是基于应用的分布模型。

在高级编程语言中，变量、函数或者过程、对象都是程序操作的基本元素，所有这些元素最后都是要加载在内存上的。从这种分类来理解，分布式操作系统是以内存为分布资源的一种分布模型的设计，这个模型迄今未能形成可用的系统。远程过程调用和分布式对象系统分别是针对过程和对象的两种分布模型，分别实施在过程语言编程和面向对象的语言编程中。这一类模型有较好的透明性和适用性，但处理分布环境的复杂性的任务是不能低估的，例如，事务处理、安全和复制等。而 Plan 9 分布式文件系统以及 WWW 服务则属于基于应用的分布模型。

系统架构

正确地理解和使用分布模型可以将程序员从复杂的分布式处理的细节中解脱出来，以致力于应用逻辑的实现。事实上，任何稍微复杂一点的分布式应用都会用到多个分布模型，很少有一种模型能满足所有的需求。在实际的应用开发中，Web 服务比较适合于用户界面的设计，分布式对象更容易模仿现实世界中的实体和业务逻辑，分布式文件在局域网的通信环境下对文件的操作和管理有更好的透明性。一个分布式应用的开发需要评估需求，组合不同的分布模型，以满足系统的功能与非功能需要。这有点像搞建筑一样，建造一个茅屋可能只需要一些简单的支撑木棍和茅草，而盖一栋大楼就需要进行详尽的设计。

如果每次设计都从一张白纸开始，我们将重复很多低水平的劳动，同时还因为缺乏实践的检验而无法保证设计的成功。这是与建筑设计很类似的问题。在建筑行业，一些成功的设计会形成一种固定的结构、设计模式和建筑风格，设计师不需要每次都去发明和创新，而是在很大程度上沿用已有的设计，把工作的重心放在满足新的需求上。在软件领域，一些经过验证的、成熟的设计逐步沉淀为一些称为最佳实践的开发模式，或者称为系统的参考架构（Reference Architecture）。NET 和 J2EE 是目前两个主流的参考架构。

8.2 远程过程调用

8.2.1 基本思想

很多分布式应用都是基于显式的消息传递或者通过调用封装了消息传递的函数来实现通信的。从程序员的角度来看，这个附加的设计总是或多或少地暴露了通信的过程。这是一个早已存在的问题。直到 1984 年，Birrell 和 Nelson 在一篇论文中[文献24]引入了一个全新的处理通信问题的方法，即远程过程调用（Remote Procedure Call，RPC）。

这个方法的思想非常简单，但对具体编程带来的影响是相当微妙的。简单地说，RPC 允许程序调用位于其他机器上的过程，或者叫函数。当计算机 A 上一个进程调用计算机 B 上的一个过程时，进程 A 等待直到过程在 B 上完成执行，并返回。支持 RPC 通信的中间件负责调用者与被调用者之间的通信，从而对程序员隐藏了通信发生的细节。

我们以一个 C 语言的例子来看一下 RPC 的具体过程。这个例子中 C 程序调用一个求和函数，而这个求和函数位于另一台计算机上。可以设想，经过适当的处理，RPC 通信中间件可以承担起远程过程调用的通信，使得求和函数的执行就像发生在本地一样，如图 8－2 所示。

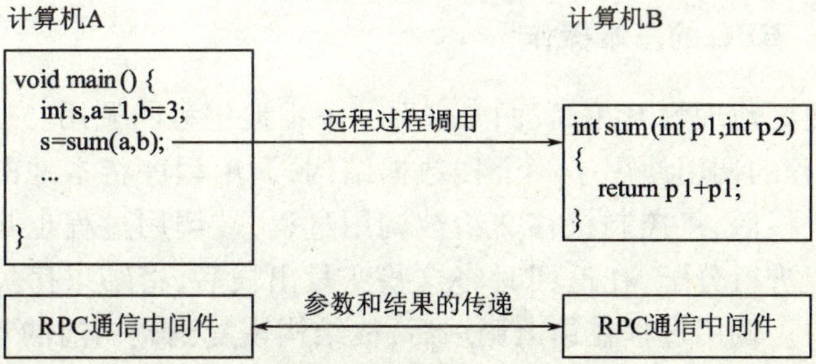

图 8－2 RPC 的简单图示

RPC 方法在 20 世纪 80 年代刚出现时显得十分与众不同，但从现代分布式系统思想来看,这只是以过程为分布资源的一个分布模型。我们一直强调,资源可以是系统中的任何东西,那么它们为什么不能是程序元素呢?任何应用系统都是程序或程序的集合,从程序元素这一级来解决分布问题是最根本的和最彻底的。遗憾的是通信的复杂性使得这些解决方案只能在有限的范围内使用。

在 RPC 的过程中,调用过程的进程与远程进程有明显的角色分配,一个是请求服务,一个是提供服务。因此 RPC 也是一个客户服务器模型的通信。至于消息传递是建立在什么底层协议上,并不是我们所关心的内容。

在过程语言中(Procedural Language),程序的元素可以分为变量和过程两大类,变量和过程都是加载到计算机的主内存中执行的。如果能实现基于主内存的分布,那么程序就自然实现了分布,但这方面的研究遭遇了很大的困难。如果能将变量和过程分布,那么程序也在相当程度上实现了分布,RPC 就是这样一种思想。面向对象的语言出现以后,RPC 方法很容易地转变为基于对象的分布,产生了远程方法调用(Remote Method Invocation,RMI)的方法。RPC 的另一个影响是,它不要求调用过程和被调用过程采用同一种编程语言,在图 8-2 的例子中,sum 过程可以是用 BASIC,Java 等其他语言编写,只要通信中间件的功能能够支持这种转换。RPC 是与语言无关的。

虽然 RPC 的思想很简单,但需要解决的问题却很多。因为调用过程和被调用过程是加载在不同计算机的内存空间上的,我们必须使用消息传递来传输参数和结果;当两台计算机不同构时,参数和结果数据可能还需要进行一致的编码和解码;如果出现通信故障或其他问题,程序员需要面对的是与本地过程的执行完全不同的复杂性。在这一节中,我们重点分析 RPC 的原理、实现和优缺点。

8.2.2 RPC 的基本操作

为了更好地理解 RPC,我们先来看一下本地过程的调用。在高级编程语言中,过程的调用使用了一个栈数据结构,调用程序将本地的所有参数和返回值进栈后,将控制权移交给被调用过程,被调用过程也是将自己的变量在栈上进行分配,在返回时将这些变量出栈后,将结果拷贝到调用过程的变量中。调用过程在结束调用后,栈结构恢复到调用前的状态。以图 8-2 的 C 函数为例,当 sum 是一个本地过程时,程序的栈结构的变化如图 8-3 所示。

在过程调用时,参数 a 和 b 的值分别拷贝到 sum 的局部变量 P_1 和 P_2

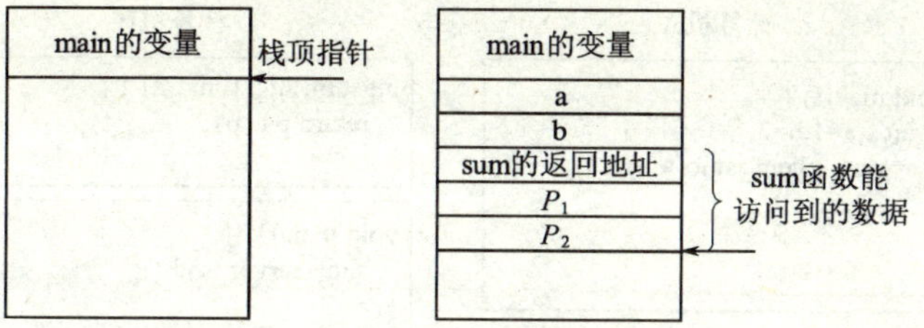

（a）调用前和调用后　　　　（b）调用中

图 8-3　本地过程调用的栈结构变化

上。sum 函数是在参数的副本上工作的，并不改变参数的值。这就是所谓的参数按值调用(call by value)。当 a 或 b 是指针或引用型变量时，a 和 b 的值实际代表的是参数值的地址，被调用函数不能改变地址值，但能够改变地址所指向的数据。我们称这种方式为按引用调用(call by reference)。引用是一个更一般性的指针的概念，只是我们不能像对指针一样对引用进行任何算术运算。按值调用可以保证参数不被有意或无意地更改，但当值数据占用较大空间时，拷贝的成本就不能不加以考虑；当需要改变参数的值，或需要避免拷贝的操作时，按引用调用是比较合适的。

RPC 的实现目标是使得远程调用就好像是过程处理发生在本地一样。RPC 通过建立一个本地的客户存根过程(Client Stub)来代替远程的过程来实现这个透明性，只要这个存根过程与原来的过程有完全一致的声明或者接口。客户的存根过程负责将过程参数发送给远程机器，并等待结果后返回。服务器上有一个类似的服务器存根程序(Server Stub)，它负责接收含有参数的消息，然后它在本地调用实际的过程，将结果返回给客户存根过程。RPC 的工作原理大致如图 8-4 所示，所有的过程调用都在本地发生，客户与服务器的存根过程负责消息传递的通信。这两个存根程序构成了 RPC 方法的通信中间件。由于存根程序具有一般性的特征，我们很容易将调用的篡改和存根程序的生成通过一些工具软件来自动完成。

RPC 的处理过程可以归纳为下面几个步骤：①客户端按照正常的方式调用客户存根过程；②客户存根过程构造一个包含远程过程名、参数的请求消息；③客户存根过程将请求消息发送到远程计算机；④服务器存根过程接收到请求消息；⑤服务器存根过程从请求消息中获得过程名与参数；⑥服务器存根过程按照正常方式调用指定过程；⑦服务器存根过程构造包含过程结果的响应消息；⑧服务器存根过程将响应消息发送到客户计算机；⑨客户存根过程接收到响应消息；⑩客户存根过程从结果消息中获得

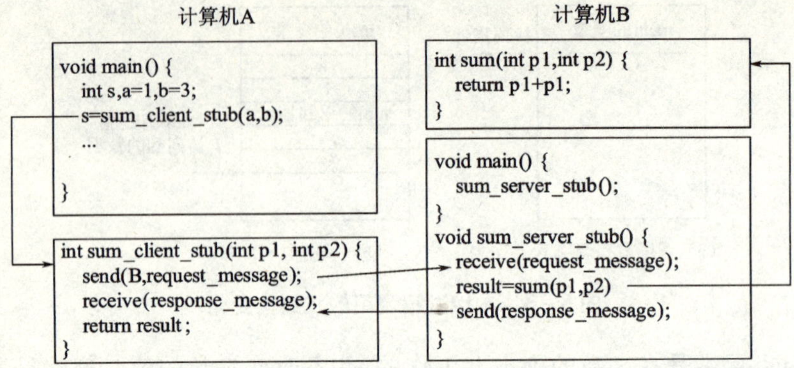

图 8－4　RPC 的原理图示

远程过程的运行结果;⑪客户存根过程将结果返回给客户端的调用程序。

所有这些步骤的最终效果是客户的远程过程调用就像发生在本地一样,所有的通信处理细节被 RPC 的通信中间件,即客户的存根过程和服务器的存根过程所隐藏。

远程过程调用涉及如下的一些问题:

(1)值参数传递。RPC 实际上并不简单,它的透明性设计有相当的局限性。我们首先来分析参数传递的问题。

将过程的参数组织成一个消息,在 RPC 术语中称为参数编组(marshaling)。考虑到服务器对多个远程过程的支持,过程名也是作为一个传递的参数。在图 8－4 的例子中,请求消息编组了 sum 过程的三个参数,过程名、整数 a、整数 b。

request_message = marshaling (“sum”,a,b)

当请求消息到达服务器后,服务器存根过程需要从消息中解析出每个参数,这是与编组相反的操作,我们称它为参数的反编组(unmarshaling)。例如,

procedure_name,a,b = unmarshaling(request_message)

同样,服务器存根过程的响应消息也有一个编组和反编组的处理,只不过这个处理发生在相反的方向。

编组与反编组遇到的一个问题是消息的编码。我们知道,所有的消息最终都由编译系统转化为二进制位串,然后在网络上按位传输。客户机与服务器不仅需要对传输的消息结构达到一致,而且还需要对数据的二进制编码达到一致。在分布式环境下,异构的计算机的数据类型系统与编码方法可能是完全不同的。例如,IBM 的大型机对字符采用 EDCDIC 编码,而 PC 机采用的是 ASCII 编码。也就是说,如果不加任何处理,一个字符经过

编组和反编组以后就会变为另一个字符，这是不能接受的。再例如，Intel处理器的整数采用的是低位末端（little endian）编码，即整数的字节是从右到左，从低位到高位。而 Sun Sparc 处理器采用高位末端（big endian）编码，即从右到左，从高位到低位。对于更高级的数据类型，这个异构特征会更为明显。

为了解决这个问题，客户与服务器必须建立一个一致的数据类型系统和编码标准，在编组过程中将某种格式的数据先转化为标准的编码格式，而在反编组操作中，我们需要将标准的格式转化为本地的格式。在众多的格式标准上，建立在 XML 标记语言基础上的格式越来越受到重视，目前形成的最有影响的标准是 XML - RPC。

（2）引用参数的传递。引用或指针型参数一般来说只是本地内存空间的一个地址，直接传递引用是毫无意义的。例如，一个数组的引用值为1000，它是这个数组在本地内存空间上的一个有效地址值，而 1000 在另一台计算机上可能是个无效的地址，或者是指向一个其他的数据。

最简单的方法是在远程过程中禁止引用型参数。因为引用型参数是一个常见的参数形式，禁止显然是对远程过程调用的一个过强的限制。在很多情况下，这个限制也是不必要的。例如，一个数组的引用的传递可以转化为一个按数组值的传递，服务器将在响应消息中将数组返回到客户机上，客户存根过程更新本地的数组，这样就简单地实现了按引用传递的透明性。

如果我们知道被调用过程不改变引用的数据，也就是说对远程过程是一个只读的数据，我们则可以避免在响应消息中返回这个引用的数据；如果我们知道引用数据完全是由远程过程产生的，我们则可以避免在请求消息中发送这个数据。对于数据量较大的引用，这两个优化是非常必要的。对远程过程来说，第一种类型称为输入（input）数据，第二种称为输出（output）数据，不具备上面任何一个条件的引用类型是输入输出数据（input output）。

（3）禁止性的条件。无论是按值传递还是按引用传递，如果参数代表的是一个不能复制的资源，那么远程过程将不能正确地执行。例如，如果参数是代表客户机上的打印机、显示器或者其他仅在客户本地有意义的资源，那么远程过程将无法定位到这些资源上。所以，远程过程的透明性是受到限制的。

（4）参数说明和存根的自动生成。从上面关于 RPC 的原理性分析中，我们可以得出下面的结论：远程过程调用的实现依赖一个 RPC 的通信中间件，而 RPC 通信中间件必须使用一个共同的 RPC 协议，这个协议规定了消息的格式与编码规则。

一旦定义了这个协议，剩下的问题是自动生成客户存根过程和服务器存根过程。考虑到 RPC 的语言无关性的特征，我们需要一个较为“中立”的语言来描述过程的接口，在 RPC 的术语中，描述这个接口信息的语言称为接口定义语言（Interface Definition Language，IDL）。IDL 实际上采用了 C 语言网格的语法。

RPC 的软件工具可以根据这个公共的接口描述生成不同编程语言的客户存根过程和服务器存根过程。

（5）RPC 的通信处理。RPC 建立在底层消息传递的协议上，这个协议可以是 TCP 和 UDP，也可以是更高层的协议，例如，HTTP。RPC 的通信中间件一般都设计了通信错误的处理机制。RPC 的透明性往往被通信的延时和失败所破坏，因为程序员需要附加的编程去处理通信的问题。

（6）RPC 的其他形式。RPC 的原始模型是基于网络通信的。但如果调用过程和被调用过程位于同一台计算机上时，网络通信显然比操作系统提供的进程间通信要相对低效。关于优化本地 RPC 机制的主要研究有 Door 技工[文献25]和轻量级 RPC（Lightweight RPC）[文献26]。关于 RPC 的另一个方向的研究是异步 RPC[文献27]，它允许调用过程不等待结果的返回继续操作。我们在这里不做深入地讨论。

8.2.3 DCE RPC 的实例研究

RPC 是分布式系统广泛使用的一种通信中间件。在这一节里我们将对 DCE RPC（Distributed Computing Environment RPC）做一个实例研究。虽然很多软件厂商都开发了自己的 RPC 中间件，但 DCE RPC 是国际开放组织的一个标准，它的地位还是相当特殊的。微软 RPC 也采用了 DCE RPC 作为参考标准。

DCE 是一个位于操作系统和分布式应用之间的真正意义上的分布式系统。DCE 的分布模型是完全基于 RPC 的。DCE 最初是为 Unix 系统设计的，但现在已经能够运行在所有的主流操作系统上。DCE RPC 的设计目标就是允许客户通过一个本地过程的调用来访问一个远程服务，并尽可能以程序员熟悉的编程方法来实现。这样，大量已有程序的代码基本不需要做什么改动就可以移植到分布式环境下。DCE RPC 负责隐藏客户和服务器的所有处理细节，其主要工作有：

（1）为客户自动定位服务器，并建立通信连接，这个过程称为绑定（binding）。

（2）在客户服务器之间进行双向的消息传输，包括将消息分块传输和重新组合，例如，当一个参数有很大的数据量时。

(3)处理客户服务器之间不同数据类型和编码格式的转换。

DCE RPC 实现了客户与服务器的相对独立。例如，客户可以用 Java 开发，服务器可以是 C 语言的；DCE RPC 也有很好的跨平台能力，支持几乎所有主流的操作系统和多种网络协议。DCE RPC 是由语言、库函数、工具程序、后台程序等组成的一个软件系统，其主要内容有：

(1)IDL 语言和 IDL 编译器：所有 RPC 接口是通过 DCE IDL 来描述和定义的。IDL 编译器负责将 IDL 文件编译为两个目标代码(object code)，一个是客户存根过程，一个是服务器存根过程。

(2)RPC 运行时函数库：这个函数库实现了客户服务器的通信，其中的函数涉及在分布环境下查找服务器、双向传输消息以及通信状态管理和通信错误处理。这些函数通过连接器程序被加入到客户和服务器的程序的机器代码中。

(3)DCE 主机后台程序：这个程序运行在每一台配置了 DCE 环境的计算机上。它主要管理 RPC 服务器和通信端口(IP 地址，端口)的映射关系，客户可以通过服务器的名字查找到服务器的端口地址。

(4)DCE 控制程序：它是一个工具程序，用来管理 DCE 的环境。

(5)UUID 工具程序 Uuidgen：它是一个全局唯一标识的自动生成工具，全局唯一标识用来标识 RPC 接口或其他资源。Uuidgen 还可以生成一个 IDL 文件的模板，其中每个接口有一个全局唯一标识；使用全局唯一标识而不使用接口的名字的原因很简单：无论我们怎么小心翼翼，重名的问题总是困扰着我们，而全局唯一标识最为安全。关于名字的进一步讨论请参看 9.1.1 节的内容。

DEC RPC 的具体应用过程如下：

(1)开发过程。以 C 语言为例，DCE RPC 的开发过程如图 8-5 所示。阴影部分是 RPC 系统提供的组件，虚线代表程序员需要做的修改。

具体步骤如下：①调用 uuidgen 生成一个 IDL 的文件模板，在模板中，每个接口自动获得一个 128 位串的全局唯一标识；②程序员以 IDL 文件模板为基础编写 IDL 文件；③调用 IDL 编译器生成客户存根过程，服务器存根过程以及头文件；④程序员将自动生成的头文件包含在客户和服务器程序中，编写其他程序代码；⑤最后分别对客户程序和服务器程序进行编译、连接，生成机器可执行代码。

(2)绑定到服务器上。客户连接到一个服务器上必须经过下面两个步骤：①定位服务器所在的计算机；②定位所请求的服务。

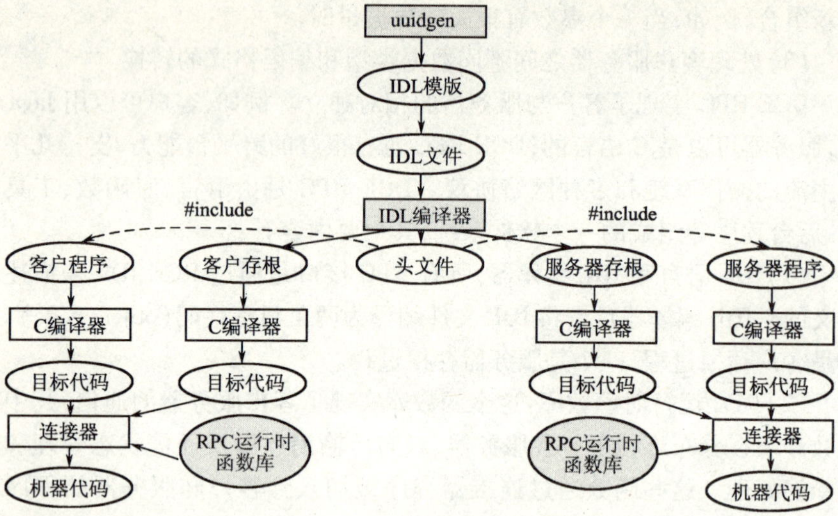

图 8-5　RPC 的开发过程

DCE 服务器的名字和网络地址保存在 DCE 的目录服务中，每个 DCE 服务器首先在目录服务器中注册，DCE 的地址是已知的；每个 DCE 服务器保存一个服务和网络端口的映射关系，所有新的服务必须在 DCE 服务器上注册，并获得一个独立的网络端口。每个服务器在各自网络端口上等待请求消息的进入。

因此客户绑定到服务器上的过程，是首先访问目录服务器获得 DCE 服务器的网络地址，然后访问 DCE 服务器获得服务的网络端口，最后在服务的网络端口上建立与服务的连接，如图 8-6 所示。

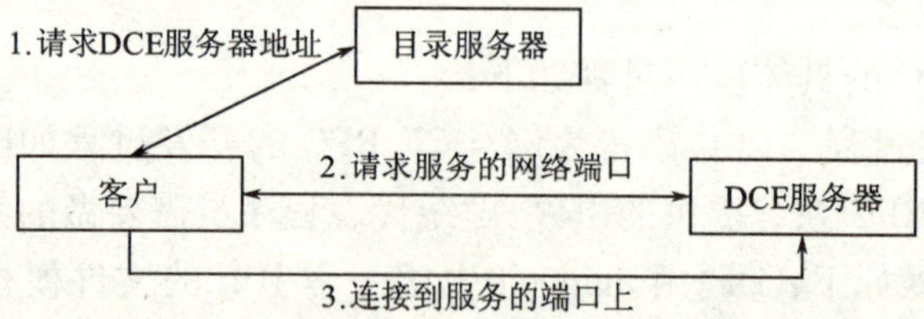

图 8-6　绑定操作

(3) RPC 的执行。绑定以后的客户与服务器的通信按照正常的 RPC 过程进行。

DCE RPC 允许设置一些通信选项，默认的选项是 at-most-once operation（最多一次的操作）。它意味着在通信失败时，RPC 系统不会重发消息，否则远程过程可能会被执行两次。其他通信的选项还包括 at-least-once operation(至少一次的操作)和 exactly-once operation(正好一次)。DCE RPC 还允许将远程过程标注为冥等的,则 DCE RPC 可以重发消息而不用考虑任何后果。

8.3 分布式对象

8.3.1 远程对象调用

面向对象的编程(Object Oriented Programming)是一项非常成功的编程技术。这反映在面向对象的编程语言的大量流行上,例如,C++ 和 Java,传统的编程语言也开始增加对面向对象的编程支持,例如,Visual Basic 和从 Pascal 演变而来的 Delphi。简单地说,面向对象的编程思想不像过程语言那样去模仿计算机的处理方式,而是让开发者按照现实世界里人们思考的模式编写程序,(但意外的是,大多数程序员并不能很好地理解和使用对象模型)。当 RPC 渐渐成为分布式系统的一个重要基础时,人们开始想到用同样的技术去调用远程对象的方法,从而产生了远程方法调用(Remote Method Invocation,RMI)的技术。RMI 建立了分布式对象系统的通信基础。

(1)类、对象和接口。在大多数面向对象的编程语言中,对象和类之间有严格的区分:类是对象的模板,它定义了一组对象的共同的构成元素,包括数据成员和操作方法;对象则是类的一个实例。在编程实践中,类可以看作是一个特殊的数据类型的定义,而对象则是这个数据类型的一个数据。我们一般鼓励使用对象的方法去操作对象,而不直接去更改对象的数据成员,否则类将退化为一个结构型的数据类型,面向对象的思想也就不复存在,尽管大多数面向对象的语言都保留了这个遗留的手段。对象的方法定义构成了对象接口的概念,接口是一个操作对象的抽象方法集合。在 C++ 中,接口是一个只有抽象方法的抽象类,而 Java 有专门的接口定义。我们说类是接口的实现,一个类可以实现多个接口,一个接口可以有多个实现。

(2)分布式对象。在分布式对象系统中,接口的概念尤为重要。严格区分接口和类,允许我们将一个接口放在一台计算机上,对象实现放在另一台计算机上,以这种方式组织的对象称为分布式对象,如图 8-7 所示。

与 RPC 的术语不同的是,对象的客户存根称为对象代理(proxy),对象的服务器存根称为对象基干(skeleton)。客户对远程对象方法的调用的实际过程与 RPC 很类似。

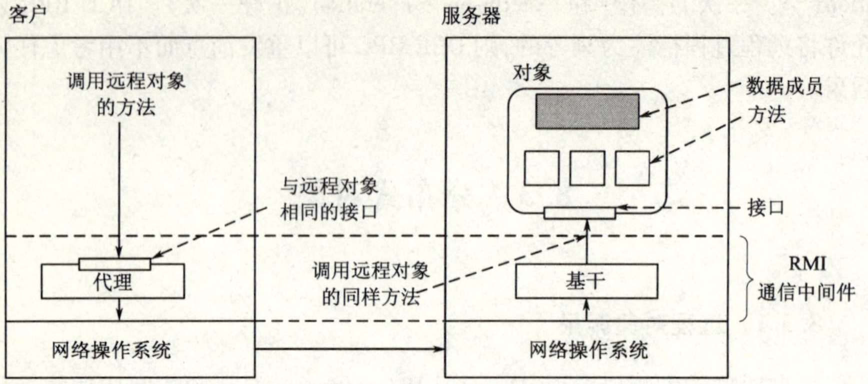

图 8－7　分布式对象原理

• 客户调用本地的代理对象，这个代理对象与远程对象有完全一样的接口，但代理对象并没有分布对象的数据成员和方法实现，它只是将调用的方法名和参数编组为一个请求消息发送给服务器。

• 服务器的基干对象在接收到请求消息后，通过反编组获得方法的名字和参数，然后在本地调用分布对象的方法。

• 基干对象将方法调用的结果和其他参数编组，然后发送给客户。

• 客户的代理在接收响应消息后通过反编组获得调用结果，最后返回给客户。

与我们的直观理解不同的是，在大多数分布式对象系统设计中，同一个分布对象的数据成员和方法总是在同一台计算机上，我们也称这种分布对象为远程对象（Remote Object）。

（3）编译时对象与运行时对象。我们称语言级的对象为编译时对象（compile-time object）。Java，C++或其他面向对象的语言允许定义类，并按照类的定义实例化一个对象，这样的对象即可称为编译时对象。当客户与服务器采用相同语言时，远程对象的访问是较为容易实现的，如图 8－7 所示。但编译时对象依赖于特定的编程语言，在分布式环境下，这个要求显然过于苛刻。为了能够支持用不同语言开发的服务器对象，我们需要像在 RPC 中那样用标准的、独立于编程语言的方式来定义对象的接口。但与 RPC 不同的是，当编写远程服务的语言不能提供对象概念时，远程服务还需要一个包装对象（wrapper object）或者叫对象适配器（object adapter）将远程服务装扮得像一个普通对象一样。如图 8－8 所示，在服务器端，服务可以通过对象适配器表现为一个对象，我们称这种对象为运行时对象（runtime object）。对象适配器可以通过语言级对象编程来实现，它也可以由中间件来提供。在 CORBA 中,这个中间件叫 Broker(中间器)。

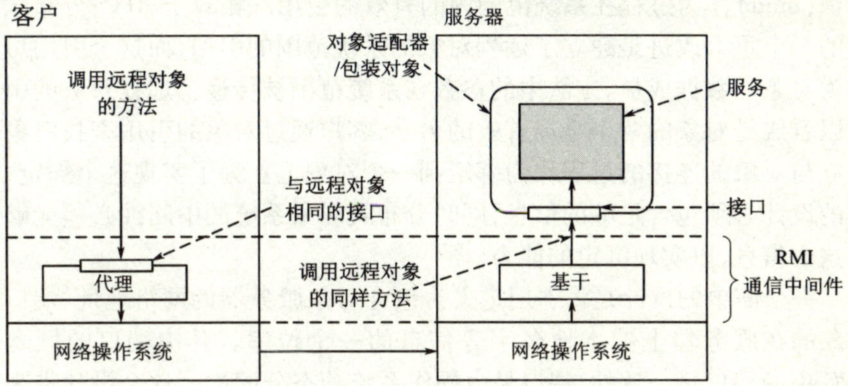

图 8 -8　对象适配器与一般服务

在使用运行时对象时,对象的具体实现基本上是开放的。例如,我们可以选择用 C 语言去编写服务,而用 Java 去编写客户程序。(Java 的观点是不建议这样做,因为用其他语言编写的程序会破坏 Java 的安全性)。对初学者来说,这样做好像是把简单的事情弄复杂了,其实不然。运行时对象解决两个重要的问题:一是允许程序员使用自己熟悉的工具,有利于分工协作;二是实现了已有代码的重用,例如,很多的系统服务只有 C 语言的接口。

(4)瞬时对象与永久对象。我们还根据对象的成员数据的存活期将对象分为瞬时对象(transient object)和永久对象(persistent object)两大类。在运行状态下,所有的对象都在主内存中有一个分配的空间,当运行结束时,所有分配的内存会被释放。因此对象本质上是瞬时的,而不是永久的。永久对象是一种特殊的瞬时对象,它一般与一个永久的辅助存储设备相关联。例如,代表文件的对象,代表数据库表中一行数据的对象,或任何其他依赖永久存储设备维护数据成员的对象。事实上,永久对象是永久存储设备上某个数据的副本,维持这两个版本数据的一致性并不是一项轻松的工作。一般情况下,程序员一般需要显式地编写读/写数据的操作;在面向对象的分布式系统中,一种有代表性的技术趋势是实现透明的永久性。举例来说,如果有一个对象代表着数据库表中的一条记录,我们希望对象的数据成员能与数据库中的记录保持自动同步,而不需要进行显式的数据库操作的编程。如果数据库中的记录被更改,则永久对象自动通过 select 语句加载新数据,如果对象的数据成员发生了更改,永久对象将自动地对数据库进行 update 的操作。J2EE 的实体 Bean(Entity Bean),JDO 和 Hypernate 等技术都是关于透明永久性的中间件技术。

（5）对象的引用和绑定到一个对象。在 RPC 中，过程使用了全局唯一标识（uuid）作为过程在系统范围内的有效的引用。相对于 RPC，分布式对象的一个重大改进是建立了远程对象的系统范围的引用，而这个引用可以作为对象的数据成员、方法中的参数在系统范围被传递。远程对象的引用可以看成是对象的一个全局有效的名字，客户通过对象的引用查找对象并建立与对象的连接的过程称为绑定到一个对象上。为了实现这个绑定，引用的设计必须包含足够的信息，同时分布式对象系统的中间件必须能够解析这个信息，以实现绑定的能力。

一个简单的设计是将引用定义为包含对象服务器的网络地址、端口和对象的在服务器上的本地名字等信息的一个位串。其中端口的概念与 RPC 中的端口是一致的，端口是由操作系统动态分配的。这个设计带来两个方面的问题：第一，当服务器因为某种原因崩溃而重新启动后，它可能获得另一个端口的分配，那么所有的引用会因此而失效；第二，如果对象服务器改变了网络地址，所有的引用也会失效。显然这种引用过于依赖对象的物理位置的信息。另一种在 DCE RPC 中被证明为行之有效的设计是建立一个位置服务器，客户可以通过位置服务器获得对象服务器的网络地址；对象服务器维持一个对象和端口的映射表，并通过后台进程提供端口的查询。这样，对象的引用可以设计为只包含位置服务器网络地址和注册的服务信息这样一个相对位置无关的位串。如图 8－9 所示。

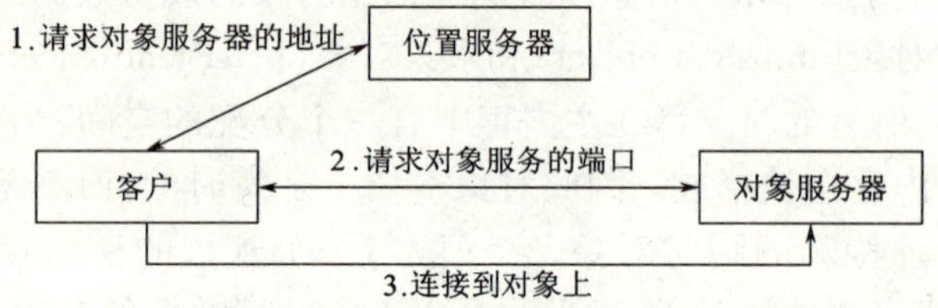

图 8－9　对象的绑定过程

在大规模分布环境下，名字问题还要复杂得多，更进一步讨论请参看第 9 章的内容。

对象的引用一般还需要包括通信协议、消息格式和编码标准等一些附加信息，以保证通信、编组和反编组能够在客户与服务器之间以一致的方式进行。

当绑定操作成功以后，客户在本地实例化一个远程对象的代理对象，并将远程对象服务的网络地址和端口等信息注入到代理对象中。客户可以通过代理对象来访问远程对象。

（6）参数传递。由于大多数 RMI 系统采用了系统范围的全局引用，远程方法调用的参数传递限制比传统的 RPC 要相对宽松一些。所有的远程对象都可以作为方法的参数按引用传递。但如果把系统的所有对象都设计成远程对象会带来严重的效率问题。程序中一般都有大量很小的对象，例如，整数、布尔值或其他一些值对象，程序对这些对象也有较为频繁的操作。如果这样的对象访问也是通过远程方法进行的话，系统将无法达到可以接受的性能。即使在本地，把所有的东西都设计为对象也有不容忽视的性能问题。因此，大多数面向对象的设计区分为下面三种参数：

- 简单值类型，例如，整数、小数和布尔值等。在 Java 中，所有都是对象，简单值类型是唯一的例外。
- 本地对象，只能在本地被访问到，不提供远程方法访问的一类对象，它的引用只是在本地机器内存上的一个地址。
- 远程对象，提供远程方法访问的一类对象，它有一个系统范围内有效的全局引用。

简单值类型和本地对象采用按值传输，而远程对象是按引用传输。与 RPC 类似，绑定在本地资源上的简单值或本地对象是不能作为参数传递的。

(7)本地接口和远程接口。在完全远程对象的系统中，如果一个远程对象实际是在本地，但我们仍然需要通过绑定操作去最终发现这个事实。这也意味着，对于本地的远程对象，远程方法调用的通信可以避免，但绑定操作的通信和处理还是会发生。为了改善系统的性能，一些分布式对象系统允许为远程对象定义一个附加的本地接口，程序员可以基于某种设计知识来选择使用远程接口或本地接口。例如，假设代表处理逻辑的对象被设计在同一个称为应用服务器的计算机上，客户在访问处理逻辑时使用的是对象的远程接口，而处理逻辑对象之间的调用则可以使用对象的本地接口。我们的假设就是一种设计知识。

性能和透明性是一对需要权衡的矛盾。

(8)动态代理。代理对象的实现代码一般是客户程序代码的一部分。与 DCE 的 IDL 编译类似，分布式对象系统的 IDL 编译器能够自动生成代理对象的类定义，客户程序通过连接器将这个类的实现从分布式对象的类库中连接到最后的可执行代码中。从中引发的问题是双重的：①当系统类库改动以后，客户程序一般需要重新连接；②当客户与服务器的类库不一致时，远程对象访问会发生难以预料的错误。为了解决这个问题，一些分布式对象系统允许客户在绑定成功以后，动态地从一个文件中或从网络上加载这个代理实现的代码，这就是所谓的动态代理(Dynamic Proxy)。从网络上加载代码早已被证明是可行的，Java 小程序、ActiveX 控件和其他形式的插件(plug-in)的流行反映了网络加载代码技术的成功。动态加载技术解除了客户在开发过程中对对象代理实现的依赖,动态对象代理更容易与服务器基干对象在通信协议、消息格式和编码上达成一致。在实际开发中,客户对象代理与服务器基干的实现一般是放在同一台服务器上,由同一个人或同一个小组进行维护。在解决了代码网络下载的安全性问题的前提下,动态代理的优势是很明显的。

(9)动态调用接口。动态代理的技术并不彻底,它的遗留问题是:虽然客户程序不再依赖代理对象的实现,但它仍然依赖对象的接口定义。客户与服务器在接口上必须达到一致。对象接口的更改还会带来一些上面已经分析到的问题。在基于组件的开发思想中,这种耦合性或多或少地影响了组件独立开发和维护的能力。这个看似复杂的问题,只要去想,就会变得很简单。在Java反省机制(Relection)的设计中,我们可以调用一个类对象的invoke方法去访问一个对象的任何方法,invoke方法的参数有对象引用、方法名、方法的参数组成的数组。动态调用接口(Dynamic Invocation Interface,DII)技术就是基于这样一种原理的设计。如图8-10所示,DII代理实现了一个一般性的invoke方法,所有远程对象的方法访问都可以通过DII的invoke方法去调用。

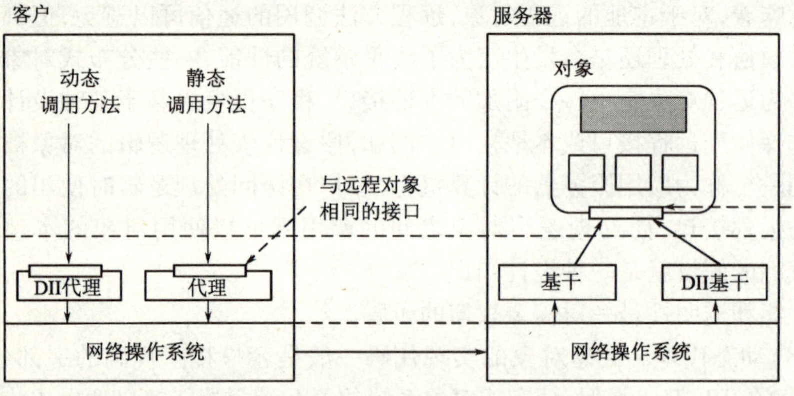

图8-10 静态和动态方法访问

在实际的软件开发中,是否采用动态代理技术和是否采用动态访问接口技术往往是对技术、性能和安全性等问题权衡的折中。

8.3.2 Java RMI实例研究

分布式对象系统是面向对象编程技术的一个必要的延伸,它没有花太多的时间,也没有引起太大的争议,就确立了自己在分布式系统领域的霸主地位。以技术和产品划分,J2EE,NET 和 CORBA 无疑是目前最有代表性的三个阵营。RPC 系统的代表作 DCE 可谓是生不逢时,最后不战而败。DCE 花了太长的时间去证明自己的技术,在取得足够的影响之前又被认为已经过时,这个历史也是发人深省的。在这一节里,我们对 Java RMI 做一实例研究,Java RMI 是 J2EE 分布式对象系统的通信中间件。

Java RMI 采用了远程对象模型,即对象的成员数据与方法实现是集中在一台远程机器上的,客户通过一个与远程对象接口一致的代理对象访问对象的远程方法。Java RMI 严格区分本地对象和远程对象,事实上,它们是完全不同的数据类型。

下面我们通过一个简单的例子来理解 Java RMI 的原理和编程。这个例子要求实现图 8-2 中的加法运算。

(1)定义远程接口。每个远程对象必须实现一个远程接口,这个远程接口必须扩展 java. rmi. remote 接口,同时每个远程方法必须抛出 java. rmi. RemoteException 类的异常。下面是一个远程接口的定义示例,其中只有一个远程方法 add。

```
import java. rmi. * ;
public interface Compute extends Remote {
    int add(int a,int b) throws RemoteException;
}
```

(2)定义远程对象。远程对象运行在服务器端,它必须实现远程接口和通过扩展 UnicastRemoteObject 获得远程对象的一些方法的基本实现。

```
import java. rmi. * ;
import java. rmi. server. * ;
public class ComputeServerImpl extends UnicastRemoteObject
    implements Compute{
    public ComputeServerImpl( ) throws RemoteException {
    }
public int add(int a,int b) throws RemoteException{
    return a + b;
  };
}
```

(3)定义服务器主程序。对象服务的名字和端口信息保存在 RMI 的注册表上。对象服务需要在注册表上进行注册才能够提供服务。

```
import java.rmi.*;
import java.net..*;
public class ComputeServer{
    public static void main(String args[]){
        try {
            ComputeServerImpl computeServerImpl = new
            ComputeServerImpl();
            Naming.rebind("ComputeServer",computeServer-
            Impl);
        } catch (Exception e) {
            System.out.println("异常错误" + e);
        }
    };
}
```

Naming.rebind 方法建立了服务名与服务对象的绑定关系。

(4)编写客户程序。Naming.lookup 是从 RMI 注册表中查找服务的方法,其中 computeServerURL 是对象服务的 URL 名字。

```
import java.rmi.*;
import java.net.*;
public class ComputeClient{
    public static void main(String args[]){
        try {
            String computeServerURL = "rmi://192.168.0.
            1/ComputeServer";
            Compute compute = (Compute) Naming.lookup
            (computeServerURL);
            int c = Compute.add(5,6);
            System.out.println("计算结果" + c);
        } catch (Exception e) {
            System.out.println("异常错误" + e);
        }
    };
}
```

具体的编译、安装、执行过程不在此赘述。

进一步讨论

Java RMI 的本地对象与远程对象除了通信的差异以外,在使用上也存在一些微妙的差别:

(1)克隆(clone)操作:clone()方法是顶级对象 Object 的一个方法,调用本地对象的 clone()方法会产生一个与原对象完全一致的复制品;但克隆一个远程对象却不那么简单,完全的克隆意味着在服务器上要克隆对象,而且还要克隆绑定在这个对象的每个客户的代理对象,这是一个既不合乎逻辑也难以实现的操作。Java RMI 默认的远程对象的克隆操作只是克隆服务器上的对象,而不克隆代理对象。

(2)同步操作:Java 的 synchonized 修饰符允许将一个对象定义为一个同步单元,在任何一个时间,只有一个线程可以操作这个对象的方法,其他访问线程要被自动锁定。这个机制可以保证对同一个对象的访问完全按顺序安排。远程对象的情况要复杂得多,为了保证对象的顺序访问,我们可以有两种不同的锁定设计:第一种设计是锁定代理对象,它意味着必须锁定除了正在访问的客户以外的所有客户的代理对象,与克隆问题类似,这种锁定非常复杂;第二种设计是锁定服务器对象,它既比较合理也易于实施,但如果使用这个对象的客户程序崩溃,那么服务器对象就无法解除锁定。鉴于问题的复杂性,Java RMI 用 synchrinized 修饰符定义的对象的锁定独立地发生在每个客户代理对象上,它意味着同一个客户的远程访问是完全顺序的,但不同客户的同时访问的顺序性是不能保证的。

(3)参数传递:Java RMI 的规则与我们前面介绍的内容是一致的。本地对象和简单值类型数据是按值传递的,但要求传递的数据满足可编组的条件,在 Java 术语中,称为可序列化(serializable);简单值类型数据都是可序列化的,本地对象大多数是可序列化的,但也有些绑定在本地资源的对象是不可以序列化的,例如,文件对象、网络连接(socket)等。

Java 的一个远程对象的实现分为两个部分,服务器的对象和客户端的代理对象,它们都实现一个相同的远程接口。其中,代理对象的类是由编译系统自动生成的。在客户实现与远程对象绑定以后,我们通过实例化代理对象类获得远程对象的一个代理对象,这个代理对象在自己的数据成员中保存了与远程对象通信的所有信息。Java RMI 的一个重要特性是,代理对象也是可以序列化的,也就是说,代理对象可以存入一个文件中,或通过网络传输。对象代理可以被当作远程对象的一个引用来使用,它实际是一个可以作为方法参数的本地对象,按值进行传递。

在对代理对象编组时，代理对象的方法和数据成员都需要进行编组，最终生成的消息可能包含很大数量的字节。在 Java RMI 中，本地对象的编组是一个特殊的处理，它只生成一个称为对象实现句柄（implememtation handle）的数据，这个数据只包含构造本地对象所需要的类（可能不止一个）的名字或其他必要的信息，它一般只占用几百个字节。实现句柄所依赖的类的实现在需要时也可以通过网络下载。这样的处理减少了不必要的通信。

Java RMI 的本地对象的动态加载能力产生了一种新的应用模式，我们称它为基于行为的应用（behavior-based application）。客户端和服务器端可以动态地获得新的行为能力。客户端可以将一个可序列化的本地对象提交给服务器，服务器在需要的时候动态加载这个类的实现，并执行这个类的方法，由此服务器具备了一个动态行为，客户程序也具备了同样的能力。在传统条件下，只有基于主体的分布式系统（agent-based distributed system）才有可能提供动态行为能力，而 Java RMI 将这个能力成功地实现在基本的分布式对象系统中。

Java RMI 的独特设计依赖一个重要的假设条件：客户与服务器程序是纯 Java 的程序，客户与服务器运行在一个完全同构的 Java 虚拟机上。这也是 Java RMI 的局限性。

8.4 分布式文件

8.4.1 概论

文件系统是操作系统的一个重要组成部分，它通过对操作系统所管理存储设备的抽象，向用户提供简单和一致的数据访问接口，向用户隐藏对物理设备的直接操作过程。

文件系统最初是用来管理本地存储设备的，这些本地存储设备一般通过系统总线直接与计算机的其他部分相连。文件本身抽象了一个用户数据访问单元，存储了逻辑上连续的一个字节流。在现代操作系统中，文件又按照树结构层次进行管理和检索，文件的组织形成了由文件和文件夹构成的一个层次型（树状）逻辑存储结构。

当计算机的处理器和网络带宽正在经历着非常规的增长的同时，数据存取能力开始成为提升计算机系统整体性能的瓶颈。数据存取能力问题的一方面是硬件,主要包括存储设备的容量和存取速度;而问题的另一方面则是软件,即文件系统。单一文件系统有不可克服的性能和可用性的限制。因此,建立一个能够综合利用通过网络互联的计算资源和存储资源的新型文件系统是非常必要的。

根据计算环境和所提供功能的不同,M. Satyanarayanan[文献28]将文件系统划分为四个层次,从低到高依次是:①单处理器单用户的本地文件系统,如 DOS 的文件系统;②多处理器单用户的本地文件系统,如 Windows Server 的文件系统;③多处理器多用户的文件系统,如 UNIX 的本地文件系统;④多处理器多用户的分布式文件系统。

分布式文件系统(Distributed File System)是指文件系统所管理的物理存储资源不一定直接连接在本地计算机上,而是通过网络相连。出于向后兼容和透明性的考虑,现代分布式文件系统一般还是保留了本地文件系统几乎相同的访问接口和对象模型。而恰恰是这种透明性要求,增加了分布式文件系统的实现难度。

从 20 世纪 70 年代的最初的分布式文件系统的尝试[文献29],到 20 世纪 80 年代中期的网络文件系统(Network File System,NFS)[文献30,文献31]的出现,分布式文件系统的相关理论、实现技术和产品开始逐渐成熟起来,分布式文件系统在体系结构、系统规模、性能、可缩展性、可用性等方面经历了较大的变化。

早期的分布式文件系统一般以提供标准接口的远程文件访问为主要目标,在受网络环境、本地磁盘、处理器速度等方面限制的情况下,人们更多地关注访问的性能和数据的可靠性。近几年来,网络技术的发展和普及推动了网络存储技术的发展,基于光纤通道(Fiber Channel)的 SAN(Storage Area Storage,存储区域网)、NAS(Network Attached Storage,网络附连储存)以及数据网格(Data Grid)的一些研究成果也推动了分布式文件系统的发展。

8.4.2 体系结构与关键技术

现代分布式文件系统的设计和实现主要是围绕着下面一些目标展开的:①大容量:现在的数据量比以前任何时期都多,生成的速度更快;②高性能:数据访问需要更高的带宽;③高可用性:不仅要保证数据的高可用性,还要保证服务的高可用性;④缩展性:应用在不断变化,系统规模也在不断变化,这就要求系统提供很好的缩展性,在容量、性能、管理方面都能适应应用的变化;⑤可管理性:随着数据量的飞速增长,存储的规模越来越庞大，存储系统本身也越来越复杂，这给系统的管理运行带来了很高的维护成本；⑥按需服务（On-Demand）：能够按照应用需求的不同，如不同的应用、不同的客户端环境、不同的性能等提供不同的服务。

为了实现透明性和向后兼容的需求，分布式文件系统采用了与本地文件系统几乎完全相同的接口模型。在本节中，我们概要地介绍分布式文件系统设计与实现中的体系结构和关键技术问题。

(1)数据访问方式——带内模式和带外模式。在传统的分布式文件系统中，所有的数据和元数据都通过单一服务器提供服务。这种模式一般称之为带内模式（in-band mode）。随着客户端数目的增加，服务器就会成为整个系统的瓶颈。因为系统所有的数据传输和元数据处理都要通过服务器，不仅单个服务器的处理能力有限，吞吐能力也受到磁盘 I/O 和网络 I/O 的限制。

为了克服上述这些问题，人们研究了一种新型的基于 SAN 连接的分布式文件系统的体系结构。SAN 将服务器和存储设备直接相连，大大提高了数据的传输能力，减少数据传输的延时。在这样的结构里，所有的客户端都可以直接访问存储在 SAN 中的数据，而只有关于文件信息的元数据才经过元数据服务器处理提供，减少数据传输的中间环节，提高传输效率，减轻元数据服务器的负载。每个元数据服务器可以向更多的客户端提供文件系统元数据服务。这种模式一般称之为带外模式（out-of-band mode）。

(2) 系统服务器的方式。分布式文件系统结构上有两种大的方式：一种是专用服务器结构（Dedicated Server），另外一种是无服务器结构（Serverless）。

无服务器结构指系统中没有专用的服务器，所有的用户计算机都被当作系统服务器来使用。基于这种系统结构，所有的用户计算机都既是文件服务器，又是文件系统的客户端。此时，一个用户计算机不仅要处理本地的数据管理需求，而且还要服务于其他客户或服务器的数据请求。这种系统结构可以提供很高的性能上的可缩展性，但系统非常复杂，而且造成系统的管理困难。

专用服务器结构可以采用一个或多个专用服务器。在单一系统服务器的形式下，数据的一致性问题得到很大的缓解，但其可缩展性受到很大限制；在多个系统服务器的形式下，系统一般具有较好的可缩展性，但由于多个系统服务器的原因，数据一致性很难处理。

(3)有状态服务器和无状态服务器。在 7.1 节中，我们介绍了服务器的两种形式：有状态服务器（stateful）和无状态服务器（stateless），而文件服务器的设计同样可以有这两种形式。

应用程序通过调用文件系统的接口实现对数据的存取和管理。用户的每一次访问,都是对多个文件系统接口多次调用的结果。应用程序对文件系统接口的调用一般是有顺序的、有前后关联关系的。这些调用一般以 open 开始,以 close 结束,构成一次访问会话(session)。在有状态的分布式文件系统中,元数据服务器跟踪每一个打开的文件,记录文件的操作信息,如当前的读写指针,当前的文件锁等信息。在无状态的分布式文件系统中,元数据服务器不记录任何打开文件的信息,包括读写指针和文件锁等信息。

有状态的和无状态的模式各有优缺点:由于前者不需要在每次进行通信时由客户机将状态信息带到服务器上,因此可以减少通信的数据量和通信次数,服务器也可以更好地进行客户机之间的协调;而后者则具有更好的可用性和失效恢复,因为文件的状态都记录在客户机上,某个客户机的失效不影响其他客户机的操作。服务器失效重启以后,由于不需要进行很多的修复,客户机可以重做刚才的操作,从而可快速恢复。

(4)全局名字空间。全局名字空间是指每一个文件和目录在文件系统中都有一个统一的、唯一的名字,在所有的应用服务器上,用户都可以用相同的名字来访问该文件或者目录,而无需关心文件的实际存储位置和向其提供服务的元数据服务器的位置。名字系统设计是实现透明性的一个关键技术(参看第九章的内容)。当用户访问的文件从一个存储位置迁徙到另一个新的位置以后,用户也无需知道。他可以继续用原来的名字来访问该文件或者目录。全局名字空间在只有一个元数据服务器的分布式文件系统中比较容易实现,因为所有的名字服务都是由一个元数据服务器提供的,它具有全局知识,可以了解和管理全局所有的数据,其中包括名字的组织、映射和查找。在存在多个元数据服务器的情况下,元数据服务器需要采取一些同步技术来提供一个对用户呈现一致的全局名字。

(5)缓存策略。为了提高数据的存取性能,分布式文件一般都有数据缓存的设计。当客户进行一个写操作时,更新的数据缓存在客户端或服务器端,然后在适当的时候再写回到数据实际应该存储的物理设备上。这也就是所谓的写回(write-back)操作。缓存的好处在于可能减少数据的实际传输量。一般来说,最近被访问的数据很可能在不久的将来被再次访问。有些数据也可能是临时的,写入以后不久可能就会被更新或被删除。缓存带来的依然是数据一致性的问题,它可能影响其他同时在读该文件的客户端,因为这些客户端不能读到最新的数据。为了避免这种不一致性所带来的问题，分布式文件系统需要附加的数据锁的设计(参看5.2节的内容)。

(6)安全性。在传统的分布式文件系统里，所有关于文件的数据和元数据都要经过一个单一的元数据服务器进行存取，因此系统的安全性都可以在元数据服务器里集中控制。在这样的情况下，安全性比较容易实现。

如果采用SAN连接，这时服务器可以直接访问存储设备，这种直接磁盘访问方式也给系统的安全实现带来了很大的挑战。Storage Tank[文献32]用系统中的一个可以信赖的验证服务器，采用了独特的“着色+色彩”的模型，实现了分布式文件系统的数据安全。在该模型中，磁盘设备无需跟验证服务器进行任何的信息交互，只需要对应用服务器提供的“票据”进行验证即可，从而简化了磁盘的设计和实现。

(7)可用性设计。分布式文件系统一般由多个结点组成，需要集体协作才能对外提供服务。但是随着系统规模的逐渐扩大，系统中结点故障概率也会大大增加，典型的故障有磁盘损坏、结点失效、网络断开等。对于结点故障，可针对不同的结点类型有不同的处理方法：对于元数据服务器，一般采用多服务器热备份来减少系统暂停服务的时间，采用日志技术进行文件系统的快速恢复等；对于系统中的存储结点，采用数据复制技术，或者采用类似RAID在各个存储服务器之间做数据冗余存储等；对于网络失效，采取把网络划分成多个互不通信的部分，使其系统在故障条件下局部可用。

(8)缩展性设计。分布式文件系统的缩展性主要是指系统的存储容量和性能这两个方面的缩展性。分布式文件系统一般都是通过增加和减少系统组件来取得所需的性能和容量。但不同的体系结构设计有不同的缩展能力。单一服务器的结构在性能和容量上都存在瓶颈，难以突破单一服务器系统的极限。另一方面，缩展性还体现在：系统规模的增长不会带来系统管理复杂度的过度增加。降低控制系统的管理成本，简化系统的管理流程，都是分布式文件系统需要实现的关键技术。目前这方面研究的一个技术热点就是关于存储空间的虚拟化。虚拟化存储提供给文件系统的是一个共享的虚拟存储空间，屏蔽了存储实现的细节，同时具备了比如容错、动态负载平衡等特点。分布式文件系统利用这些特性就可以取得很好的缩展性。

此外，文件系统的快照和备份技术、热点文件处理技术、元数据集群的负载平衡技术、分布式文件系统的日志技术[文献33]，都是目前分布式文件系统中需要解决的技术难点。

8.4.3 实例分析

(1)NFS。NFS(Network File System)是Sun公司为Unix服务器开发的

一个网络文件系统。NFS 的主要思想是为每个文件服务器提供一个标准文件视图。换句话说,不管每台服务器上的本地文件系统是怎么实现的,每个 NFS 服务器都支持同样的文件模型。这个文件模型允许客户能够以一致的方式来访问服务器上的文件。NFS 的第一个版本是在 Sun 公司内部使用的,第二个版本在 1985 年公开发布,目前已经发布第四版。NFS 被移植到了几乎所有主流的操作系统中,成为分布式文件系统事实上的标准。

NFS 利用 Unix 系统中的虚拟文件系统(Virtual File System, VFS)机制,将客户机对文件系统的请求,通过规范的文件访问协议和远程过程调用(Re-mote Procedure Call, RPC,参看 8.2),转发到服务器端进行处理;服务器端在 VFS 之上,通过本地文件系统完成文件的处理,实现了全局的分布式文件系统。Sun 公司公开了 NFS 的实施规范,互联网工程任务组(The Internet Engineering Task Force, IETF)将其列为征求意见稿(RFC-Request for Com-ments),在很大程度上促使 NFS 的实现方法成为标准,也促进了 NFS 的流行。NFS 也在不断地发展,在第四版中,NFS 提供了基于租赁(lease)的同步锁和基于会话(session)语义的一致性等。

NFS 作为一个分布式文件模型,包含了一系列文件访问和管理的协议,但它本身并不是一个文件系统。从这个意义上讲,NFS 和 CORBA, J2EE 十分类似,它只是一个标准协议的集合。NFS 可以有很多不同的实现,按照 NFS 协议的要求,这些实现之间可以很容易达到互操作性的目标。

NFS 的底层模型称为远程文件服务。在这个模型中,客户可以透明地访问这个远程服务所管理的文件系统,并不需要知道这个文件系统的实际位置和具体实现。客户是通过模型的标准接口来实现访问,这个接口与一般的本地文件系统的接口很接近。NFS 在不同的操作系统上有很多实现,图 8 - 11 代表了一个典型的分层实现架构。

在这个实现中,客户通过虚拟文件系统(Virtual File System, VFS)层来访问文件,虚拟文件系统替代了原来本地操作系统的文件接口功能。虚拟文件系统允许访问本地文件,也允许客户使用 NFS 的客户/服务器机制来访问远程文件。在适当的配置下,这一切对客户是完全透明的。

NFS 的文件模型与基于 Unix 的文件模型几乎完全一样。文件是一个字节串,文件组织为由目录与文件所构成的一个层次结构。NFS 的名字系统既支持硬连接也支持软连接,每个 NFS 的操作是客户相对于服务器的一个远程过程调用,遵循开放网络计算组织的 RPC 标准(Open Network Computing RPC, ONC RPC)。直到版本 4, NFS 的服务器都被设计为无状态服务器,但从版本 4.0 开始,无状态服务器的设计方式被放弃。4.0 版本与前面

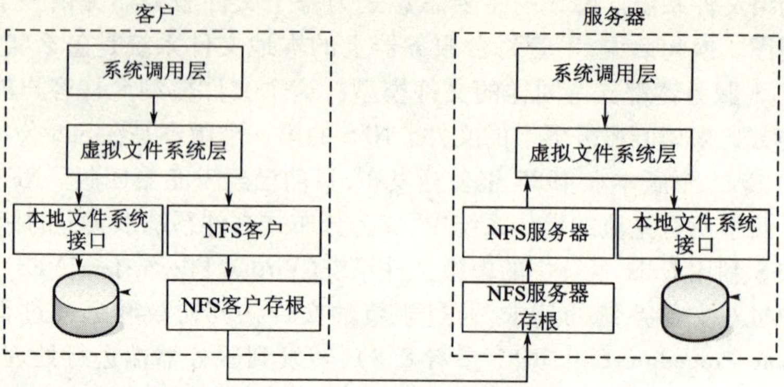

图 8-11 NFS 的基本体系结构

版本的一个明显的区别是它支持 open 文件的操作，这个操作本质上要求服务器维持客户的连接信息。

（2）蓝鲸分布式文件系统。蓝鲸分布式文件系统（Blue Whale File System，BWFS）[文献34]是中科院计算所工程中心研发的基于网络存储的分布式文件系统。BWFS 采用基于 IP 的网络环境，多个存储设备形成一个共享的虚拟存储池，提供大容量、可扩展的存储空间。同时，存储设备具有很好的 I/O 处理性能，通过千兆以太网（Gigabit Ethernet）提供外界访问；有很高的传输速度和相对较低的成本，具有很好的性价比。BWFS 的体系结构设计参考了当今分布式文件系统最新的发展趋势，吸取了很多其他本地文件系统和分布式文件系统的高级特性，克服了在某些分布式文件系统中存在的瓶颈，使其能够真正满足海量数据并发访问的需求，如图 8-12 所示。

BWFS 为机群环境中的应用结点提供单一映象的文件系统接口。文件系统的元数据由专用的元数据服务器（MS）集群处理，绑定服务器负责文件和 MS 的映射关系以及 MS 集群的负载平衡。文件系统的数据不需要经过元数据服务器的处理，直接在应用服务器和存储设备之间传送。这种带外传输的模式，使元数据服务器专注于处理元数据请求，提高了元数据服务器的性能，有效地克服了数据传输瓶颈。同时，蓝鲸文件系统全局动态分配数据块和索引结点资源的能力，使系统具有很好的缩展性。通过在客户端缓存尽量多的元数据信息，可以明显减少客户端和元数据服务器之间的传输请求，大大提高了系统的性能。

蓝鲸分布式文件系统采用 Lazy-Binding，Logical-Binding，Local-Binding-Cache 等技术来提供多个元数据服务器机群之间的负载平衡，尽量发挥每一个元数据服务器的最大性能。系统针对不同属性的文件或者目录采用不同的资源分配策略，以保证任务的平均分配。系统还可以根据运行时的

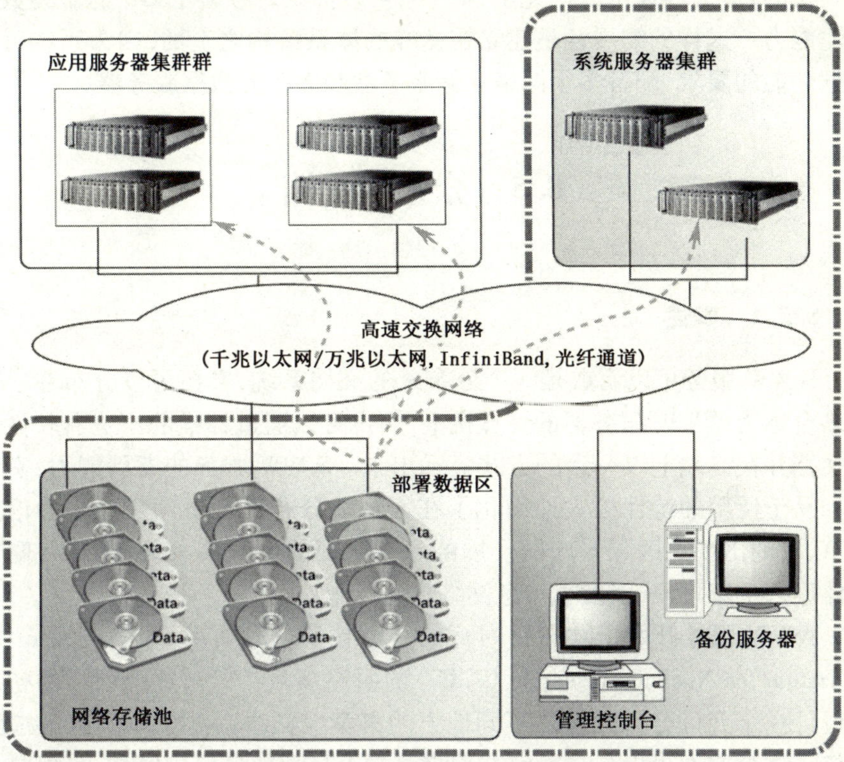

图 8－12 BWFS 系统结构图

实际负载情况,动态调整各个元数据服务器之间的负载分配以及各个存储服务器之间存储空间的分配。

蓝鲸分布式文件系统采用针对元数据的分布式日志,保证系统元数据的一致性,缩短系统灾难恢复的时间。系统采用双机热备进行失效接替管理,减少系统单点故障发生的几率。系统采用智能化的备份方案保证用户数据的可用性。蓝鲸分布式文件系统支持数百甚至数千个应用结点、多个元数据服务器和网络存储服务器。在大规模的机群环境下,系统的可管理性显得非常重要。蓝鲸分布式文件系统中,采用动态部署系统轻松部署运行环境和切换应用服务器,从而降低了管理的难度和成本。系统采集各个结点的有关系统运行的实时信息,为系统故障的分析和性能调整提供了依据。系统可以自动完成一部分负载动态平衡的功能和故障的自我诊断与恢复。

蓝鲸分布式文件系统一直十分注重系统的可缩展性,包容系统规模、系统整体容量、系统性能各个方面。蓝鲸目前可以支持上千个应用结点的并发访问;最大容量可以扩充至512TB;可以提供每秒若干 GB 的聚集数据传输能力。这样的缩展性是建立在良好的体系架构之上的,因为系统可以根据性能的要求,配备多个网络存储服务器和多个元数据服务器。

8.5 分布式文档

8.5.1 概述

WWW 服务可以看成是一个分布式的文档系统,文档可以分布在一台或多台称为 WWW 服务器的计算机上,用户可以通过标准的浏览器软件访问文档并在终端上以一致的方式显示出来。WWW 服务的缩展能力、实用性和易于使用的特性极大地简化了在大规模分布环境下用户之间的信息共享,它的出现是国际互联网发展的一个重要的里程碑事件,国际互联网从此进入千家万户,引发了信息网络化的革命。

WWW 服务开始于欧洲日内瓦的一个粒子物理实验室(European Organization for Nuclear Research, CERN)的研究项目[文献35],这个项目的初衷是设计一个允许分布在世界不同地方的科学家共享一些文本信息的应用系统。这个文本可以包含能够在用户终端上显示的任何内容,它可以是笔记、绘图、报告和图片,它还可以是链接到另一个文本的一个链接,被链接的文本既可以在本地计算机上,也可以在千里之外的另一台计算机上。因为链接通常被设计为一个有意义的文本标签,用户在通过链接访问文档时,除了经常可以察觉到的通信延时外,他得到的是一个单一的文档系统的视觉效果。分布是透明的。这种结构的文本就是我们今天所熟知的超文本(hypertext)。

1994 年,第一个图形界面的浏览器软件 Mosaic 问世与 Web 标准化组织(World Wide Web Consortium)的成立,使 WWW 服务从此进入迅速发展和普及的时期。另一方面,WWW 服务也在组织中得到广泛应用,它已经成为企业信息系统、电子商务和电子政务建设不可或缺的技术基础。

WWW 服务是一个多服务器级联的客户服务器系统,每个服务器管理一个文档集合,每个文档通常是一个超文本格式的文件,文件可以通过 CGI, Servlet 或其他服务器组件动态生成。一个服务器接受取文件的请求,并通过网络将文件传输给客户,并且还可以接受存储新文件的请求。WWW 服务的通信中间件由客户端的浏览器软件和服务器端的 Web 服务器软件构成，所有的信息传递采用了超文本传输协议（Hypertext Transfer Protocol，HTTP），参见图 8－13。

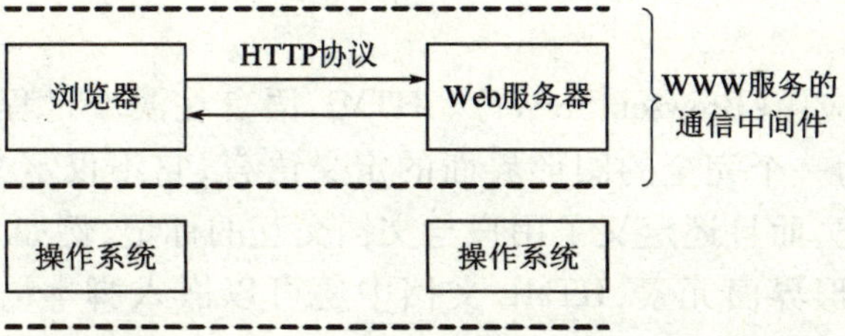

图 8－13　WWW 服务的通信中间件

（1）文档模型。WWW 服务的基本思想是所有信息都是文档。为了客户能够以一致的方式显示文档，大多数 Web 文档都采用了超文本标记语言（HTML）格式。HTML 是英文 HyperText Markup Language 的缩写，它是一种标记语言，规定了文档在客户终端的显示方式。例如，HTML 中有关于字体格式的标记，有表格的标记，也有链接到其他文档的超链接（hyperlink）的标记。下面是一个简单的 HTML 文档的示例：

```
< html >
< head >
< title > 文档示例 < /title >
< /head >
< body >
< h1 > Hello world!  < /h1 >
< p > < a href = "http://www. cueb. edu. cn/index. html" > 链接
到下一个文档 < /a > < /p >
< /body >
< /html >
```

用浏览器打开以后，用户在终端上可以得到左下方的显示效果。

Hello world!

链接到下一个文档

（2）URL（Uniform Resource Locator）统一资源定位器。在 WWW 服务中，文档是通过 URL 来引用的，它的最常见的形式是：

http://computername:port/path

http 是 WWW 服务的网络通信协议，computername:port 是 Web 服务

器的计算机名和端口号，path 是文档在 Web 服务器上的文档路径。例如，上面例子中的http://www.cueb.edu.cn/index.html。Web 服务器的默认端口号是 8080。我们将在 9.1.3 节中分析分布资源的一般性的命名原理。

(3) B/S 应用(Browser/Server)。HTML 语言在演变过程中不断丰富，现在已经成为一个完全的图形界面的定义语言，它不仅定义了文档的显示和链接标记，而且还定义了用户与文档交互的标记，例如，文本框、列表框、按钮等图形界面元素，HTML 文档中还可以嵌入脚本语言、Java 小程序和 ActiveX 控件等更复杂的软件组件。同时服务器软件的功能也在不断扩展，服务器不仅限于在本地文件中读取 HTML 文档文件，而且还可以通过其他软件组件自动生成 HTML 文档，这些组件包括 CGI，Servlet，ASP 和 JSP 等。图 8－14(a)对应了所谓的静态网页，因为 HTML 文档是预先编制的，而图 8－14(b)对应了动态网页的技术，服务器按照客户的请求动态地生成网页。例如，如果你希望使用 WWW 服务提供上市公司的信息查询，而这些信息一般是保存在一个数据库里，并经常会被更新。静态网页的方式则很不方便，因为我们必须维护与上市公司数量相同的 HTML 文档，而且还需要在数据更新时重新编制 HTML 文档以保持一致；动态网页技术能够较好地解决这个问题，我们只需要写一个程序去读数据库，然后动态地生成客户所需上市公司的 HTML 文档，传输给客户。事实上，客户端并不关心也不可能知道他所得到的 HTML 文档是预先编制的还是动态生成的。

不断丰富功能的浏览器和 Web 服务器形成了日益流行的 B/S 结构的应用。传统的 C/S 应用带来的问题是，客户端需要专门的软件，它与服务器是紧密关联的，从界面设计上看，传统的 C/S 应用也无法达到界面的一致性，用户一般每次都要有经历一个界面的重新熟悉的过程。而 B/S 结构客户端采用标准的浏览器软件，取消了客户端软件的开发和管理工作。但事物总是一分为二的，B/S 结构将原来客户端的工作转嫁到服务器端，每次

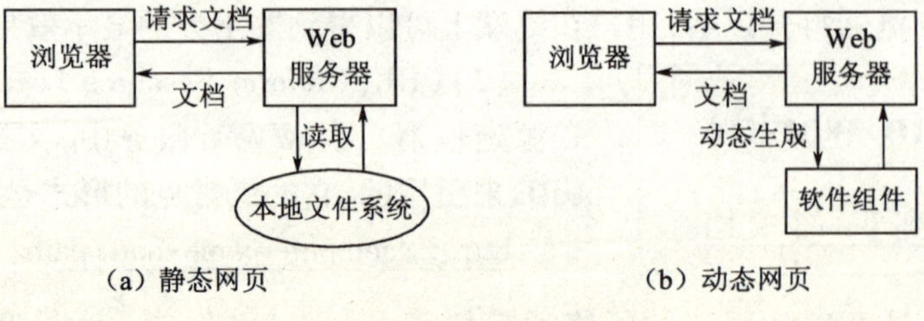

图 8－14　静态和动态网页的处理

动态生成 HTML 文本总是有性能上的代价。

还有一些批评是针对 HTML 标准扩展的随意性。HTML 的设计初衷是一个简单的、轻量级的标记语言,但今天看来,HTML 的复杂性变得有些失控,浏览器软件也越来越庞大,同时其中的语法缺陷渐渐显露出来。负责 HTML 标准制定的 W3C 组织已经决定不再扩展 HTML 标准,HTML 的最新和最终版本是 HTML 4.0。一个新的标记语言 XML(Extended Markup Language)成为目前研究和应用的新热点。按照 XML 标准重新定义的 HTML 称为 XHTML。

8.5.2 HTTP 协议

HTTP 协议是直接建立在 TCP 协议之上的一个高级协议,这个协议是按照客户服务器模型设计的,用于访问和管理服务器上的超文本。HTTP 协议的一个重要特征是无连接的通信。当客户需要请求服务时,它首先建立与服务器的一个 TCP 的连接,在这个连接上向服务器发送请求和接收响应,最后关闭 TCP 连接。因为 TCP 是一个可靠的传输协议,因此 HTTP 不需要处理消息丢失和其他非可靠通信的问题。当通信中断或出现连接错误时,客户端将得到一个超时错误。HTTP 一般对任何通信失败不做处理。HTTP 的消息传递协议按照下面的步骤进行:①客户请求连接;②客户在连接上发送请求服务的消息;③客户在连接上接收响应消息;④客户断开连接。

早期的 HTTP 协议,HTTP 1.0 或更早的版本,需要为每个请求建立一个新的连接。当 Web 文档是由服务器上多个文件组成时,如果每个请求都需要独立的连接,那么每次重复连接并传输文件就会消耗额外的资源。为了减少网络延时,客户可以通过多线程技术同时建立与服务器的多个连接,使得传输数据的过程并发进行。我们在一些常用的浏览器软件上经常能够观察到并发处理的现象。当一个页面包含多个图片时,图片的显示并不是按顺序发生的,而是并发的。客户的并发处理并没有消除因为重复连接而造成的资源浪费。从 HTTP 1.1 开始,HTTP 协议允许建立一个连接,并在同一个连接上进行多次请求/响应过程。这样的连接又称为永久连接(persistent connection)。更进一步,客户可以发送多个请求而不需要等待第一个请求的响应。这就是所谓的流水线操作(Pipelining)。RFC 2068[文献36]就是关于 HTTP 1.1 标准的描述。

(1)HTTP 方法。HTTP 被设计为在客户和服务器之间双向传输文档的一般性客户服务器协议。一个客户的请求消息中包含了需要服务器执行的操作，这个操作称为 HTTP 方法。HTTP 的主要方法如表 8－1 所示。

表 8－1　HTTP 协议方法

方法	说明
Head	请求返回一个文档的头信息
Get	请求返回一个文档
Post	请求将数据增加到一个文档中
Put	请求存储一个文档
Delete	请求删除一个文档

HTTP 协议假设每个文档有一个描述文档的元数据（metadata）。这个元数据包含在请求或响应的消息头中。head 方法请求返回一个文档的元数据，而不是文档本身。head 方法可以用来查看文档的存活期、最后一次修改时间和格式等内容，客户端可以利用这些信息检查文档是否存在或者缓存是否失效。

最常用的方法应该是 Get 方法。它用来请求返回一个文档，服务器在响应消息中将文档返回给客户。我们以 Get 方法为例看一个实际的例子，从而达到更好地理解 HTTP 协议的目的。当你在浏览器软件的地址栏输入 http://www.cueb.edu.cn/index.html 后，浏览器软件将构造一个使用 Get 方法的请求消息发送给服务器。

```
GET /index.htmlHTTP/1.1
Host：www.cueb.edu.cn
```

服务器的响应消息可以大致如下，index.html 的内容在此忽略。

```
HTTP/1.1 200 OK
Date：Wed,18 Sep 200420:18:59 GMT
Server：Apache/1.0.0
Content-type：text/html
Content-length：1579
Last-modified：Mon,22 Jul 2004 22:23:34 GMT
（HTML document）
```

在服务器的响应消息中，第一行的 200 OK 是一个状态代码。HTTP 的主要状态代码如表 8－2 所示。

表 8-2　HTTP 返回代码

200 OK	服务器成功地执行了请求
404 Not Found	未找到指定文档
301 Moved Permanently	请求的文档被永久地移动到另一个位置
302 Moved Temporarily	请求的文档被暂时移动到另一个位置
500 Server Error	服务器错误

我们注意到，在非加密的通信环境下，HTTP 的消息是纯文本格式，适合人们一般性地阅读和理解。每个消息参数占用文本的一行。

Put 方法与 Get 相反，它请求服务器存储一个文档。Put 方法有更强的安全性要求，不是所有用户都被允许在服务器上增加新的文档。

Post 方法与 Put 方法类似，但它是请求将数据增加到一个文档或一个文档集合上。典型的例子是向一个讨论组或公告板增加一个新帖子。

Delete 是在服务器上请求删除一个文档。

(2)进一步的讨论。HTTP 协议只是规定了客户与服务器消息传递的标准，所有的浏览器和 Web 服务器软件都是围绕这个标准工作的。所有这些软件的互操作性都是以这个通信协议为基础的。例如，一个 Windows 系统上的浏览器可以无区别地访问 Linux、Windows 或任何其他系统上的 Web 服务器。

国际互联网的 WWW 服务可以说是无处不在，它是我们能找到的最常用的服务，HTTP 协议因此也成为一个广泛认同的通信协议和事实上的工业标准。能够双向传输文本就能够双向传输任何数据，基于这样一个事实，HTTP 协议逐渐延伸到 WWW 服务以外的应用中。一些原来直接在 TCP 上开发的应用开始移植到 HTTP 上，或者两种通信方式共存。更加标准化只是一个动机，在国际互联网上还有一个实用性的动机：大多数机构因为安全或者网络负荷的原因，通过防火墙或路由器的设置，封闭大多数 TCP/IP 的协议的使用，只允许少量的包括 HTTP 协议在内的一些 TCP/IP 通信。因此基于 HTTP 协议的应用可以有更大的应用范围。例如，一些机构可能不允许用户使用 FTP 的客户端软件访问 FTP 服务器下载文件，而 FTP over HTTP 就可以绕开这个限制。

在面向服务的架构中，HTTP 协议在众多的技术和利益集团的冲突中脱颖而出，它取代了 CORBA，Sun 和微软等机构的各自互不兼容的通信协议，成为对象之间信息传递的一种标准通信协议。

HTTP 协议的重要性已经超出了 WWW 服务的范畴，作为一个更一般性的消息传递的通信标准，它的进一步发展是非常值得关注的。

第三部分 公共服务设计

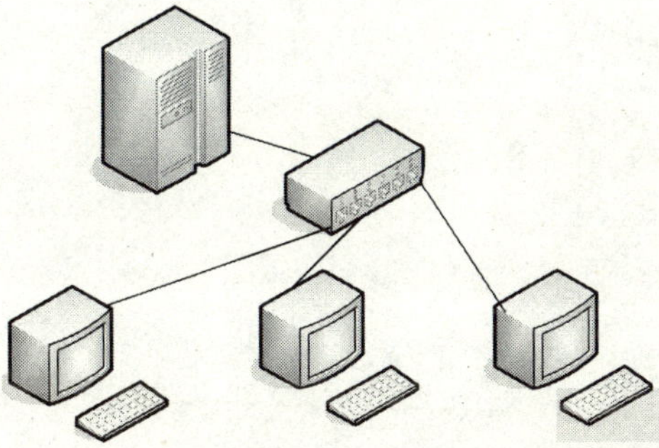

第9章

名字和目录服务

在所有的计算机系统中，名字扮演了一个非常重要的角色。当计算机系统需要对某一个资源进行操作时，就必须知道资源的名字。通过名字来使用和共享计算机资源是计算机系统中的一个最基本的事实。在分布式系统中，名字系统用来存储代表用户、计算机、服务、远程对象、网页、数据库等所有分布资源的地址和其他细节，并提供从全局有效的名字到分布资源实体的解析服务和其他管理服务。目录服务是名字服务的另一种形式，它允许用户通过资源的属性来检索资源，为应用的设计提供更灵活的编程能力。在大规模分布的环境下，名字和目录系统本身也被设计为分布在多台计算机上的一个分布式服务。从基于分布模型的设计来看，名字和目录服务是分别以名字和目录为分布资源的一种分布模型。

如果说通信服务提供了通信处理的透明性，那么名字和目录服务是实现分布资源关于位置透明性的关键服务。

9.1 实体的命名

9.1.1 名字定义，标识、地址和友好名字

名字是关联一个实体的二进制位串或字符串。实体可以是系统中的任何东西。实体一般是可以操作的。例如，打印机提供一个访问接口，其中可以包括打印文档、查询一个打印作业的状态、暂停打印等操作功能；网络连接作为实体可以提供发送消息、接收消息、定义通信参数等操作；数据库作为实体可以提供对数据库、表和数据的操作。

在2.4.4节和7.1.1节中，我们分别分析了网络文件共享服务和网络

打印服务，前者使用的是文件的名字，后者使用的是打印机的名字。如果不做进一步的处理，这些服务都存在一个位置相关的问题，即不同的用户对同一个实体使用不同的名字，甚至需要使用不同的服务，例如，在本地打印用 Print 命令，而远程打印却用 NetPrint 命令。我们假设对打印服务做如下两项改进：

- 对于客户端，本地打印和远程打印的区别可以通过扩展打印机的命名方式来统一。如果网络中的所有打印机都采用“机器名：打印机”的名字格式，我们可以将 Print 和 NetPrint 程序合二为一。当机器名为本地机器名时，NetPrint 可以直接调用 Print 的功能。
- 考虑到机器的名字和打印机的名字可能不太直观，我们还可以采用一个更友好的命名系统取代机器相关的命名，例如，按照表 9－1 的名字表中的映射，对打印的访问可以达到更高的位置无关性。当打印机移动到另一台机器上时，我们只需要改动这个映射表而不需要改动应用程序。

表 9－1　名字映射表示例

友好名	实际资源名称
财务部. 激光打印机	Machine1：LPT1
技术部. 程序打印机	Machine2：LPT1

这两项改进统一了本地资源和远程资源的处理方式，并实现了资源位置的透明性。这就是名字服务需要研究的问题。

(1) 地址作为名字。在实体上进行操作依赖于一个访问点（Access Point），这个访问点又称为实体的地址（Address）。地址是访问所依赖的实体信息，但一般不足以确定实体，因为实体可能会改变地址。例如，当计算机作为实体时，计算机的 IP 地址可以看成是实体的地址。当计算机接入一个动态分配 IP 地址的网络中时，每次它都可能得到不同的 IP 地址。一个实体也可以有多个地址。一个 WWW 服务作为实体的访问地址是计算机的 IP 地址和端口号的组合，当它运行在多台计算机上时，一个 WWW 服务就可以有多个这样的组合地址。与现实生活中的实体做一个简单比较：电话号码可以看成是一个人作为实体的地址，因为我们可以通过电话访问到这个人；一个人可以有多个电话号码，这就对应了实体可以有多个地址的概念；如果他搬家到另一个城市，他的电话号码一般会改变。道理是一样的。

按照名字的定义，实体的地址也是实体的一种名字。当实体的名字是地址，或者实体的名字中包含地址信息时，我们说实体有一个地址相关的名字。例如，http://www. cueb. edu. cn/index. html 是首都经济贸易大学的主页名，它是一个地址相关的名字，其中，www. cueb. edu. cn 是计算机的名字，index. html 是计算机上该主页的文件名字。当实体的名字是地址相关的名字时，更改一个实体的名字和更改一个实体的地址成为一个简单的合二为一的操作。例如，将首都经济贸易大学的主页文件名 index. html 改为 index. jsp 以后，主页的名字直接变更为 http://www. cueb. edu. cn/index. jsp，我们不需要做附加的变更地址的操作。

(2)唯一标识作为名字。地址相关的名字也有很不方便的时候。当实体改变地址以后，以这个名字进行共享资源的连接会全部失效，直到所有这些连接重新定位在共享资源的新名字上。例如，在局域网中，打印机的名字经常是地址相关的，典型的格式是\\machine\printer，其中 machine 是主机名，printer 是打印机名。当打印机频繁移动在不同计算机上时，依赖这个名字进行打印作业的程序也需要频繁地修改打印机的名字。一个更好的办法是打印机有一个地址无关的名字，而名字到资源的定位由一个独立的服务来管理。因此在一些情况下，为实体取一个地址无关的名字有更大的配置灵活性。

唯一标识就是一个地址无关的名字，是一个能够唯一区分一个实体的名字，它的设计必须满足下面三个条件：①一个标识最多关联一个实体；②每个实体最多只有一个标识；③一个标识总是关联同一个实体，也就是说，标识不会被重用。

原则上不同的实体是不会完全一样的，但以实体的特征进行区分往往非常困难，甚至不可能。批量制造的产品就是一个典型的例子。我们无法以制造过程中的细微区别去有效地识别单个产品。我们找到的办法是给每个产品人为地添加一个标识信息，例如，产品编号、发动机号等。人口管理也是一样。人与人总是有区别的，尽管生物技术是目前最科学的识别方法，但计算机处理依然需要一个更简单的办法，身份证号就是满足唯一标识的一个设计。相反，一般的地址信息不满足唯一标识的要求，例如，电话号码在一段闲置时间后会再分配给新的用户。

事实上，唯一标识设计的三个条件更为严格：不仅要求与地址无关，而且要求与实体所有可更改的特征信息无关。由于实体的特征改变而导致标识的改变是不能接受的。有趣的是，大多数唯一标识的设计都或多或少地与实体的特征相关。例如，合同号可以是合同日期加一个顺序编号，产品编号可以是产品生产日期加顺序编号，合同日期和生产日期可以看作是不可更改的。但也有更复杂的情况，例如，身份证号中包含了一个人的出生日期、性别等信息，但户籍制度允许这些特征信息在一定的条件下更改，虽然这是非常例外的需要特殊处理的情况。

全球唯一标识(Universal Unique Identifier, UUID)或全局唯一标识(Globally Unique Identifier, GUID)是分布式系统广泛用到的唯一标识。它是一个128位的位串,其生成算法可以保证它在分布式环境下空间上和时间上的唯一性。这个算法的特点是不依赖一个集中的管理机构,它的原理如下:

- UUID引用执行算法的计算机的第一个网卡的IEEE 802.1定义的网络地址,这个地址是全局唯一的,从而达到空间的唯一性。
- UUID引用执行算法的计算机的时间戳,算法可以保证到公元3400年前都不会重复,从而保证时间的唯一性。
- 在上面两个引用出现任何问题的情况下,算法使用随机数来保证生成的UUID的唯一性。

互联网上有很多使用该算法的演示系统,例如,输入http://kruithof.xs4all.nl/uuid/uuidgen地址,我们可以得到一个有效的uuid,如85c1bf40-6069-11d9-9669-0800200c9a66,32个16进制数。

(3)友好名字。地址和唯一标识是实体的两个不同用途的两种名字,在计算机系统中,地址和唯一标识一般是二进制格式,或者是数字和字符构成的一个没有意义的串。例如,IP地址是32位的二进制位串,组合为4个字节,如192.168.0.1;内存地址是一个32位或64位的整数;UUID是一个128位的位串。这些名字不易于人的阅读、理解和记忆。

友好名字是实体的名字的另一种形式,它一般是用户定义的字符串的形式,具有明显的易读、易记和易交流的特征。这些名字可以组织为不同的形式,例如,文件名可以是由最长为255的字符串,几乎是完全自由命名的;计算机的域名是由"."分开的不分大小写的字符串,它需要遵循一定的域名组织的规范。

名字并不是识别实体的唯一方法。实体的其他特征信息也可以用于查找和识别实体。有时候用户并不知道要查找的实体的名字,却知道关于实体的一些特征信息。例如,我们可能需要在某一个网络区域查找一台激光打印机,而并不知道激光打印机的名字和地址。实体的这些特征称为实体的属性。

9.1.2 名字空间

名字的组织结构称为名字空间。一个名字空间可以表达为一个带标签的有向图的结构。在这个结构中,叶子结点没有出去的边,它代表一个命名的实体;非叶子结点,又称为目录结点,存储了所有邻接结点和邻接边的标签(结点,标签)的一个表,又称为目录表。如图 9-1 所示。

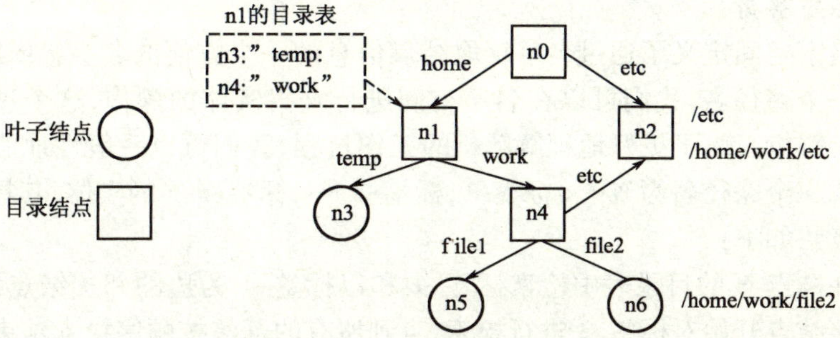

图 9-1　单根结点的名字空间

在图 9-1 中,有一个结点 n0 只有出去的边而没有进入的边,这个结点称为根结点。虽然名字空间允许多根结点的组织结构,为了管理的便利,在大多数计算机系统中,名字空间或被设计为只有一个根结点,或不同根结点的名字空间被合并为一个单根结点的名字空间。在 Windows 的资源管理器的浏览中,桌面成了所有资源的根结点。

路径是一个连接两个结点的边的序列,可以表达为,N: <标签-1,标签-2,…,标签-m>,其中 N 是路径的开始结点。这个序列实际上构成了目标结点的另一个名字,我们将它称为实体的路径名(path name)。如果路径中的第一个结点是根结点,它就是目标结点的绝对路径名(Absolute path name),相反,它被称为是相对路径名(Relative path name)。例如,n0:<home,work,file2>是结点 n6 的绝对路径名,而 n4:<file2>是 n6 相对于目录结点 n4 的相对路径名。但无论是绝对路径名还是相对路径名,它反映的都是实体之间名字之间的关系,而不是实体本身的关系。

这种命名图的描述与大多数文件系统很类似,文件系统一般使用"/"来作为边之间的分隔符,n0:<home,work,file2>则可以表达为/home/work/file2,第一个"/"代表根结点。当有几个不同的路径可以到达一个结点,这个结点可以有多个路径名,如图 9-1 中的 n2 结点。有些名字空间的组织要求一个严格的有向树结构,即图中所有除根结点以外的结点只能有一条进入的边,在这种情况下,每个实体的绝对路径是唯一的。

在文件系统中,文件的名字组织实际上与文件在存储设备的物理组织结构是完全对应的。在这种情况下,实体的路径名实际上就是实体的地址;而在另一些情况下,名字空间是一个纯逻辑的组织,路径名只是实体在名字空间的位置,我们需要访问实体结点的信息才可以得到实体的位置信息。例如,计算机的域名也是组织为一个有向树的结构,但结点在树中的位置与计算机的网络地址之间不存在直接的关联。

名字解析

名字空间定义了通过名字存取结点信息的一个方便的名字组织结构。给定一个路径名,我们可以在名字空间进行查找实体的操作,这个过程称为名字解析。为了更好地理解解析的工作过程,我们可以一般性地假设需要查找一个路径名为 N: <标签-1,标签-2,…,标签-m>的实体,其具体的解析算法如下:

在结点 N 的目录表中检索标签-1 和以标签-1 为边的邻接结点,从这个邻接结点开始对标签-2 进行检索,直到所有的标签按顺序检索结束。在检索成功的情况下,算法返回找到的结点信息,否则查找失败。

闭合机制(Closure mechanism)

名字解析总是依赖一个开始结点,而定位这个开始结点又依赖于另一个开始结点,如果没有一个适当的机制,名字解析实际上无法开始。这个机制就是所谓的闭合机制,它负责提供启动解析算法的初始结点。名字系统的根结点一般都被设计在一个固定的和默认的位置上,以解决闭合机制问题。以 Unix 系统为例,如图 9-2 所示,Unix 的文件系统将一个连续的数据块组成的硬盘分为四个部分:启动区保存了系统上电以后自动加载到内存中的一些数据和指令,它们负责将操作系统加载到内存中。超级数据区保存了文件系统的所有元数据(metadata),包括文件系统的大小、未分配的数据块信息、目录结点区的使用等。文件索引区保留了所有目录结点的数据;文件结点区保留了所有文件的数据。因为文件系统的根结点总是被设计为文件索引区的第一个目录结点,这个位置是系统默认的和固定的。

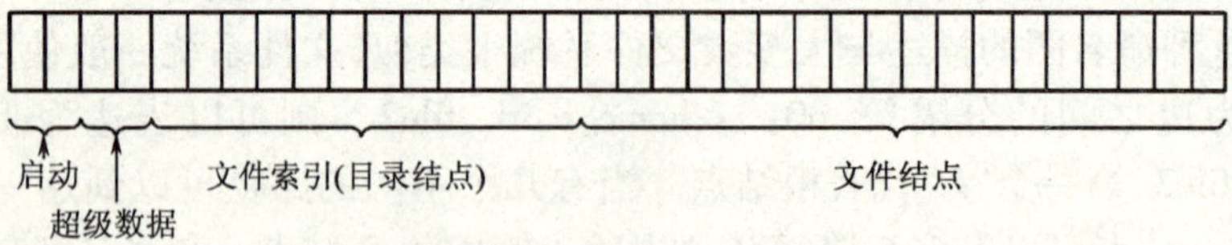

图 9-2 Unix 的文件系统组织

9.1.3 链接和加载

当一个名字由多个部分组成时,输入和记忆都不方便。别名是实体的另一个名字,它一般用更简单的名字去替代复杂的名字。操作系统中的环境变量就是一个别名的概念。在 Unix 系统中,HOME 代表的是用户的工作目录;我们还可以定义其他的一些环境变量来简化名字的使用,例如,set LASER = \\machine\printer,为给定的打印机定义了一个更简单的别名。别名的使用还有助于提高实体的位置透明性。例如,LASER 别名使得所有访问 LASER 的程序与打印机的位置无关。由于通过环境变量来定义别名只是一个本地的替换操作,分布式系统根本无法访问到本地的别名,它的使用有很大局限性。在名字空间中,提供别名有两种完全不同的方法。

第一种方法是允许一个结点有多个不同的绝对路径名。这个方法在上一节的讨论中已经涉及,在图 9-1 中,结点 n2 有两个不同的绝对路径。在 Unix 术语中,/etc 和/home/work/etc 被称为结点 n2 的硬链接(Hard links)。硬链接的信息保存在其上级结点的目录表中。

第二种方法是建立另一个叶子结点,它包含了指向另一个结点的绝对路径。这个别名在 Unix 的术语中被称为符号链接(Symbolic link),而在 Windows 中被称为快捷方式。符号链接的信息保存在一个单独的叶子结点中。如图 9-3 所示,叶子结点 n7(/home/work/etc)中存储了结点 n2 的绝对路径/etc,n7 是 n2 的符号链接,/home/work/etc 是 n2 的一个别名。

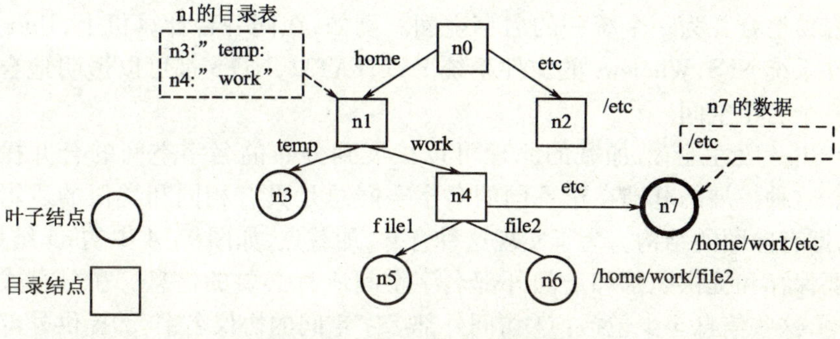

图 9-3　命名图的符号链接

从解析的角度看,硬链接的解析与一般的解析没有任何区别,而符号链接的解析需要对算法做一些调整。在解析到符号链接的结点后,还需要读出结点的数据,并重新开始解析过程。如果访问到的结点又是另一个符号链接时,解析还需要继续,直到访问到真正的实体。

加载

符号链接的思想还可以用在不同名字空间的合并中。在一个加载文件系统中,我们可以在加载点建立一个目录结点,这个目录结点保存被加载的文件系统的目录结点的标识。如图 9-4 所示,名字空间 NS1 通过加载点 n5 将名字空间 NS2 加载到 NS1 上。在合并后的名字空间中,原来 NS1 中所有结点的路径名没有改变,而 NS2 中的结点 n0 和 n1 的绝对路径分别改变为/home/work/NS2 和/home/work/NS2/etc，其他结点以此类推。

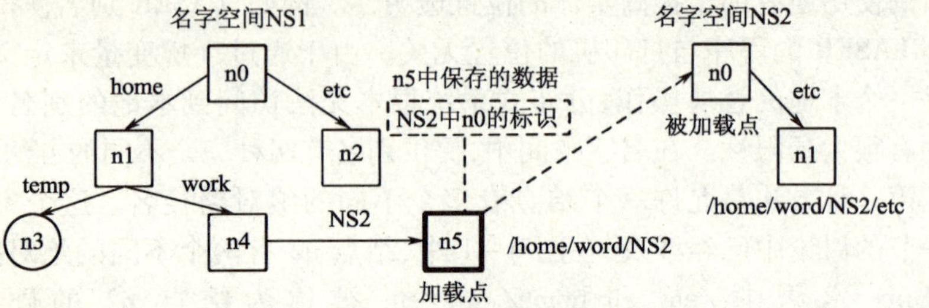

图 9-4　名字空间的加载

在 Unix 系统中，所有硬盘和存储设备都是通过加载操作安装到文件系统中的。每个存储设备实际上就是一个独立的名字空间，它可以加载到文件系统的任何位置。Windows 系统中存储设备自动加载到默认的位置上，每个盘符(A，B，…)是这些存储设备上的文件系统的根结点。在同一台计算机上，采用同样的原理和一些附加的设计，不同实现的名字空间也可以很容易地合并为一个统一的名字空间。例如，在同一台计算机上，Unix 的文件系统 NFS，Windows 的文件系统 FAT，FAT32，NTFS 都可以透明地合并为一个名字空间。

更一般性地看，加载的原理可以扩展到分布的名字空间的合并操作上。这种扩展的基础在于不同的名字空间总是具有相同和类似的逻辑结构，即有向图的结构。为了实现这种合并，加载点，如图 9-4 中的 n5 结点，需要保存和提供识别和访问外部名字空间所有必要的信息。在分布式环境下，这些信息至少包括：①访问外部名字空间的协议名字；②提供外部名字空间的服务器名字；③外部名字空间被加载的结点名字。

在加载过程中，上面的每个名字都需要得到正确的解析。协议名解析到与服务器的通信协议上；服务器名解析到安装了外部名字空间的服务器的网络地址上；最后，外部名字空间的加载结点名解析到该结点的标识或位置上。这三个名字的解析实际上发生在不同的名字空间上。在同一台计算机上时，这三个信息都不需要，我们既不需要协议名、服务器名，也不需要结点名称，因为外部空间的根结点是已知的，并作为默认的加载结点。

为什么本地加载总是以外部空间的根结点作为默认加载点，而分布加载却需要指定外部空间的加载结点名字？这个问题需要从技术和安全两个方面来分析。

从技术上分析，在本地的情况下，假设我们可以指定外部空间的某一个结点作为加载点，根据我们关于闭合机制的讨论，为了找到外部名字空间中的这个结点，外部空间的根结点必须首先加载才可以开始在外部空间的名字解析。既然根结点总要加载，以根结点作为默认的加载结点是一个合理的和简单的技术选择。在分布环境下，外部空间的加载和解析完全是由运行在另一台独立计算机上的服务器程序完成的，除了必须知道外部名字空间所公布的结点名字，加载点的计算机无法对外部名字空间被加载点做任何默认的假设。因此，以某一个结点名字作为加载点是合理的技术选择。

从安全方面来看，本地加载无法实施安全性，因为加载部分名字空间而不加载根结点是技术上无法实现的。在分布环境下，安全性可以通过服务器程序来实现，服务器可以决定名字空间的部分或全部作为共享的名字空间。加载点的名字以别名的方式提供，从而隐藏加载点在计算机上的真实路径以增加透明性。这个别名又称为共享名，Windows 的文件共享操作体现了这个思想。

加载只是名字空间合并的一种形式。另一种形式是在名字空间中增加一个新的根结点，将需要合并的名字空间分别作为新根结点的子树（子图）。DEC 的全局名字服务系统（GlobalName Service，GNS）[文献37]就采用了这个设计，如图 9－5 所示。这个设计产生的一个问题是，所有结点的绝对路径发生了变化，例如，NS1 中的 n1 结点的绝对路径从“/home”改变为“/NS1/home”。如果不希望改变结点的绝对路径，就需要自动将/home 扩展为n0:/home，然后得到/NS1/home。这个过程是可以由程序来完成的。

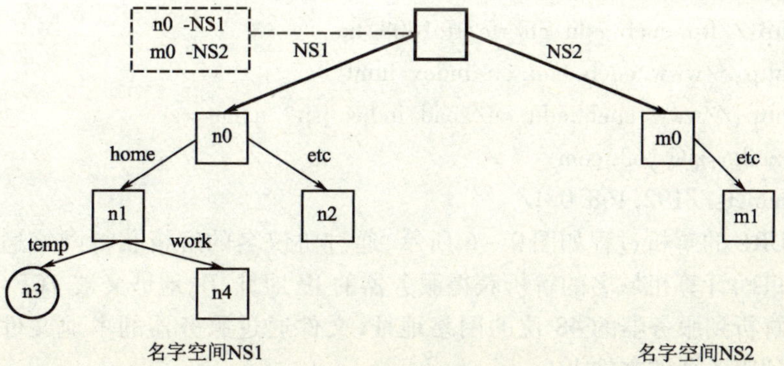

图 9－5　根结点的合并操作

名字空间的合并允许用户以一致的方式访问一个更大的名字空间，理想情况下，对远程结点的访问和对本地结点的访问只在性能上有所区别。但不容忽视的是，当性能区别过大时，用户的一致访问能力将不能保持。例如，当用文档编辑器打开远程文件时，如果网络条件不能保证用户可以接受的时延，那么用户只有使用 FTP 或其他下载工具将远程文件复制到本地机器上，先在本地编辑，然后通过网络传到远程机器上。

如果每个用户都以自己的方式扩展名字空间，同一个用户的操作是一致的，但不同的用户有不同的名字空间，这些名字空间之间是不一致的，同一个实体对不同的用户可能表现为不同的名字。这个问题在 2.4.4 节中已经有所讨论。分布式系统一般要求建立一个全局的和唯一的名字空间，为所有用户提供一致的分布资源的命名、检索和访问能力。

URI 或 URL

协议名、服务器名和访问的结点名（加载的结点名）在分布环境下构成了一个资源的全局名字。统一资源标识（Uniform Resource Identifier，URI）或者说是统一资源定位器（Uniform Resource Locator，URL），或者说是统一资源名字（Uniform Resource Name，URN），是目前流行的关于分布资源的全局名字格式定义的三个意义近乎相同的术语。

按照 RFC2396[文献38]的标准，URL 的一般性格式为

<scheme>://<authority><path>?<query>

其中，scheme 是规则的意思，可以代表访问协议；authority 是权力机构的意思，可以代表服务器；而<path>?<query>可以代表被访问实体，当实体是一个处理过程时，<query>是过程的参数。下面是一些有效的 URL 的示例。

ftp://ftp.cueb.edu.cn/rfc/rfc1808.txt

http://www.cueb.edu.cn/index.html

http://www.cueb.edu.cn/acad/index.jsp?name=zj

mailto:zj@163.com

telnet://192.168.0.1/

URL 的解析过程如图 9－6 所示，通过协议名的解析获得网络通信协议 HTTP，计算机域名的解析获得服务器的 IP 地址，IP 地址又被 TCP/IP 协议栈解析到服务器的 48 位的网络地址，文件通过服务器的本地文件系统解析到服务器的文件上。

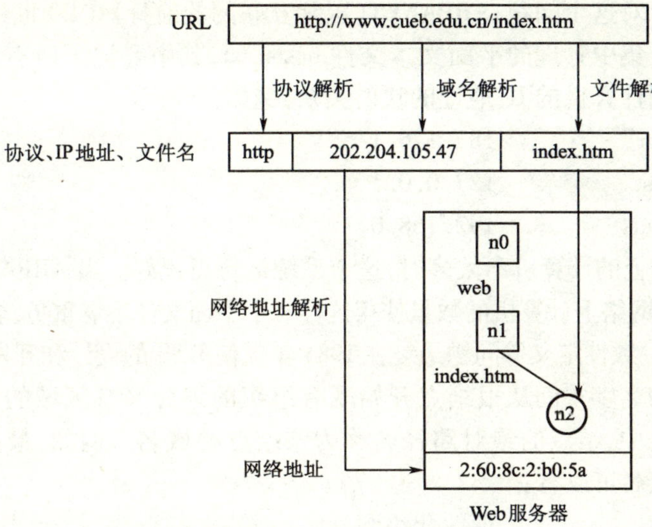

图9-6 URL的解析过程

9.1.4 可缩展的名字系统设计

名字系统是由名字空间和建立在名字空间上的名字服务所构成的。名字服务一般包括下面一些功能:①增加和删除一个名字;②建立和解除名字与实体的关系,建立关系的操作又称为绑定(bind),解除关系的操作又称为解绑定(unbind);③查找一个名字和返回实体的绑定信息

在单一计算机的系统中,名字空间可以建立在文件或数据库之上,名字服务的功能一般用函数库的形式提供给用户。在局域网或小规模的系统中,名字空间一般保存在一个称为名字服务器的计算机上,名字服务可以通过服务器进程以客户服务器的方式提供。关于服务的组织形式的讨论可以参看2.3.3节的内容。上面两种形式本质上是集中数据和集中服务的系统,虽然名字空间的有向树理论上允许无限的增长,但这种能力实际上会受到集中设计的限制。在大规模分布的环境下,实体可以分布在一个很大区域的网络上,而且网络条件也可能各不相同,单一名字服务器的设计将因为集中服务的约束而无法提供可用的性能。这时,我们需要考虑将名字空间分布在多台名字服务器上,以分布式处理的方式来实现服务的性能和满足可用性的要求。我们这一节将以计算机域名服务(Domain Name Service,DNS)为例来分析可缩展的名字系统的设计问题。

(1)计算机域名问题。TCP/IP协议规定了网络上的计算机必须有一个IP地址,这个IP地址是一个32位串,它是一个二进制的格式,而不是友好名字。针对这个问题，ARPANET（国际互联网的前身）在20世纪70年代使用了一个集中管理的平面文本文件hosts.txt，其中登记了所有计算机的友好名字到计算机的IP地址的映射关系，例如：

ftpserver	182.176.1.5
localhost	127.0.0.1
fileserver	192.168.0.1

当网络上的计算机不太多时，这个系统运行得很好。当ARPANET变成Internet时，网络上计算机的数量使得这样一个平面文件不堪重负，名字冲突、通信负载、一致性定义等问题最终在1984年促使DNS的设计和开发。

DNS的名字空间从根结点开始既有组织的划分又有区域的划分。在DNS的术语中，结点的绝对路径名称为该结点的域名。例如，最高层的目录结点的域名可以有：

com	商业化组织
edu	教育机构
gov	政府
net	网络支撑机构
us	美国
cn	中国
fr	法国

路径的表达用“.”分隔，从低层到高层组成一个字符串。例如，www.cueb.edu.cn。需要注意的是，计算机的域名可以绑定到任意IP地址的计算机上，它与计算机的网络位置毫无关系。例如，以cn结尾的域名并不表示计算机一定在中国。更为极端的是，即使代表计算机网络位置的IP地址也不能用来确定一台计算机的物理位置。例如，在中国的一台计算机可以接入到位于美国的一个网络上，从而获得地址区域属于美国的一个IP地址。

DNS系统经过不断改善一直沿用至今，它是国际互联网中几千万台计算机每时每刻都在使用的名字服务。毫无疑问，DNS是一个具有高缩展能力、高性能和高可用性系统的成功典范。DNS系统的原理和方法已经成为构造大规模分布的名字系统的最佳借鉴。

（2）名字空间的分布。我们一般可以把名字空间假设为一个单根的有向树结构。名字空间的分布实质上是树中结点的分布。我们需要将结点划分为多个独立的可管理的区域，在每个区域上建立一个名字服务器，由这个服务器负责该区域的结点信息的存储和名字服务，并由它向其他服务器提交跨区域的名字服务请求。为了便于理解结点的分区，Cheriton 和 Mann[文献39]建议按照结点的不同管理特征将名字空间分为三个逻辑层次：

- 全局层（Global layer）：由最高层的目录结点组成，主要是根结点和它的子孙结点。全局层目录结点具有较好的稳定性，意味着目录结点保存的目录表很少变动。这些目录结点可以代表机构或机构的群组。
- 行政层（Administrational layer）：一般是一个机构内的目录结点。这些目录结点的特征是它们代表了同属一个机构或管理部门的实体组。例如，行政层可以有一个机构的每一个部门的目录结点，可以有包含所有计算机的一个目录结点，可以有所有用户的目录结点，等等。行政层是相对稳定的，虽然变更要比全局层频繁得多。
- 管理层（Managerial layer）：包括所有经常变动的结点。例如，在局域网中的每台计算机、共享的文件和用户自由定义的目录和文件。与全局层和管理层不同的是，管理层的结点不仅由系统管理员维护，而且也由分布式环境的终端用户维护。

计算机的域名系统按照上面的分层概念模型可以组织成图 9－7 的形式。

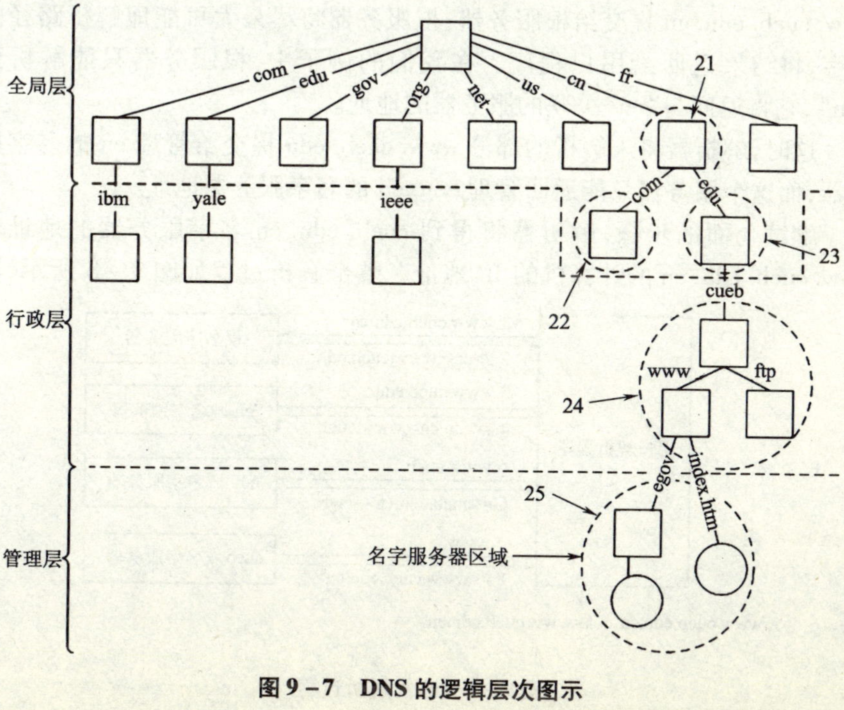

图 9－7　DNS 的逻辑层次图示

在 DNS[文献40]中，名字空间被划分为称为区域（zone）的不重叠的部分，如图 9－7 中的虚线圆。每一个区域是名字空间的一部分，它由一个独立的名字服务器来进行管理。图 9－7 中表达了几个这样的区域（21），例如，管理 cn 的区域，分别管理 com. cn 和 edu. cn 的两个区域（22，23），和管理 cueb. edu. cn，www. cueb. edu. cn， ftp. cueb. edu. cn 的区域（24），以及管理 index. html，egov\等文件目录和文件的区域（25）。

（3）名字解析。名字空间在多个名字服务器上的分布直接影响了名字的解析过程。在分析名字解析过程之前，我们先做两个一般性的假设：

- 每个用户有一个称为解析器的程序（Revolver），它负责向名字服务器提交解析服务的请求，并将结果返回给用户。
- 名字空间的根结点所在的服务器地址是公开的和已知的，这是为了满足闭合机制的要求。

以 http://www. cueb. edu. cn/index. html 这个全局名字的解析为例，DNS 负责的是计算机域名的解析，即全局名字中的计算机域名部分，即 www. cueb. edu. cn. 。我们以图 9－7 所定义的名字空间的区域划分来分析分布式域名解析算法，这个算法可以有两种形式：

第一种称为迭代解析。在迭代解析中，解析程序将要查找的全名 www. cueb. edu. cn 提交给根服务器；根服务器将尽最大可能地解析路径的名字，将结果返回给用户程序。在我们的例子中，根服务器只能解析到“cn”，它将返回与“cn”关联的服务器的地址。

这时，解析器将未解析的部分 www. cueb. edu 提交给管理 cn 的名字服务器，而这个服务器只能返回管理 edu. cn 的名字服务器地址。

继续上面的步骤，解析器将得到 cueb. edu. cn 名字服务器的地址和 www. cueb. edu. cn 的计算机的 IP 地址。整个解析过程如图 9－8 所示，图

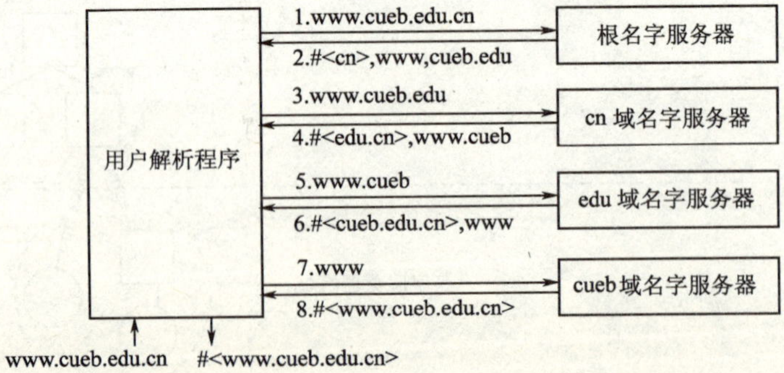

图 9－8　迭代解析过程

中"#< >"代表名字的地址。

解析算法的另一种形式是递归解析。完成部分解析的服务器不是直接将结果返回给用户程序,而是将未解析的名字提交给它找到的下一个名字服务器,由它将下一个名字服务器的结果返回给上一个名字服务器,根结点服务器将最后结果返回给用户的解析程序,如图 9 - 9 所示。

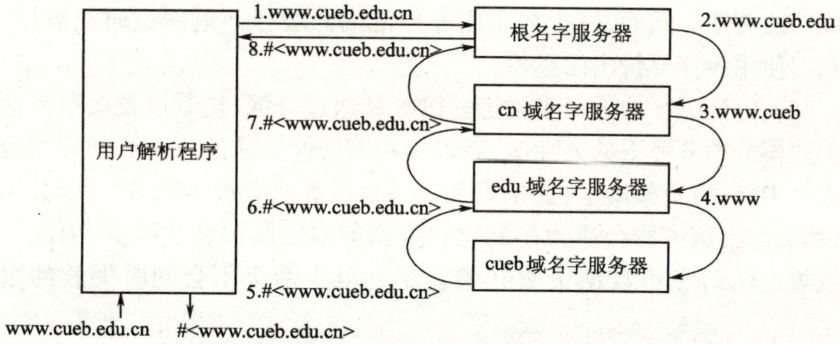

图 9 - 9　递归解析过程

相对于迭代解析来说,递归解析加大了名字服务器的负荷,因为每个服务器需要递归解析到未解析部分的名字的全部,越高层的服务器,这种负荷越大。同时,递归解析的优点也是很明显的:一方面它能提供更高效的缓存机制,因为每个上层结点可以逐步缓存所有下层结点的所有地址,而迭代解析只能提供客户端的缓存;另一方面,它可以有效地减少通信开销,因为递归解析主要涉及两两相邻服务器的通信,这些通信开销一般低于迭代解析中用户到名字服务器的通信开销,例如,上面的例子中,如果用户不在北京,那么迭代解析中所有的 4 个通信都是长距离的,而在递归解析中,只有一个通信是长距离,其他的通信均发生在北京。

DNS 允许这两种形式的解析。当用户的解析程序连接到一个名字服务器上时,解析程序需要指定采用什么形式的解析算法。然而,名字服务器可以因为负荷问题拒绝递归解析,这是服务器自由和独立的选择。实际上全局层的名字服务器很少支持递归解析。

(4)缓存机制。在 DNS 或其他名字服务中,用户计算机和名字服务器都维护一个以往解析结果的缓存。当用户发出解析请求时,用户端的解析程序首先查询缓存中是否已经包含这个名字的最近的解析结果,如果存在,这个结果就直接返回给用户;否则,用户解析程序将这个请求发送到名字服务器上,同样,名字服务器又有可能返回缓存中的上一次的解析结果,或进行迭代、递归解析。

缓存是名字服务器达到高性能和高可用性的关键。缓存首先使用户摆脱了对根服务器的依赖,实际上所有的名字服务器都缓存了根服务器的地址;缓存减少了通信而提升了性能;最后缓存帮助维护名字服务的可用性,即使在部分名字服务器崩溃的情况下,缓存也可以继续提供可用的数据。因为名字数据,尤其是高层名字数据变动很少,缓存机制得到了广泛和成功的使用。然而,一个名字服务可能因为缓存而返回过时的数据,这是我们使用缓存要付出的代价。

(5)关于 DNS 的进一步讨论。DNS 是通过分区、复制以及缓存来达到在大规模分布环境下的高性能、高可用和缩展性要求的。DNS 的数据分布在多个 DNS 的服务器上,如果只使用一台计算机存放 DNS 的一个数据子集,那么这台服务器会成为访问这些数据的缩展瓶颈和故障点,因此 DNS 系统规定任何一个数据子集必须复制到至少两个不会同时失效的服务器上。

系统管理员将一个区域的数据录入到一个主控文件中,此文件是该区域的数据源头。有两种服务器被认为可以提供权威数据:主服务器直接从本地主控文件中读入区域数据;从服务器从主服务器下载区域数据。它们之间保持周期性的通信,以检查从服务器的版本是否与主服务器一致,若从服务器上的版本过期,则主服务器将最近的版本发给它。这个周期由区域管理员确定,一般是 1 天 1 次。一个主服务器可以有多个从服务器。

任何服务器都可以缓存其他服务器的数据,以避免因解析名字再次需要相关数据时再次与那些服务器联系。缓存数据的有效期是由区域数据记录的存活期规定的,区域数据的每一条记录都有存活期的定义。一个服务器在使用缓存时只提供存活期内的数据,而当数据过了存活期时,服务器需要联络相应的权威服务器以刷新缓存。因此,对于经常变更的实体就需要定义较短的存活期。

综上所述,DNS 中的任何一个服务器可以有三类数据;0 到多个区域的权威数据;0 到多个区域的权威数据的复制以及缓存数据。

DNS 允许名字数据不完全一致,即当名字数据发生修改时,其他服务器可能还在几天内继续提供过期的数据。DNS 本身未解决如何检测过期数据的问题。复制与一致性的机制已在第 5 章探讨。

DNS 的客户称为解析器,一般在客户机上以函数库 API 的形式出现。用户程序通过函数的调用而获得 DNS 服务,这个函数负责以套接字的方式与名字服务器建立通信,发送请求并获得结果。解析器在需要时会检测超时,并重发查询请求。

DNS 设计的一个潜在问题是,它的设计过于严格,很难改变它的名字空间的结构,同时它缺乏定制名字空间的能力以满足不同的需求。实际上在很多情况下,更加灵活的目录服务取代了名字服务的使用。

9.2 目录服务

9.2.1 概述

(1)目录服务。名字服务是通过名字来检索实体以及实体的属性。我们会很自然地想到将属性作为查询条件来检索实体。有时候我们并不关心或知道实体的名字,只知道要查找的实体的一些属性。例如,一个用户可能问,“三环附近有没有修车厂?”或者“最近的银行在什么地方?”目录服务就是允许用户通过实体的属性来查找实体的一种特殊的名字服务。目录服务又称为“黄页服务”,而传统的名字服务则称为“白页服务”,它们对应了不同类型的电话号码簿的类似概念。

属性用于检索实体显然比用单纯的名字进行检索功能要强大。在不知道名字的情况下,用户可以通过编程来提供实体的选择,最后绑定在选中的实体上。目录服务的另一个优点是隐藏了组织的内部结构,而按照组织机构划分的名字有时候不必要地反映出组织的内部结构。

目录保存了实体的属性,实体可以是系统中的任何东西。目录可以是一个简单的计算机信息的列表,包括名字、IP 地址、用户等属性;目录也可以复杂到一个国际大公司的所有机构、所有员工、所有产品、所有客户的信息。传统的方法是建立众多的表格、数据库和文件,一般有很多重复录入和冗余,不方便被共享和处理。目录服务要解决的问题是目录的组织、存取和简单一致的访问能力。

一般性分析,目录是按照机构的区域或功能组织成的一个层次机构,即树结构。一个企业目录有一个根结点代表总部,第二层结点是每个省的分公司,第三层结点是各分公司的部门,在每个部门可以有一个部门员工的列表。例如,假设一个总部在中国北京的公司 ABC 设有四个部分,分别是市场、销售、研发和 IT,每个部门有一个员工,按照层次组织的思路,我们可以把公司的目录组织为图 9 - 10 的形式。这个例子我们后面

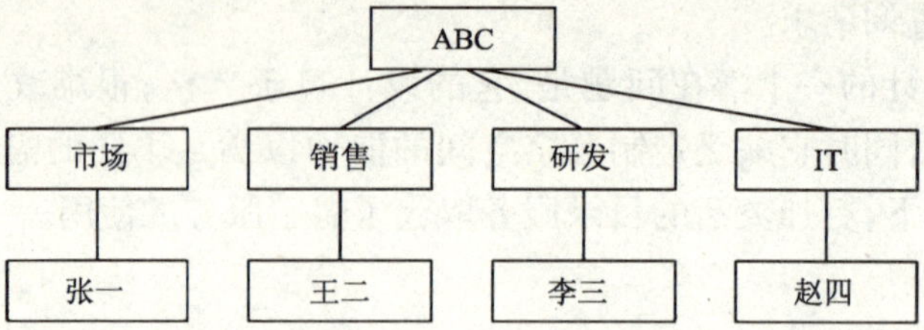

图 9－10　ABC 公司的目录结构

还会用到。

正如名字空间设计一样,层次结构的目录系统有利于系统的分布。可以设想一个像 DNS 一样的分布结构,用户通过对某一个目录服务器的访问,透明地访问到整个树的结构,只要有通信能力和授权允许。

逻辑上看,一个目录可以看成是一个非常复杂的地址簿,其中的每个条目包含了一些结构化的信息,条目被组织成易于访问的结构。目录服务和数据库系统变成了两个非常容易引起混淆的概念。如果它们都是用来保存数据和提供数据服务的,那么区别在什么地方?目录服务处理是多种类的、大量的和本质分布的实体的信息,这些信息的特征是查询操作远远多于更改操作,换句话说,目录服务是面向查询进行了优化的一个特殊形式的数据库;而传统的数据库是面向事务处理的,在频繁更新的情况下提供数据的一致性的视图。在目前的技术条件下,传统的数据库技术还无法达到在大规模分布环境下所要求的缩展性、高性能和高可用性的要求。事实上,中小型的名字服务和目录服务也很少采用传统数据库技术,因为相对于查询需求而言,传统数据库技术显然是过于奢侈了。

虽然目录的概念与电话黄页很接近,但它的用途却更加广泛。下面是一个典型目录应用的列表,当然目录服务的应用并不限于这些:

- 目录服务经常用来存储关于人的信息。它可以是公司的电话簿,公司的组织机构信息,还可以用来存储客户和供货商的信息。
- 目录服务可以处理与安全相关的信息,例如,电子证书的公钥。
- 目录服务可以用在名字服务中,可以将所有 DNS 的名字和 IP 地址的映射存储在一个目录中。
- 目录服务可以保存网络上的用户和用户组信息,起到网络信息系统(network information system,NIS)作用。(NIS 是 Sun 公司构造的关于网络用户、用户组、用户和组关系等重要信息的一个管理系统)

• 目录服务可以保存像 e-mail 地址及与 e-mail 相关的信息。客户和服务器可以共享这些信息,作为进一步处理的规则基础,包括转发、回复和广告宣传。

• 目录服务可以保存互联网或内联网上发布的软件的配置信息,配置程序通过这个数据的使用完成相应软件的配置。

(2)X.500。目录服务是一个典型的共享服务,各种标准化的努力在1988 年汇集成为一个 ISO 的国际标准 X.500[文献41]。在 X.500 的术语中,目录服务代理(Directory Service Agents,DSAs)负责目录数据的名字和属性的数据库管理,目录用户代理(Directory User Agents,DUAs)代表用户使用DSA 的服务。DSA 和 DUA 采用目录访问协议(Directory Access Protocol,DAP)进行通信。DAP 被定义为 ISO 参考模型中的应用层协议标准,如图9-11所示。

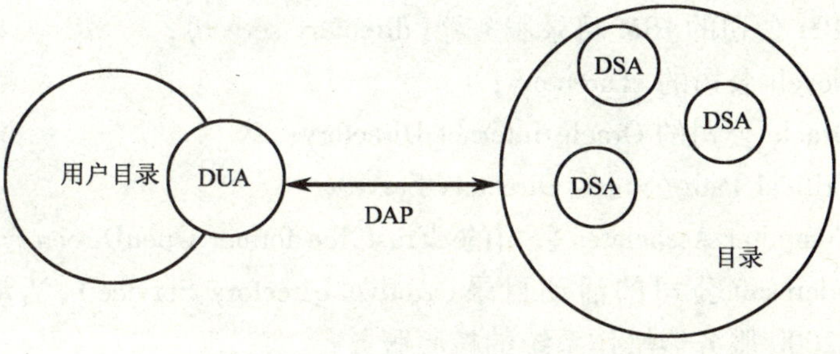

图 9-11 X.500 的目录模型

在 X.500 中,多个互联的目录服务可以通过信息交换表现为一个目录服务。X.500 允许每个管理区域有自己的目录服务,目录服务代理负责本地数据的及时更新。如果一个条目注册在本地,那么这个条目将保留在本地系统。如果这个条目注册在远程,本地服务器会自动连接到相应的远程服务器上以获得该条目。本地到远程的切换除了通信的延时外,对用户是完全透明的。当系统发现通信条件不够理想时,系统可以决定在本地和远程服务器之间建立自动复制和更新机制。X.500 还设计了安全访问控制。

虽然 X.500 的标准非常全面,但它却是非常难以实现和使用的。X.500的标准经过几次大的修改,直到 1993 年,可用的系统才开始出现。LDAP 的出现改变了 X.500 曲高和寡的局面,目录服务在最近几年成为一个新的技术热点。

(3)LDAP。为了克服 X.500 的复杂性,从 1995 年开始,美国的米其根(Michigan)大学成功开发出能够访问 X.500 目录的轻量级目录访问协议标准(Light-weight Directory Access Protocol, LDAP),以取代 X.500 中的 DAP 协议。这个协议标准很快以 LDAP 的名字流行起来,并成为 IETF 的国际标准。LDAP 的内容也不断深入,它很快就完成了下面的三个发展阶段:①能够访问 X.500 目录的 DAP 协议的简化版本(DAP);②能够作为X.500目录服务处理的前端(DUA, DSA, DAP);③能够作为一个独立的目录服务。

很多人预言,随着新的功能的加入,LDAP 很快就能够像 X.500 那样完善。随着越来越多的厂商和机构的加入,LDAP 逐渐确立了作为目录服务的工业标准的地位。下面是采用了 LDAP 协议的厂商和产品的一个不完全的列表:

- Sun 公司的 Sun One Server,它集成了 Sun 公司的 i-Planet 目录服务器和 Netscape 公司的目录服务器;
- IBM 公司的 IBM 目录服务器(directory server);
- Novell 公司的 eDirectory;
- Oracle 公司的 Oracle Internet Directory;
- Critical Path 公司的 Directory Server;
- Computer Associates 公司的 eTrust, the former OpenDirectory;
- Microsoft 公司的活动目录(Active Directory Service),活动目录是 Windows 2000 服务器操作系统的核心服务;
- Lotus 公司的 Directory Server,用在 Lotus 名字和地址簿的管理上;
- 米其根大学的 OpenLDAP。

显然,脱离 LDAP 去研究目录服务已经没有太大的意义。我们将从以下三个方面来分析 LDAP 的主要内容[文献42]:①LDAP 的数据组织;②LDAP 的功能模型和操作;③LDAP 的分布架构。

9.2.2 LDAP 的数据组织

在 LDAP 的术语中,LDAP 的数据组织包括两个方面的内容,一个是信息模型(Information Model),另一个是命名模型(Naming Model)。信息模型定义了目录系统中的数据类型,而命名模型则定义了目录的组织和引用机制。

(1)信息模型。信息模型是关于所有目录条目的规范。目录是由条目(entries)构成的,而条目是由属性(attribute)构成的。条目在 LDAP 术语中也是一个对象(object)的概念。条目的结构由对象类(object class)规定;属性的特征由属性类型(attribute types)规定。

属性类型通过语法定义(syntax definition)规定了属性能取什么样的值,例如,数值、字符、大小写不分的字符或者电话号码等,属性可以是单值的,也可以是多值的。属性类型还通过匹配规则(matching rules)定义了查询时用到的属性之间的比较操作。条目和条目中属性关系如图9-12所示。

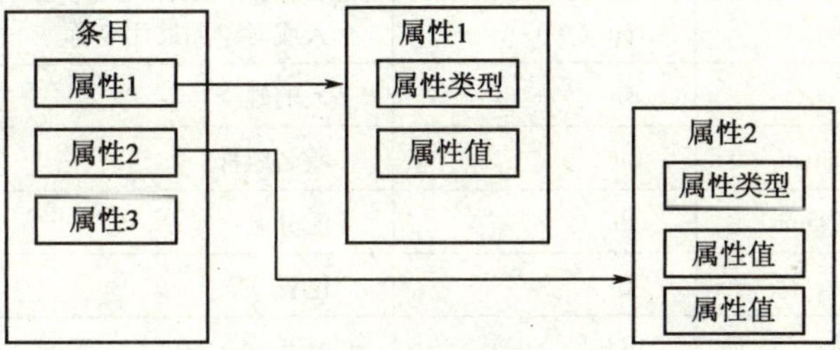

图9-12 条目和条目中的属性

当你进行面向对象的编程时,第一个工作就是定义类。在LDAP中也是如此,每个目录必须定义一些可用的对象类。对象类主要定义了条目的必要属性和可选属性的一个列表。对象类之间有继承关系,所有对象类都是从顶级类直接或间接继承过来的,继承对象类拥有所有被继承类的必要属性和可选属性。top是LDAP中约定的顶级对象类的名字,它只有一个必要属性:objectClass。这意味着所有的条目都有这个属性,而且它还是一个多值属性。

一个目录所需要的属性、对象类定义或其他元数据(metadata)都保留在目录系统的模型(schema)中。所有的LDAP实现都提供一些由常用的约定所构成的模型,而这些约定已经广泛流行,甚至可以成为标准的一部分。表9-2和表9-3分别是常用的对象类和属性的列表。

表9-2 一些常用的对象类

对象类	说明
Top	顶级对象类
Organization	组织
OrganizationUnit	部门
Person	人员
OrganizationalPerson	组织内人员
InetOrgPerson	网络用户名

表 9 – 3　常用属性名的约定

属性	简写	说明
Organization	O	组织或区域
OrganizationUnit	ou	组织单元的子单元、部门或产品
UserId	uid	用户标识,登录名
Country	c	国家
CommonName	cn	人或对象的通用名称
Surname	sn	人的姓
DomainComponent	dc	域名组件
DistinguishedName	dn	区分名
Location	L	位置
Telephone	tel	电话
Mail	mail	电子邮件
objectclass	objectclass	条目的对象类

表 9 – 2 中对象类的关系如图 9 – 13 所示。

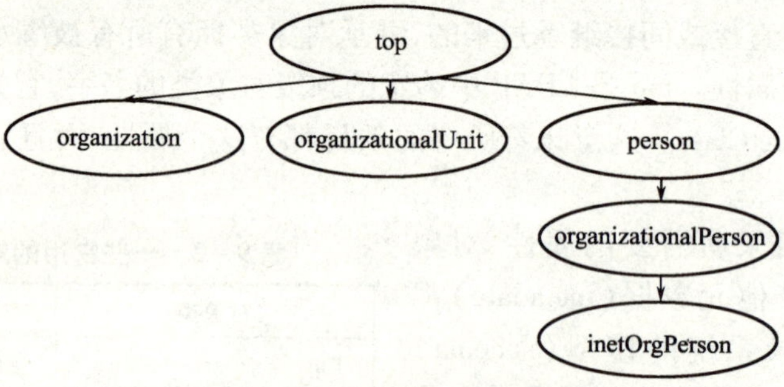

图 9 – 13　常用类的继承关系

LDAP 关于条目的定义与关系型数据库有较大的区别,LDAP 采用 LDIF 格式作为条目表达和数据交换的标准。LDIF 格式是一种每个属性占用一行的文本格式。

以 9. 2. 1 节中图 9 – 10 所示的 ABC 公司为例,ABC 公司的目录条目可以分为三类:根结点 ABC 公司,四个部门是一类,人员为第三类。按照常用的约定,我们可以将公司对应 organization 对象类,部门对应 organizationUnit 类,人员对应 inetOrgPerson 类。

下面是关于 ABC 公司、销售部和张一这三个条目的 LDIF 格式的内容。

dn: o = ABC

objectclass: top

objectclass: organization

o: ABC

1: 北京

dn: ou = 市场部, o = ABC

objectclass: top

objectclass: organizationalUnit

ou: 市场部

description: 市场部主要负责…

dn: uid = z1, ou = 市场部, o = ABC

objectclass: top

objectclass: person

objectclass: organizationalPerson

objectclass: inetOrgPerson

ou: 市场部

cn: 张一

sn: 张

uid: z1

mail: z1@abc.com

mobile: 13333333333

在每个条目中，objectclass 都是多值的，这是因为 LDAP 标准要求列出对象类的所有继承关系。dn 是区别名，是命名模型中的一个重要概念，将在下面进行分析。

(2)命名模型。信息模型定义了目录的基本信息元素，而 LDAP 的目录服务是依赖命名模型对条目进行组织的。命名模型的原理是基于条目的可区别属性的选择，并通过这些属性选择将目录中的所有条目组织成一个层次结构树。这个树称为目录信息树(Directory Information Tree, DIT)，而由可区别属性构成的名字称为区分名(Distinguished Name, dn)，区分名的概念类似于名字空间的绝对路径。区分名唯一地确定一个条目。在上面的例子中，公司可以用 o 属性作为可区别属性，部门可以用 ou 属性作为区分名，而人员可以用 uid 作为可区别属性。ABC 公司的 DIT 树如图 9－14 所示。我们则有，ABC 条目的 dn 为"o = ABC"，市场部条目的 dn 为"ou = 市场部, o = ABC"，"张一"条目的 dn 为"uid = z1, ou = 市场部, o = ABC"。

LDAP 标准中所有的条目都有 dn 属性。

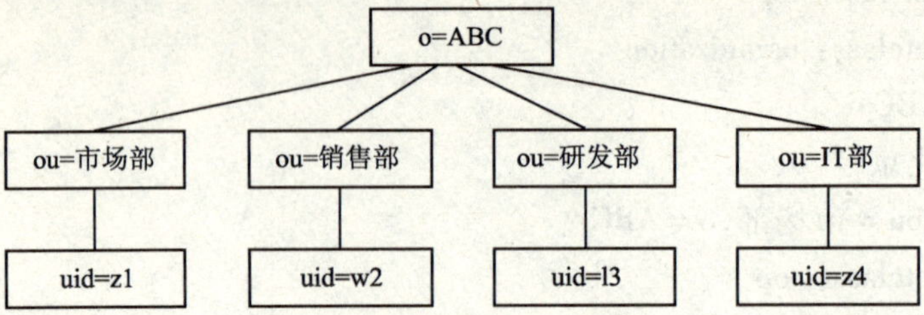

图 9－14　ABC 公司的 DIT 树

DIT 的构造有很大的灵活性，图 9－15 是一个更为复杂的 DIT 树。

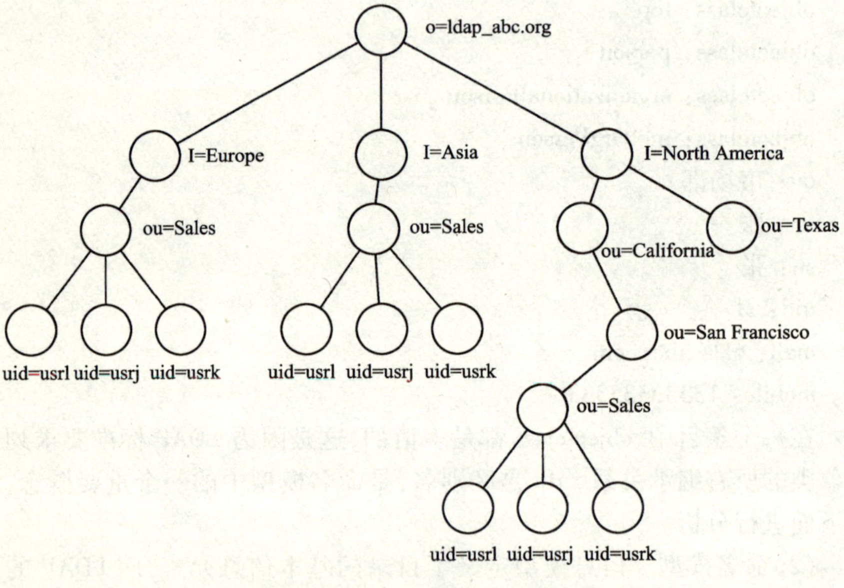

图 9－15　一个更复杂的 DIT 树

在区分名中，用“，”分开的每一部分又称为相对区分名（Relative Distinguished Name，RDN）。每个结点的区分名是由结点的相对区分名和该结点的双亲结点的区分名合并构成的。相对可区分名在它的范围内也是唯一的，例如，“uid = z1”。

在每个 dn 中，根结点的 dn 总会出现。根结点的 dn 又称为目录的后缀（suffix）。

在命名模型中，需要讨论的最后一个重要概念是转接（Referral）。转接与名字空间中符号链接的概念很接近。转接条目是一个包含 ref 属性的一种特殊条目。ref 属性的取值是一个 LDAP URL 格式的数据,用以指向转接的目录服务器。我们将在 9.2.4 节中讨论这种条目的使用。

9.2.3 LDAP 的功能模型和操作

LDAP 的功能模型定义了对目录的操作。操作可以分为查询、更改和控制三大类。

(1)查询操作。查询操作分为 search(查找)和 compare(比较)两种形式。search 是按照查找条件在目录或目录的一部分中找到满足条件的条目。查找条件被定义为过滤器(filter)。

compare 的操作与 search 的操作完全一样,除了在返回值上有区别。search 返回一个包含满足条件的条目的结果集,而 compare 只返回 true 或 false,取决于找到或没找到。

(2)更改操作。更改操作有四种形式:add,delete,modify DN,modify。add 是在目录中增加一个新条目的操作;delete 是在目录中删除一个条目的操作;modify DN 是更改一个条目的区别名的操作。在 LDAP 3.0 中,modify DN 用于更改一个条目的区别名,使该条目从原位置移动到一个新的位置;而在 LDAP 2.0 中,只有相对区别名是可以更改的。modify 是更改一个条目的属性值,包括增加和删除属性。

(3)控制操作。控制操作有三种形式:bind,unbind 和 abandon。bind 允许客户连接到一个目录服务器上,目录服务器根据提交的客户名和密码给予客户适当的授权或拒绝访问。unbind 是结束客户与服务器连接的操作;abandon 是中断客户与服务器的绑定操作,放弃所有未决的请求的操作。

(4)目录访问协议。LDAP 首先是一个目录访问的通信协议。这个协议规定了 LDAP 以客户/服务器方式进行消息请求和响应的机制。因此,所有对目录的操作都是由一系列客户与服务器的消息交换构成的。LDAP 的消息“信封”(报头和报尾)必须包含两个方面的数据:①消息的唯一标识——消息 ID;②操作,如 bind、search 等。

消息的唯一标识是一个非常重要的数据,因为 LDAP 协议不要求同步通信,这就意味着在建立的连接上客户端的请求消息与服务器响应消息可以是相互独立而不需要同步。消息的唯一标识是重新建立请求和响应之间一一对应的共同数据。图 9-16 是一个简单的客户与服务之间的信息交换。考虑到客户可以发送多个请求,而且 LDAP 允许异步通信,因此实际的信息交换比图 9－16 要复杂得多。

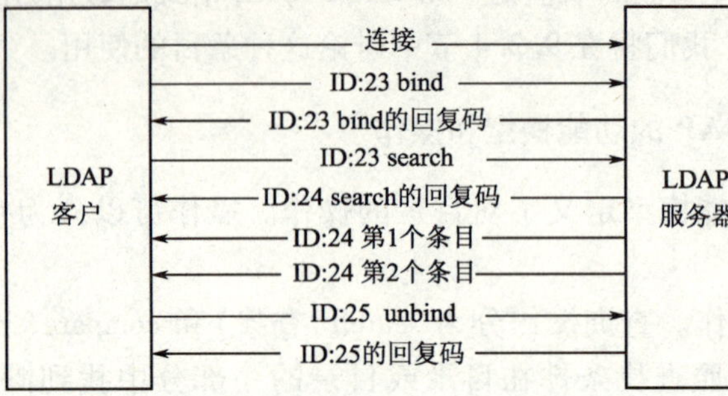

图 9－16　客户服务器的信息交换

大多数 LDAP 服务器软件还定义了服务器之间的通信协议来实现转接功能。IETF RFC2251 是目前最新的 LDAP 标准，也就是 LDAP 3.0 所依据的标准。

与国际互联网的其他协议不同的地方是，LDAP 使用了 BER 编码（Basic Encoding Rule），而不是文本格式。

（5）编程接口 API。LDAP 只是协议层的一个标准，对客户和服务器的具体实现没有任何规定。对于一个目录服务的用户来说，直接使用 LDAP 协议与服务器交互显然太不方便。LDAP 的开发商一般都是将这些客户服务器的交互用不同的函数来实现，最后提供给用户一个编程接口的 API 函数包。大多数开发商还提供一些客户端的工具软件，允许用户以命令的方式或图形界面的方式对目录进行操作。RFC 1823 对 LDAPv2.0 的 C 语言 API 有相关的文档说明，LDAPv3.0 的 C 语言 API 还只是一个标准的草案。值得关注的是，J2EE 定义了名字和目录服务的标准接口 JNDI（Java Naming and Directory Interface），它事实上已经成为 Java 针对名字和目录服务编程首选 API。

9.2.4　LDAP 的分布架构

单一的目录服务在大规模环境下总是受到缩展性、性能和可用性的困扰。目录服务的分布式设计在很多情况下是非常必要的。目录服务的分布涉及三个方面的技术：分区、复制和集成。

（1）分区。分区是指将目录分布在多个目录服务器上。越来越大的目录会变得越来越不容易管理，集中的客户访问很快造成通信和处理的瓶颈，地理位置的差异和管理上的差异也排斥单一的目录服务。

我们继续用 ABC 公司的例子做进一步的分析。假设 ABC 公司发展成为国际性企业,总部在中国,分别在中国、日本和美国各有一个分公司。根据 ABC 公司的地理和管理特点,ABC 公司 DIT 树可以分布在三个服务器上,中国的服务器负责总部和北京的分公司,日本的服务器负责日本的分公司,美国的服务器负责美国的分公司,如图 9－17 所示。

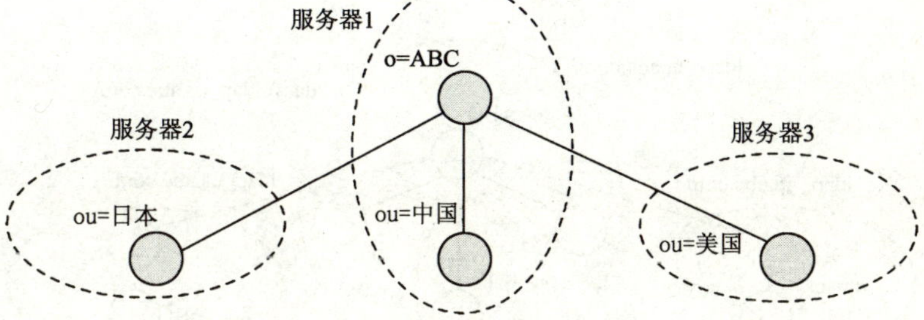

图 9－17 ABC 公司服务器分区

在 LDAP 中,目录 DIT 树可以划分为互不重叠的分区,而且每个分区的目录区域也必须是一个合法的 DIT 树。图 9－18 (a)是一个合法的分区,而图 9－18(b)则是一个非法的分区。

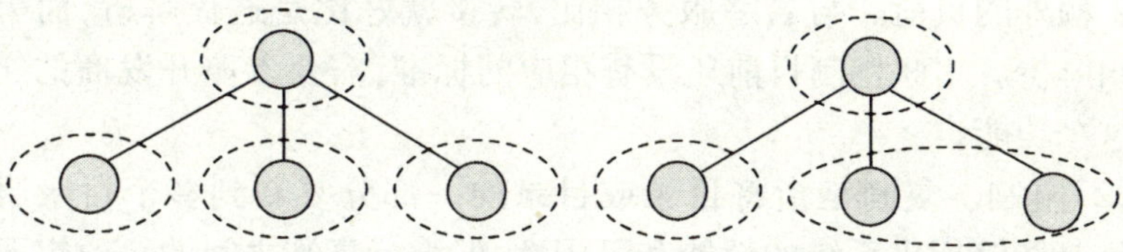

图 9－18 ABC 公司的其他分区形式

LDAP 分区的建立依赖转接(referral)和串联(chaining)机制的使用。我们首先来分析转接机制。转接是从 LDAPv3.0 开始的一个新标准。定义了转接的服务器在找不到查询的条目时,可以返回转接信息。转接信息由下面三个部分组成:①目录服务器的名字;②目录服务器的端口;③目录服务器根结点的区别名。

转接信息一般采用 LDAP URL 的格式,例如,ABC 公司的美国服务器的 LDAP URL 可以假设为:ldap://ldap_us. Abc. com:389/ou = US, o = LdapAbc. org。389 是 LDAP 协议的默认端口可以省略。

转接又分为全局转接(global referral)和敏捷转接(smart referral)两种,在 LDAP 术语中,转接一般是指全局转接。全局转接定义了目录服务器在找不到查询条目时需要转接的服务器的 URL。所有未满足的查询都指向转接服务器，这时候转接服务器就像一个代理服务器，因为转接服务器可以包含查询的条目，也可以再通过全局转接和敏捷转接继续；敏捷转接是定义在目录位置上的一个特殊条目，与名字服务中的符号连接一样。以图9－17为例，敏捷转接可以定义为图9－19的形式。分析转接信息还是沿着转接继续查询，由客户决定。

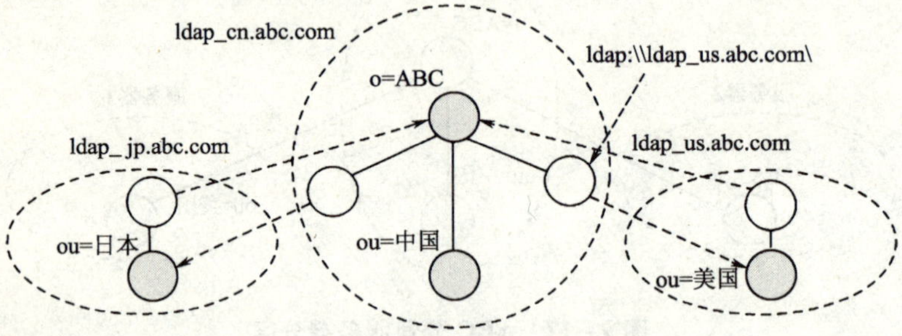

图9－19　ABC公司的敏捷转接

串联机制与全局转接基本一样，它不返回转接信息，而是代表用户直接访问转接的目录服务器。串联提高了访问的透明性，但它给目录服务器造成了额外的负荷。与名字服务相比，转接就好比是迭代解析，而串联就是递归解析。串联机制目前还没有相应的标准，需要参照开发商的文档来使用这个功能。

(2)复制。复制是指将目录或目录的一部分复制到多个目录服务器上。复制能够提供系统的性能和可用性，但维持复制之间的一致需要附加的处理能力，它会反过来影响系统的缩展性。在现阶段，复制机制和复制协议还是在讨论中的一个标准，很多名字服务器都以自己的方式实现了复制功能，造成的后果是复制功能不能在不同的服务器之间使用。

从原理上分析，复制可以针对整个目录，或者只针对目录的一部分。复制可以和分区结合使用。关于复制和一致性的讨论请参看第5章的内容。

(3)集成。集成是指将不同的数据源的数据集成为一个逻辑上一致的目录服务。由于这样和那样的原因，企业或机构的数据可以存储在多个不同的数据源上，推倒重来一般是不能够接受的做法。目录服务的分布能力应该扩展到不同数据源的集成使用上。

连接不同的数据源的最简单方式就是采用所谓的中间器(broker)，它起到系统中的中间人或代理的功能，如图9－20所示。中间器的简单思想与处理不同数据源之间连接的复杂细节形成很大的反差。中间器一般要协调不同数据源的数据类型、数据格式、操作方法和通信协议。当有相同的数据定义在不同的数据源中时，维持这些数据的一致性也不是一个简单的事情。在具体的实践中，大多数中间器是用户定制的，以满足特定的数据源和应用的需求。商品化的中间器产品或者连接器产品（Connector）一般定义在一些标准的数据源上，例如，关系型数据库之间。

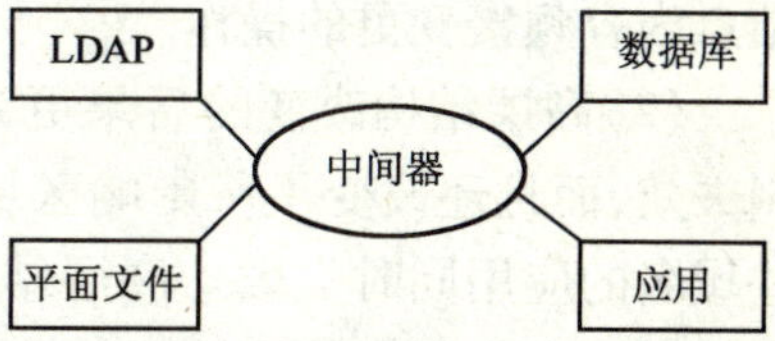

图 9－20　中间器连接不同的数据源

针对目录服务集成的另一个技术是元目录技术（metadirectory）。元目录定义了一个分布在多个系统上的多个数据源的一个集中目录的概念。元目录的实现本质上与中间器是一样的。它依赖一个集中管理的软件模块，这个模块也称为中间器。元目录的商品化产品主要有西门子的 DirX 6.0 product，Sun One metadirectory 和 Microsoft metadirectory。元目录是一个相当新的研究领域，开发商的产品宣传给用户以很高的期望值。

9.3　移动实体的定位

9.3.1　命名和实体定位

名字与目录服务的设计有两个基本的假设：①数据可以组织为一个层次结构，而且高层的结构和高层的结点内容都不经常发生变化；②对数据的一致性有较为宽松的要求。离开了这两个假设，名字空间（目录）的分布、复制和缓存机制就无法实现，所有关于缩展性、性能和可用性的讨论也就失去了依据。我们以 DNS 名字服务为例来做进一步的说明。

在 DNS 名字空间中，一台计算机可以理解为有两个位置信息：域名确定了计算机在名字空间中的逻辑位置，而域名中定义的 IP 地址则是计算机的物理位置。由于名字空间的组织与机构的组织和服务器分布有紧密的关系，域名实际上变成了一个位置相关的名字。计算机的这两个名字都有可能发生变化。由于网络的调整，我们可能会更改一台计算机的 IP 地址；我们也有可能因为组织机构或者其他技术原因而改变一台计算机的域名；这两个名字也有可能同时发生改变。更改操作带来的问题是多方面的：

（1）在高层结点更改一台计算机的 IP 地址，会造成很多缓存和复制的失效。因为名字空间的解析总是从根结点开始，所以，高层结点有更大的访问量，高层结点的复制和缓存的数量也会比较大。这些复制和缓存在发生更改时，需要一定的时间才能达到一致。名字服务的设计不能满足高层结点内容频繁变更的操作。

(2)高层结构改变的后果更为严重，因为它不仅会使所有的缓存和复制失效，而且还改变了所影响区域的所有计算机的域名，使得所有依赖这些域名的应用同时失效。高层结构的改变还可能导致服务器的重新分布和部署。名字服务的设计不能满足高层结构频繁变更的操作。

(3)名字服务的复制和缓存有较为宽松的一致性要求。DNS 没有对可能产生的不一致性做任何处理。一个更改操作什么时候能够传播到所有的复制和缓存上，这是一个无法回答的问题。而企业计算环境一般对一致性有更高的要求。手机是一个典型的例子。在移动中，手机的物理位置在发生变化，手机所对应的机站也在发生变化，手机的管理区域也在发生变化，这一切都必须能够被实时地记录下来以作为计费的基础。名字服务的设计不能满足数据高度一致性的要求。

(4)无论是由于结构的改变而引起域名变更，还是单个计算机域名的变更，都会导致所有与这些域名相连接的应用失效，直到新的名字被公布和相关的应用做了必要的修改。例如，如果将 www. cueb. edu. cn 更改为 www1. cueb. edu. cn，那么 www. cueb. edu. cn 不再代表原来的服务，它可能闲置，也有可能移作它用。用户无法区别 www. cueb. edu. cn 和 www1. cueb. edu. cn 的关系，除非用户被明确告知。这和改电话很类似，除非有电话录音或有其他方式告诉你电话发生了变更，你是无法知道要联系的人是临时不在还是换了电话。名字服务的设计不能满足唯一识别实体的要求。

上面的所有问题都是由于频繁变更引起的。我们在 9. 2. 1 节关于目录服务的讨论中已经指出，名字和目录服务是面向查询的一个优化设计，它们从原理上不适用于频繁变更的数据管理。从名字服务的角度看，逻辑位置或物理位置的变更实际上反映了同一个实体在名字空间和物理位置上的移动概念。我们这一节主要分析管理移动实体的名字服务的理论和技术。

移动实体管理实际是一个相当普遍的问题。举一个具体的例子。我国的人口系统是建立在户籍制度上的，户口所在地登记了人口的基本信息，称为常住人口信息。在今天的社会和经济条件下，人户分离的现象非常严重，当他离开自己户口所在地去其他城市工作和学习时，他需要办理另一个城市的暂住人口的手续。当他出差或短暂停留在一个地方的时候，他又成为该地的流动人口。人口的流动性管理实际上是移动实体的管理问题。在幅员辽阔、人口众多的背景下，传统的技术已经不能给出满意的解决方案。

在网络管理上，我们也可以区分固定网和由移动实体动态构成的移动临时网。国际互联网、电话交换网、电视网都属于固定网；而由无线连接的移动主机，例如，笔记本电脑、手机和移动 GPS 终端，一般构成一个自组织的动态网络。IETF 中有一个关于移动临时网的工作组（Mobile Ad-hoc Network，MANET）致力于相关技术标准方面的工作。

实体的移动导致与位置相关的名字的改变。如果需要在移动中识别实体，那么实体必须有一个与位置无关的名字，并且在实体的生存期内不会改变。回顾我们在 9.1.1 节中定义的唯一标识的三个特性：实体的唯一标识永远不会改变；每个实体只有一个唯一标识；唯一标识永远不会分配给另一个实体。毫无疑问，唯一标识（以下简称为 ID）正是我们所需要的与位置无关的名字。

在名字服务中，实体的名字到地址有直接的映射关系，名字和地址的映射唯一地确定一个实体。也就是说，名字或地址的变更都会带来映射的变化。在实体中导入 ID 以后，我们就能够将原来单一的、直接的映射关系改造为两个映射关系：从名字到 ID 和从 ID 到地址，从而消除了名字到地址之间的直接的映射关系。其中实体的 ID 是永远不变的。如图 9－21 所示。

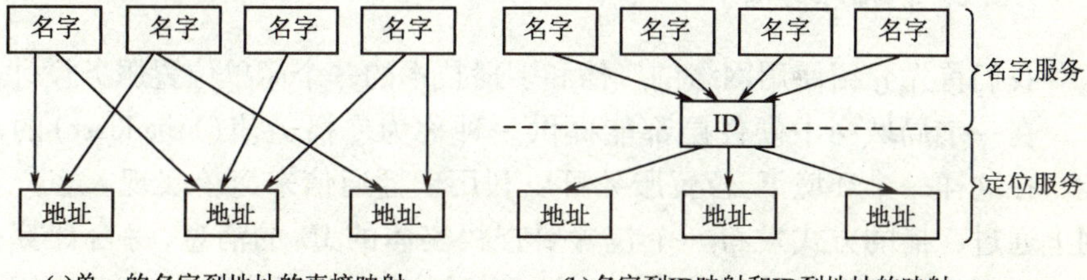

图 9－21 映射关系

与传统的名字解析不同的是，ID 的移动实体的名字解析分解为两个步骤：

第一步，通过名字解析到实体的 ID。这个过程与传统的名字解析是一样的，区别在于它不返回实体的地址而是实体的 ID。我们继续把这一部分的内容称为名字服务。因为 ID 是永远不变的，ID 也不会重新分配给另一个实体，所以，所有获得这个 ID 的客户程序或服务器程序都可以安全地缓存这个 ID。由于 ID 一般是一个不易理解和记忆的位串，缓存时可以为这个位串取一个友好的本地名字，这个名字是什么一点也不重要。在下一次需要同样的 ID 时,我们可以直接读出这个 ID,而没必要再请求名字服务。

第二步,从 ID 解析到实体的地址。这一部分服务我们称为位置服务(Location Service)。位置服务以 ID 为输入,返回该 ID 的当前地址。如果实体有多个地址,位置服务就返回实体的多个地址,将最后的选择权交给用户。

如果说移动实体管理中的名字服务没有任何新颖的地方,那么位置服务几乎是一个全新的问题。移动实体的位置服务还涉及另外两个更深层次的问题。第一,实体在移动中继续工作的能力,又称为移动计算(Mobile Computing)。便携(portable)和移动是两个不同的概念,前者表达的是实体易于移动的特征,移动后实体往往继续以固定位置的方式工作;而后者更关注的是实体在移动中不间断工作的问题。第二,实体的移动轨迹的采集和分析问题。一个实体的移动轨迹对很多应用来说是一些有用的信息。例如,移动电话的计费就是以移动轨迹为基础的。

实现位置服务和实体跟踪的主要技术可以大致分为下面四类:①广播(Broadcast)和多播(multicast);②前向指针;③基于原位置的方法;④层次结构的方法。

这个领域的研究还未能形成可以作为规范或标准的一致表达。

9.3.2 广播和多播

我们首先介绍使用网络的广播和多播技术的一个简单位置服务设计。

在一个局域网中硬件层都能提供一种称为广播通信(broadcast)的功能。在这样一个环境下,位置服务可以利用广播通信来简单实现。客户在网上通过广播的方式发布一个包含要查找实体的 ID 的消息,每台计算机在接收到消息后检查是否拥有具有该 ID 的实体,如果有就发一条回复消息给客户。

这个原理很早就用在了互联网的地址解析协议(Address Resolution Protocol,ARP)[文献43]中。ARP 协议负责从计算机的 IP 地址到它的数据链路层的地址的解析,这个数据链路层地址也就是我们熟知的网卡的媒体访问控制(Media Access Control,MAC)地址,每个这样的地址就是一个由 IEEE 管理和分配的全球唯一的 48 位串。在 IP 地址处,ARP 发送一个包含 IP 地址的广播请求,拥有这个 IP 地址的计算机将自己的 MAC 地址放在回复信息中返回给请求方。

当我们考虑一般性的实体的时候,广播方式不仅耗费带宽资源,而且给一些无关的计算机带来不必要的处理。例如,查找一个目录的条目只需要将消息发送到安装了目录服务器的机器，而不是所有机器。与广播通信接近的另一个通信方式是多播(multicast)。多播允许定义一个参与通信的群组，消息的广播只局限于这个群组。例如，我们可以构造一个只包含目录服务器的一个群组，当需要查询一个目录条目时，消息只发送到这个群组就可以了。组通信也可以用在名字解析中，它与迭代解析、递归解析并列为多播解析。

群组的概念广泛使用在移动实体的管理上。在移动电话系统中，同一个机站的移动电话构成了这个机站的群组。由于移动电话的物理位置的变动，它可以离开目前的机站而加入到另一个机站中。加入的过程是移动电话的主动行为，而离开可能是主动的也可能是能动的。例如，在行动中或正常关机；也可能是被动的，例如，移动电话突然断电、故障或其他非正常关机。机站一方面接收和管理主动的行为，另一方面它可以通过频繁的站内广播实时监控移动电话的活动性，如图 9-22 所示。

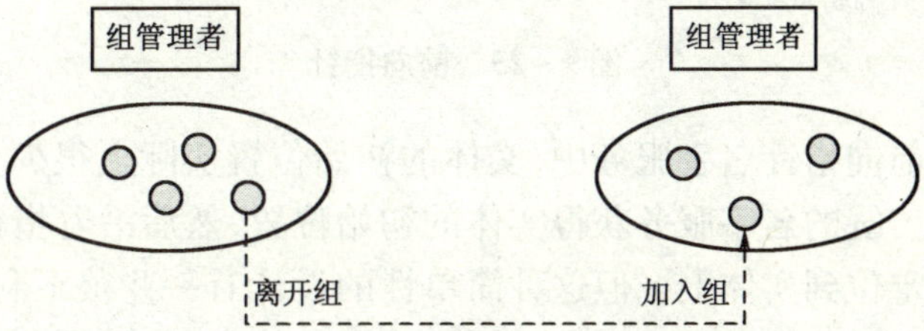

图 9-22　基于组群的移动对象管理

组通信的另一个优点是它可以在互联网中实施，而广播通信只局限在单一的局域网中。遗憾的是，不是所有的路由器都支持互联网的多播协议，在大规模分布环境下实施多播依然非常困难(参看 6.1 节)。在特定的应用中，私有方式的多播可能更为容易实现。

基于组通信的位置服务还可以用在复制的管理上。当有多个实体的复制存在时，请求方可能会得到多个回复。在大多数情况下，客户一般希望访问“最近”的实体[文献44]。判断“远”和“近”的最简单的逻辑是按照回复的时间顺序，虽然这个逻辑并不总是成立的。相反，当实体不存在时，客户就得不到回复。这就带来一个困惑的问题：怎么判断是回复慢还是根本找不到，这就是所谓的故障独立性(参看 2.5.1 节)问题。一个办法是设定一个超时的时间区间值：只考虑时间区间内的回复，超时没有回复就认为没找到；第二个办法是让所有的消息接收者回复，无论是找到还是没找到。客户在得到所有回复后才可以做出无遗漏的判断。

9.3.3 前向指针

广播和多播是一个耗费公共资源的操作，在大范围实施成本很高。我们熟悉的广播找人是很贴切的类比。广播找人要占有广播资源，还会打搅很多不相关的人，这常常是个不得已的手段。一种更常用的方法是按照线索查找，我们可以从他原来的单位获得他新去向的线索，然后一步一步地跟踪线索，直到找到这个人。这个原理在移动实体的位置服务设计中称为前向指针(Forwarding Pointer)技术。当实体从位置A移动到位置B时，实体在位置A保留一个指向新位置B的前向指针。实体的所有移动构成了一个指针链。这个过程与名字空间中和符号链接的串联很接近，如图9－23所示。

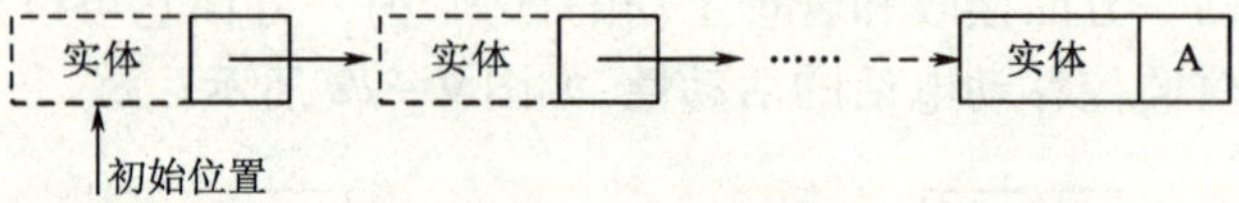

图9－23　前向指针

在使用前向指针名字服务中，实体的初始位置实际上很少变动。我们只需要使用传统的名字服务获得实体的初始位置，然后沿着指针链的方向就可以最终定位到实体上。但这种简单性的设计有一些很不利的后果：①依赖实体所经过的位置保留和维护指针信息的能力；②指针链过长会带来访问性能问题；③指针链断开的可能性是存在的，一旦指针断链，则无法定位到实体。

第一个问题很难解决，它依赖系统的应用环境。如果实体经过和停留的计算机无法维护指针信息，那么前向指针技术就无从谈起。换句话说，前向指针只能保留在性能和可用性有保障的服务器上，而不能保留在客户的机器上。

指针链过长可以通过算法调整。如果不存在对实体中间位置信息依赖的应用，那么可以简单地短截(short cut)指针链，如图9－24所示。虚线是断开的指针，而实线是重新建立的短截指针。一切又重新开始。需要注意的是，我们不能将初始位置短截到实体新的位置上，因为实体的初始位置是保存在名字空间中的。

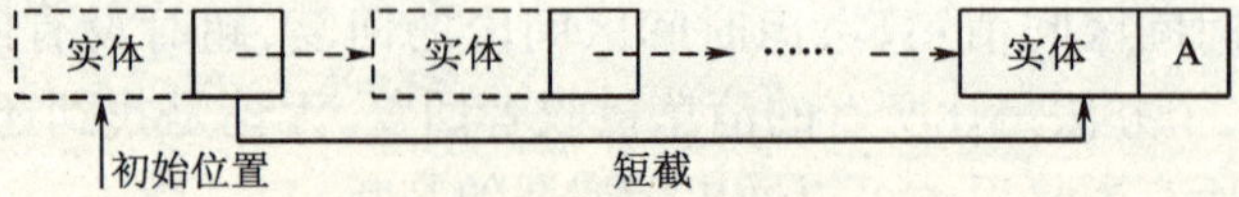

图9－24　指针链的短截操作

第三个问题是一个容错问题。前向指针的单链表结构是很脆弱的，除尾结点之外的所有结点都是关键点，这些结点的任何一个错误都会造成断链。提供系统的容错能力总是依赖冗余设计，冗余的负面影响是附加的处理上的复杂性。一个解决方案是在名字空间中同时保留实体的初始位置和当前位置，如图9－25所示。

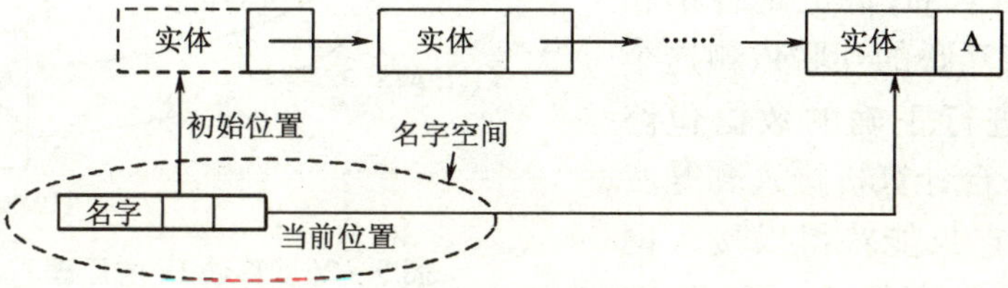

图9－25　断链处理

当断链发生时，客户程序可以通过当前实体的位置信息访问到实体。需要注意到的一个事实是，客户所能得到的当前位置信息可能因为名字空间的缓存或复制机制而不能得到及时更新，这个过时的位置信息有可能帮助客户解析到实体的当前位置；如果断链发生在这个位置之前，它也有可能在指针链被短截处理后变为一个失效的位置信息。但这个不一致性的影响面是较小的和暂时的。这也说明了客户在正常情况下还是沿着指针链解析的原因。断链可以是暂时性的也可以是永久性的。在后一种情况发生时，名字空间的管理者有必要及时地将实体的初始位置调整到一个新的有效位置上，以避免再次断链可能造成无法恢复的后果。更进一步来分析，实体的初始位置的调整实际上可以在任何时候进行，这个调整也可以被看成是另一种形式的短截。在所有数据趋于一致后，系统可以删除不再使用的结点数据。

容错问题的另一个解决方案是将实体的当前位置保留在创建实体的原始机器上，作为断链后的备用。这个方案本身也是一个独立的位置服务的设计，我们称它为基于原位置（Home-based）的方法，我们将在下一节中进行分析。

9.3.4　基于原位置的方法

在大规模的网络环境下，基于原位置的位置服务相当普遍。在上一节中，我们提到基于原位置的方法作为前向指针的备份设计。另一个例子是2002年提出的移动IP（Mobile IP）[文献45]推荐标准。

在互联网中，每台机器有一个 IP 地址，这个 IP 地址经过掩码操作即可得到机器所在网络的网络号。因此，在同一个网络中，所有机器的 IP 地址的高位是相同的，低位则各不相同。网络互联的互联依赖这个 IP 规则进行正确的数据包路由。当一台计算机接入到互联网上时，它只能获得以接入网的网络号为高位的一个 IP 地址，低位可以是预先分配的，也可以是由 DHCP 服务器动态分配的。互联网的骨干网和接入网是固定的设施，当一个移动终端从不同地方接入时，或在移动中时，它的 IP 地址可能会发生改变，导致所有与原来 IP 地址的通信全部中断。为了解决这个问题，Mobile IP 的设计允许每个移动终端有两个 IP 地址：一个称为原始地址（home address），它是静态的和固定的，用来标识 TCP 连接；而另一个称为转交地址（care-of address），它是移动终端动态获得的 IP 地址。原始地址使得移动终端继续能够在它的原始网络（home network）上接收数据。

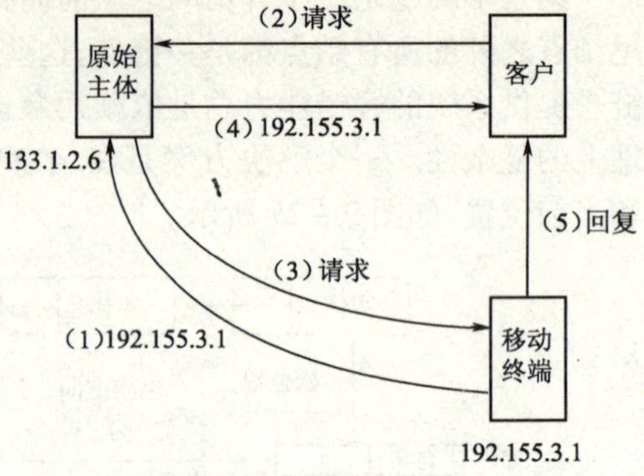

图 9－26　移动 IP 的原理

代表原始地址的网络结点称为原始代理（home agent），它位于原始地址所在的原始网络上。在获得新的转交地址时，移动终端需要将这个地址通知自己的原始代理进行登记；另一方面，原始代理负责将所有与移动终端的通信发送到移动终端的转交地址上，并同时将移动终端的转交地址通知到通信的另一方。我们来看图 9－26 中的例子。假设一个移动终端的固定 IP 为 133.1.2.6，这个 IP 是客户知道的地址。

(1) 当移动终端获得一个新的 IP 时，例如，192.155.3.1，它通知自己的原始代理。

(2) 当客户需要与这个移动终端通信时，它向固定的地址发送一条请求消息。

(3) 原始代理接收到这个请求以后转发给移动终端。

(4) 原始代理同时将移动终端的新位置通知客户。

(5) 移动终端直接回复客户。

这是一个典型的基于原位置的位置服务。在这里，实体的固定 IP 地址是作为实体的 ID 来使用的。在移动电话的通信中[文献46]，我们也采用了基于原位置的位置服务。在图 9－22 中，移动电话在移动过程中不断离开和加入机站的群组，机站之间还继续有区域的划分。当机站检测到一个非本地移动电话加入到群组时，它会将该移动电话的新的位置通知该移动电话的原始管理区域。与 IP 地址的分配一样，从移动电话的号码分配也可以方便地得到移动电话的原始管理区域。所有拨打这个移动电话的客户、移动电话或其他终端，都会首先和该移动电话的原始管理区域通信，以获得移动电话的当前位置，并建立通信，如图 9－27 所示的。

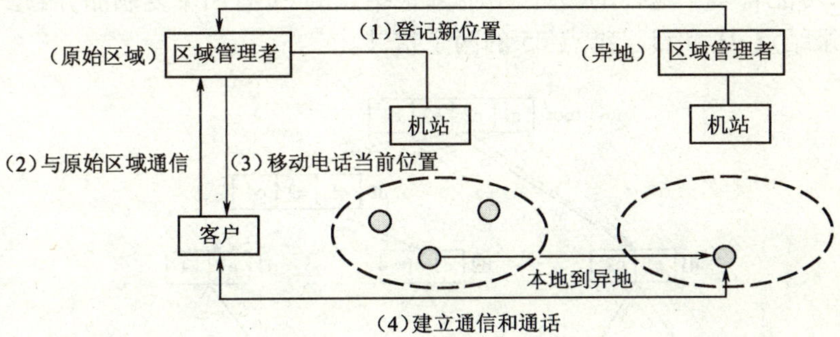

图 9－27　移动电话管理

在人口系统中，暂住人口管理的业务规范要求暂住人口在进行登记时，需要通知该人口的常住地，它也体现了基于原位置的管理思想。户籍所在地的信息也在社会保障号或身份证号上有所体现。但目前这个思想还没有在全国范围内的人口系统上实现。

基于原位置的方法假设原始位置固定不变，并且原始位置可以简单地通过分析实体的 ID 而得到。维持这些假设会带来一些管理上的负担。例如，使用本地服务必须使用本地的移动电话号码，对于经常在多个地区工作的人来说，这就意味着不得不申请多个移动电话号码。再如，户籍管理要求身份证号终身不变，当户口发生迁移时，户口原始位置发生了变化；在这种情况下，要么丢失原始位置，要么要求原始户口所在地永久性地保留一个指向新的原始位置的前向指针。另一个可行的解决方案是解除实体 ID 与原始位置的计算关系，将实体的 ID 和实体的原始位置保留在一个名字服务中。由于原始位置的相对稳定性，名字服务中的所有分区、复制和缓存技术都能够继续发挥作用。

9.3.5　Globe 项目和 HMOS 项目

基于原位置的位置服务是两层的定位服务，首先是原始位置，然后才是当前位置。Globe 项目[文献47]提出了一个更复杂的层次型(hierarchical)位置服务的建议,并增加了多个复制实体的管理内容。从结构上看,Globe 的层次结构与名字空间非常相似,但为了管理实体的多个复制品,Globe 系统在结点处为该结点区域下的所有实体维持一个实体指向下层结点的多个指针,最后的结果是根结点维持所有实体的指向下层结点的指针。如图 9-28所示。在图 9-28 中,实线表达的是结点层次结构的连接线,虚线表达的是目录结点中关于实体记录中指向下层结点的指针。当有复制品存在时,可能有多个这样的指针。例如,根结点的 e1 有两个复制品,因此有指向目录结点 d1 和目录结点 d5 的两个指针。

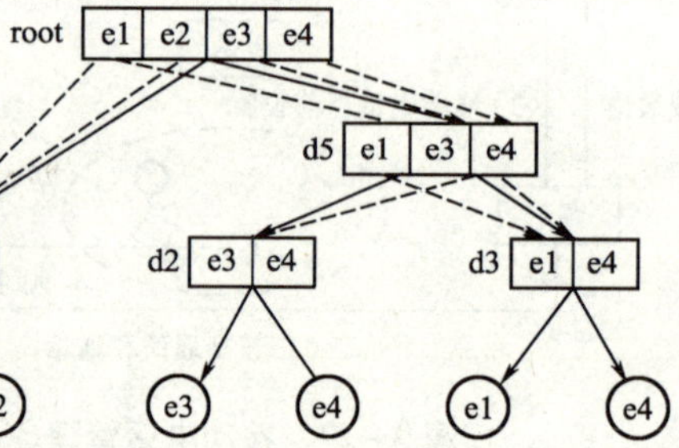

图 9-28　Globe 的层次结构

Globe 设计是为文件下载服务器提供复制管理的。对于一个热点软件,它可能复制在多个下载服务器上,我们可以用 Globe 的定位服务检索到所有可供下载的服务器的位置。

Globe 的位置服务有两个明显的缺陷:一是维持数据之间的关系的操作非常复杂,在大规模分布环境下更加难以实施,例如,将 e2 移动到 d3 下面时,所有目录结点的数据都需要维护;二是高层结点包含所有实体的记录,既有集中数据也有集中服务,系统的缩展性很难得到根本解决。

(1)多状态实体。复制是构造一个完全同构的实体的操作。但在很多应用中,既有不完全复制实体的要求,也有建立不同构实体的要求。例如,常住人口有 50 多个数据项,而身份证信息只包含其中的 7 项:身份证号、姓名、相片、性别、出生日期、出生地和发证机关。为了建立身份证认证服务,我们需要抽取常住人口的身份证信息,而不是常住人口的所有数据。身份证可以认为是常住人口的一个不完全复制;另外,不同的机构对相同的实体有不同的管理需求,所登记和管理的实体属性可能完全不同构。例如,对于同一个人,它是常住人口,也可能是暂住人口、车辆驾驶员、纳税人、银行客户等。这些代表同一个实体的数据虽然有一些共同信息,但区别是主要的。而且,这些数据一般是分布在不同的管理组织的不同的系统中。我们把这种实体定义为多状态实体。

一个理想的设计是使我们能够以简单的和一致的方法访问到实体的所有状态,并且同时满足管理和安全方面的要求。但现实的复杂性让实现这个理想的任务变得十分艰巨。更多的分析请参看国家自然基金会资助的"大规模分布环境下海量移动对象的分布式系统研究"项目(项目编号60273027,项目负责人张军)的介绍[文献48]。

9.4 移除无引用的实体

名字和目录服务建立了实体的一个全局引用。只要有名字或条目引用一个实体,该实体就能够被访问和使用。当一个实体不再可能被访问到时,就可以从系统中移除,相应的名字或条目也需要从名字或目录服务中删除。

名字是实体的一个引用,而引用却是比名字更一般化的概念。例如,一个打印文件的程序可以理解为程序实体引用了文件实体和打印机实体;一个程序调用一个函数,函数使用了一些变量,也可以理解为程序引用了函数,函数引用了变量。引用体现了实体之间的依赖关系,我们一般可以用有向图来表达,如图9-29的(a)和(b)所示。

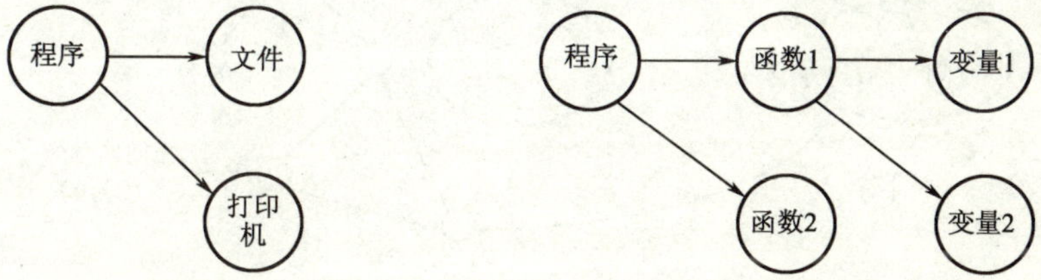

(a)打印程序　　(b)程序、函数、变量打印程序

图9-29　引用图例

在很多情况下,移除实体是一个明确的操作。例如,你不再需要打印时,可以把打印机关掉,打印机即可从系统中移除;你不再使用一个文件时,就可以直接把该文件删除。遗憾的是,这个操作有时候并不那么明确。例如,除了你自己的文件,你一般无法知道系统中其他文件哪些有用或哪些无用。在分布环境下,这个问题更为突出。我们一般不知道一个实体是否在使用中,也不知道该实体是否还会在将来被使用。如果盲目地移除实体,正在进行的访问和未来的访问都无法正确执行。另一方面,我们也不

能因为无法确定一个实体是否被使用或未来被使用而永远地保留该实体，因为它可能无谓地耗费着资源。

由用户自己去管理无用实体并处理可能导致的使用失败，是常见的做法。一些更高级的系统一般提供所谓的无用单元收集器(garbage collector)来自动管理无用实体。例如，Java 语言的无用单元收集器能够自动收集无用对象，并释放无用对象所占用的内存空间，从而简化了程序员的内存管理工作。我们知道，手工进行内存管理，即使对最优秀的程序员也是复杂的和容易出错的。

无用单元收集器技术是建立在实体引用关系模型上的。这个模型是一个实体之间的有向图结构，其定义如下：①每个结点代表一个实体；②每条边代表实体之间的引用关系。如果存在一条从结点 A 到结点 B 的一条边，则 A 引用 B，B 被 A 引用；③引用关系的开始结点称为根结点，它没有任何实体直接引用它；④存在一个称为根结点的非空集合(root set)。

在这个模型的定义下，一个实体能够被访问到(或者说是有用)的充分必要条件是：存在一条从某个根结点出发到该实体结点的一条路径；不存在这种路径的结点所代表的就是无用实体，这样的结点可以从系统中被安全地移除，如图 9-30 所示。

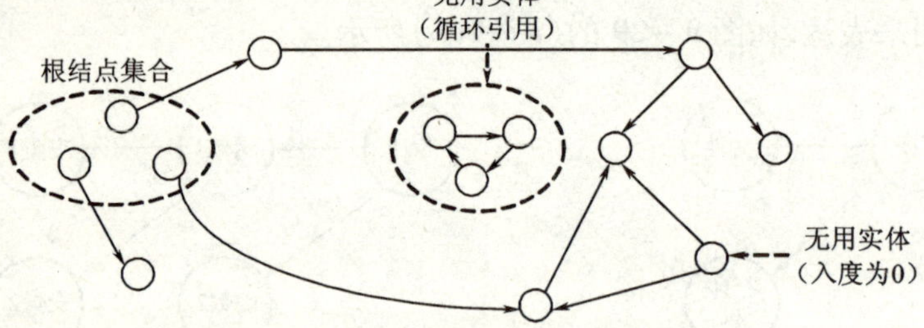

图 9-30　实体的引用关系模型

我们从模型中可以得出下面的一些简单结论：①一个实体可以引用多个实体，一个实体可以被多个实体引用；②一个没有被引用的实体(入度为 0 的结点)，它要么是根实体，要么是无用实体；③一个有引用的实体不一定是有用实体，因为它们可能形成一个循环引用，这些结点必须加以检测和移除。

无用单元收集器的算法可以分为两类。一类是基于引用计数(References Counting)的原理。当一个实体的引用计数降到 0 时，就可以安全地移除该实体。这个算法不能解决实体的循环引用问题。第二类是基于跟踪的无用单元收集算法(tracing-based garbage collection)，它需要从根结点开始遍历所有的结点，未被访问到的结点就可以被安全地移除。

9.4.1 简单的引用计数算法

引用计数是分布式环境下较为常用的方法，单一计算机的系统也经常采用这个方法。每个实体对被引用的次数进行计数。每当有一个对该实体的新引用发生时，该实体的引用计数就加1；反之，每当一个引用结束，该实体的计数就减1。因此，判断一个实体是否被引用只需检查该实体的计数，当计数降到零时，该实体可以安全地从系统中移除。

引用计数依赖实体计数的准确性。在分布式环境下，通信问题给准确计数带来一定的困难。假设进程P获得了一个远程实体E的引用，进程P必须发送一条建立引用的消息给实体E，实体E在收到消息后将引用计数加1。进程P可能因为两种情况而得不到回复：一是消息没有到达实体E，二是消息已经到达实体E，实体E在完成引用计数加1的操作后发回给P的回复消息丢失。进程P因为无法区分这两种情况就会重发消息，如果是第二种情况，那么实体E的引用计数就会多加一次。删除引用也会产生类似的问题。实体E必须具备检测重复消息的能力以避免重复操作。更糟糕的情况是，如果进程P在建立引用后突然崩溃，实体E的引用计数会比实际的引用数目多出1个，后果是实体E永远不被移除；庆幸的是这个后果一般是可以接受的。

拷贝引用时还可能会产生实体加1和减1操作的竞态条件（race condition）。我们以一个简单的例子来解释这个现象。假设进程 P_1 引用了实体 E，E 的当前的引用计数为1。P_1 准备将这个引用拷贝给进程 P_2 后结束对 E 的使用。整个过程可以分解为三个步骤：①P_1 将 E 的引用发送给 P_2；②P_2 通知 E 获得引用；③P_1 通知 E 删除引用。

因为 P_1 和 P_2 是两个并发的、可能运行在不同计算机上的进程，竞态条件由此发生，如果步骤②发生在步骤③之前，那么实体 E 减1的操作先于加1的操作，实体 E 的计数降到0后有可能被移除，如图9－31所示。

解决竞态条件的一个方法是：P_1 在发送引用之前通知实体 E 将要进行的操作，并一直等待到新的进程获得引用并通知了实体引用之后才进行删除引用的操作。虽然这个方法比较稳妥，但也带来附加的通信开销。

9.4.2 高级引用计数

解决竞态条件的另一项技术是使用加权的引用计数。如果每个引用

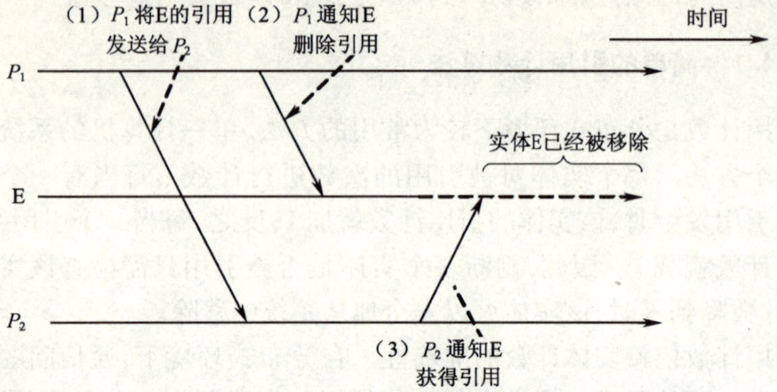

图 9－31 竞态条件

有一个预先设定的权值，每次建立新的引用或复制引用都是取实体的权值或引用的权值的一半，当实体的权值降到零时我们才删除实体。如图 9－32 所示的例子，假设实体的初始权值为 128，则有：

- 实体创建时的引用值为 128；
- P_1 建立引用后取得实体权值的一半，则引用与实体的权值各为 64；
- P_1 将引用发送到 P_2 上，P_1 和 P_2 的权值又重新取半，它们都为 32；
- P_1 删除引用后，实体的权值减去 P_1 的权值变为 32。

我们看到竞态现象不会产生，因为每个引用只有实体的部分权值。

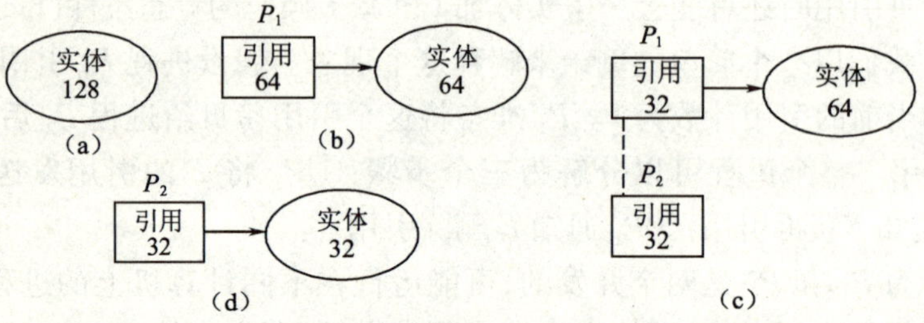

图 9－32 加权引用计数

加权引用计数只能允许有限次的引用操作，当引用的权值降到 1 以后，我们则无法再进行取半操作，如图 9－33(a)所示。对这种算法的一个改进是建立一个指向权值为 1 的一个前向指针，将这个指针作为实体重新分配权值，如图 9－33(b)所示。当 P1 的引用已经降到 1 时，P_1 向 P_2 传递引用将建立一个初始权值为 128 的前向指针，这个指针的权值取半后为 64，而 P_2 的引用的权值也为 64。只有当前向指针的权值降到 0 时，指针才能被删除。P_2 的引用是通过前向指针间接地访问到实体的。

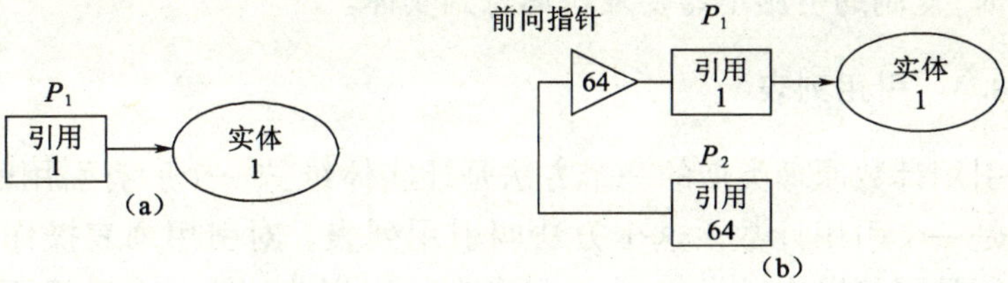

图 9-33 使用前向指针的算法改进

与 9.3.3 节的讨论类似，前向指针带来一些效率、信息维护和失败处理等方面的问题。处理竞态问题的另一个算法是生成引用计数（Generational Reference Counting）[文献49]。实体的引用保存一个数据对（代，拷贝数），代是该引用的生成年代，而拷贝数是这个引用的所有拷贝数。代和拷贝数都初始化为 0，而实体维护一个表格 G，每条记录是（代，拷贝数）。

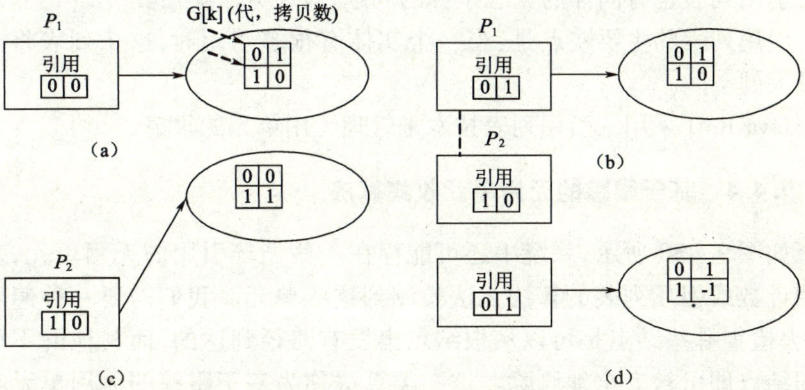

图 9-34 生成引用计数

其算法原理如下：

（1）实体的第一个引用的（代，拷贝数）初始化为（0,0），而实体的 $G[0]=(0,1)$，如图 9-34(a) 所示。

（2）当引用的拷贝发生时，该引用的拷贝数加 1，拷贝的引用的年代数初始化为引用的代数加 1，而拷贝数初始化为 0，如图 9-34(b) 所示。

（3）当删除一个引用时，它将自己的（代，拷贝数）发送给实体。假设 k 为引用的代数，n 为引用的拷贝数，则实体将对 $G[k]$ 的代数减 1，并将 $G[k+1]$ 的代数加上 n，如图 9-34(c) 和 (d) 所示。出现负数并不影响算法的正确性。

（4）实体当 G 中所有记录为（0,0）时才可以被安全地移除。

生成引用算法仍然依赖可靠的通信，而它的一个突出优点是当引用复制发生时，复制的引用不需要发送消息到实体。

9.4.3 引用列表

与引用计数原理类似的一个方法是让实体维护一个所有引用的列表，而不只是一个引用计数。这个方法叫引用列表。对引用列表操作的一个重要特征是冥等操作，增加一个已经存在的引用或删除一个已经不存在的引用对系统没有任何影响，也就是说消息可以重复发送而不需要检查重复消息。

引用列表对客户进程的失败也有较好的解决方案。第一种方案是定期地轮询所有的客户进程，如果没有响应，则将引用从列表中删除；第二种方案是为每个引用设置一个租赁期，在过了租赁期以后，过期的引用将会从列表中删除。

引用列表也有同样的竞态条件的问题，解决方法类似。

引用列表的主要缺点是：当一个实体有很多引用时，这个列表将会占用较大的空间。

Java RMI 采用了引用列表技术来管理无用单元的收集。

9.4.4 基于跟踪的无用单元收集算法

如图 9-30 所示，系统中还可能存在一些循环引用的无用单元，基于引用计数或引用列表的算法无法检测到这些单元。我们需要一种遍历方法，去检查哪些结点是可以从根结点出发有路径到达的，而其他的不可到达的结点即可被安全地删除。这一类算法称为基于跟踪的无用单元收集算法。

在非分布式的环境下，最简单的跟踪算法就是所谓的标记—清除收集器算法。这个算法分两个阶段执行：①在标记阶段，从根结点出发沿着引用的方向，标记所有可以到达的结点；②在清除阶段，所有未被标记的结点将被清除。

基于跟踪的算法的最大的问题是它要求引用关系图在标记和清除阶段保持不变。换句话说，系统必须先停顿下来，然后再执行算法，最后重新运行系统。这个又称为“停止世界”(Stop the world)的同步方式很难在大规模环境下实施。

在一般性的系统设计中，大多数单进程的无用单元收集采用了基于跟踪的算法，例如，JVM 和.NET，而对于分布式对象，引用计数算法依然是最常见的。我们仔细分析这个问题后会发现,引用计数的正确性本身并不重要,重要的是:一要保证实体的引用不能错误地降到零而提前被移除;二要避免一个实体无限期的不被移除。因此,为了提高通信效率,克服通信故障和避免使用复杂的算法,一些系统采用了租赁(lease)技术,这就意味着每个引用有确定的有效期,在过了有效期后,实体就可以被安全移除。

第10章

分布式事务处理

本章介绍事务模型和分布式事务。

事务处理是参与分布式事务进程的一个协调过程。事务的概念与4.2节介绍的互斥算法有共同的地方:互斥算法保证在一个时间只有一个进程可以访问诸如打印机、文件和内存等资源;而事务也同样是为了保护多个并发进程的条件下对共享资源的访问。然而,事务有更进一步的功能:它允许一个进程将一系列访问和更改数据的操作合并为单个的原子(不可分的)操作,如果进程在事务的过程中失败,系统将回滚到事务开始之前的状态,就好像什么也没发生一样。

事务处理是分布式系统进行关键业务处理的重要技术支持。

10.1 事务模型

10.1.1 事务的概念

事务就是为完成特定任务的一组操作,它们或者全部成功,或者全部放弃。例如,若北京有一家公司的业务人员要到上海、广州办事,为使行程紧凑高效,需要订购北京到上海、上海到广州以及广州返回北京的机票。显然,这三张机票的订购要求全部成功,如果做不到,那么就全部放弃。这样要求的理由是非常明显的,因为哪怕缺少一张机票都会使该次商务旅行无法按计划正常进行。这个事务可用伪码表示如下:

```
begin transaction flight_booking1
reserve("北京","上海")
reserve("上海","广州")
```

reserve（“广州”，“北京”）

commit transaction flight_booking1

其中 reserve 表示订票操作，commit 表示提交操作。只有在三个 reserve 都成功的情况下，commit 才会执行。任意一个订票操作失败，系统都会自动执行一个回滚操作，将数据恢复到事务开始时的状态。这样的回滚操作可用伪码表示为：

rollback transaction flight_booking1

但由于这是任意操作失败时的隐含操作，因此没有必要在事务描述中显式地表示出来。

每个事务都应具备以下属性：原子性（atomicity）、一致性（consistency）、隔离性（isolation）和持久性（durability）。

依据每个属性的英文字头，上述属性可简称为 ACID。下面仍以订机票的例子来解释这几个属性的含义。

（1）原子性。原子性要求三张机票的订购必须是一个不可分割的整体操作，这就意味着只允许出现两种操作结果：

- 三张机票全部订购成功。
- 如果有一张机票订购失败，则放弃对所有三张机票的订购，将系统恢复到订购前的状态。这样的恢复操作通常称为回滚（rollback）。

（2）一致性。一致性是说，如果系统有某种必须保持的不变性，则在事务处理后仍然保持该不变性。例如，对于一个北京→上海→广州的航班，一开始所有的机票都是“未售”的和“全程”的。当有人要购买该航班的一张北京到上海的机票，而又不存在这样的未售半程机票时，一张未售的全程机票即被分解成北京→上海和上海→广州两张半程机票，并将前者标注为“已售”。反之，当有人要退一张半程机票时，如果与之配对的另一张半程机票仍然“未售”，则这两张半程机票将被合二为一，恢复成原来的全程机票。系统应该满足这样的不变性：由一张全程机票分解而成的两张半程机票不能都是“未售”的。但如果在一张全程机票分解成两张半程机票后系统发生故障，从而未能将其中一张标注为“已售”，系统的一致性即遭到破坏。一致性遭破坏的另一种情况是，所提交的事务本身缺乏合理性，例如，事务中包含“分解全程机票”操作，但却没有相应的“标注为已售”的操作。事务的原子性和持久性已经能够防止前一种情况的发生，但后一种情况的防止则是程序员的责任，事务处理机制本身已无能为力。因此也有人认为，将“一致性”列为事务必须满足的属性意义不大。

(3)隔离性。隔离性是指,当出现多个并发的事务时,在效果上就像按先后顺序处理一样,各个事务相互分隔,互不干扰。上面例子中的北京客户需要一次北京→上海→广州→北京的旅行,假定还有一个广州客户需要一次广州→北京→上海→广州的旅行,并且这两个订购机票的事务同时提交。再假定系统中仅有一张广州→北京的机票和一张北京→上海的机票。隔离性要求这两个机票订购事务在效果上就像一前一后依次执行一样,因此必然能够保证其中一人订购成功。如果没有隔离性限制,则可能出现这样的情况:在北京人成功订购了北京→上海的机票的同时,广州人也成功地订购了广州→北京的机票;但接着北京人就无法订购到广州→北京的机票,广州人也无法订购到北京→上海的机票,两个事务互相影响,都不可能成功。

(4)持久性。持久性是指,一个事务一旦被提交(commit),它对系统的变更是永久性的,即使此后系统发生故障。要做到这一点不外乎两个途径:①只有在确保事务对系统的改变不会再丧失的情况下才报告提交成功;②在事务处理过程中系统保存了足够的信息,使得在系统发生故障后重新启动系统时可以用来重构对系统的改变。

10.1.2 保存点与部分回滚

在前面描述的事务中,只要其中一个操作执行失败,整个事务就只能以失败告终,而这种局面可能并不是我们所希望的。再以北京→上海→广州→北京的旅行为例,如果所需的三张机票中只有广州→北京的返程机票订购失败,这样的结果也许是可以接受的。例如,公事已经办完,在广州滞留一两天问题不大。这就要求允许事务部分回滚,而不是一有问题就全部放弃。为此,可将 flight_booking1 改进如下:

```
begin transaction flight_booking2
reserve("北京","上海")
reserve("上海","广州")
save transaction acceptable
reserve("广州","北京")
rollback transaction acceptable
commit transaction flight_booking2
```

其中 save 操作定义了部分回滚的终点,称为保存点(savepoint)。这里的 rollback 操作表明:在前一个操作[即 reserve("广州","北京")]失败时须回滚到名为 acceptable 的保存点。注意,若 reserve("北京","上海")或

reserve("上海","广州") 失败,仍会执行隐含的回滚操作,恢复到事务开始时的状态。

10.1.3 事务的嵌套

如果一个事务中的操作本身也是事务,则称该事务为嵌套事务(nested transaction),反之则称为单层事务(flat transaction)。若事务 A 中嵌套了事务 B,则 B 称为 A 的子事务,A 称为 B 的父事务。子事务也可以是嵌套事务,因此嵌套事务呈树形结构,可以用根事务称呼最顶层的事务,用叶事务称呼最底层的事务。显然,叶事务都是单层事务。在常见的嵌套事务模型中,基本操作(非子事务操作)只出现在叶事务中。

构建嵌套事务的目的是为了突破单层事务的局限性。其一,单层事务为线性结构,其中的操作是顺序执行的;而嵌套事务为树形结构,并列的子事务可以并行执行,从而可提高事务处理的效率。其二,提供更多的选择来处理部分操作的失败。对于一个子事务的失败,其父事务有以下选择:①忽略该子事务的失败(部分回滚);②重新尝试执行该子事务;③用另一个子事务来替代失败的子事务(例如,如果订购广州→北京的机票失败,可以尝试订购一张广州→北京的火车票);④放弃当前事务(完全回滚)。

而对于单层事务,如果一个操作失败,即使设置了保存点,也只有部分回滚或完全回滚两种选择。可见,利用嵌套事务可以更加灵活地配置事务中的操作,使事务更准确地反映客户的需求。

失败的子事务会自动回滚到该子事务执行前的状态,以消除已经造成的局部影响。子事务的回滚并不一定引发父事务的回滚,但父事务的回滚一定会引发子事务的回滚。子事务可以单独提交,但那是临时性的,只有在根事务提交时,子事务的提交才成为正式的和永久性的。由此可见,子事务不具备持久性。

10.1.4 原子性和持久性的实现

(1)基于私有空间的实现。实现事务原子性和持久性的一个基本方法是为每一个事务分配一个私有空间,将要更新的数据首先复制到私有空间。在事务的执行过程中,更新只发生在私有空间上。如果更新过程中出现任何问题而需要"回滚",只需释放私有空间即可。如果顺利地完成事务中的所有操作从而需要"提交",也只需简单地用私有空间来替代原数据空间。

图 10－1 示意了从事务开始到提交的全过程。其中，指针 data_pointer 和“原数据空间”在不同的具体情况下可以有不同的含义。例如，在一个文件系统中，“原数据空间”可以是一条记录，而 data_pointer 则是指向该记录的一个索引项。

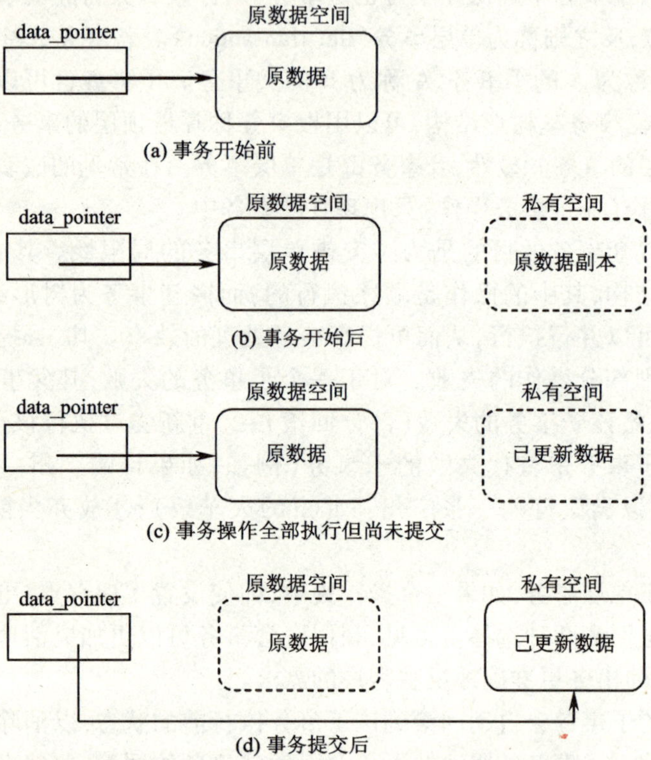

图 10－1　基于私有空间的事务实现示意

基于私有空间的实现有一个明显的弱点，就是有可能耗费大量的空间（用于分配给私有空间）和时间（用于复制数据到私有空间），因此很多人着力对这一基本策略进行优化。例如，其中一个优化策略是：若事务是只读的，则不分配私有空间，所有读操作直接在原数据空间进行。

（2）基于写前日志的实现。另一种事务实现方法是基于写前日志（writing ahead log）的。这种方法的基本思想是：通过日志记录下每个事务的执行过程。若需更新，首先要在日志中记录下与更新相关的信息，如被更新数据的位置、更新前的数据值、更新后的数据值等，然后才直接在原数据空间进行更新。如果更新成功并被提交，再在日志中添加一条信息，标明该事务已经提交。反之，若更新中出现任何问题，即可根据日志中的记录将被更新的数据恢复为原来的值。在很少发生回滚的情况下,这种方法具有极大的优越性。

10.2 分布式事务

如果事务的执行需要访问多个服务器,这样的事务就叫做分布式事务。分布式事务分为单层分布式事务和嵌套分布式事务两种类型。

如果一个分布式事务只需要依次访问不同的服务器,而那些被访问的服务器不再进一步访问别的服务器,则称为单层分布式事务(或简单分布式事务)。图 10-2 就是一个单层分布式事务的示意图,其中 T 代表客户的一个事务,X,Y,Z 代表事务 T 要访问的位于不同服务器中的数据;对服务器的访问按一定的顺序进行。

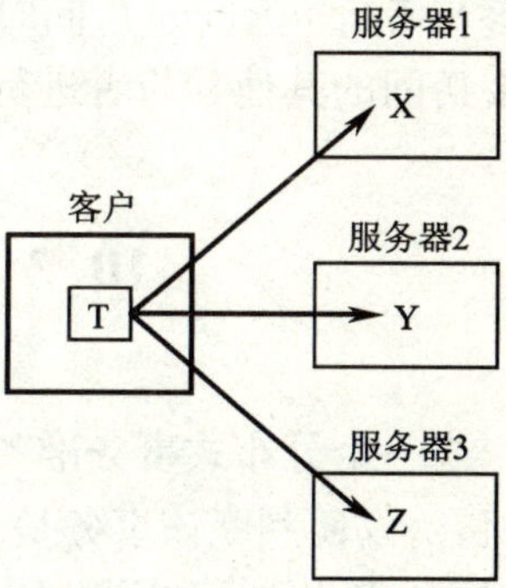

图 10-2 单层分布式事务示例

如果客户所访问的服务器还需要进一步访问别的服务器,则称之为嵌套分布式事务,如图 10-3 所示。

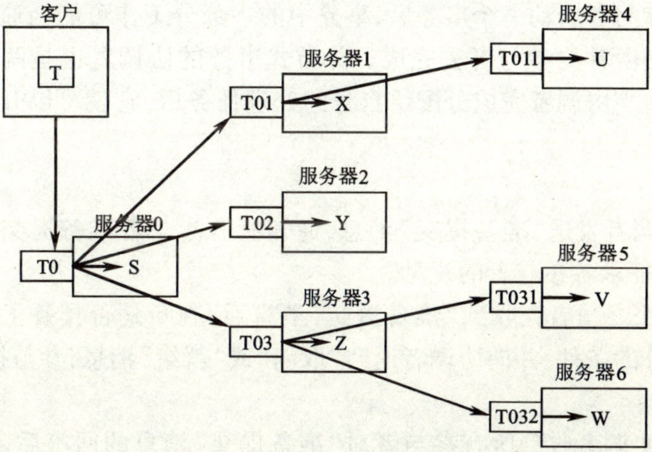

图 10-3 嵌套分布式事务示例

嵌套分布式事务通过创建子事务,将不同的任务交给相关的服务器去完成,而每个服务器,或称为分布式事务管理器(Distributed Transaction

Manager,DTM)则负责管理交给它的子事务。根据需要,服务器有可能将子事务分解成更小的任务,进一步委托其他服务器完成。要注意这里的子事务与前面介绍的(非分布)嵌套事务中的子事务的区别:前者是 DTM 依据数据分布情况而创建的,而后者是程序员依据业务逻辑进行划分、设计的。

为了创建一个嵌套分布式事务,客户需要向一个服务器提出创建分布式事务的请求,若创建成功,该服务器就返回一个 TID(事务标识),作为在整个系统范围内唯一识别该事务的标志。所有参与事务处理的服务器都是参与者(participant),同时又可以是协调者(coordinator)。协调者负责与需要访问的其他参与者进行通讯和协调。

10.3 分布式事务的提交

当一个分布式事务准备提交时,这个事务的每个参与者都有一次投票的机会,以便判断该事务是否处于一致性状态。如果所有的参与者都投了赞成票,事务就可以提交,否则就会被中止。由于事务的提交是由投票和实际提交两个步骤实现的,因此称为两阶段提交(2PC,Two - Phase Commit)。

一个参与者启动一个事务后,事务中的一部分工作可能会通过相关联的协调者交由其他参与者去完成。分布式事务的协调者也是两阶段提高的发起者。当协调者完成分配给自身的处理任务后,它就可以开始实施两阶段提交了。

阶段 1:

- 协调者发送“准备提交”消息,通知所有参与者准备提交已处理完毕的事务,征求各参与者的意见。

- 每个参与者在收到“准备提交”消息后,判断是否具备了提交该事务本地部分的条件,并向协调者返回“取消”或“就绪”消息,参与投票。

阶段 2:

- 在协调者收到所有参与者对“准备提交”消息的回答后,做出提交或取消的决定。如果所有的回答都是“就绪”,就向所有参与者发送“提交”指令;如果至少有一个参与者回答“取消”,或等待回答超过了预定的时限,就向所有参与者发送“取消”指令。

- 每个参与者执行接收到的协调者指令,若为“提交”,则提交事务的本地部分;若为“取消”,则回滚事务的本地部分。

两阶段提交可使提交的成功率大大提高,但仍不能完全避免失败,还需要对处理失败做出安排,这里不再讨论。

10.4 并发控制

10.4.1 事务的并发执行

事务处理系统通常允许多个事务同时执行,其目的不外乎以下两个:

(1)每个事务都包含一些基本操作,有的属于 I/O 操作,有的属于 CPU 操作,而这两类操作在计算机系统中是可以并行运行的。因此,事务的并发执行有可能提高系统总体上的并行性,从而提高事务处理的效率。

(2)若当前执行的事务是一个长事务,如一个文本编辑事务,则其他事务就不得不长时间等待,这对于拥有那些事务的用户来说,是无法忍受的。事务的并发执行可缩短事务的平均响应时间。

事务的并发执行对隔离性是一个严重的挑战。但如果安排得当,并发执行是可以做到与顺序执行的效果完全一样的。为达到这样的效果而对并发事务中基本操作的执行顺序进行安排,称为串行化(serialization),也就是事务处理中的并发控制。事务处理的并发控制有两种最基本的串行化策略,即锁定策略和时间戳排序策略。

10.4.2 基于锁定的并发控制

锁定(locking)是一种简单而使用普遍的并发控制方法。当一个事务需要访问系统中的某个数据时,首先执行上锁操作锁定该数据,以便独占该数据资源,当不再需要该数据时,再执行开锁操作释放该数据。按锁定的强度,锁分为写锁和读锁:被写锁锁定的数据禁止其他事务读写,因此写锁也称为互斥锁(exclusive lock);而被读锁锁定的数据虽然不允许其他事务写(修改,更新),但允许其他事务读取并进行读锁定,因此读锁也称为共享锁(shared lock)。在下面的例子中,用 lockW 表示写锁定、用 lockR 表示读锁定、用 unlock 表示开锁。

一种最简单的锁定策略是:在事务处理的一开始就锁定该事务所要访问和处理的所有数据,在事务结束时再释放所有的锁定数据。但这种策略过早地和过长时间地独占了系统中的数据资源,使得事务的并发执行成为不可能,因此是不可取的。

另一种锁定策略是:①锁定要尽可能的晚:将锁定的时间延迟到最后时刻;②开锁要尽可能的早:锁定的数据一旦处理完毕,立即开锁释放;③锁定强度要尽可能的小:如果一个数据在事务处理过程中只被读取而不被更新,则应选择强度较小的读锁定。

这样的策略看起来十分合理,但仍可能导致串行化失败。

例如,假定银行有 A 和 B 两个账户,它们的余额分别是 1 000 元和 800 元。事务 AtoB 将 300 元从账户 A 转到账户 B,事务 AplusB 统计并输出账户 A 和账户 B 余额之和。这两个事务由 getBalance(读取余额)、setBalance(更新余额)、show(输出数据值)等操作组成,如下所示:

```
begin transaction AtoB
x = getBalance(A)
setBalance(A, x - 300)
y = getBalance(B)
setBalance(B, y + 300)
commit transaction AtoB
```

```
begin transaction AplusB
a = getBalance(A)
b = getBalance(B)
show(a + b)
commit transaction AplusB
```

两个账户的余额之和(1 000 + 800 = 1 800 元)在这两个事务的执行前后应保持不变。

若两个事务顺序执行,无论哪个先处理,最后的结果都是:账户 A 的余额为 700 元,账户 B 的余额为 1 100 元,两账户余额之和为 1 800 元,系统的一致性可以得到保证。

若两个事务并发执行,利用前述的锁定策略,一种可能的执行顺序可参见表 10-1。

表 10-1　两个事务的可能的交替顺序

事务 AtoB	事务 AplusB	备注
lockW(A)		
x = getBalance(A)		
setBalance(A, x - 300)		A = 700
unlock(A)		
	lockR(A)	
	a = getBalance(A)	a = 700
	unlock(A)	
	lockR(B)	

事务 AtoB	事务 AplusB	备注
	b = getBalance(B)	b = 800
	unlock(B)	
lockW(B)		
y = getBalance(B)		
setBalance(B,y + 300)		B = 1 100
unlock(B)		
	show(a + b)	a + b = 1 500

按照这样的执行顺序，事务 ApulusB 报告的两账户余额之和为1 500元，比实际值少了 300。可见，锁定操作并不能保证串行化的成功。例中存在的问题是：事务 AtoB 过早地将锁定的账户 A 释放，而正确的方法应该是在锁定账户 B 之后再释放账户 A。

一般来说，为了确保串行化的成功，每个事务都应当在最后一个锁定操作后方可开始开锁。按照这样的策略，事务处理过程自然形成两个阶段：所有的锁定操作都在事务的前半段，所有的开锁操作都在事务的后半段。因此，这样的锁定策略称为两阶段锁定（简称 2PL，two phase locking）。按照这一策略，上例中的执行顺序必须改变，一种可能的执行顺序可参见表 10－2。

表 10－2　2PL 的可能执行顺序

事务 AtoB	事务 AplusB	备注
lockW(A)		
x = getBalance(A)		
setBalance(A,x - 300)		A = 700
lockW(B)		
unlock(A)		
	lockR(A)	
	a = getBalance(A)	a = 700
y = étBalance(B)		
setBalance(B,y + 300)		B = 1 100
unlock(B)		
	lockR(B)	
	unlock(A)	
	b = getBalance(B)	b = 1 100
	unlock(B)	
	show(a + b)	a + b = 1 800

按照这样的执行顺序，事务 ApulusB 报告的两账户余额之和为 1 800 元，与实际值相同。可见，两阶段锁定策略能够维持系统的一致性和隔离性，可以解决并发事务的串行化问题。但两阶段锁定不能避免死锁，它在执行过程中需要配合死锁的检测。

10.4.3 基于时间戳排序的并发控制

依据时间戳排序策略，每个进入系统的事务 T 都被赋予一个时间戳，这里用 TS(T)表示。依据不同的实现，它可以是系统时钟的当前值，也可以是一个事务计数器的当前值。系统中每个被事务访问的数据 data 有两个时间戳：读时间戳和写时间戳。读时间戳表示最后一次被某个事务读的时间，用 TSr(data)表示。写时间戳表示最后一次被某个事务写的时间，用 TSw(data)表示。时间戳排序策略需区分读写两种情况：

(1)若事务 T 需要读数据 data：

- 如果 TS(T) < TSw(data)，说明 T 需要读一个已经被重写的数据，这显然是不可能的，因此该读操作被拒绝，T 被回滚。
- 其他情况：执行该读数据操作，更新 data 的读时间戳，使之等于 TS(T)和 TSr(data)的较大者。

(2)若事务 T 需要写数据 data：

- 如果 TS(T) < TSr(data)，说明 T 需要写一个此前就需要的数据值，这显然是不可能的，因此该写操作被拒绝，T 被回滚。
- 如果 TS(T) < TSw(data)，说明 T 试图写一个已经被重写的数据，这显然是不可能的，因此该写操作被忽略。
- 其他情况：执行该写数据操作，更新 data 的写时间戳，使之等于 TS(T)。

采用时间戳策略，可有效避免死锁。很多人对此策略提出了改进意见，这里不再详细讨论。

10.4.4 死锁问题

并发执行的若干事务由于等待资源有可能陷入一种称为“死锁”的状态，如不加以解决，相关事务将瘫痪。一般地说，对于一组待处理的事务集合{ $T_0, T_1, T_2, \ldots T_n$ }，如果 T_0需要的某个数据已经被 T_1锁定，T_1需要的某个数据已经被 T_2 锁定，……T_{n-1}需要的某个数据已经被 T_n 锁定，T_n需要的某个数据已经被 T_0 锁定，于是事务之间相互等待，形成环状的等待链，造成任何事务都无法进展，相关事务即陷入死锁状态。

解决死锁问题的思路之一是防止死锁的发生。

防止死锁的一种最简单的方法就是在每个事务开始执行前就锁定它要访问的所有数据资源。但这种方法有两个重大的缺点:一是有可能锁定一些实际上并不需要锁定的数据;二是锁定数据的时间有可能超过实际的需要。因此这种方法实用价值不大。

另一种防止死锁的方法就是对所有数据资源进行拓扑排序,任何事务都按这个顺序来锁定所需要的数据资源。在10.1.1关于隔离性的说明中,列举了一个北京客户和一个广州客户同时订购机票的例子,例中的情况就是死锁。如果将所有的机票都按出发地由北到南的顺序排序,并要求按这个顺序订票,就可以避免死锁:因为这样一来,无论是北京客户还是广州客户都只能按北京→上海、上海→广州、广州→北京的顺序订票,问题就不会产生了。

还有一些基于时间戳的防止死锁的方法,例如,其中一种是:假定事务 T_i 需要的数据已经被事务 T_j 锁定,如果 $TS(T_i) > TS(T_j)$(即 T_i 比 T_j"年轻"),则 T_i 需要等待 T_j 释放该数据;否则将 T_j 回滚,由 T_i 接管并锁定该数据。

解决死锁问题的思路之二是检测死锁并加以恢复。

为了检测出是否存在死锁,系统须保留足够的信息,从而知晓每个事务已经锁定了哪些数据和准备锁定哪些数据;系统还必须提供一个算法,利用上述信息判断是否存在死锁;如果检测到死锁,还需将系统从死锁中恢复。

可以利用一个有向图来判断是否存在死锁。图中的每个结点代表一个事务。如果事务 T_i 需要的数据已经被事务 T_j 锁定,从而需要等待 T_j 释放该数据,则在图中插入一条边 $T_i \rightarrow T_j$。一旦发现图中出现环路,说明存在死锁。要使系统从死锁中恢复,须从环路中选择一个事务,将之回滚,从而切断环路。

第11章

容错服务

11.1 容错简介

可靠性和可用性是衡量系统质量的两个重要指标。可靠性(Reliability)借助于平均无故障时间(Mean Time To Failure,MTTF)来体现,它是指系统从恢复正常运行开始直到下一次故障发生为止所经历时间的平均值。可用性(Availability)则是指平均无故障时间与总时间之比,即

$$可用性 = MTTF/(MTTF + MTTR)$$

其中,MTTR 称作平均修复时间(Mean Time To Repair),它是指使出故障的系统恢复正常运行所需时间的平均值。

这两个指标从不同侧面反映了系统的质量。可用性高并不意味着可靠性高,反之亦然。例如,若一个系统平均每小时因故障中断运行 1ms,则可用性高达 99.999972%,而可靠性还不到一个小时。

分布式系统有可能比单机系统遭受更大的故障风险。

要提高系统的可靠性和可用性,一个十分明显的途径就是提高每个硬件部件和每个软件模块的质量。确实,近些年来,随着产品质量(特别是硬件产品的质量)的提高,计算机系统在可靠性和可用性方面取得了长足的进步。但随着计算机技术的应用领域的扩展和应用技术的提高,对系统的可靠性和可用性的要求也在不断提高,因此仅依靠这一途经是不够的。

提高系统的可靠性和可用性的另一个途径就是构建容错系统。所谓容错就是使系统能够在一定程度上容忍故障的发生,使系统在有故障的情况下仍能提供不间断的服务。一个容错系统应该具备下列功能:①故障检测:确定故障是否发生;②故障诊断:确定故障发生的原因和部位;③

故障扼制:阻止故障传播,避免针对用户的服务受到影响;④故障屏蔽:确保对外呈现的是正确的结果,使外部不会感知故障的发生;⑤故障补偿:如果故障局限于一个子系统,系统须做出必要的响应以补偿故障系统的输出。

- 故障修复:修复出故障的子系统,以维持容错机制继续有效。

本章从两个方面考察系统的容错问题:进程的容错以及消息通信的容错。但无论要解决哪方面的容错问题,冗余都是基本手段之一。

11.2 基于冗余的故障屏蔽

故障屏蔽是指将故障的影响限定在局部范围内,通过补偿对外展现出正常的状态。冗余的利用是故障屏蔽的基础技术,也是最重要的技术。

冗余是指包含于系统中的对于无故障系统来说没有任何作用的资源。对于有故障系统,这样的冗余是必须的,它将用于屏蔽故障或对出故障的系统加以补救。依据冗余的特性,冗余可分为信息冗余、时间冗余和空间冗余。

信息冗余是指通过维持冗余信息,使数据的存取或传输中的错误可以得到纠正。例如,为准备传输的数据增添一段纠错码,就可在发生传输错误时恢复数据。

时间冗余意味着,如果一个操作执行失败,可以再执行一次。作为数字系统的计算机系统有别于非数字系统的一个显著特点是,它可以存储用于操纵信息的数据和程序。这就意味着,对于一个偶发的和瞬间的功能故障,系统能够及时地利用存储的数据拷贝再次运行该功能。

空间冗余也称物理冗余,是指通过添加额外的硬件装备或进程使系统能够容忍个别部件的失效或个别进程的崩溃。

空间冗余可以通过硬件实现,也可以通过软件实现。

硬件的冗余配置也可以用来检测出故障的发生。这种冗余配置方式称为双模冗余,见图 11-1(a)。它用一个比较器将两个设计功能相同的硬件模块连接起来,以便比较它们的输出:当发现两个模块的输出不一致时,立即停止运行,从而以一种简单而明显的方式报告故障的发生。双模冗余的一种改进就是三模冗余,它可同时实现故障屏蔽功能,见图 11-1(b)。它用一个表决器将三个设计功能相同的硬件模块连接起来,以便比较它们的输出:它将占多数的那个输出作为正式的输出,如果没有占多数的输出

(即三个功能模块产生三种不同的输出),立即停止运行。这种方式还可以推广到“n 模冗余”。

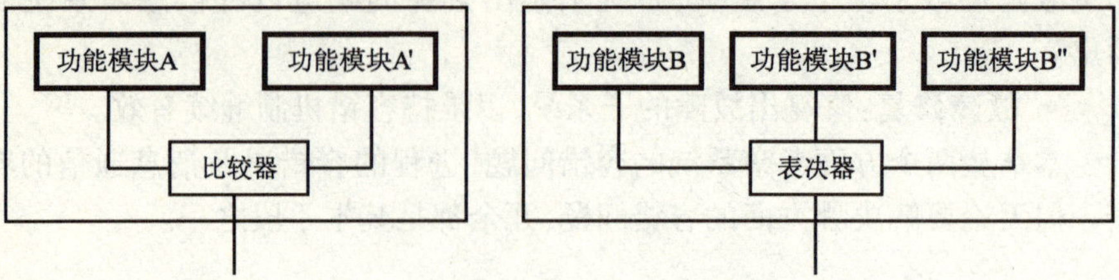

(a) 双模冗余模块示意　　(b) 三模冗余模块示意

图 11 -1　多模冗余示意图

由于表决器本身也可能出故障从而输出错误的表决结果,因此对表决器也可以进行冗余配置。例如,对于一个局部的由三个部件组成的串联线路,如图 11 -2(a),当对功能模块和表决器都采用三模冗余配置时,线路就如图 11 -2(b)所示(三角形为表决器)。

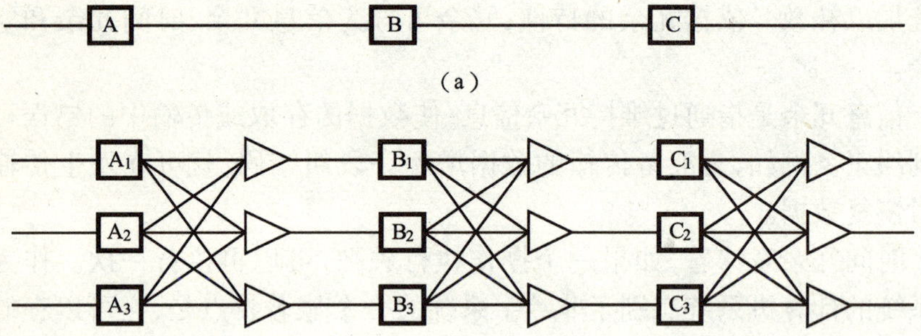

(b)

图 11 -2　三模冗余示意图

一对一冗余(One for One Redundancy)是一种硬件装置的冗余配置方式。在这种方式下,为每个硬件模块配备一个冗余硬件模块。在正常状态下执行其功能的硬件模块称为活动(Active)模块,而冗余模块则称为待命(Standby)模块。待命模块始终监控着活动模块,如果活动模块失效,待命模块就取而代之成为活动模块。由于两个模块同时失效的概率非常之低,因此这种硬件冗余配置方式可大大提高系统的可用性,缺点是使硬件成本加倍。

$N+X$ 冗余(N + X Redundancy)是一对一冗余方式的一般化。在这种方式下,为 N 个活动模块配置 X 个待命模块,一般 X 是比 N 小得多的一个数。一旦 N 个活动模块中的任何一个发生故障，就从 X 个待命模块中选择一个取而代之。相对于一对一冗余方式，$N+X$ 冗余方式可降低硬件成本。

载入共享也是一种硬件冗余配置的方式。在这种方式下，多个设计功能相同的模块共同拥有一个载入模块，该模块负责所有代码、数据的载入，并将载入的代码和数据分配给各个功能模块去执行和处理。载入模块一旦检测到某个功能模块失效，就把应由该功能模块承担的任务分摊给其他功能模块去完成，从而避免系统的崩溃。

软件冗余配置的一个典型例子就是事务处理：事务必须保存一些必要的冗余信息（例如，采用日志的形式）以便在局部执行失败时回滚到事务执行前的状态，并重新执行。有关详情，请参见“分布式事务处理”一章。

对于软件，也可采用类似于硬件配置的“n 模冗余”方式，但称为 n 版本冗余。在这种方式下，一个程序模块交给不同的个人或小组去设计、测试，生成设计功能相同的 n 个版本。同时运行这 n 个版本，选择 n 个结果中占大多数的那个结果作为正式结果。这样，就可以达到屏蔽故障的目的。

11.3 高可用的进程

11.3.1 进程失效与进程的重启

为了提供多用户、多任务的服务，操作系统创建多个虚拟处理器，使得针对不同用户或不同任务的若干程序可以同时运行。虚拟处理器中运行的程序称为进程。操作系统需要维护一个进程表，用于保存每个进程的状态，其中包含 CPU 寄存器的值、内存映像、打开的文件、权限等信息。每个进程有两个状态：一个是初始状态，它保持固定不变；一个是当前状态，它在进程的运行中会随时发生变化。每个进程还包含一个输入消息队列，其中保存的是其他进程发来的尚未处理的消息。进程的故障是不能完全避免的。一旦进程因故障而失效，如果没有其他补偿措施，就只能通过重启来恢复执行。一个失效进程重启后，将丢弃尚未处理的所有输入消息，并从重置的初始状态开始继续执行。这样的故障恢复方式称为“初始状态重启”。

11.3.2 检查点重启

初始状态重启方式有一个严重的缺陷：由于失效后所有的状态信息丢失，重启后只能从初始状态继续执行。这虽然避免了进程服务的中断，但并未能保持服务的连续性。检查点重启（check-point restart）在一定程度上克服了这一缺陷，它在永久存储中保存状态信息的两个副本，每当状态信息发生改变时，就更新其中较老的那个副本。这些保存的副本就是所谓的"检查点"。每当进程因失效而重启时，就利用较新的那个副本重置进程状态，并在该状态下继续执行，这样就保持了进程服务的连续性。

之所以要保存两个副本并交替地更新它们，是因为更新操作本身也可能发生故障，因此正被更新的副本也有被破坏的危险。一旦一个副本被破坏，就可以利用另一个副本重置进程状态。

11.3.3 带消息日志的检查点重启

仅利用检查点重启，有一个重要的问题没有解决：重启时失效进程尚未处理的消息已被丢失，因此重启后并不能真正恢复到检查点处原来的状态。如果能配合以消息日志，这个问题就可以得到解决。

所谓消息日志就是一个进程保存到永久存储中的输入消息序列。日志中的消息序列并不会无限增长：每当状态信息被更新，此前保存的消息序列即被舍弃，并重新开始消息序列的形成过程。进程一旦因失效而重启时，首先要从永久存储中载入检查点以恢复进程的状态，载入消息日志以恢复进程的输入消息队列，并开始重新处理队列中的消息。

上述重启机制的建立是基于这样的认识：对于状态相同的两个进程，若处理相同的消息序列，则所产生的输出应该是相同的，结束时的状态也应该是相同的。

消息日志的存在还使检查点的保存策略有了更多的选择：对于状态信息更新频繁的进程，不一定在每次更新时就保存一次，可以选择适当的距离间隔保存。这样可减少保存检查点的频度，从而降低对进程运行效率的影响。

11.3.4 检查点消息

对于检查点重启，状态信息是保存在永久存储（如硬盘）中的，更新和重启时的载入都非常耗时。为克服这一缺点，可以将状态信息的保存委托给另一个进程，这样就可以选择将状态信息保存在快速存储（如内存）

中。为了实现这样的委托保存，一个进程可以将状态信息以消息的形式发送给受托进程，这样的消息就称为检查点消息。检查点消息的方式基于这样的假定：委托进程和受托进程同时失效的概率极低，几乎不可能发生。

11.3.5 进程对

进程对(process pair)是构建容错进程的一种方案，是利用检查点消息的典型范例。进程对的基本思路是：为每一个进程配备一个备用进程，其本身则称为主进程；主进程将状态信息(以及其他失效恢复所需要的信息)委托备用进程保存，一旦备用进程发现主进程失效，就接管主进程的工作，利用保存的状态信息和其他信息继续履行该进程的责任。

进程对的基本工作原理是这样的：主进程在履行自己的职责的同时，以一定的频率(如每隔约1毫秒)向备用进程发送 I_AM_ALIVE 消息，告知备用进程自己还活着。如果在一个设定的时间间隔(如1秒)内备用进程没有接到 I_AM_ALIVE 消息，即认定主进程失效，并立即接管主进程的工作。每当状态发生改变，主进程就将新的状态信息包含在发往备用进程的 I_AM_ALIVE 消息中，此即检查点消息。备用进程须保存主进程状态信息的副本，并且每当收到检查点消息时就更新保存的副本。这样，当备用进程接管主进程时就可以立即在该状态信息基础上继续工作，从而将故障屏蔽在进程对的内部，同时维持对外提供进程服务的连续性。

主进程和备用进程都可能失效。一旦失效，就通过重启恢复执行。对于失效的备用进程，重启后仍然是备用进程。对于失效的主进程，由于其工作已为备用进程所接管，因此重启后成为备用进程。在进程时的容错逻辑中，我们假设备用进程总是可以检测到主进程的失效，然后备用进程取代失效的主进程而成为新的主进程。因此，当主进程失效后，备用进程在很短时间后就能自动成为主进程，除非此时备用进程也先于主进程失效，或与主进程同时失效；在后一种的情况下，没有存活的主进程或备用进程。作为结论，当发生失效时，或在失效后很短时间后，系统中只能存活0到1个主进程。失效的进程，无论是失效的主进程还是失效的备用进程，在重启时都无法知道作为进程对的另一方是否存活，因此它必须是作为备用进程重启，从而避免出现两个主进程的冲突，保证能够恢复成正常的进程对；两个备用进程是不冲突的，其中一个将自动成为主进程。由于主进程和备用进程的地位需要相互转换，因此它们采用的是相同的运行逻辑，如图11－3所示，其中假定以1秒作为判断主进程是否失效的时限。图中左侧阴影部分为主进程的主循环,右侧虚线框标明的部分为备用进程的主循环。当备用进程发现超过 1 秒没有接收到主进程发来的消息,即开始接管主进程,其第一步就是通知有关进程自己已经成了主进程。由于前主进程有可能在失效前没来得及应答读入的消息,因此接下来需要应答前主进程最后读入的消息。当然,这样可能会造成重复应答,但比遗漏应答要好。

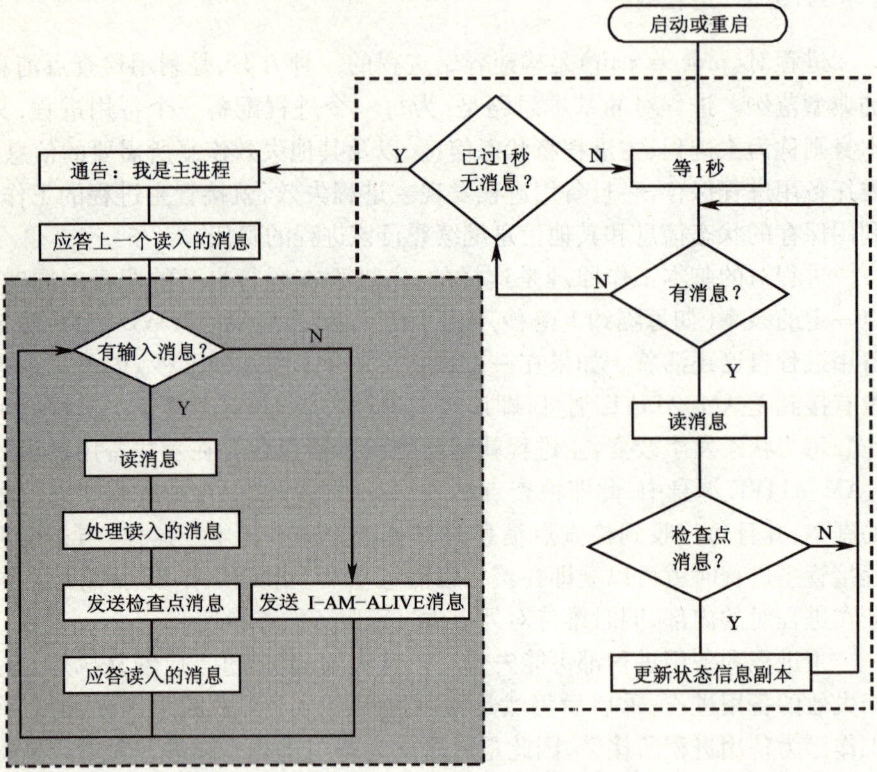

图 11－3　进程对的运行逻辑

备用进程在接管失效的主进程后,需要继续处理消息队列中尚未处理的消息,因此可以把消息日志的机制引入进程对:主进程借助于 I_AM_ALIVE 消息把每个输入消息转发给备用进程,由备用进程实际保存主进程的消息日志(可以建立在快速存储中)。

11.3.6　进程组

进程组可以看成是对进程对概念的推广,在一个进程组中可以包含更多的进程。所有这些进程都是相同的,对于发送给该组的任何消息,组中所有成员都要加以接收和处理。一旦某个成员失效,其他一些进程可以接管它。

根据进程组中进程之间的关系，进程组可分为平等组和等级组两类。在平等组中，所有成员是平等的，所有决定都是共同做出的。在等级组中，成员之间有等级区分，例如，其中一个进程是协调者，其他进程则充当工作者。

两类进程组各有优势和不足。对于平等组，组中某个进程的失效只是使组变得更小，进程组仍可继续提供服务。但平等组作决定的机制比较复杂，往往需要进行表决，这会导致一定的延迟和其他开销。对于等级组，协调者可独立做出决定，反应较快。但是，一旦协调者本身出了故障，则整个组就将崩溃。

进程组的设计具有相当的复杂程度，这里不准备讨论它的细节。毕竟，进程对已经有了很高的可用性。

11.4 可靠的消息

11.4.1 消息故障与会话通道

消息是一个进程发送给另一个进程的具有特定格式的数据。这里的"特定格式"是指，消息中除了包含用户数据外，还包含源进程和目标进程的标识、目标地址、序号、校验和信息等其他用于控制消息传递的信息。发送消息时，须给出目标进程的标识，给出要发送的用户数据；消息到达后被存放在目标进程的输入消息队列的队尾。一个进程可以判断其输入队列是否有消息，若有，可取出队首消息，从而使第二个消息（若有的话）递升为队首消息，等待下一次被取走。

消息的故障包括：数据破坏、重复、顺序颠倒和丢失。为便于构建可靠的消息传递机制，所有的消息故障都被转换成一种形式：丢失。例如，在消息发送前，发送端首先要扫描用户数据并按一定的算法生成一个校验和（check sum），登记到消息中随消息一同发送。消息到达目的地后，接收端将利用同一个算法再次生成一个校验和，并与消息中登记的校验和进行比较，若不相等，说明数据已被破坏，所做的处理就是将之抛弃。这就是将"数据破坏"转换成"消息丢失"的一种情况。

可以利用会话通道把任何消息故障转换成"丢失"。

会话通道是连接两个进程的双向的消息通道。利用会话通道，消息按发送的顺序到达目的地,并可避免消息的重复和丢失。每个会话通道有两个端点,每个端点有三个序号:①输出序号:用于标明最后一次发送的消息的序号;②输入序号:用于标明最后一次接收的消息的序号;③确认序号:用于标明最后一次确认的序号。

这三个序号的更新都是递增的。发送端在发送一个新的消息时,将输出序号增1,并将这个新的序号赋予要发送的消息,作为该消息的序号。接收端在收到消息后,将消息中的序号与输入序号进行比较,并根据比较的结果做出不同的处理:

(1)消息序号 > 输入序号:说明一个新消息按正常的顺序到达。如果通过校验和检验就接收该消息,用消息中的序号更新输入序号,并通过同一通道发送一个确认消息(无需序号),通知对方某某序号的消息已收到。如果没有通过校验和检验,抛弃该消息,不发送确认消息。

(2)消息序号 = 输入序号:说明到达的消息是一个重复的消息。抛弃该消息,并通过同一通道发送一个确认消息(无需序号),通知对方某某序号的消息已收到。

(3)消息序号 < 输入序号:说明一个消息延迟到达,这个消息是一个掉队消息,需要抛弃该消息,不发送确认消息。通道的任何一端在收到确认消息后,利用确认消息中的信息更新确认序号。

图 11-4 展示了利用会话通道发送消息的三个步骤。

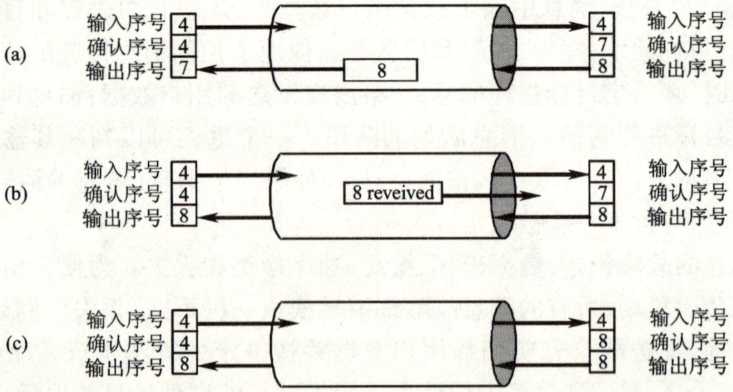

图 11-4 会话通道工作原理示意

(a)右端进程向左端进程发送一个消息,其序号为 8,来自会话通道右端的“输出序号”,左端“输入序号”为 7,还是上次收到消息的序号;右端“确认序号”为 7,说明已经收到来自左端的确认消息,确认序号为 7 的消息已经收到。

(b)左端收到序号为8的消息,将输入序号由7改为8,并发送确认消息。

(c)右端收到确认消息,知道此前发出的序号为8的消息对方已经收到,将确认序号改为8。

依靠上面描述的基本模型无法形成可靠的消息通信机制,例如,掉队的消息永远无法到达目的地。

11.4.2 用消息重传避免消息的丢失

如前所述,若一消息未能通过接收端的校验和检验,它将被抛弃,因此发送端永远等不到确认信息。这样的例子还可列举很多。在这一类的情况下,如果发送端能够重发消息,则接收端还有机会正确地加以接收。为了形成这样一种消息重发机制,需设定一个时限:在发送一个消息后,如果在设定的时限内没有收到确认消息,就重发该消息。消息的重发可大大提高消息的可靠性,但在确认消息丢失等个别特殊情况下,可能导致重发一个实际并未丢失的消息。幸好这并不是问题,如前所述,会话通道接收端会自动滤掉重复的消息。

11.4.3 用缓冲队列避免消息掉队

避免消息掉队的简单方法是:在发送一个消息后就一直等待对方的确认消息,只有在收到确认消息后才可发送下一个消息。用类C的伪码发送一个消息的处理逻辑可表示如下:

```
输出序号增1;
将输出序号登记到消息中作为消息序号;
发送消息;
while(true){
  while(没有确认消息)
    if(超过时限) 重发消息;
  if(确认消息中的序号 == 输出序号) break; //确认消息到达
}
确认序号增1;
```

这个算法很可靠,但过于保守:由于每次都要等待确认,因此对消息的传递速度会产生负面影响。

避免消息掉队的另一个思路是在接收端想办法。除了输入消息队列,还在会话通道的接收端设置一个缓冲队列,对列中的消息按消息序号由小到大排列。任何一个到达的消息都首先被插入到缓冲队列中的适当位置处,使得队列中始终保持有序。利用这样的有序队列,监控接收端的处理逻辑可表示如下:

```
while(true){
  if(有消息到达){
    将消息插入到缓冲队列中;
    do{ //缓冲队列至少有一个消息
      if(缓冲队列队首消息的序号 = =输入序号){//发现重复消息
        删除该消息;
        发送确认消息; //上次确认消息可能丢失,再发送一次
      }
    else if(缓冲队列队首消息的序号 = = 输入序号 +1){ //发现正常消息
        取出该消息并添加到输入消息队列的尾部;
        输入序号增 1;
        发送确认消息;
      }
    }while(缓冲队列非空);
  }
}
```

根据这个算法,提前到达的消息将在缓冲队列中等候,而掉队消息也就不会被抛弃了。

11.4.4 进程对与会话通道

进程与消息是密切相关的:可靠的进程有赖于可靠的消息,可靠的消息也有赖于可靠的进程。例如,若收发消息的进程崩溃了,与之连接的所有会话通道也就随之崩溃。因此,把会话通道所连接的两个进程换成两个进程对,将大大提高消息通信的可靠性和可用性。在进程对的情况下,主进程一旦失效,备用进程会立即接管它的工作,此时发往失效主进程的消息有可能不会到达备用进程,从而造成消息丢失。但根据前面描述的会话通道的工作原理,消息的发送端会重发该消息。

第12章 安全服务

安全对分布式系统是一个现实和重要的问题。安全必须是全面的,因为任何一个安全漏洞可以使所有其他的安全措施都失效;同时安全又是相对的,如果需要保护的数据或资源的价值较小,则增加安全机制并不总是经济可行的;最后,安全还必须是可用的,因为,过于复杂的安全设计可能导致系统非常难以使用和维护。

分布式系统的安全可以粗略地划分为两个部分:

(1)安全通道问题:用户或进程之间的通信安全问题。安全通道涉及用户认证、消息的完整性和保密性以及数字签名等安全问题。

(2)授权管理问题:在安全通道的基础上,用户在授权的方式下访问数据和其他资源。授权管理涉及系统的访问控制(Access Control)问题。

本章将从上面两个部分展开讨论,最后将讨论电子商务中的支付安全问题。

12.1 安全导论

12.1.1 安全需求分析

在分布式系统中,安全首先是与信任(trust)相关的一个概念。信任主要包含两层意思:

第一层是保密性,即信息不会泄露给非授权用户。信息保密的需求源自于敏感领域的应用。保密性的设计是以“需要知道”(need to know)为原则,对所需要获得信息的用户设定限制。例如,一个企业信息系统需要对人事、财务和运营数据做保密性处理,避免这些信息泄露给不相关的用户。

更进一步,保密性不仅涉及隐藏信息本身,而且还涉及隐藏信息的存在和信息的处理过程。例如,电信部门的通话清单记录了通信的双方和通话时间,这个信息存在有时比知道通话信息本身还要重要。

第二层是信息的完整性,即信息的修改必须以授权的方式进行。信息的完整性包括数据的完整性和来源的完整性。数据的完整性是指信息内容没有被非法改变,而来源的完整性涉及用户认证。非认证用户的信息是不可信的。

从非授权用户和非授权操作引申出来的行为,我们称之为安全威胁。分析安全威胁是理解安全问题的另一个角度。Pfleeger[文献50]将安全威胁分为以下四类:

(1)截取(Interception):指非法用户以某种方式获得数据访问。例如,通信线路被监听,数据被非法复制,盗用合法用户的身份等。

(2)中断(Interruption):指系统的服务或数据变为不可用。例如,删除系统的文件和数据,篡改用户权限,恶意攻击造成服务瘫痪等。

(3)篡改(Modification):指以非授权的方式改变数据,使得数据不再符合设计要求。篡改一般发生在截取之后。

(4)伪造(Fabrication):指制作一些本来不存在的数据。例如,增加一个新用户,伪造一个不存在的消息等。

从安全威胁的角度看,安全不仅有保密性和完整性的需求,而且有可用性的需求。可用性之所以与安全相关,是因为存在导致数据或服务失效的蓄意行为,致使系统拒绝服务。我们知道,系统一般是按照某种使用模式来设计的,如果有人蓄意改变这种使用模式,系统就可能产生拒绝服务的故障。

在分析安全需求时,我们需要区分安全策略和安全机制。安全策略表达了用户的安全需求和目标;而安全机制则是实现安全控制的技术手段。更具体地说:安全策略规定了系统中的合法用户和合法操作,安全机制则是一些安全技术、方法或规程。

安全策略经常需要一些技术无法实施的过程性控制,例如,对人和环境的过程性控制。在任何安全系统中,人是最核心的。因为计算机只能处理技术控制,而人的干预常常使这些控制失效。例如,一个授权用户蓄意泄露自己的访问口令,那无论怎样安全的计算机系统都无法检测到这样一类非法访问。因此,人的控制一般是非技术性的。

安全策略必须是全面的。一个系统的整体安全性能是由最弱的安全环节确定的。例如,你可以有一个非常坚固和带有附加保险的防盗门,但如果有人可以从阳台窗户轻易进入，那么防盗门的安全就毫无意义。

如防盗锁的例子一样，所有的安全策略都是基于一些公理或假设之上，策略的制定者总是相信这些公理或假设是真。一般性地看，所有安全策略有两个基本假设：①系统的状态可以无歧义地划分为“安全”和“非安全”两种状态；②安全机制的设计和使用能够防止系统进入“非安全”状态。遗憾的是，准确地、全面地表达安全策略实际上非常困难，即使商业化程度很高的软件也难免存在安全漏洞。

安全策略是相对的。要判断一种资源是否应该受到保护，以及受到什么样的保护，就需要对资源面临的潜在威胁和威胁造成的可能的损失做出分析。安全策略能够避免或减少经济损失，但防止损失的发生是需要付出成本的。如果某种威胁不太可能发生，或者发生后的损失是可以承受的，则策略制定者可能会舍去对这种威胁的考虑。重要的是，策略制定者一定要清楚地知道自己在做什么，否则灾难性的后果可能就不远了。

安全系统就好像一副盔甲，安全固然重要，但前提条件是战士必须能披上盔甲作战。因此，安全并不是系统的目的，而是系统运行的一种保障。安全设计必须在安全性和可用性之间做一个折中。例如，要求用户登录时输入用户名和一个口令是安全认证的要求，但如果为了加强认证，要求用户输入6次不同的口令可能就违背了可用性的要求。同时，安全策略应该是简单明了的，过分的复杂化会带来很多负面影响。假设，银行的一个安全策略是允许职员查询所有账户的流水和余额。一个安全性问题是职员是否能够查询自己上司和同事的账户信息。如果允许，则可能侵犯上司和同事的隐私权，如果不允许，则需要改变安全策略。简单的做法是在规章制度中禁止查询上司和同事的账户，以增加非技术性的管理过程以避免改变系统设计。Saltzer 和 Schroeder 早在 1973 年[文献51]就提出了一个安全设计原则，提倡安全策略的简单性、限制性和可理解性。他们认为，如果安全策略过于复杂，攻击者就能逃避或绕开它们。这个说法看似很空洞和古老，但一些设计者由于违背这个原则，产生了无数不安全的系统。

12.1.2 安全机制

一个良好设计的分布式系统可以提供一组较为完整的安全机制，用户可以通过组合这些安全机制来实现自己的安全策略。

从技术的角度分析，安全机制可以分为以下四类：

(1)加密：加密是信息安全的一个基本机制。加密是将数据转化为一个截获者不能理解的数据形式，是满足保密性的一个技术手段。由于截获者无法理解加密的数据，他就失去了篡改的能力。所以说，加密也是满足完整性的一个技术手段。

(2)认证：认证是确认用户、进程和设备等资源身份的机制。用户认证是最常见的和最容易理解的。系统一般通过用户名和口令来对用户进行认证。在复杂的系统中，需要认证的不仅是用户，而且还需要认证系统中的其他资源。例如，在智能卡的应用中，CPU 卡和读卡器一般要进行双向认证：卡必须是合法的，读卡器也必须是合法的。

(3)授权：在用户通过认证以后，系统需要检查用户具有什么样的操作权限。权限的分配和管理是访问控制的主要问题。

(4)审计：审计是跟踪用户对系统的使用和系统状态变迁过程的一个机制。虽然审计不能防范攻击，但它却是事后分析攻击和采取措施的一个重要依据。攻击者一般会在系统中留下痕迹，一个良好设计的审计系统可以使这些痕迹暴露出来。

分布式系统的安全问题可以粗略地分为安全通道问题和授权管理问题两个部分。安全通道主要使用加密，包括数字签名和认证机制；而授权管理使用授权机制。审计机制则以日志的方式采集系统的各种运行信息，并加以分析。由于篇幅的限制，本书对审计机制不予讨论。

12.2 安全通道

12.2.1 加密算法概论

人类有记载的通信密码始于公元前400 年。古希腊人是置换密码的发明者。1881 年世界上第一个电话保密专利出现。电报、无线电的发明使密码学成为通信领域中不可回避的研究课题。在第二次世界大战太平洋战场上，美军成功地破译了日本海军的密码机。在中途岛海战中，美军利用破译的信息，在中途岛彻底击溃了日本海军，实现了太平洋战争的决定性转折。因此我们可以说，密码学在战争中起着非常重要的作用。

随着信息化和数字化社会的发展，人们对信息安全和保密的重要性的认识不断提高。比如，网络银行、电子购物、电子邮件等正在悄悄地融入普通百姓的日常生活中。人们自然要问它们的安全性如何？1997 年，美国国家标准局公布实施了“美国数据加密标准(DES)”，军事部门垄断密码的局面开始被打破，今天，民间力量已经全面介入到密码学的研究和应用中，民用的加密产品在市场上已有大量出售,采用的加密算法有 DES,IDEA,RSA 等。

在密码学的术语中,原始的消息称为明文(Plain Text,简称 P),加密后的消息称为密文(Ciphertext,简称 C),加密算法记为 E(Encryption),解密算法记为 D(Decryption)。加密算法一般以一个密钥为参数,密钥记为 K(key)。则有:

$C = E_K(P); P = D_K(C) = D_K(E_K(P))$,如图 12-1 所示。

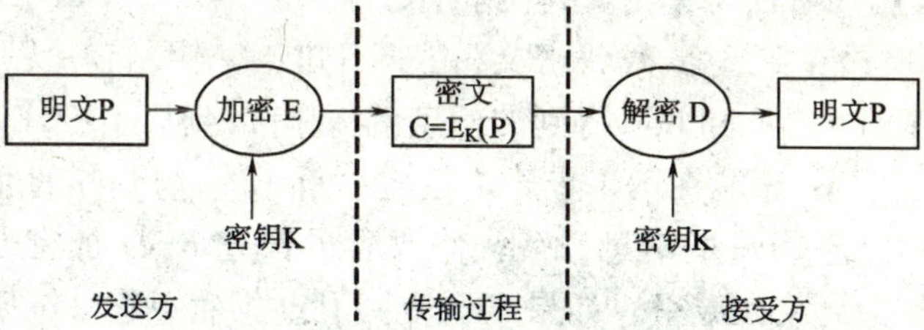

图 12-1　加密解密过程

密码系统的两个基本要素是加密算法和密钥管理。加密算法是一些公式和法则,它规定了明文和密文之间的变换方法。由于密码系统的反复使用,仅靠加密算法已难以保证信息的安全。事实上,加密信息的安全可靠依赖于密钥系统,密钥是控制加密算法和解密算法的关键信息,它的产生、传输、存储等工作是十分重要的。

加密方式主要有对称加密和非对称加密两种。

在开始讨论之前,我们假定:在不安全的网络中(如互联网),Alice 是通信发起人;Bob 是通信接收人;Alice 与 Bob 相互信任;而 Eve 监听通信并伺机破坏:这是 John Wiley 和 Sons 在经典教程《Applied Cryptography》(《应用密码学》)中提出的部分人物,这些人物和环境现已成为描述密码学技术的标准。

(1)对称加密。对称加密系统中加密方和解密方使用共同的密钥。以下用经典的替换加密法为例做一简单说明。

密钥:

A B C D E F G H I J K L M N O P Q R S T U V W X Y Z

C H I M P A N Z E B D F G J K L O Q R S T X Y W U V

明文:HiIamAlice 密文:ZEECGCFEIP

密钥第一排是常规 26 个字母,而第二排则是约定的字母顺序,用来替换对应的字母。

替换加密法很容易通过分析字母的统计信息被攻破。现代的对称加密方式采用了更复杂的数字变换。当前优秀的对称加密算法有 DES, 3DES, DEA, IDEA 等，它们的运算速度快，加密性能优异。对称加密算法的简单性也带来一些问题。我们以 Alice 和 Bob 的通信为例演示通信过程，大致如下：

- 由 Alice 将公共的密钥传送给 Bob；
- Alice 用该密钥加密明文，得到密文；
- Alice 将该密文传送给 Bob；
- Bob 用该密钥解密密文，得到明文。

Eve 如果只在第 3 步截获密文，由于不知道密钥，将一无所获。但当 Eve 监听到第 1 步，他和 Bob 得到的信息就一样多，到第 4 步，Eve 的工作就是解密。并且 Eve 还能在第 3 步开始之前中断 Alice 与 Bob 的通信线路，然后冒充 Bob 接受 Alice 的信息，解密、修改后再冒充 Alice 加密发送给 Bob，Alice 和 Bob 始终蒙在鼓里。如果 Bob 受到利益损害，则 Alice 可以指责说这是 Bob 自己泄露密钥造成的。

可见，对称加密的问题在于：①必须事先传递密钥，而密钥在传递过程中极易被窃，常规手段无法解决这种高风险。②密钥管理困难：假设有 n 方两两通信，如采用一把密钥，则密钥一旦被盗，整个加密系统崩溃；如采用不同密钥，则密钥总数达到 $n\cdot(n-1)/2$。当 n 较大时，密钥的管理变得很困难。③由于密钥共享，责任在双方，泄密者很难得到确认。

虽然对称加密对数据本身的加密能力足够强大，而且已经在政府机关和商业机构内部得到了广泛应用，但不解决上述问题，面向互联网的电子商务和电子政务就无从谈起。

（2）公钥加密（Public Key Infrastructure，公用密钥基础）。1978 年[文献52]，麻省理工学院教授瑞斯特（Rivest）、沙米尔（Shamir）和艾德曼（Adleman）开发了一种非对称公共密钥算法，称为 RSA（三个发明者名字的首字母）。由于这一算法既解决了密钥的带内传输问题，又不要求交易双方同时在线，也不要求交易双方必须相互信任。因此它也成为现代电子商务的一个重要的安全保障技术。

非对称加密是对称加密"逆向思维"的结果，其公钥加密体制的通信过程大致如下：①Bob 公开发布他的公钥；②Alice 用 Bob 的公钥加密明文得到密文并传送给 Bob；③Bob 用它从不公开的私钥对该密文解密。

尽管这次 Eve 可以合法得到 Bob 的公钥，却无法对第 2 步截获的密文加以解密，因为他没有 Bob 的私钥。

Bob 的公钥和私钥从何而来？为什么公钥加密的文件只有私钥才能解

密？要搞清这两个问题，必须回过头来认识公钥加密的数学基础：质因数分解难题。

只能被 1 和本身整除的数叫质数，例如 13，质数有无穷多个。得到两个巨大质数的乘积是简单的事，但想从该乘积反推出这两个巨大质数却没有任何有效的办法，这种不可逆的单向数学关系，是国际数学界公认的质因数分解难题。

R，S，A 三人巧妙利用这一数学难题，设计出 RSA 公钥加密算法，基基本原理如下：

- 找出三个数，p，q，r，其中 p，q 是两个相异的质数，r 是与 (p－1)(q－1) 互质的数，p，q，r 这三个数便是私钥(private key)；
- 找出 m，使得 rm ＝ 1 mod (p－1)(q－1)，这个 m 一定存在，因为 r 与 (p－1)(q－1) 互质，用辗转相除法就可以得到；
- 计算 n ＝ pq，m，n 这两个数便是(public key)。

编码过程是：若信息为 a，假设 a ＜ n，将其看成是一个大整数；如果 a＞＝n的话，就将 a 表示成 s 进位(s＜＝n，通常取 s＝2^t)，则每一位数均小于 n，然后分段编码；接下来，计算 b ＝a^m mod n，(0＜＝b＜n)，b 就是编码后的资料。

解码的过程是：计算 c＝b^r mod pq (0＜＝c＜pq)

国际数学和密码学界已证明，企图利用公钥和密文推断出明文，或者企图利用公钥推断出私钥，其难度等同于分解两个巨大质数的积。这就是 Eve 不可能对 Alice 的密文解密以及公钥可以在网上公布的原因。

至于“巨大质数”要多大才能保证安全，这个问题不用担心：利用当前可预测的计算能力，在十进制下，分解两个 250 位质数的积要用数十万年的时间，并且质数用尽或两台计算机偶然使用相同质数的概率小到可以被忽略。

公钥加密最大的和唯一的问题是运算速度缓慢，理论上，对称加密算法的速度要比它快上数百倍。

12.2.2 数字签名

在鉴别传统的书信及文件的真伪时，是通过对在其上面的签名或者印章的真伪来鉴定的。那么我们对以数字形式存在的书信或者合同等文件怎么“盖章”呢？这就是数字签名要解决的问题。例如，某客户要发送一个订单信息给网上商家，既要防止商家或者第三方对订单的篡改和伪造，又要防止客户事后因为感到订单由于某种原因对自己不利而否认该订单的真实性。数字签名方法可以用来解决这一问题。所以数字签名必须满足以下三个条件：①数字签名能够对收发双方的身份信息进行确认；②接收方能够核实和确认发送方对信息的签名；③发送方在事后不能否认和抵赖对信息的签名。

在公钥加密体系中，RSA 算法较好地解决了数据保密问题，数字签名则主要由“单向 Hash 函数算法”来完成，由它配合公钥加密算法，最终完成身份确认、不可否认和不被篡改工作。

和公钥加密不同，Hash 不是加密，只是函数；其作用不是生成密钥，而是生成报文的“数字指纹”。正是这种数字指纹实现了“验证”、“不可否认”和“不被篡改”。

Hash 函数的工作原理并不复杂：

- 通过数学算法，把未做处理的报文（不论是明文还是密文）转换为不定长的待输入字符串，称为预映射值。
- 将预映射值再次转换为定长（一般更短）的输出字串，称 Hash 值，又叫消息摘要（Message Digest），预映射值可任意长，但 Hash 值总是定长；报文或预映射值有丝毫改动，所得到的 Hash 值就完全不同。

所谓“单向”是指不可能由 Hash 值反推出预映射值或报文，但又不是加密，因为不存在解密的问题。正由于其单向性，也就没有了运算速度的障碍。举个例子，就像一片玻璃（预映射值）很轻易就会被打碎，但破碎的玻璃碴（Hash 值）却不可能恢复到破碎前的状态。

数字签名就是使用单向 Hash 函数的计算结果。首先，签名人的软件对发送信息进行 Hash 函数运算后，生成信息摘要。然后，软件使用签名人的私钥对摘要进行加密，将结果连同信息一同传送给预定的接收者。而接收者的软件会对收到的信息生成信息摘要（使用同样的 Hash 函数），并使用签名人的公钥对签名人生成的摘要进行解密。如果两个摘要一样，就表明接收者成功核实了数字签名。

经核实的数字签名向接收者保证了两点：①信息未经改动；②信息的确来自签名人。后者就成了对原产地证明（Proof of Origin）的认可（即加密认可）这一概念的基础。

（3）md5 单向 Hash 函数算法。md5 的全称是 message-digest algorithm 5（信息－摘要算法 5），在 90 年代初由 MIT laboratory for computer science 和 RSA data security inc 的 Ronald L. Rivest 开发，经 md2，md3 和 md4 发展而来。它的作用是让大容量信息在用数字签名软件签署私人密钥前被“压缩”成一种保密的格式（就是把一个任意长度的字节串变换成一个定长的大整数)。不管是 md2,md4 还是 md5,它们都需要获得一个随机长度的信息并产生一个 128 位的信息摘要。虽然这些算法的结构或多或少有些相似,但 md2 的设计与 md4 和 md5 完全不同,那是因为 md2 是为 8 位机器设计的,而 md4 和 md5 则是面向 32 位电脑的。这三个算法的描述和 c 语言源代码在 internet rfcs 1321 中有详细的描述(http://www.ietf.org/rfc/rfc1321.txt),这是一份最权威的文档,由 Ronald L. Rivest 在 1992 年 8 月向 ieft 提交。

md5 算法可以简述为:以 512 位分组来处理输入的信息,且每一分组又被划分为 16 个 32 位子分组,经过了一系列的处理后,算法的输出由四个 32 位分组组成,将这四个 32 位分组级联后即生成一个 128 位散列值。

在 md5 算法中,首先需要对信息进行填充,使其字节长度对 512 求余的结果等于 448。因此,信息的字节长度(bits length)将被扩展至 $n \cdot 512 + 448$,即 $n \cdot 64 + 56$ 个字节(*bytes*),n 为一个正整数。填充的方法如下:在信息的后面填充一个 1 和一系列 0,直到满足上面的条件时才停止用 0 填充。然后,在这个结果后面附加一个以 64 位二进制表示的填充前信息长度。经过这两步的处理,现在的信息字节长度 $= n \cdot 512 + 448 + 64 = (n+1) \cdot 512$,即长度恰好是 512 的整数倍。这样做的原因是为满足后面处理中对信息长度的要求。

md5 中有四个被称作链接变量(chaining variable)的 32 位整数参数,它们分别为:a = 0x01234567,b = 0x89abcdef,c = 0xfedcba98,d = 0x76543210。

当设置好这四个链接变量后,就开始进入算法的四轮循环运算。循环的次数是信息中 512 位信息分组的数目。

将上面四个链接变量复制到另外四个变量中:a 到 a,b 到 b,c 到 c,d 到 d。

主循环有四轮(md4 只有三轮),每轮循环都很相似。第一轮进行 16 次操作。每次操作对 a,b,c 和 d 中的其中三个作一次非线性函数运算;然后将所得结果加上第四个变量;再将所得结果向右环移一个不定的数,并加上 a,b,c 或 d 中之一;最后用该结果取代 a,b,c 或 d 中之一。

以下是每次操作中用到的四个非线性函数(每轮一个)。

$f(x,y,z) = (x\&y) | ((\sim x)\&z)$

$g(x,y,z) = (x\&z) | (y\&(\sim z))$

$h(x,y,z) = x\^{}y\^{}z$

$i(x,y,z) = y\^{}(x | (\sim z))$

(& 是与,| 是或,~ 是非,^ 是异或)

如果 x,y 和 z 的对应位是独立的和均匀的,那么结果的每一位也应是独立和均匀的。f 是一个逐位运算的函数。即,如果 x,那么 y,否则 z。函数 h 是逐位奇偶操作符。

12.2.3 认证协议

加密算法与数字证书是建立安全通道的技术基础。这一节将讨论身份认证技术。身份认证与信息的完整性有密不可分的关系:如果我们不能确认双方的身份,即使传输的信息是完整的,通道也是不安全的;同样,如果不能保证传输信息的完整性,即使能够确认双方的身份,也是毫无意义的。所以身份认证和消息的完整性是相辅相成的。

身份认证协议的大致过程是:假设 Alice 希望与 Bob 进行通信。Alice 发起建立安全通道的过程;Alice 或直接向 Bob 发一个请求消息,或向双方认可的第三方发一个请求消息;安全通道一旦建立,Alice 能够确信在与 Bob 进行通话,而 Bob 也能确信是 Alice 在与自己通话。什么样的信息交换能够保证这样安全通道的建立呢? 下面讨论几个常见的协议形式。

(1)基于共享私钥的认证。我们先来看一种共享私钥的情形。假设密钥已经安全分发到通信的双方,为了描述的简洁,我们用 A 来代表 Alice,B 来代表 Bob。这个共同的私钥记为 $K_{A,B}$。协议可以采用一方盘问另一方的形式,如果另一方有共同的私钥,则他将能正确回复,否则他将不能正确回复。这种协议形式又称为盘问 - 回复(Challenge-Response)协议。图12 -2 是基于共同私钥的认证协议的过程图。

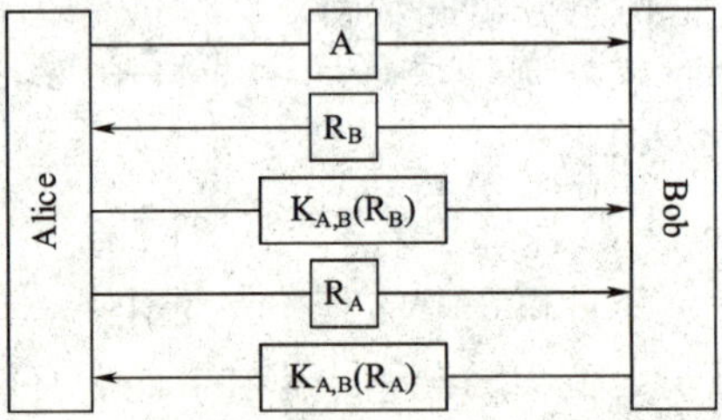

图 12 -2　基于共同私钥的认证

- Alice 发送一个包含自己身份信息的消息 A 给 Bob;
- Bob 随后发给 Alice 一个盘问消息 R_B;
- Alice 将接收到的 R_B 通过自己的 $K_{A,B}$加密后发给 Bob;
- Alice 随后发给 Bob 一个盘问消息 R_A;
- Bob 通过自己的 $K_{A,B}$解密后,比较 R_B 的值;

- Bob 将接收到的 R_A 通过自己的 $K_{A,B}$ 加密后发给 Alice；
- Alice 通过自己的 $K_{A,B}$ 解密后，比较 R_A 的值。

盘问消息 R 一般被设计为一个随机数，这样可以保证每次会话的盘问消息 R 是不同的。即使存在消息截取，消息截取者也不可能利用截取的消息与另一方建立安全通道。

如果一切顺利，Alice 和 Bob 之间可以互相确认对方的身份。在安全认证的协议中，最困难的是防范安全设计漏洞。为了说明这一点，我们来看一个"改进版"的认证协议。如图 12－3 所示，这个看似正确的协议将交换的信息数从 5 减到了 3。

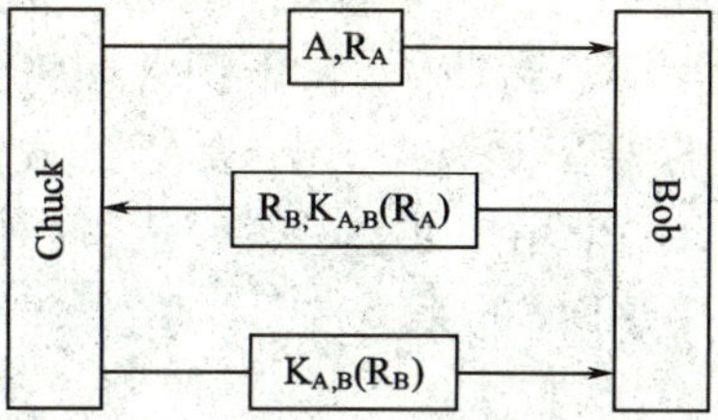

图 12－3　一个"改进"版的协议

遗憾的是，这个协议存在着严重的安全漏洞。在一个称之为"反思攻击"（reflection）下，协议将会被攻破。虽然攻击者并没有 $K_{A,B}$，但 Bob 加密后的 $K_{A,B}(R_A)$ 可能被利用。假设攻击者为 Chuck，记为 C。C 不拥有 $K_{A,B}$，但他试图取代 Alice 建立与 Bob 的安全通道。下面来看一下攻击的全过程，如图 12－4 所示。

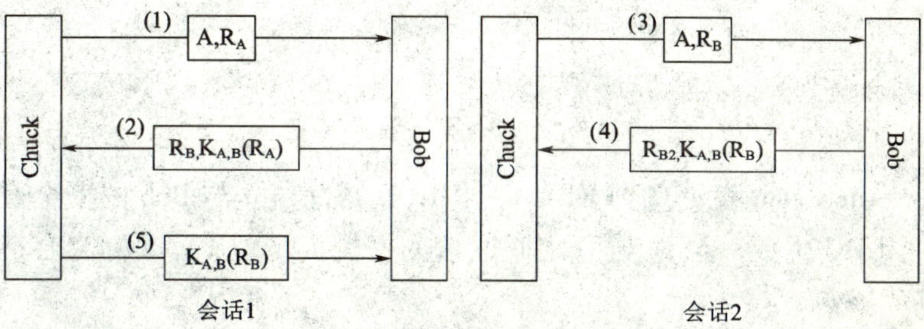

图 12－4 反思攻击的全过程

- Chuck 冒用 Alice 的身份发送 A，R_C 给 Bob。R_C 是一个随机数。
- Bob 将 R_C 加密以后回复 R_B，$K_{A,B}(R_C)$ 给 Chuck。

Chuck 不拥有 $K_{A,B}$，他可以不对 $K_{A,B}(R_C)$ 解密，他只需要获得 $K_{A,B}(R_B)$ 就可以攻破协议。

- Chuck 建立与 Bob 的第二个会话，将 A，R_B 发给 Bob。
- Bob 将 R_B 加密以后回复 R_{B2}，$K_{A,B}(R_B)$ 给 Chuck。
- Chuck 回到第一个会话中，将从第二个会话中获得的 $K_{A,B}(R_B)$ 发送给 Bob，从而完成了对协议的攻击。

从协议被攻破的过程看，“改进”版协议至少存在两个缺陷：①允许在不同的会话中双方使用相同的盘问（R）；②Bob 在未确认对方身份的情况下发出了加密的数据[$K_{A,B}(R_C)$]。

上面例子给我们的启发是，设计一个完善的安全协议并不容易，试图改善性能的努力有时会影响到协议的正确性。

（2）基于密钥分发中心的认证。使用共享私钥技术要求每对用户之间共享一个不同的密钥，当用户数较大时，密钥管理将会比较困难（参看 12.2.1）。解决这个问题的方法是建立一个密钥分发中心（Key Distribution Center，KDC）：KDC 与每一个用户共享一个密钥，每对用户之间没有共享的密钥。这就使得在使用 KDC 的系统中，对于 n 个用户只需要管理 n 个密钥。

当 Alice 需要同 Bob 建立安全通道时，Alice 需要将请求发给 KDC，并通过 KDC 最终与 Bob 建立安全通道。基本的协议过程如图 12－5 所示。

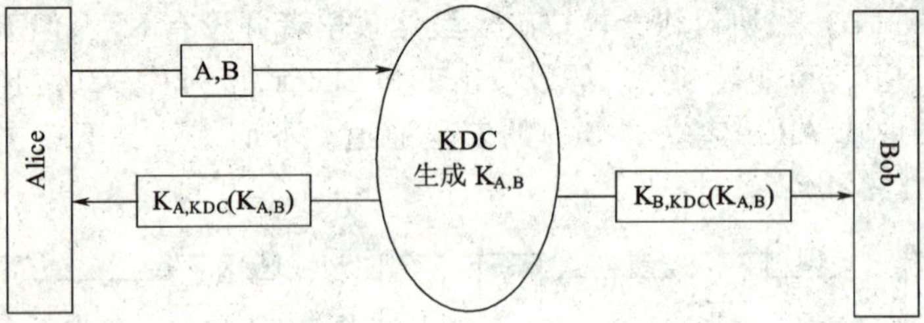

图 12－5 使用 KDC 的认证

- Alice 首先发消息到 KDC，请求 KDC 帮助建立与 Bob 的安全通道；
- KDC 生成一个 A 与 B 之间通信的密钥 $K_{A,B}$。$K_{A,B}$ 又称为会话密钥（session key）。
- KDC 分别用 $K_{A,KDC}$ 和 $K_{B,KDC}$ 对 $K_{A,B}$ 进行加密后，分别发送给 Alice 和 Bob。
- Alice 和 Bob 分别解密后得到共享的私钥 $K_{A,B}$
- 然后，Alice 和 Bob 沿用共享私钥的认证技术来建立安全通道。

上面的认证过程带来一个时间上的顺序问题。如果 Alice 试图联系 Bob 时，Bob 还没有收到 $K_{B,KDC}(K_{A,B})$，则 Alice 与 Bob 无法建立安全通道。一个改进是让 KDC 将 $K_{B,KDC}(K_{A,B})$ 也发给 Alice，由 Alice 负责将这个消息发送给 Bob。这时，$K_{B,KDC}(K_{A,B})$ 称为一个“票证”（ticket）（参见图 12－6）。

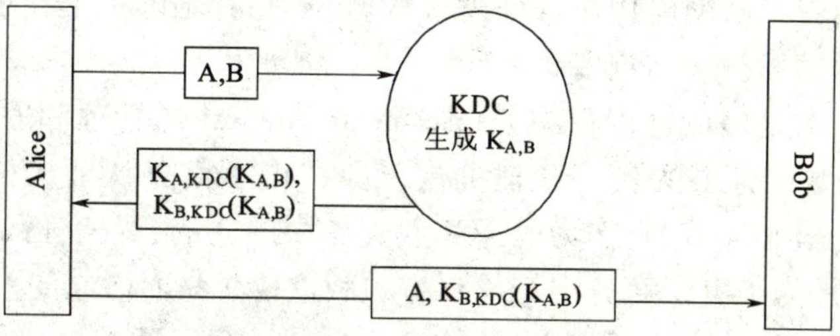

图 12－6　使用“票证”的认证

使用“票证”的认证协议是著名的 Needham-Schroeder[文献53] 认证协议的一个简化形式。Needham-Schroeder 认证协议的另一个重要演变是目前广泛使用的 Kerberos 认证协议。具体的协议内容请参看有关的文献[文献54]。

（3）使用公钥的认证。公钥认证系统一般不需要建立 KDC。我们把公钥记为 K^+，私钥记为 K^-。一个典型的认证过程如图 12－7 所示。

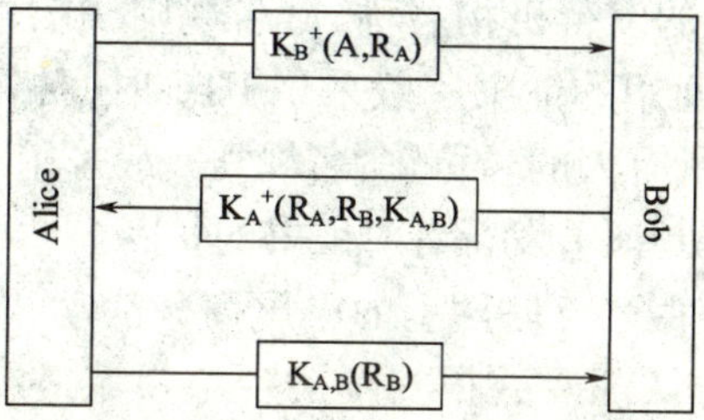

图 12－7　使用公钥的认证

- Alice 使用 Bob 的公钥将消息（A，R_A）加密后发送给 Bob；R_A 是 Alice 生成的一个盘问的随机数。
- Bob 将收到的消息用自己的私钥解密后，用 Alice 的公钥将（R_A，R_B，$K_{A,B}$）加密后发送给 Alice。R_B 是 Bob 生成的一个盘问随机数，$K_{A,B}$是 Bob 生成的会话密钥。
- Alice 将收到的消息用自己的私钥解密后，用会话密钥 $K_{A,B}$将 R_B 加密后发送给 Bob。

在这个过程中可以看到，认证采用了公钥机制，而随后的会话又重新使用公享私钥的机制。这是一种效率的折中。

12.2.4 数字证书

在公钥体系认证中,用户的身份信息和公钥需要以某种方式进行管理和发布。随着互联网应用对认证需求的增长,一种国际标准化的数字证书技术也应运而生。

数字证书是由证书授权中心(Certifcate Authority)管理和颁发的,简称CA。CA是数字证书的最高管理机构,也叫“电子商务认证机构”,是安全电子交易的核心环节,它作为电子商务交易中中立的、受信任的、可仲裁的第三方,也是为了电子商务中交易双方顺利进行交易而设立的。

比较专业的数字证书定义是,数字证书是一个经证书授权中心数字签名的包含公开密钥拥有者信息以及公开密钥的文件。最简单的证书包含一个公开密钥、名称以及证书授权中心的数字签名。一般情况下证书中还包括密钥的有效时间,发证机关(证书授权中心)的名称,该证书的序列号等信息,证书的格式遵循相关的国际标准。

一个标准的X.509数字证书包含以下一些内容:①证书的版本信息;②证书的序列号(每个证书都有一个唯一的证书序列号);③证书所使用的签名算法;④证书的发行机构名称,命名规则一般采用X.500格式;⑤证书的有效期,现在通用的证书一般采用UTC时间格式,它的计时范围为1950~2049;⑥证书所有人的名称,命名规则一般采用X.500格式;⑦证书所有人的公开密钥;⑧证书发行者对证书的签名。

数字证书可以应用于互联网上的电子商务活动和电子政务活动,其应用范围涉及需要身份认证及数据安全的各个领域:发送安全电子邮件、访问安全站点、网上证券、网上招标采购、网上签约、网上办公、网上搜索、网上缴费、网上税务等网上安全电子事务处理和安全电子交易活动。

网上电子商务交易系统必须保证具有十分可靠的安全技术,也就是说,必须保证网络安全的四大要素,即信息传输的保密性、数据交换的完整性、发送信息的不可否认性、交易者身份的确定性。

数字安全证书提供了一种在网上验证身份的方式。

安全证书体制主要采用了公开密钥体制,其他还包括对称密钥加密、数字签名、数字信封等技术。

证书本身是公开的,任何人都可以拿到,但私钥只有证书持有者自己才能拥有,永远也不会在网络上传播。我们可以使用数字证书,通过运用对称和非对称密码体制等密码技术建立起一套严密的身份认证系统,从而保证:信息除发送方和接收方外不被其他人窃取;信息在传输过程中不被篡改;发送方能够通过数字证书来确认接收方的身份;发送方对于自己的信息不能抵赖。

数字证书采用公钥体制,为每个用户设定一把特定的仅为本人所知的私有密钥,用它进行解密和签名;同时设定一把公钥并由本人公开,为一组用户所共享,用于加密和验证签名。

例如,某人发送一份需保密的文件,发送方使用接收方的公钥对数据加密,而接收方则使用自己的私钥解密,如果接收方的私钥未泄漏即可达到对信息加密的目的,因为只有利用接收方的私钥才能对该加密信息进行解密。非对称体系加密的算法是不可逆的,即只有用私钥才能对用配对的公钥加了密的密文进行解密操作。公开密钥技术解决了密钥发布的管理问题,商家可以公开自己的公钥,而保留其私钥。购物者可以用人人皆知的公钥对发送的信息进行加密,安全地传送给商户,然后由商户用自己的私钥进行解密。在这个过程中,通常采用的是 RSA 算法。

同时,用户也可以采用自己的私钥对信息加以处理,由于密钥仅为本人所有,这样就产生了别人无法生成的文件,也就形成了数字签名,数字签名的具体内容已在前面介绍。

要获得数字证书,用户需要准备自己的公钥以及身份信息,并提交到 CA,CA 验证用户信息有效之后,就向申请者发放一个经过其私钥数字签名的证书。在这个证书中包含拥有者的标识名称、拥有者密码公钥、密钥的有效时间、证书的序列号等信息,CA 的私有数字签名使得证书不能被伪造和篡改。

https://testca.netca.net/ 是其中一个免费数字证书申请网站,它可以让第一次申请和使用数字证书的人对申请过程和使用有一定的了解。由于该网站提供的是试用数字证书,所以系统会在申请及安装证书时频频提示下面的操作是不安全的,用户对此可以不必理会。用户在试用结束后,安装的证书卸载掉并将其注销即可。

12.3 访问控制

安全通道只是解决了分布式系统中端到端的认证和保密传输的安全需求。一旦用户建立了与系统的安全通道,用户能进行什么操作和不能进行什么操作的问题就是所谓的访问控制(Access Control)问题。由于安全策略会随着组织机构、管理模式等因素的变化而变化,设计一个好的访问控制系统实际上非常困难。一些系统在开发初期为了进度或其他原因往往会忽略访问控制的设计，当系统投入运行以后，访问控制的问题会变得很尖锐。程序员不得不一次次地给系统打补丁来变动和增加系统的访问控制能力。

为了更好地理解访问控制问题，我们在这里建立一个简单的访问控制模型，如图 12 - 8 所示。

图 12 - 8　访问控制模型

在这个模型中，用户将操作请求发送到授权系统，授权系统根据用户的权限设置来决定是否同意所请求的操作。例如，用户需要对数据表进行增加记录的操作，授权系统需要检查该用户是否对这个表有这项操作的权限。如果有，操作就可进行，如果没有，操作就会被拒绝。

授权系统的决策依赖一个事先确定的用户和资源之间的关系特征。这个关系特征可以用访问控制矩阵（Access Control Matrix）来表达。访问控制矩阵的行由用户组成，列由被访问的资源组成。如果将用户记为 u，资源记为 r，则矩阵中每个元素 M[u，r]代表 u 能够对 r 进行操作。表 12 - 1 是一个访问矩阵的示例，其中有 3 个用户，4 个资源。

表格 12 - 1　访问控制矩阵示例

资　源 用　户	r1	r2	r3	r4
u1	read	read	read	read
u2	read, update	read, update, delete	read, update	read, update
u3	read		add, delete, read	

当 u1 需要在 r1 中做读操作时，因为 M[u1，r1]表中包含读操作的授权，因此操作将成功；如果 u3 希望对 r2 进行读操作时，因为 M[u3，r2]的列表不包含读操作许可，操作将失败。

当系统中有相当数量的用户和资源时，控制矩阵的方法就显得有些笨拙。实际上在一些较大规模的系统中，访问控制矩阵中的很多元素为空。为了更有效地实现访问控制，我们可以构造：

（1）访问控制列表（Access Control List，ACL）：对每个资源维护一个用户权限列表。

（2）能力列表（Capabilites List）：对每个用户维护一个用户对资源访问

能力的列表。

虽然 ACL 和能力列表在一定程度上简化了访问控制矩阵,但为每个用户或每个资源定义相关的权限或能力依然是一项繁琐的工作。我们注意到在一些较大规模的系统中,一些资源具有相同的权限设置,一些用户也具有相同的能力。因此,我们可以将一组(资源,权限)的集合定义为一个受保护资源的整体。我们称这个整体为保护域(Protection Domain)。将单个资源组合为更大范围的域可以有效地简化授权管理。例如,一个公司的所有资源可以组成四个域:公共信息域、运营数据域、人事数据域和财务数据域。

同样,具有相同能力的用户可以定义为一个用户组(Group)。在一个电子商务的网站上,用户可以分为访客组、注册用户组和系统管理员组。更进一步,用户和域还可以组成层次结构。底层用户(或域)完全继承上层用户(或域)的所有能力(或权限)。

以用户组和保护域的概念建立的 ACL 或能力列表可以有效地降低授权管理的复杂性和授权的效率。

用户组的概念往往与企业的组织机构相关,是一个职能的划分而不是一个功能的划分。如果一个用户同时是财务部经理和人事部经理,那么这个用户就必须同时参与到这两个组中。企业的组织机构调整也会改变分组结构。为了克服组管理的矛盾,最近几年基于角色(role)的访问控制开始流行起来。实际上角色是用户组和保护域之间的一个概念,它对应了系统的功能,而不是企业中的职能。我们首先将资源权限(保护域权限)分配给角色,然后为每个用户/或每个用户组设置角色,一个用户(组)可以有多个角色。

12.4 实例研究:电子支付系统

12.4.1 电子商务与电子支付

要想弄清电子商务面临的安全问题首先要清楚电子商务的流程。完整的电子商务涉及很多方面,除了买家、卖家外,还有银行或金融机构、政府机构、认证机构、物流配送机构等。数据加密、电子签名等技术在电子商务中都发挥着重要的不可或缺的作用。一个电子商务交易的基本流程如下:

第一阶段：交流阶段。

对于卖家：此阶段主要是发布商品信息阶段，选择自己的“经典”商品，精心组织商品信息，建立自己的网站，有时商家也可以选择加入一些著名的电子商务网站，利用分布的交易平台展示自己的产品。

对于买家：此阶段是在网上查找自己所需商品的信息，选择信誉好、服务好、价格低廉的商家。

第二阶段：签订商品合同的阶段。

对于B2B：本阶段是签订合同、完成必需的商贸票据交换的阶段。此阶段要解决数据的准确性、可靠性、不可更改性等复杂的问题。

对于B2C：这一阶段是完成购物过程的订单签订过程，顾客要将选好的商品、自己的联系信息、送货方式、付款的方法等在网上提交给商家，商家在收到订单后应通过邮件或电话来核实上述内容。

第三阶段：按合同进行商品交接、资金结算的阶段。

此阶段是交易的关键。它不仅涉及资金在网上的正确、安全到位，同时还要涉及商品配送的准确、按时到位。在这个阶段有银行业、配送系统的介入，对网上交易在技术上、法律上、标准上等方面有更高的要求。

在互联网上的电子商务交易过程中，最核心和关键的问题就是交易的安全性，由于Internet本身的开放性，网上交易面临着种种风险。

结合上面给出的电子商务交易过程不难看出，网上交易存在以下问题：

网站除了要保障本身的硬件系统及软件系统的安全外，还必须保障顾客也就是消费者在交易时的信息安全。因为交易双方在整个交易过程中，都会交换一些十分重要的信息，会涉及一些关键信息的浏览和获得，例如：

在第一阶段：最近沸沸扬扬的网上“伪”银行事件表明，顾客如何确定所浏览的网站的真伪，都是此阶段的突出问题。

在第二阶段：此阶段涉及合同的签订，还有各种商务合同的交换，因此就会存在信息在传输过程中被窃取、篡改、恶意破坏、假冒等等问题，此阶段涉及了大部分电子商务交易过程中的安全问题。如在调制解调器之间传送的信息是明文形式的，入侵者可使用相同的调制解调器获取信息，通过多次窃取和分析，可以找到信息的规律和格式，进而得到传输信息的内容，造成网上传输信息的泄密，进而篡改信息、破坏信息、制作虚假信息。

在第三阶段：这阶段同样存在一些在信息传输过程中存在的问题，同时还会涉及交易的不可否认性等问题。如资金在网上的安全转账，交易过程中单方否认对方的支付或交货行为。

互联网的优势之一是使顾客和商家能随时随地输入信息。在交易过程中,发生在线欺诈的概率比较大。没有经过严格的认证程序,商家很难相信顾客所提供的结算卡账号的真实性;而顾客也很难信任一个从未见过面的商家,商家的商店只是一个远程硬盘上的内容。为对付欺诈,就必须加强认证。而 WWW 认证要求用户在每次请求服务时都提供身份证明。因此,一些正规商家都在努力提供一个易使用的、安全可靠的并且有可伸缩性的认证方法,SET 安全协议对以上问题给出了一个很好的答案。

12.4.2 SET 安全协议

SET(Secure Electronic Transechon)安全协议是一个通过开放网络进行安全资金支付的技术标准,它是由国际信用卡联盟 Visa 和 MasterCard 联合 IBM,RSA,Microsoft 等信息产业公司在 1996 年共同制定,于 1997 年联合推出的。由于它得到了 IBM,HP,Microsoft 等很多大公司的支持,因此已成为事实上的工业标准,目前已获得 IETF 标准的认可。这是为在 Internet 上进行在线交易而设立的一个开放的、以电子货币为基础的电子支付系统规范。

SET 的主要目的是建立一整套标准的、基于银行卡的 Internet 上电子交易机制。在这套机制的保障下,交易的参与者——持卡人、商家和银行之间能够形成广泛而一致的交易关系。交易的一致性是指在一笔具体的交易中参与者之间各司其职,密不可分;交易的广泛性则是指在任一时间和地点,消费者可以和任意的(SET 协议空间内)商家、银行发生交易。

SET 采用 RSA 公钥体系对通信双方进行认证,选用 DES 等标准对称密钥加密算法进行信息的加密传输,利用双重签名机制确保三方通信,使用 Hash 算法来鉴别消息的真伪及有无篡改。

SET 克服了 SSL 的缺点,如:缺乏安全认证机构,无法确定参与交易人员的身份,商家和收单银行缺乏标准的数据传输界面,交易资料不能方便地整合,消费者资料可能会被商家非法利用。SET 在保留对客户信用卡认证的前提下,又增加了对商家身份的认证,这对于在交易过程中需要支付货币的交易是至关重要的。下面从三个方面分析基于 SET 的电子交易的原理。

(1)SET 协议中主要角色及其涉及的范围。

主要角色:

- 持卡人:电子商务中的一般消费者,可以是个人也可以是公司、社团等团体消费者。在持卡人与商家的交易会话中,SET 可以保证持卡人的个人账号信息的真实性，并保证不会泄漏给商家。

• 发卡银行、收单银行：负责银行卡的颁发、款项的支付以及处理交易的支付卡授权申请。

• 商家：一般意义上的商家，但它必须与银行有关系，能够进行卡业务。

• 支付网关：是由银行操作的，将 Internet 上的传输数据转换为金融机构内部数据的设备，或由指派的第三方处理商家支付信息和顾客的支付指令。

• 认证中心：负责管理电子证书的认证。

• 电子钱包：是一个支持 SET 标准的软件，它用来让消费者进行电子交易与存储交易记录。其功能是管理电子证书的申请、存储及删除，进行 SET 交易时辨认商家身份并发送交易信息，保存每一笔交易记录以供日后查询。

SET 协议所涉及的范围：SET 要达到的主要目标是保证信息在 Internet 上的安全传输，保证网上传输的数据不被他人获取；将订单信息和个人账号信息隔离。在将包括持卡人账号信息的订单送到商家时，商家只能看到订单信息，而看不到持卡人的账户信息；提供商家之间的相互认证，以确定通信双方的身份（通常由第三方机构负责为在线通信双方提供信用担保）；要求软件遵循相同的协议和消息格式，使不同厂商开发的软件具有兼容性和互操作功能，并且可以运行在不同的硬件和操作系统平台上。

可以看出该协议涉及的范围包括：①加密算法的应用（例如，RSA 和 DES）；②证书信息格式；③购买信息格式；④认证信息格式；⑤划账信息格式；⑥交易实体之间信息的传输协议。

（2）SET 所提供的安全服务。简单来说，SET 安全协议提供的安全服务主要有：

• 机密性：SET 使用加密算法来保护金融信息的机密性，可以在收单银行和持卡人之间提供机密信息的传输通道，用于收单银行就交易是否被接受回复持卡人，或者要求持卡人与发卡银行联系。

• 认证：当数字证书可用时，SET 使用证书中的签名来验证相关实体的身份，并提供信息来源的认证。

• 完整性：利用单向 Hash 算法和数字签名可以保证信息在传输过程中未被篡改。

• 关联：SET 通过 Hash 算法提供一个关联机制，用来验证一个消息包含指向另一个消息的参考证明。

- 非否认：SET没有提供非否认服务，但建议发卡银行与开发机构来一起制定相关政策，为客户提供相应的服务，使整个安全体系更加完整。

（3）SET下的支付处理流程。SET协议的使用范围限制在电子购物过程和安全服务上，是为使用银行卡的网上交易而设计的支付规范。其他支付形式则与SET无关。像网上商店的页面安排、保密数据在购买者计算机上如何保存等，也与SET无关。

电子商务的工作流程与传统的购物流程非常相似。从顾客通过浏览器进入在线商家开始，一直到所订货物送货上门或预定的服务已提供，消费者账号上款项的转移，所有这些都是通过Internet完成的。SET协议的工作程序分为以下几个步骤：

- 持卡人浏览商品信息，之后输入订货单，订货单上必须包括在线商家名称、购买商品项目列表和价格、交货时间及地点、税费等相关信息。订单可通过电子化方式传给商家，也可以存储在持卡的电子钱包上。
- 在线商家通过电子商务服务器做出应答，告诉持卡人所填订货单的货物单价、应付款数、交货方式等信息是否准确有效。
- 持卡人选择付款方式，确定订单并签发付款指令。
- 在SET中，消费者必须对订单和付款指令进行数字签名，同时利用双重签名技术保证商家看不到持卡人的账号信息。
- 在线商家接受订单后，向持卡人所属银行请求支付认可。信息通过支付网关到收单银行，再到电子货币发行公司确认。批准交易后，返回确认信息给在线商家。
- 在线商家发送订单确认信息给持卡人。持卡人端软件可记录交易日志，以备将来查询。
- 在线商家发送货物或提供服务并通知收单银行将款项从持卡人的账号转移到商家账号，或通知发卡银行请求支付。在认证操作和支付操作中间一般会有一个时间间隔。

从上面的步骤来看，前两步与SET无关，从第三步开始SET起作用，直到第六步，SET对处理过程中通信协议、请求信息的格式、数据类型的定义等，都有明确的规定。在操作的每一步，持卡人、在线商家、支付网关都通过CA来验证通信主体的身份，以确保通信的对方不是冒名顶替的。所以，也可以简单地认为，SET规范充分发挥了认证中心的作用，以维护在任何开放网络上的电子商务参与者所提供信息的真实性和保密性。

电子钱包及电子证书的核发流程如下：①持卡人填送SET协议书至发卡银行；②发卡银行审核通过后，寄发电子钱包及相关须知给持卡人；③发卡银行传送持卡人认证资料至认证中心以供其核对；④持卡人通过 Internet 连线到认证中心的网页，提出证书申请；⑤使用者阅读并接受认证中心的合约书后，进入认证注册，填写基本资料及发卡银行提供的密码，并传回认证中心确认；⑥认证中心将持卡人的认证资料与发卡行送来的资料进行核对无误后，发出一张电子证书给持卡人；⑦同时认证中心提供核发电子证书的资料给发卡银行。

SET 安全协议的交易模型如图 12－9 所示。

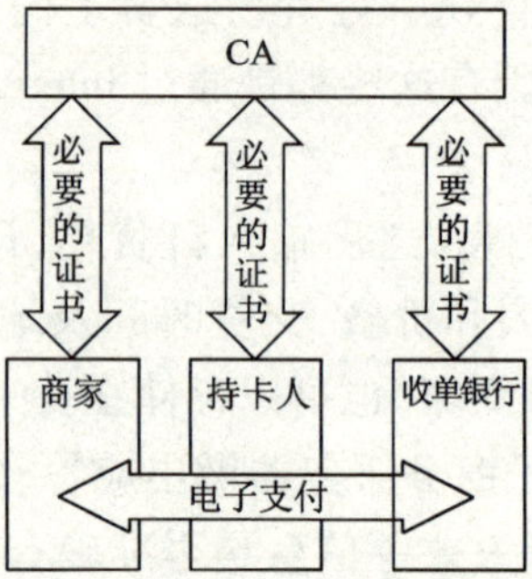

图 12－9　SET 安全协议的交易模型

附录一　关键字索引

A

B

C

D

F

G

L

M

N

P

Q

R

S

Y

Z

附录二 常用英文缩写、全称和来源对照表

英文缩写	英文全称	资源链接
ARP	Address Resolution Protocol	http://www.faqs.org/rfcs/rfc826.html
ATM	Asynchronous Transfer Mode	http://www.atmforum.com/
ATM	Automatic Teller Machines	http://en.wikipedia.org/wiki/Automatic_teller_machine
B/S	Browser/Server	
C/S	Client/Server	
COM	Component Object Model	http://www.microsoft.com/com/default.mspx
CORBA	Common Object Request Broker Architecture	http://www.omg.org/gettingstarted/history_of_corba.htm
CPU	Central Unit Processor	
DAP	Directory Access Protocol	X.500
DCOM	Distributed Component Object Model	http://www.microsoft.com/com/default.mspx
DHCP	Dynamic Host Configuration Protocol	http://www.dhcp.org/
DNS	Domain Name System	http://www.dns.net
DOM	Document Object Model	http://www.w3.org/DOM/
DRM	Digital rights management	http://www.drmwatch.com/
FTP	File Transfer Protocol	
GPS	Global Positioning System	http://www.gpsworld.com/
HTML	HyperText Markup Language	http://www.w3.org/MarkUp/
HTTP	Hypertext Transfer Protocol	http://www.w3.org/Protocols/
IBM	International Business Machines	http://www.ibm.com/
IDL	Interface Definition Language	http://www.omg.org/gettingstarted/omg_idl.htm
IEC	International Engineering Consortium	http://www.iec.org/
IEEE	Institute of Electrical and Electronics Engineers	http://www.ieee.org/
IETF	Internet Engineering Task Force	http://www.ietf.org/
IP	Internet Protocol	

续表

英文缩写	英文全称	资源链接
ISO	International Organization for Standardization	http://www.iso.org/
ITU	International Telecommunication Union	http://www.itu.org/
J2EE	Java 2 Extended Edition	http://java.sun.com/j2ee/index.jsp
J2ME	Java 2 Mobile Edition	http://java.sun.com/j2me/index.jsp
J2SE	Java 2 Standard Edition	http://java.sun.com/j2se/index.jsp
JVM	Java Virtual Machine	http://java.sun.com/
LAN	Local Area Network	
LDAP	Lightweight Directory Access Protocol	http://www.kingsmountain.com/ldapRoadmap.shtml
LSI	Large Integrated Circuit	
MAC	Media Access Control	
MANET	Mobile Ad-hoc Networks	http://www.ietf.org/html.charters/manet-charter.html
MPEG	Moving Pictures Expert Group	
NOS	Network Operating System	
OMG	Object Management Group	http://www.omg.org/
OS	Operating System	http://www.mpeg.org/
OSF	Open Software Foundation	http://www.osf.org/
OSI	Open System Interconnection	http://www.acm.org/sigs/sigcomm/standards/iso_stds/OSI_MODEL/
PC	Personal Computer	
QoS	Quality of Service	
RFC	Request for Comments	
RPC	Remote Procedure Call	
SET	Secure Electronic Transactions	http://www.software.ibm.com/commerce/set/overview.html
SSL	Security Socket Layer	http://wp.netscape.com/eng/ssl3/
TCP	Transmission Control Protocol	http://www.ietf.org/
UDP	User Datagram Protocol	http://www.ietf.org/
VLSI	Very Large Integrated Circuit	
VOD	Video On Demand	
W3C	World Wide Web Consortium	http://www.w3.org/
WAN	Wide Area Network	
WWW	World Wide Web	http://www.w3c.org/
XHTML	Extensible HyperText Markup Language	http://www.w3.org/MarkUp/
XML	Extensible Markup Language	http://www.w3.org/XML/

参考文献

1 Hadzilacos V, Toueg S. A modular approach to fault-tilerant broadcasts and related problems[M]. Dept. of Computer Science, Comell University, Ithaca, NY, USA. 1994, may: 94 - 1425.

2 Christof Fetzer, Flaviu Cristian, Integrating External and Internal Clock Synchronization, Real-Time Systems, Volume 12, Issue 2, 1997, p. 123 ~ 171

3 Riccardo Gusella, Stefano Zatti, and James M. Bloom, The Berkeley UNIX ® Time Synchronization Protocol, University of California, Berkeley, 1989

4 David L. Mills, A Brief History of NTP Time: Confessions of an Internet Timekeeper, Fellow ACM, Senior Member IEEE, 1990

5 Lamport, Time, clocks, and the ordering of events in a distributed system. Communications of the ACM, 21(7), 1978.

6 F. Mattern, Virtual time and global states of distributed systems, Parallel and Distributed Algorithms, p. 215 ~ 216, 1989, North-Holland

7 C. J. Fidge, Logical time in distributed computing systems, IEEE Computer, 24(8): 28 - 33, 1991

8 K. M. Chandy, L. Lamport. Distributed snapshots: Determining global states of distributed systems. ACM Transactions on Computer Systems 3(1), 1985, 63 - 75.

9 Gerard Tel, Introdmchion to Distrihated Algorifhms, second edilion, 电子工业出版社, 2003

10 H. Garcia-Molina. Elections in a Distributed Computing System. IEEE Trans. on Computers, C - 31(1): 48 - 59, Jan. 1982. 11

11 G. Ricard, A. K. Agrawala, An optimal algorithm for mutual exclusion in computer networks, Communication of the ACM, 24, 1, p. 9 ~ 17, January 1981

12 Danny Dolev, H. Raymond Strong: Authenticated Algorithms for Byzantine Agreement. SIAM J. Comput. 12(4): 656 - 666 (1983)

13 Lamport L, Shostak R, Pease M, The Byzantine Generals Problem,

ACM TOPLAS 4(3) (July 1982) p.382 ~401.

14 L. Lamport: "How to make a multiprocessor computer that correctly executes multiprocess programs", IEEE Transactions on Computers, 28 (9), pp.690 –691, September 1979

15 R. J. Lipton and J. S. Sandberg. PRAM: A scalable shared memory. Technical Report CS-TR-180-88, Princeton University, Department of Computer Science, September 1988

16 Mustaque Ahamad, Phillip W. Hutto, and Ranjit John. Implementing and programming causal distributed shared memory. In Proceedings of the 11th International Conference on Distributed Computing Systems, p. 274 ~ 281, Arlington, Texas, May 1991. IEEE Computer Society

17 Chang, J., Maxemchuck, M. Reliable multicast protocols. ACM TOCS 2,3 (Aug. 1984), 251 –273.

18 Floyd, S., Jacobson, V., Liu, C., McCanne, S., and Zhang, L., A Reliable Multicast Framework for Light-weight Sessions and Application Level Framing, IEEE/ACM Transactions on Networking, December 1997, Volume 5, Number 6, p.784 ~803.

19 Lars Albertsson, An Overview of Practical Research Approaches to Real-Time System Engineering, Swedish Institute of Computer Science (SICS) Technical Report, 2001, ISSN 1100 –3154

20 David P. Anderson, Shin-Yuan Tzou, Robert Wahbe, Ramesh Govindan, and Martin Andrews. Support for continuous media in the DASH system. Proceedings of 10th International Conference on Distributed Computing Systems (Paris), p.54 ~61. IEEE, 1990.

21 Alfonso Fuggetta, Gian Pietro Picco, Giovanni Vigna, Understanding Code Mobility, IEEE Transactions on Software Engineering, 1998

22 N. BASU, R. J. PRYOR, T. QUINT, and T. ARNOLD, Sandia National Laboratories: ASPEN: A MICROSIMULATION MODEL, 1996

23 Plan 9 from Bell Labs, Rob Pike, Dave Presotto, Sean Dorward, Bob Flandrena, Ken Thompson, Howard Trickey, Phil Winterbottom, Bell Laboratories Murray Hill, 1995

24 Andrew D. Birrell, Bruce Jay Nelson, Implementing remote procedure calls, ACM Transactions on Computer Systems, Volume 2, Issue 1, 1984, Pages: 39 ~59, ISSN:0734 –2071

25 James G. Mitchell, Jonathan J. Gibbons, Graham Hamilton, Peter B. Kessler, Yousef A. Khalidi, Panos Kougiouris, Peter W. Madany, Michael N. Nelson, Michael L. Powell, Sanjay R. Radia, An Overview of the Spring System, COMPCON, 1994

26 Brian N. Bershad, Thomas E. Anderson, Edward D. Lazowska, Henry M. Levy, Lightweight remote procedure call, ACM Transactions on Computer Systems, Volume 8, Issue 1, Pages: 37 ~55, 1990, ISSN:0734 -2071

27 A. L. Ananda, B. H. Tay, E. K. Koh, A survey of asynchronous remote procedure calls, ACM SIGOPS Operating Systems Review, Volume 26, Issue 2, 1992, ISSN:0163 -5980

28 Satyanarayanan, M. A Survey of Distributed File Systems. In Annual Review of Computer Science. Annual Reviews, Inc, 1989

29 Fabio Kon, Distributed File Systems Past, Present and Future A Distributed File System for 2006 March 6, 1996

30 R. Sandberg, Sun Network Filesystem Protocol Specification, Technical Report, Sun Microsystems, Inc. , 1985

31 S. Shepler, B. Callaghan. RFC 3530: Network File System (NFS) version 4 Protocol. The Internet Society, 2003

32 J. Menon, D. A. Pease, R. Rees, L. Duyanovich, B. Hillsberg, IBM Storage Tank-heterogeneous scalable SAN file system, IBM SYSTEMS JOURNAL, VOL 42, NO 2, 2003

33 Christos Karamanolis, Mallik Mahalingam, Dan Muntz, Zheng Zhang, DiFFS: a Scalable Distributed File System, Hewlett-Packard Company 2001

34 北京中科储天信息技术有限公司,蓝鲸集群文件系统技术白皮书,2005 年 11 月

35 T. J. Berners-Lee, The ENQUIRE System Short Description, 1980, CERN

36 R. Fielding, UC Irvine, J. Gettys, J. Mogul, DEC, H. Frystyk, T. Berners-Lee, MIT/LCS, RFC2068: Hypertext Transfer Protocol - - HTTP/1.1, 1997

37 Butler W. Lampson, Designing a Global Name Service, 1986

38 T. Berners-Lee, MIT/LCS, R. Fielding, U. C. Irvine, L. Masinter, Xerox Corporation, RFC2396: Uniform Resource Identifiers (URI): Generic Syntax, 1998

39 D. R. Cheriton, T. P. Mann, Decentralizing a global naming service for

improved performance and fault tolerance, ACM Transactions on Computer Systems, Volume 7, Issue 2, May 1989, p. 147 ~ 183

40 P. Mockapetris, RFC1034: DOMAIN NAMES-CONCEPTS AND FACILITIES, 1987

41 D W Chadwick, Understanding X. 500 – The Directory, 1994, 1996, http://www. isi. salford. ac. uk/staff/dwc/Version. Web/Contents. htm

42 REINHARD E. VOGLMAIER, The ABCs of LDAP-How to Install, Run, and Administer LDAP Services, AUERBACH PUBLICATIONS A CRC Press Company, ISBN 0 – 8493 – 1346 – 5, 2004

43 David C. Plummer, RFC826, An Ethernet Address Resolution Protocol, 1982

44 James D. Guyton, Michael F. Schwartz, Locating Nearby Copies of Replicated Internet Servers, SIGCOMM, 1995

45 Charles E. Perkins, Mobile Networking Through Mobile IP, Sun Microsystems, http://www. computer. org/internet/v2n1/perkins. htm

46 Seshadri Mohan & Ravi Jain, Two User Location Strategies for Personal Communications Services, , IEEE Personal Communications, 1994

47 Maarten van Steen, Philip Homburg, and Andrew S. Tanenbaum, Globe: A Wide-Area Distributed System, IEEE Concurrency, 1999

48 谢毅平、李书旺、张军. 海量移动对象的分布式计算技术的探索和实践. 中国公安大学学报, 2004 年(4)

49 Benjamin Goldberg, Generational Reference Counting: A Reduced-Communication Distributed Storage Reclamation Scheme, New York University, 1989

50 Pfleeger, Security in Computing, ISBN: 0 – 13 – 185794 – 0, 1997

51 JEROME H. SALTZER, MICHAEL D. SCHROEDER, The Protection of Information in Computer Systems, Fourth ACM Symposium on Operating System Principles, 1973, Revised version in Communications of the ACM 17, 7 (July 1974).

52 R. L. Rivest, A. Shamir, and L. Adleman. A method for obtaining digital signatures and public-key cryptosystems. Communications of the ACM 21 (2): 120 ~ 126, Feb. 1978

53 R. M. Needham and M. D. Schroeder. Using encryption for authentication in large networks of computers. Communications of the ACM, 21

(12):993～999,1978.

54 J. Kohl, and B. Neuman. "The Kerberos Network Authentication Service (V5)", RFC 1510, September, 1993.